电子信息科学与技术丛书

Arduino
项目开发100例
（典藏版）

李永华 牛丽 郭星月◎编著

清華大学出版社
北京

内 容 简 介

本书结合当前高等院校创新实践课程,给出 100 个综合案例,主要开发方向为智能安防、家居生活、健康监测、音乐控制等,案例包括项目背景、创新描述、功能及总体设计、产品展示、元器件清单、问题及解决办法。

本书案例的内容先模块后代码,创新思维与实践案例相结合,以满足不同层次人员的需求;同时,本书附有案例的硬件设计图和软件实现代码,可供读者自我学习和自我提高使用。

本书可作为高等院校信息与通信工程及相关专业的本科生教材,也可以作为智能硬件爱好者创新手册使用,还可以为创客提供帮助,对于从事物联网创新开发和设计的专业技术人员,本书也可以作为技术参考书。

图书在版编目(CIP)数据

Arduino 项目开发 100 例 : 典藏版 / 李永华, 牛丽,
郭星月编著. -- 北京 : 清华大学出版社, 2024. 9.
(电子信息科学与技术丛书). -- ISBN 978-7-302-67214-2

Ⅰ. TP368.1

中国国家版本馆 CIP 数据核字第 20243R6J17 号

责任编辑:崔 彤
封面设计:李召霞
责任校对:王勤勤
责任印制:宋 林

出版发行:清华大学出版社
    网 址:https://www.tup.com.cn,https://www.wqxuetang.com
    地 址:北京清华大学学研大厦 A 座   邮 编:100084
    社 总 机:010-83470000   邮 购:010-62786544
    投稿与读者服务:010-62776969,c-service@tup.tsinghua.edu.cn
    质量反馈:010-62772015,zhiliang@tup.tsinghua.edu.cn
    课件下载:https://www.tup.com.cn,010-83470236
印 装 者:涿州汇美亿浓印刷有限公司
经 销:全国新华书店
开 本:203mm×260mm   印 张:38.25   字 数:1048 千字
版 次:2024 年 9 月第 1 版   印 次:2024 年 9 月第 1 次印刷
印 数:1~1500
定 价:139.00 元

产品编号:103633-01

前 言
PREFACE

物联网作为新一代信息技术的高度集成和综合运用,具有渗透性强、带动作用大、综合效益好的特点,是继计算机、互联网、移动通信网之后信息产业发展的又一推动者。物联网的应用和发展,有利于促进生产生活和社会管理方式向智能化、精细化、网络化方向转变,极大提高社会管理和公共服务水平,催生大量新技术、新产品、新应用、新模式,推动传统产业升级和经济发展方式转变,并将成为未来经济发展的增长点。

大学作为传播知识、科研创新、服务社会的主要单位,为社会培养具有创新思维的现代化人才责无旁贷,而具有时代特色的书籍又是培养专业知识的基础。本书依据当今信息社会的发展趋势,基于工程教育教学经验,意欲将其提炼为适合国情、具有自身特色的创新实践书籍。

本书的内容和素材主要来源于作者所在学校近几年承担的教育部和北京市的教育、教学改革项目和成果,也是北京邮电大学信息工程专业的同学们创新产品的设计成果。由于作者近几年出版的《Arduino 案例实战》卷Ⅰ～Ⅷ中,部分案例使用的平台进行了更新,且早年出版的图书在市面上难以找到,鉴于此情况,为了能让读者掌握更多的知识,作者将八本书进行整理筛选为 100 个经典案例,每个案例从项目背景、创新描述、功能及总体设计、产品展示等进行详细讲解,能够使读者从不同层面对案例开发进行分析、理解和具体实现。

本书的编写得到了教育部电子信息类专业教学指导委员会,信息工程专业国家第一类特色专业建设项目,信息工程专业国家第二类特色专业建设项目,教育部 CDIO 工程教育模式研究与实践项目,教育部本科教学工程项目,信息工程专业北京市特色专业项目,北京高等学校教育教学改革项目的大力支持;本书由北京邮电大学教学综合改革项目(2022SJJX-A01)资助,特此表示感谢!

由于作者水平有限,书中不妥之处在所难免,衷心希望各位读者多提宝贵意见及具体的整改措施,以便作者进一步修改和完善。

李永华于北京邮电大学

2024 年 9 月

目 录
CONTENTS

自动控制风扇

1.1 项目背景

近年来,随着人们生活及科技水平的不断提高,家用电器在款式、功能等方面日益求精,并朝着健康、安全、多功能等方向发展。夏天到来,天气炎热,使用清凉的电风扇显得不可缺少,电风扇的品种也非常丰富,如台扇、地扇、吊扇、壁扇。根据不同场合的需求,电风扇从外形到控制方式都有了不少改变。

但是,目前市场上的电风扇多半是采用全硬件电路实现,存在电路复杂、功能单一等局限性,大多没有跟上智能家居、智能绿色的发展脚步。另外,由于目前市场上的电风扇大多数是以手动控制机械调节来定时,无人时风扇依然工作,风扇的转速还需人为地手动控制。所以,本项目考虑开发一个新型的智能风扇,它可以使用人体红外和超声波传感系统来检测风扇前方是否有人,以及测量与人之间的距离。然后通过程序,与传感器共同来自动控制电风扇的工作与停止,以及控制工作时转速的大小,从而达到所预期的智能控制和节能环保的目的。

1.2 创新描述

创新点:首先,通过人体红外传感器寻找到人体的位置,并打开风扇,不需要人为地控制风扇的转动角度和开关;其次,通过超声波传感器的测距功能检测人体和风扇的距离进行监控,自动并实时地调整风扇的转动速度。当然,当人要走开的时候,不需要自己去按下开关,一旦离开,智能风扇上的人体红外传感器就能自动识别并控制开关,实现关闭的功能。

1.3 功能及总体设计

本部分包括功能介绍、总体设计和模块介绍。

1.3.1 功能介绍

这种智能风扇,可以根据人的位置改变风扇方向,根据与人的距离改变风扇的转速,从而满足人们在炎热天气下对低温的需求,实现了通过超声波传感器测距和风扇结合控制转速,通过人体红外传感器和舵机风扇结合控制风扇方向的功能。

1.3.2 总体设计

本部分包括整体框架、系统流程和系统总电路。

1. 整体框架

整体框架如图 1-1 所示。一个 Arduino 开发板上连接两个舵机，一个人体红外传感器，一个超声波传感器和一个可变速风扇。舵机一和人体红外传感器结合在一起，舵机二和超声波传感器、可变速风扇结合在一起。

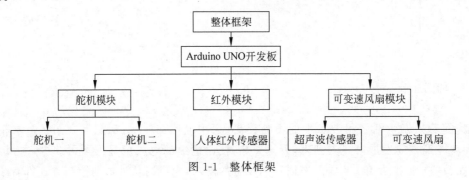

图 1-1 整体框架

2. 系统流程

系统流程如图 1-2 所示。接通电源以后，如果红外模块触发，则舵机一停止，将角度输出到舵机二上，调整好超声波和风扇的角度，超声波传感器开始工作，输出信号调整风扇风力大小。

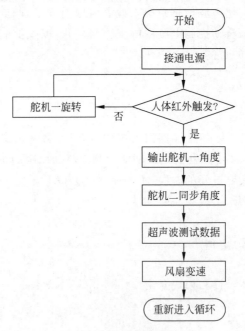

图 1-2 系统流程

3. 系统总电路

系统总电路及 Arduino UNO 开发板引脚如图 1-3 所示。从左到右是舵机和风扇结合的风扇模块、超声波模块、人体红外和舵机结合的人体红外模块。

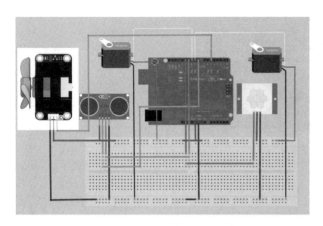

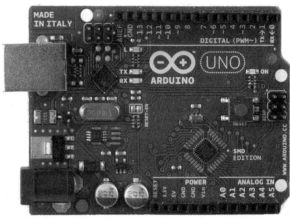

(a) 系统总电路   (b) Arduino UNO开发板引脚

图 1-3 系统总电路及 Arduino UNO 开发板引脚

其中,风扇模块的风扇输入端接 5 引脚,舵机输入端接 10 引脚,超声波模块的开关为 8 引脚,超声波的输出端为 11 引脚,人体红外模块传感器输出端接 12 引脚,舵机输入端接 9 引脚。

1.3.3 模块介绍

本项目主要包括以下几个模块:风扇模块、超声波模块、人体红外模块。下面分别给出各部分的功能、元器件、电路图和相关代码。

1. 风扇模块

舵机承载超声波传感器和风扇,舵机转动到人体红外模块所识别的位置,超声波模块发来的信号调整风速大小,电扇开始工作。元器件包括 ES08MA 舵机、风扇、杜邦线。舵机和风扇接线如图 1-4 和图 1-5 所示。

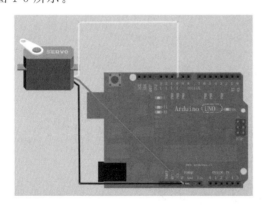

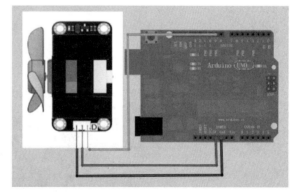

图 1-4 风扇模块中舵机接线   图 1-5 风扇模块中风扇接线

相关代码见"代码 1-1"。

2. 超声波模块

通过超声波传感器测距,输出信号给风扇,调整风扇转速。元器件包括 HC-SR04 超声波传感器、杜邦线。超声波模块连接如图 1-6 所示。

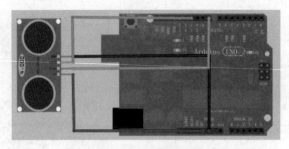

图 1-6　超声波模块连接

相关代码见"代码 1-2"。

3. 人体红外模块

在舵机转动过程中，如果人体红外检测到无人，输出信号使风扇停止转动并使舵机一直转动。如果检测到有人，输出信号控制风扇打开舵机停止转动，使风扇到达合适位置。元器件包括 SEN0171 人体红外传感器、ES08MA 舵机、杜邦线。红外传感器接线如图 1-7 所示、舵机接线如图 1-8 所示。

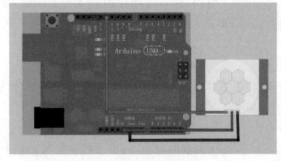

图 1-7　红外传感器接线

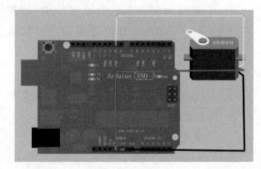

图 1-8　舵机接线

相关代码见"代码 1-3"。

1.4　产品展示

整体外观如图 1-9 所示。

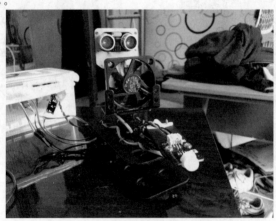

图 1-9　整体处观

1.5　元器件清单

完成智能风扇元器件清单如表 1-1 所示。

表 1-1　智能风扇元器件清单

模　块	所用元器件	数　量
整体电路部分	舵机	2
	超声波传感器	1
	人体红外传感器	1
	可变速风扇	1
	面包板	1
	杜邦线	若干
外部结构部分	超声波传感器支架	1
	舵机云台支架	5
	螺丝螺母	若干

## 第 2 章

四轴飞行器

2.1 项目背景

四轴飞行器是一种特殊的旋翼飞机,具有结构简单、运动灵活等一系列优点。随着 MEMS 传感器、单片机、电机和电池技术的发展和普及,四轴飞行器在近年得到了飞速发展,应用前景非常广泛。

在救险、城市交通、环境监控以及工业安全巡检等领域四轴飞行器都有大量的应用之处。微小型无人机在检测生化武器以及核辐射危险区域等任务中也能发挥重要作用。通过携带特定的功能检测模块,四轴飞行器可以感知有毒物质的浓度或者核辐射范围、程度等。根据在无人机上安装 GPS,应用 GPS 定位等手段,通过机载检测模块,可以检测出危险区的范围、大致形状,跟踪报告危险区的中心位置移动情况等,进行实时警报。

另外,在现代化工、电力、桥梁建设等领域经常会遇到一些特殊环境的安全巡检问题。由于地理环境特殊、工作环境危险,此类巡检往往会付出较大代价。例如,在高空电力线巡检中通常采用"地面目测法"和"航测法",而由于工作环境的复杂性,使得这两种方法分别存在精确度不高、劳动强度大和代价高昂、低空飞行危险性高的问题。无人机技术的发展,为特殊环境安全巡检提供了新的平台。无人机能够在工作人员的操控下代替工人对巡检对象实施接近检测,减少工人的劳动强度。正是小型化无人机具有的低成本、低损耗、零伤亡、可重复使用等特点,将小型无人机引入安全巡检领域会是一个研究热点。

目前应用广泛的飞行器有固定翼飞行器和单轴的直升机。与固定翼飞行器相比,四轴飞行器机动性好,动作灵活,可以垂直起飞降落和悬停,缺点是续航时间短、飞行速度慢;而与单轴直升机比,四轴飞行器的机械简单,无须尾桨抵消反力矩,成本低。

2.2 创新描述

本项目基于 Arduino 开发板和陀螺仪 GY-86,低成本设计并实现四轴飞行器,通过自己焊接电路元器件,组装零件,设置参数和编写程序,实现飞行器飞行和自动悬停的功能。本项目使用的陀螺仪 GY-86 是由加速度计、气压传感器和陀螺仪三部分构成,它具有精度高、体积小、性能稳定的优点,大大降低了成本和缩小了体积;创造性地使用小型面包板作为电路搭建平台,由于焊接水平有限,在焊接间距很小的焊接点时容易误操作,从而引起电路短路、接触不良等,使用面包板可以避免这类问题,使电路稳定工作;同时,可利用面包板与引脚的稳定接触性来固定陀螺仪的位置,保证其在飞行期间平稳,从而避免影响数据反馈和飞行器控制。

2.3 功能及总体设计

本部分包括功能介绍、总体设计和模块介绍。

2.3.1 功能介绍

本作品主要分为四部分进行设计：第一部分是遥控部分,通过发射机和接收机的频率对接,使遥控的信号能正常传输到飞行器上；第二部分是 Arduino 控制模块,Arduino NANO 开发板在接收信号后正常执行收到的命令；第三部分是姿态读取模块,GY-86 可以测量飞行器高度、转向和机身的倾斜程度,将信号输出到 Arduino NANO 开发板即可控制飞行器的姿态；第四部分是电机输出模块,将 Arduino 控制中心计算得到的电机转速数据,转换为数字信号输出到电调,电调进行分析后控制流入电机的电流,进而控制转速。

2.3.2 总体设计

本部分包括整体框架、系统流程和系统总电路。

1. 整体框架

整体框架如图 2-1 所示。

2. 系统流程

系统流程如图 2-2 所示。

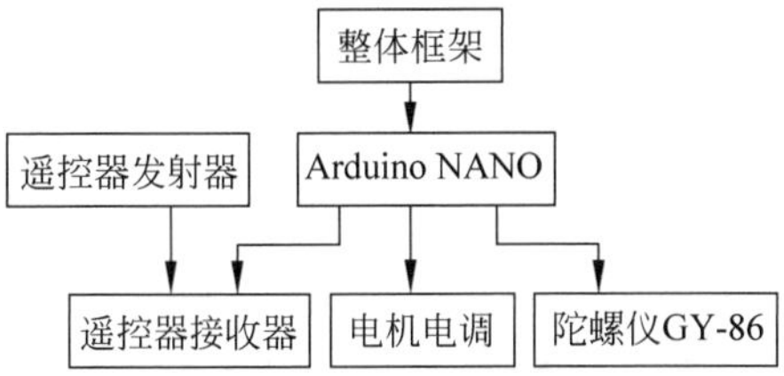

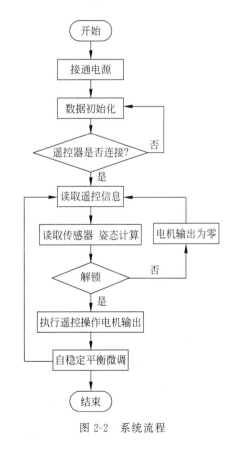

图 2-1　整体框架

图 2-2　系统流程

3. 系统总电路

系统总电路如图 2-3 所示。最左侧的一组连线接电机、中间下侧一组连线接 MC6A 遥控接收器、最右侧一组线连接 GY-86 传感器模块。其中,电机模块连接 3、9、10、11 数字信号输出引脚。MC6A 遥控接收器 1、2、3、4、5、6 引脚分别连接 4、5、2、6、7、8 数字输入引脚。GY-86 传感器 SCL 连接 A5,SDA 连接 A4 模拟输入引脚。5V 为电源,GND 为地。

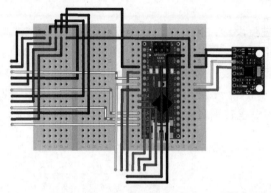

图 2-3　系统总电路

2.3.3　模块介绍

本项目主要包括电机输出模块、遥控器发送/接收模块、传感器读取模块等。下面分别给出各部分的功能、元器件、电路图和相关代码。

1. 电机输出模块

本部分电路接通 4 个电调来控制电机的转速,电机模块连接 Arduino NANO 开发板 3、9、10、11 数字信号引脚,4 个电调需要连接 4 个 5V 电源和 4 个接地点 GND,共 3×4＝12 条线,电机输出模块电路连接如图 2-4 所示。

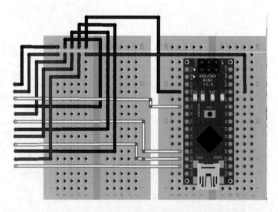

图 2-4　电机输出模块电路连接

相关代码见“代码 2-1”。

2. 遥控器发送/接收模块

本部分电路与遥控器配对的接收器相连,接收遥控器信号作为数字输入。遥控器发送/接收模块电路连接如图 2-5 所示。遥控接收器引脚依次连接 4、5、2、6、7、8 数字输入引脚以及 5V 电源和接地点 GND。

相关代码见"代码 2-2"。

3. 传感器读取模块

本部分与 GY-86 模块相连,实现对三轴加速度、陀螺仪等元器件的读取,作为姿态计算函数的初始数据,反映飞行器的飞行状态。传感器读取模块电路连接如图 2-6 所示。

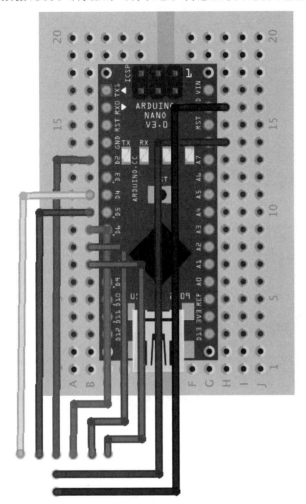

图 2-5 遥控器发送/接收模块电路连接

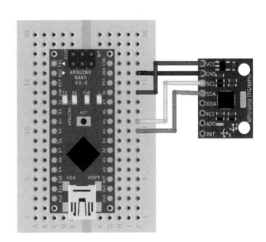

图 2-6 传感器读取模块电路连接

相关代码见"代码 2-3"。

姿态计算函数相关代码见"代码 2-4"。

主函数相关代码见"代码 2-5"。

定义类型相关代码见"代码 2-6"。

2.4 产品展示

整体外观如图 2-7 所示,内部结构如图 2-8 所示。飞行器的电池用魔术带固定在底板顶端,Arduino NANO 开发板和 GY-86 传感器用杜邦线在小面包板上连接电路,小面包板用泡沫胶固定在电池上。电池通过分线板将电传输给 4 个电调及其控制的电机。Arduino NANO 开发板通过杜邦线连接到 4 个电调。遥控器的信号接收器通过泡沫胶固定在下底板的一侧。分线器用螺丝固定在下底板上。最终演示效果如图 2-9 所示。飞行器能够根据遥控器的操纵指令做出对应的垂直升降、转向、变速和自由悬停功能。

图 2-7　整体外观

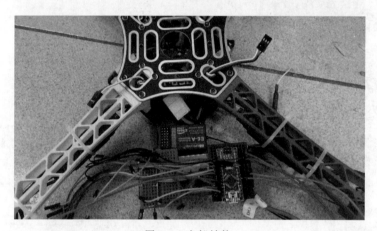

图 2-8　内部结构

图 2-9　最终演示效果

2.5 元器件清单

完成四轴飞行器元器件清单如表 2-1 所示。

表 2-1 四轴飞行器元器件清单

模　　块	元器件/测试仪表	数　　量
飞行器架构部分	四轴固定臂	4
	锂电池及充电器	1
	KV2200 电机	4
	电源分线板	1
	电源线	若干
	30A 电调	4
	正反桨	2
	魔术带	1
	飞控底板	2
Arduino 控制模块	Arduino NANO 开发板	1
	小面包板	1
	杜邦线	若干
	泡沫胶	1
姿态读取模块	GY-86 传感器	1
遥控部分	MC6A 遥控器	1
	MC6A 接收器	1
	5 号电池	4

## 第 3 章

智能自动捡球机

3.1　项目背景

宽阔的球场、矫健的运动员和凌空飞舞的乒乓球,组成了一幅幅美丽的画卷,令人目不暇接。然而,一个个落地的小球却躺在场地的角落等待主人的到来。场地上若有专门的捡球人员,势必会影响运动员们的发挥,也会影响观众们的视线。若此时有智能自动捡球机,则会方便很多。它具有体积小、行动灵活、干扰小等特点,可以广泛应用于日常训练和正式比赛中。

3.2　创新描述

本项目首先设计一个自动追踪小车,使其能找到乒乓球的位置。为了能精确地定位,使用超声波传感器寻找目标的方向,再通过红外光电开关找到目标的精确位置。在小车前部固定一个舵机,利用旋转的舵机带动捡球器自上而下,通过捡球器前端的可黏性物质将小球粘起。

在此捡球小车的基础上,通过部分更改捡球小车的功能,小车前部的右侧增加一个红外光电开关用来检测地面,当朝地的红外亮时,其他三个红外检测目标位置;当朝地的红外不亮时,小车后退右转;当朝地的红外再次亮时,其他三个红外传感器再次检测目标位置。

因此,本项目的创新点是通过使用红外光电开关与超声波传感器的组合方式检测小球位置;小车前端的捡球器设置类似于挖掘机前端。

3.3　功能及总体设计

本部分包括功能介绍、总体设计和模块介绍。

3.3.1　功能介绍

当把自动捡球机放到场地时,捡球机前端的超声波传感器和三个红外光电开关开始工作。如果所有红外光电开关都没有检测到信号,而且超声波探测的目标距离超过了最大范围(目前是 30cm),说明目标不在前方,就慢速向右转圈寻找其他方向的目标;如果所有红外光电开关都没有检测到信号,但超声波探测的目标距离小于最大范围,说明目标在前方,此时缓慢前进接近目标;如果左侧红外光电开关检测到目标,说明目标在左侧,则迅速左转,面向目标;如果右侧红外光电开关检测到目标,说明目标在右侧,则迅速右转,面向目标;如果中间的红外光电开关检测到目标,说明目标就在正前方,而且距离合适,搜寻完成。

之后舵机开始转动,捡球器自上而下运动,通过其前端的可黏性物质粘起小球。中间的红外光电开关就会检测不到小球,则舵机停止转动。而小车继续前进,寻找下一个目标。

3.3.2　总体设计

本部分包括整体框架、系统流程和系统总电路。

1. 整体框架

整体框架如图 3-1 所示。Arduino UNO 开发板与传感器扩展板相连,直流电机驱动板、超声波模块、红外光电开关和舵机连接到扩展板上,直流电机驱动板连接两个直流减速电机。

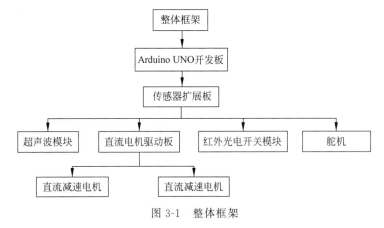

图 3-1　整体框架

2. 系统流程

自动捡球机系统流程如图 3-2 所示。接通电源,捡球器开始工作,利用红外光电开关和超声传感器控制小车的运动,定位球的精确位置,直至中间位置的红外检测到小球的位置,小车停下,捡到球为止。

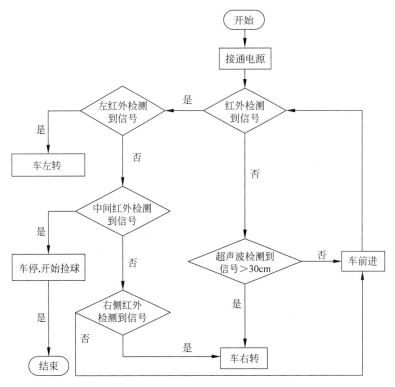

图 3-2　自动捡球机系统流程

清障部分系统流程如图 3-3 所示。

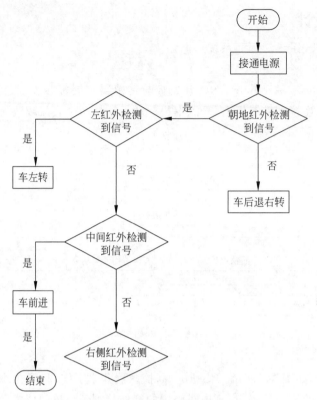

图 3-3　清障部分系统流程

3. 系统总电路

系统总电路如图 3-4 所示，Arduino UNO 开发板与扩展板直接连接。红外模块的左、中、右侧的红外光电开关分别与扩展板上的 7、4、8 引脚连接，面向地面的红外模块与扩展板上的 2 引脚连接，然后将对应的 5V 电压和 GND 接好。

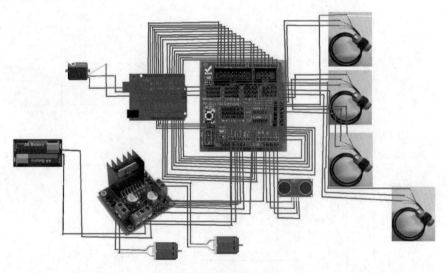

图 3-4　系统总电路

超声波传感器的 Trig 端和 Echo 端分别与扩展板上自带的接超声波模块的区域上的 A0、A1 引脚相连接,然后将对应的 5V 电压极和 GND 极接好即可。

电机驱动板上的 IN1、IN2、IN3 和 IN4 端分别与扩展板的 A3、A4、A5、A2 引脚连接。驱动板的 OUT1 和 OUT2 端与左侧电机连接,OUT3 和 OUT4 端与右侧电机连接。然后将对应的 5V 电压和 GND 接好。

舵机与扩展板的 9 引脚相连接,然后将对应的 5V 电压和 GND 连接。

3.3.3 模块介绍

本项目主要包括以下几个模块:超声波模块、红外光电开关和舵机模块、直流电机驱动板模块、清障模块。下面将分别给出各部分的功能、元器件、电路图和相关代码。

1. 超声波模块

利用超声波传感器可以大致探测到目标的位置。设置超声波的探测距离为 300mm。当超声波探测的目标距离超过最大范围(300mm)时,如果所有红外光电开关都没有检测到信号,说明目标不在前方,小车缓慢向右转圈寻找其他方向的目标。当超声波探测的目标距离小于最大范围时,说明目标在前方,此时小车直线行驶,缓慢接近目标。元器件包括 HC-SR04 超声波传感器和若干杜邦线,超声波模块接线如图 3-5 所示。

相关代码见"代码 3-1"。

2. 红外光电开关及舵机模块

小车前部的三个红外光电开关分别用来检测左、中、右三个方向。若左侧红外光电开关检测到信号,表明小球在小车左侧,则小车左转;若右侧红外光电开关检测到信号,表明小球在小车右侧,则小车右转;若中间红外光电开关检测到信号,表明小球在小车正前方,找到球,则小车停止。舵机开始转动带动捡球器上下移动,实现捡球功能。元器件包括三个红外光电开关 E18-D80NK、一个传感器扩展板、舵机、杜邦线若干。红外光电开关及舵机模块连接如图 3-6 所示。

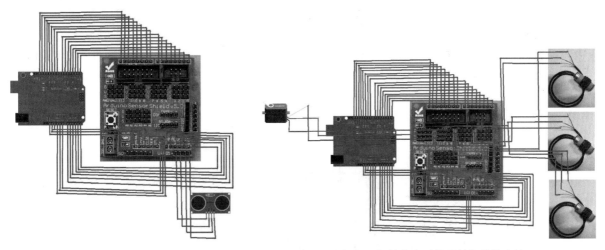

图 3-5 超声波模块接线   图 3-6 红外光电开关及舵机模块连接

相关代码见"代码 3-2"。

3. 直流电机驱动板模块

利用驱动板上的 EN 使能端 ENA 和 ENB 为电机输出模拟值,用来控制电机的转速(0~255,数值越大,电机转速越快)。另外 4 个输出端 IN1、IN2、IN3、IN4 分别接两个电机。其中,ENA 与 IN1、IN2 为一组,ENB 与 IN3、IN4 为一组,每组接口驱动一个电机。IN1 与 IN2 的作用是给电机提供电流,当电流的方向不同（即 IN1 端输出高电压、IN2 端输出低电压和 IN1 端输出低电压、IN2 端输出高电压两种情形）时，电机的转动方向就不相同。另外一组（ENB、IN3 和 IN4）的作用同样如此。从而，使电机带动小车向所需的方向转动与行走。元器件包括 L298N 电机驱动板、杜邦线和两个直流减速电机。直流电机驱动板模块连接如图 3-7 所示。

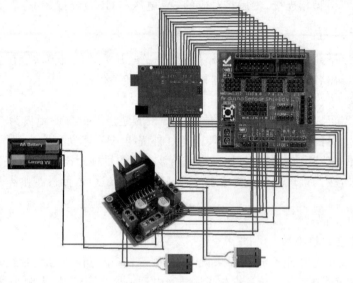

图 3-7　直流电机驱动板模块连接

相关代码见"代码 3-3"。

4. 清障模块

当接通电源时，红外光电开关开始工作，若朝地面的红外亮，即 POS==7，则朝前的三个红外开始定位目标位置，找到目标，小车直行，将目标推至圈外；此时朝地面的红外不亮，则小车后退右转，退回圈内，直到朝地面红外亮时，朝前的三个红外再次寻找目标；若朝地面的红外不亮，则小车在黑圈附近，小车后退右转，退回圈内，再次寻找目标。元器件包括四个红外光电开关和若干杜邦线。清障模块电路连接如图 3-8 所示。

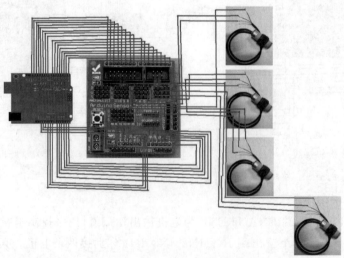

图 3-8　清障模块电路连接

相关代码见"代码3-4"。

3.4 产品展示

整体外观如图3-9所示,内部结构如图3-10所示。框架为小车载体,小车底部有直流电机驱动板和两个直流减速电机;小车顶部有Arduino UNO开发板及扩展板,电池盒、电路连线黏贴在小车的底板上;小车前部固定有超声波传感器和4个红外光电开关,实现对小车的控制;舵机和捡球器实现捡球功能。最终演示效果如图3-11和图3-12所示,可以看到捡球器捡起小球,小车实现捡球功能。

图3-9 整体外观

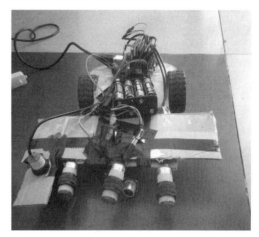

图3-10 内部结构

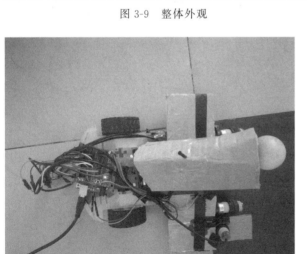

图3-11 最终演示效果1

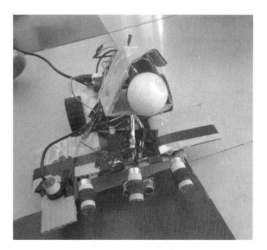

图3-12 最终演示效果2

3.5 元器件清单

完成智能自动捡球机元器件清单如表3-1所示。

表 3-1 智能自动捡球机元器件清单

模　　块	元器件/测试仪表	数　　量
智能小车行走部分	小车底盘套件	1
	直流减速步进电机	2
	E18-D80NK 红外光电开关	4
	HC-SR04 超声波传感器	1
	传感器扩展板	1
	L298N 双 H 桥直流步进电机驱动模块	1
	Arduino UNO 开发板	1
	杜邦线	若干
	1.5V 5 号电池	8
捡球部分	直流减速电机	2
	舵机	1
	捡球器	1

## 第 4 章

智 能 泊 车

4.1 项目背景

伴随着汽车产业的发展,自动导航、自动驾驶等领域已经有不少成果诞生。但是,在自动停车到停车位方向,汽车仍停留在依靠驾驶员通过车后的摄像头手动停车阶段。常见的自动停车方式很多都是通过装置将汽车停到停车位,而不是汽车自己停到停车位,这种方法存在很大的局限性,很难扩展到全国范围使用。因此,现在的很多新手司机仍旧被倒车到位所困扰。而且,由于倒车时存在视野盲区,安全性始终是很大的问题,所以一个好的倒车雷达是必不可少的。

能否利用 Arduino 开发板来实现汽车的自动停车到位和倒车雷达的功能呢? 自动停车到位,就是把汽车停到停车位旁边后,驾驶员按下按钮,小车通过倒车-转向-前进,不断改变自己的位置和姿态直到停在停车位内。倒车雷达,就是在出现意外情况,例如有障碍物时自动控制车辆制动,防止出现事故。

自动停车到位系统非常的便捷,无须过多外部设备的支持,汽车就能够自主停车到指定的停车位。驾驶员只需要将汽车停到停车位旁,就能够悠闲地看着汽车停车到位,而不用饱受手动停车到位之苦。

4.2 创新描述

基于 Arduino 开发板的智能小车,通过红外巡线传感器感应停车线,从而实现小车的自动停车到位。而搭载的超声波测距则可以使观察者能够清楚地知道小车距离停车位后障碍物的距离。

创新点:其一,与大部分的 Arduino 控制智能小车不同,采用和汽车更相似的前轮转向,后轮驱动的设计,而不是简单的两轮分别驱动,通过电机的正转和反转来转向;其二,全自动泊车,无须任何控制,只要接电,就可以实现小车在倒车—转向—前进的几个周期循环内将车停进车位的功能;其三,倒车雷达,不仅可以显示车尾到最近的障碍物的距离,还可以在距离过近时控制小车的制动,保证了安全性。

4.3 功能及总体设计

本部分包括功能介绍、总体设计和模块介绍。

4.3.1 功能介绍

智能倒车系统主要实现以下两种功能:一是自动倒车入库,小车会自动调整车身姿态,判断车身是否平行于库线,车尾是否碰到库底,在完成停车后自动停止;二是倒车雷达系统,主要功能是测量车尾到车库底的距离并显示在数码管上。

4.3.2　总体设计

本部分包括整体框架、系统流程和系统总电路。

1. 整体框架

整体框架如图 4-1 所示。电机、舵机和红外传感器模块连接到第一个 Arduino UNO 开发板,用来控制小车的倒车进程,测距模块和数码管连接到第二个 Arduino UNO 开发板,主要实现倒车雷达的测距和显示功能。

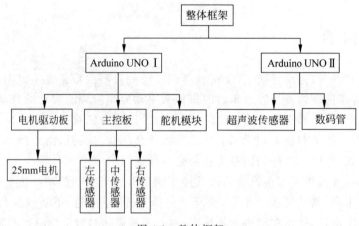

图 4-1　整体框架

2. 系统流程

系统流程如图 4-2 所示。接通电源以后,舵机自动回正,小车向正后方直线倒车,并判断车尾三个传感器的返回信号,如果左边传感器检测到黑线,说明此时车身在车库中的姿态是车头向右,左侧车尾接触到了左侧库线,此时停止倒车,舵机控制前轮左转,电机正转,向左前行驶;如果右边传感器检测到黑线,说明此时车身在车库中的姿态是车头向左,右侧车尾接触到了右侧库线,此时停止倒车,舵机控制前轮右转,电机正转,向右前行驶;如果正后方传感器检测到黑线,由传感器的位置可知,此时左右两侧传感器都没有接触到黑线,可知小车在车库中的位置已经基本到位,此时电机停转,倒车完成。

3. 系统总电路

系统总电路如图 4-3 所示。两个 Arduino UNO 开发板分别为 Arduino UNO Ⅰ 和 Arduino UNO Ⅱ,最左边的是红外传感器的主控制板,上面接有三个红外传感器,分别连接主控制板的 1、2、8 引脚,主控制板的 1、2、8 输出引脚连接到 Arduino UNO 开发板Ⅰ的 2、3、4 引脚。

在主控制板右下方的是舵机,控制端连接到 Arduino UNO 开发板Ⅰ的 10 引脚。舵机右边是电机模块,由电机 L298N 驱动板、电机和专门驱动电机的电池构成。电机 L298N 驱动板的输出口 1、2 引脚连接到电机的两个控制端,电池的正极接到电机驱动板的 VCC 引脚、负极和驱动板地线相连。

电路图的右侧是超声波测距模块和数码管。超声波测距模块的 Trigger 和 Echo 引脚连接到 Arduino UNO Ⅱ的 A0 和 A1 引脚,数码管的 1~12 引脚分别接到 Arduino UNO 开发板Ⅱ的 12、1、6、11、10、2、5、4、8、3、7、9 引脚,其中 2、3、6、7、8、9、10、11 需要串联一个 220Ω 的电阻来调节数码管的亮度。

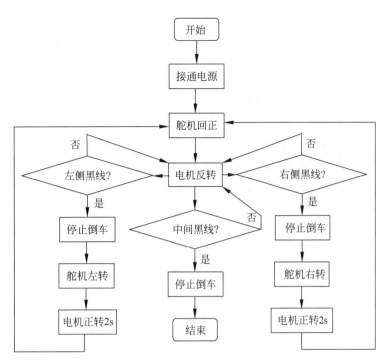

图 4-2 系统流程

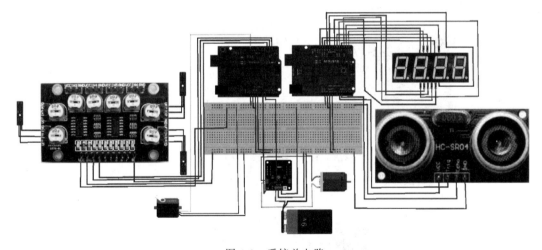

图 4-3 系统总电路

4.3.3 模块介绍

本项目主要包括以下几个模块：控制模块、电机模块、测距模块和显示模块。下面分别给出各部分的功能、元器件、电路图和相关代码。

1. 控制模块

根据红外巡线传感器传入的数据，实现自动转向功能。例如，当红外巡线传感器监测到黑色区域，则返回一个高电平，舵机随即根据该高电平实现左转或者右转。元器件包括舵机、红外巡线传感器、扩展板及若干杜邦线。控制模块接线如图 4-4 所示。

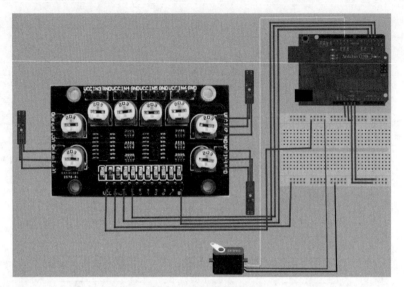

图 4-4　控制模块接线

相关代码见"代码 4-1"。

2. 电机模块

能够根据巡线传感器传回的数据进行适当的反应,包括前进、后退、制动。元器件包括 25mm 金属电机、L298N 驱动板、电池和若干杜邦线。电机模块连接如图 4-5 所示。

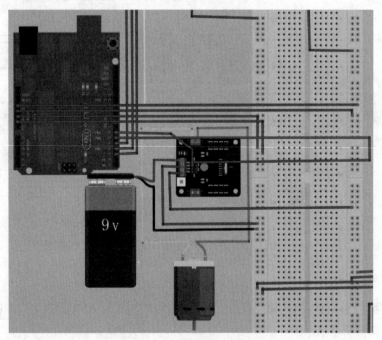

图 4-5　电机模块连接

相关代码见"代码 4-2"。

3. 测距模块

超声波测距传感器能够测量车尾与附近障碍物的距离,将数据发送给数码管进行显示。元器件包括超声波测距传感器、扩展板和若干杜邦线。测距模块接线如图 4-6 所示。

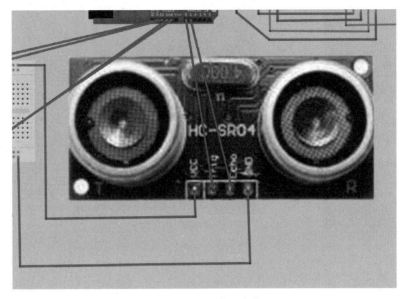

图 4-6 测距模块接线

相关代码见"代码 4-3"。

4. 显示模块

能够根据超声波测距模块传回的数据,通过对数码管上 8 个二极管的高低电平设置,实现数码管显示实际距离。元器件包括 4 个数码管、扩展板和若干杜邦线。显示模块接线如图 4-7 所示。

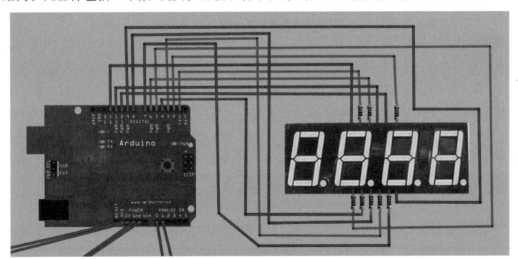

图 4-7 显示模块接线

相关代码见"代码 4-4"。

4.4 产品展示

整体外观如图 4-8 所示,最终演示效果如图 4-9 所示。

图 4-8　整体外观

(a) 最终演示效果1

(b) 最终演示效果2

图 4-9　最终演示效果

4.5　元器件清单

完成智能泊车系统元器件清单如表 4-1 所示。

表 4-1　智能泊车系统元器件清单

模　块	元器件/测试仪表	数　量
控制电路	舵机	1
	红外巡线传感器	3
	面包板	1
	Arduino UNO 开发板	1
	杜邦线	若干
电机电路	25mm 金属减速电机	1
	L298N 驱动板	1
	电池	若干
超声波测距部分	超声波测距传感器	1
	Arduino UNO 开发板	1
显示部分	数码管	4
小车部分	亚克力底盘	1
	65mm 轮子	4
	传动杆、轴承等小车零件	若干

## 第 5 章

微 型 舰 艇

5.1 项目背景

常见 Arduino 应用主要局限于陆地和上空,将基于 Arduino 进行水中的创意项目则很少。水中项目最大的挑战是防水,对防水进行评估后,决定设计并制作——微型舰艇,实现远程操作、动力控制、超声波探测、武器攻击、音乐娱乐等功能。

5.2 创新描述

创新点:当侦察系统启动后,会对周围进行探测,当发现目标后水炮发射,攻击目标,若攻击结束,音乐响起,为胜利而庆祝。

5.3 功能及总体设计

本部分包括功能介绍、总体设计和模块介绍。

5.3.1 功能介绍

本产品主要分为 4 部分进行设计:动力系统、侦察系统、攻击系统以及庆祝系统。动力系统方面提供的电压和功率要能够带动舰艇的电机,同时负责船体的方向控制;侦察系统方面,通过舵机控制方向,带动超声波探测敌方战舰,前方 180°准确扫描,不断返回前方障碍物距离,一旦侦察到敌方目标,启动攻击系统进行攻击;本舰的攻击系统由一门水炮构成,当超声波探测到目标后,舵机停止转动,水炮向目标发射水柱攻击目标;庆祝系统通过控制播放"无敌"之歌,"传邮万里"来宣扬校训,以及在成功攻击的时候庆祝胜利。

当超声波探测系统启动后,会对周围进行探测,发现目标(返回值小于定量)后水炮发射,攻击目标,攻击结束,音乐响起,为胜利而庆祝。这一系列功能也可以通过手机端发送的指令进行操作。

舰艇的动力系统会在客户端发送指令后启动,当两个电机同时启动后,船会前行;当左侧电机单独启动,船将右转;当右侧电机单独启动,船将左转。

5.3.2 总体设计

本部分包括整体框架、系统流程和系统总电路。

1. 整体框架

整体框架如图 5-1 所示。通过 Arduino UNO 开发板串联整体，蓝牙起到远程操控作用。驱动板控制两个电机的运转来整体控制舰艇的行进方向。超声波探测到目标后，舵机停止运转，继电器接通，水泵开始工作；当水泵停止工作，音乐播放。

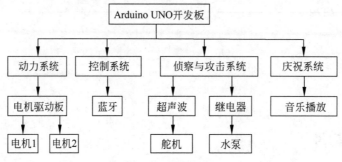

图 5-1　整体框架

2. 系统流程

系统流程如图 5-2 所示。

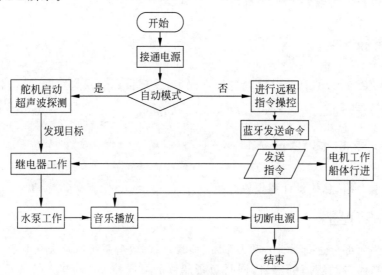

图 5-2　系统流程

3. 系统总电路

系统总电路如图 5-3 所示。Arduino UNO 开发板的 0、1 引脚用于蓝牙端接收读写信号，4、7、12、13 引脚连接 L298N 控制两个电机，通过额外的电源给驱动板供电，水泵连接电池和继电器通过 Arduino UNO 开发板 12 引脚进行控制，dfplayer mini 芯片的 2、3 引脚连接 Arduino UNO 开发板的 10、11 引脚，用于音频信号输出，dfplayer mini 芯片 6、8 引脚连扬声器，Arduino UNO 开发板的 2、3 引脚控制超声波模块，9 引脚控制舵机。

5.3.3　模块介绍

本项目主要分为四个模块和两大操作模式进行设计。下面分别给出各部分的功能、元器件、电路图和相关代码。全手动控制代码见"代码 5-1"，自动侦察模式代码见"代码 5-2"。

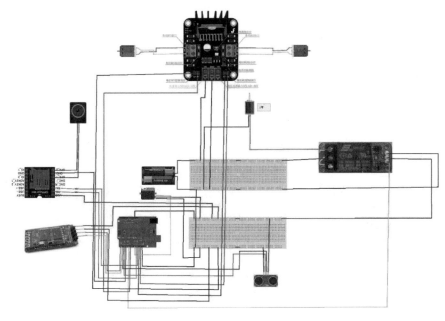

图 5-3 系统总电路

1. 动力系统

本部分主要通过电机驱动板控制电机。对于两个电机的控制通过三个函数实现,其中两个函数是针对两个电机的正反转控制,还有一个函数是控制两个电机停止的。本部分电路是由外接电源加驱动板的方式进行控制,其中驱动板使用 L298N。动力系统模块接线如图 5-4 所示。

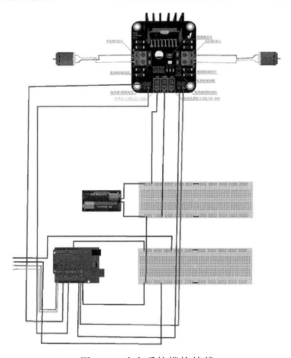

图 5-4 动力系统模块接线

相关代码见"代码5-3"。

2. 侦察系统

这一部分通过舵机控制扫描的方向,通过超声波测量距离,整体是通过两个循环来完成的,每次转2°,进行一次扫描和判断,正方向到达180°后,开始反方向,每次减2°,重复前面的过程。侦察系统电路如图5-5所示。

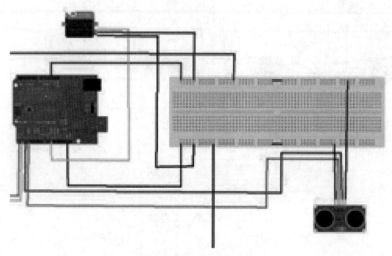

图5-5 侦察系统电路

相关代码见"代码5-4"。

3. 攻击系统

通过控制继电器开关,控制水炮的攻击,攻击系统电路如图5-6所示。

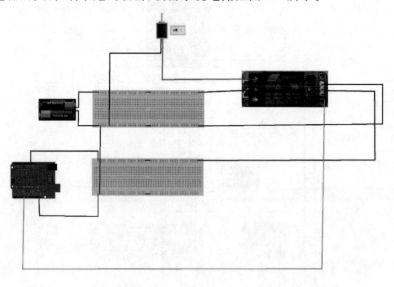

图5-6 攻击系统电路

相关代码见"代码5-5"。

4. 庆祝系统

对于音乐播放功能，主要是通过向芯片发送对应指令进行控制，可以实现播放、下一首、上一首、暂停、随机播放、音量控制等功能。庆祝系统电路如图 5-7 所示。

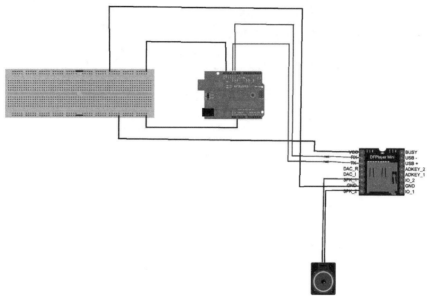

图 5-7　庆祝系统电路

相关代码见"代码 5-6"。

5.4　产品展示

船体侧面如图 5-8 所示，船体前方外观如图 5-9 所示，内部结构如图 5-10 所示。舰艇的头部，包括最前面的超声波扫描模块；从正面看左边为水泵，水泵的出水口连到超声波的顶部，右边为蓝牙模块和扬声器。

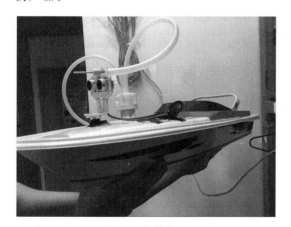

图 5-8　船体侧面

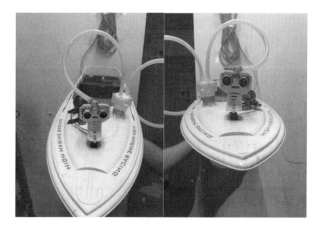

图 5-9　船体前方外观

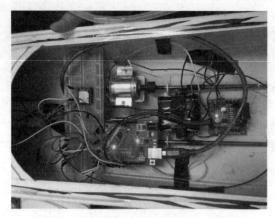

图 5-10　内部结构

5.5　元器件清单

完成微型舰艇元器件清单如表 5-1 所示。

表 5-1　微型舰艇元器件清单

模　块	元器件/测试仪表	数　量
船体控制探测	Arduino UNO 开发板	1
	电机驱动模块	1
	步进电机	2
	面包板	1
	超声波探测模块	1
	舵机	1
	蓝牙模块	1
动力及武器	继电器模块	1
	水泵	1
	7.4V 镍氢电池	1
	杜邦线	若干
	铜线	若干
船体	成品无零件船壳	1

## 第 6 章

无人停车库

6.1 项目背景

目前 Google、苹果和百度都已经涉足智能无人驾驶汽车领域。而老牌的汽车产业也在智能无人驾驶领域潜心研究多年。特斯拉 Model3 发布时,Elon Musk 强调在硬件上已完全支持自动驾驶。特斯拉 ModelS 在 2012 年首次推出时,它并没有自动驾驶传感器和其他相关硬件,而两年后,推出了自动驾驶功能:Autopilot。另外,沃尔沃汽车公司计划在 4 年内推出首款自动驾驶汽车,该款自动驾驶汽车不需要人类的监督,完全由汽车来掌控一切,汽车自动驾驶的时候,司机可以做一些其他的活动。此外,汽车还会处理所有来自路面的状况。

相信未来的道路上会有更多的无人驾驶汽车,而智能驾驶不仅是汽车的智能化,也是道路的智能化、周围配套实施的智能化。无人驾驶会促进整个交通系统更加智能化。

6.2 创新描述

作为创意产品,它带来了全新停车库的理念。人们不必在商场等地方苦苦寻找车位,不会为了一个停车位而与他人产生矛盾,也不会由于驾驶技术不佳而在停车时与他人的汽车发生刮擦。全新停车库所有的环节都将由汽车和车库来完成,驾驶员只需将汽车停放在规定位置,汽车就会自动驾驶到车库分配的停车位。当你需要取车时,手机发出信号,汽车就会自动驶出(该功能用蓝牙实现)。此外为了应付特殊情况,加入了红外避障、温度测试显示及报警功能。

6.3 功能及总体设计

本部分包括功能介绍、总体设计和模块介绍。

6.3.1 功能介绍

本项目可以实现小车自动驾驶进入车库停车位的功能,同时为应付突发状况增加了红外避障功能,即在小车自动驶入车库的途中,如果遇到障碍物阻挡,将进入红外避障模式,小车将自动行驶躲避障碍物,直到被迫停止后报警。此外,小车可检测车库的环境温度并显示,当温度过高时,会发出报警。

6.3.2 总体设计

本部分包括整体框架、系统流程和系统总电路。

1. 整体框架

整体框架如图 6-1 所示。

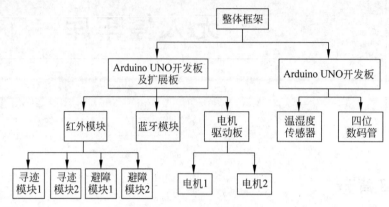

图 6-1　整体框架

2. 系统流程

系统流程如图 6-2 所示。

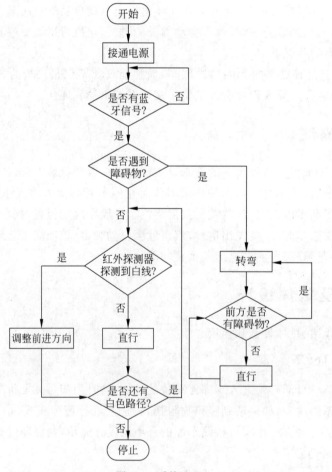

图 6-2　系统流程

3. 总体电路图

总体电路及 Arduino UNO 开发板引脚如图 6-3 所示。左半部分是红外避障及红外寻迹蓝牙控制模块组,右半部分是温度显示及报警模块组。其中,红外组使用了一块 Arduino UNO 开发板,电机驱动板连接 3、5、6、9 4 引脚,红外模块分别连接 2、4、7、8 4 引脚,蓝牙模块连接 A2、A3 模拟引脚,然后对应的 5V 电压和 GND 连接好即可。

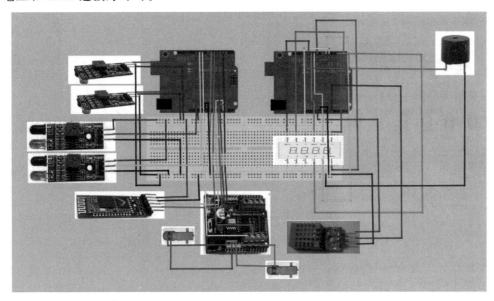

图 6-3 系统总电路

温度显示及报警模块组单独使用了一块 Arduino UNO 开发板,四位共阴极数码管连接 1、2、3、4、5、6、7、8、9、10、11、12 引脚,蜂鸣器连接 13 引脚,温湿度传感器连接 A0 引脚。

6.3.3 模块介绍

本项目主要包括以下几个模块:红外寻迹及蓝牙控制模块、红外避障及报警模块、温度显示及报警模块。

1. 红外寻迹及蓝牙控制模块

接收到手机蓝牙发送的信号后,小车开始根据地面的轨迹运动,在没有轨迹时停止运动。元器件包括两个红外寻迹探测器、两个电机、蓝牙控制模块电机驱动板、Arduino UNO 开发板及若干杜邦线。红外寻迹及蓝牙控制模块连接如图 6-4 所示。

相关代码见"代码 6-1"。

2. 红外避障及报警模块

在寻迹过程中遇到障碍物时,将结束寻迹模式,直接进入红外避障及报警模式。在前方没有路时,将掉头行驶。元器件包括两个红外避障探测器和若干杜邦线。红外避障及报警模块连接如图 6-5 所示。

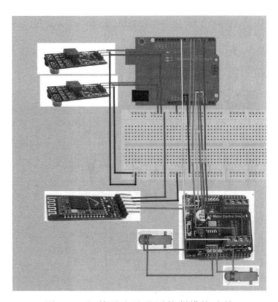

图 6-4 红外寻迹及蓝牙控制模块连接

相关代码见"代码6-2"。

3. 温度显示及报警模块

可以检测车库内的温度并用四位数码管显示出来,当温度过高时启动蜂鸣器报警。元器件包括温湿度传感器、四位数码管、无源蜂鸣器、Arduino UNO 开发板、小面包板及若干杜邦线。温度显示及报警模块连接如图 6-6 所示。

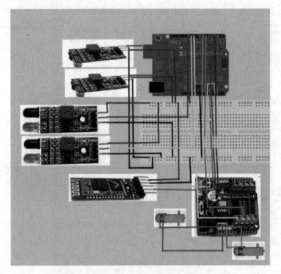

图 6-5　红外避障及报警模块连接

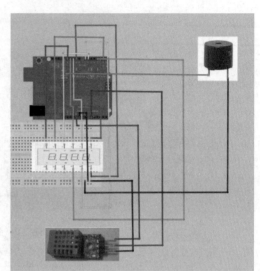

图 6-6　温度显示及报警模块连接

相关代码见"代码6-3"。

6.4　产品展示

整体外观如图 6-7 所示,内部结构如图 6-8 所示。整体形状为圆形,顶层为温度显示及报警模块,中间为小车的主体部分,包括红外寻迹及蓝牙控制部分、红外避障部分。

图 6-7　整体外观

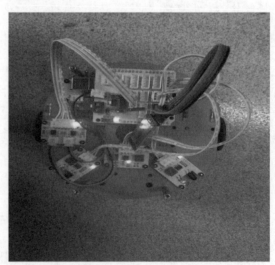

图 6-8　内部结构

6.5　元器件清单

完成无人停车库元器件清单如表 6-1 所示。

表 6-1　无人停车库元器件清单

模　　块	元器件/测试仪表	数　　量
红外寻迹模块	红外寻迹探测器	2
	电机	2
	蓝牙	1
	电机驱动板	1
	Arduino UNO 开发板	1
	杜邦线	若干
红外避障模块	红外避障探测器	2
温度显示及报警模块	温湿度传感器	1
	四位数码管	1
	蜂鸣器	1
	小面包板	1

## 第 7 章

智 能 小 车

7.1　项目背景

　　本项目是一种能够通过编程手段完成特定任务的小型化机器人,它具有制作成本低廉、电路结构简单、程序调试方便等优点。由于具有很强的趣味性,智能小车深受广大机器人爱好者以及高校学生的喜爱。

　　超声波作为智能车避障的一种重要手段,以其具有避障实现方便、计算简单、易于做到实时控制、测量精度能达到实用的要求等优点,在未来汽车智能化进程中必将得到广泛应用。我国作为一个世界大国,在高科技领域也必须占据一席之地,未来汽车的智能化是汽车产业发展必然的趋势,在这种情况下,研究超声波在智能车避障上的应用将对我国未来智能汽车的研究具有重要作用,也决定着我国在世界高科技领域是否能占据领先地位。

　　本项目的智能小车系统可用于未来的智能汽车上,当驾驶员因疏忽或打瞌睡时,智能汽车的设计就能体现出它的作用。如果汽车偏离车道或距障碍物小于安全距离时,汽车就会发出警报,提醒驾驶员注意,如果驾驶员没有及时作出反应,汽车就会自动减速或停靠于路边。本模型车也可以用于月球探测的无人探月车,帮助传送月球上更多的信息,让大家更加了解月球,为将来登月做好充分准备。还可以在科学考察探测车上有广阔的应用前景,在科学考察中,有很多危险且人们无法涉足的地方,这时,智能科学考察车就能够发挥作用。

7.2　创新描述

　　创新点:除红外避障这一项被广泛开发的功能外,使用超声波测距来实现避障。

7.3　功能及总体设计

　　本部分包括功能介绍、总体设计和模块介绍。

7.3.1　功能介绍

　　本项目主要实现自动避障、超声波测距的功能,使得小车在遇到障碍物时可以自动避开,和其他物体保持恒定距离,在超出安全距离时自动制动。

7.3.2 总体设计

本部分包括整体框架、系统流程和系统总电路。

1. 整体框架

整体框架如图 7-1 所示。

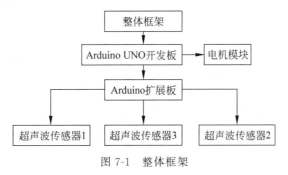

图 7-1 整体框架

2. 系统流程

系统流程如图 7-2 所示。

3. 系统总电路

系统总电路如图 7-3 所示。

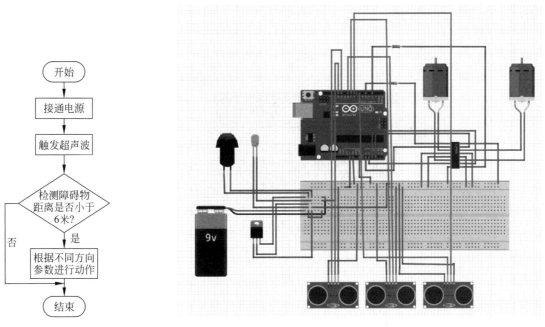

图 7-2 系统流程   图 7-3 系统总电路

7.3.3 模块介绍

本项目包括电机模块和超声波模块。下面分别给出各部分的功能、元器件、电路图和相关代码。

1. 电机模块

电机模块主要用于驱动小车运动,电机模块电路如图 7-4 所示。元器件包括两个步进电机、步进电机驱动器、Arduino UNO 开发板及若干杜邦线。

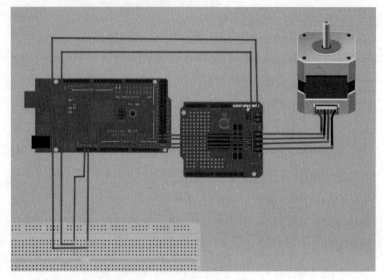

图 7-4　电机模块电路

相关代码见"代码 7-1"。

2. 超声波模块

用于探测前方障碍物距离并避障,超声波模块电路如图 7-5 所示。元器件包括 3 个超声波传感器。

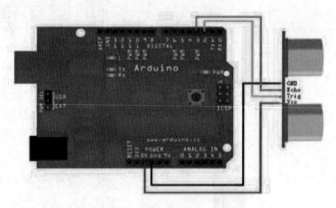

图 7-5　超声波模块电路

相关代码见"代码 7-2"。

7.4　产品展示

整体外观如图 7-6 所示,内部结构如图 7-7 所示。小车下面是电机和电池,上面是一块 Arduino UNO 开发板,同时又安装了一块功能扩展板,Arduino 扩展板实现上传的功能。

图 7-6 整体外观

图 7-7 内部结构

7.5 元器件清单

完成多功能模型小车元器件清单如表 7-1 所示。

表 7-1 多功能模型小车元器件清单

模　块	元器件/测试仪表	数　量
电机模块	步进电机	2
	电池	2
	步进电机驱动器	1
	杜邦线	若干
	Arduino UNO 开发板	1
	Arduino 功能扩展板	1
超声波模块	超声波传感器	3

## 第 8 章

App 遥控四轴飞行器

8.1 项目背景

四轴飞行器(Quadrotor)是一种多旋翼飞行器。它的 4 个螺旋桨都是电机直连的简单机构,十字形的布局允许飞行器通过改变电机转速旋转机身,从而调整自身姿态。

因为固有的复杂性,历史上从未有大型的商用四轴飞行器。与直升机相比,四轴飞行器机械结构简单,维修和更换的成本低。近年来得益于微机电控制技术的发展,因其易与微机电控制、智能导航、物联网技术结合,稳定的四轴飞行器得到了广泛的关注,应用前景十分可观,涌现出大量飞行器爱好者和设计团队。国际上比较知名的四轴飞行器公司有中国大疆创新公司、法国 Parrot 公司、德国 AscTec 公司和美国 3D Robotics 公司。

四轴飞行器按大小分为大四轴和小四轴。其中,小四轴可以自由地实现悬停和空间中的自由移动,具有很大的灵活性。主要的应用是玩具、航模以及航拍。大四轴可在安保领域,配备高清摄像机,广泛应用于电子警察、电子消防员、电子保安、电子管家方面;还可应用建筑领域及其他高危作业环境。

8.2 创新描述

本项目实现 App 遥控四轴飞行器,告别传统的遥控器控制,实现对飞行器飞行姿态的控制,更加经济方便。基于 Arduino 设计与开发,较传统单片机而言,功能拓展和开发更加方便。四轴轴距 650mm,属于中大型飞行器,可搭载更多元器件,通过 WiFi 实现图像实时传输和环境实时监测等。

8.3 功能与整体设计

本部分包括功能介绍、总体设计和模块介绍。

8.3.1 功能介绍

App 遥控四轴飞行器,可通过 App 连接控制飞行器,远程控制其飞行姿态,调节转速,观测回传飞行数据,对飞行器进行校准,飞控灵敏度调节等。

8.3.2 总体设计

本部分包括整体框架、系统流程和系统总电路。

1．整体框架

整体框架如图 8-1 所示。在四轴飞行器上安装电调板，连接 4 个电调，再分别连上 4 个电机，安装螺旋桨，电调信号线连接 Arduino UNO 开发板，在 Arduino 开发板装上九轴传感器 GY-85 和蓝牙模块，与手机 App 互联。

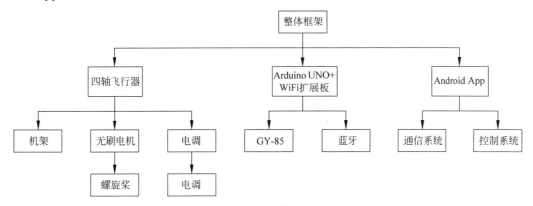

图 8-1 整体框架

2．系统流程

系统流程如图 8-2 所示。接通电源以后，App 连接蓝牙，发送解锁信号，解锁后，发送控制信号，传感器反馈信号无异常时，飞控控制四轴飞行器，飞行不稳定时，可通过飞控控制达到稳定。

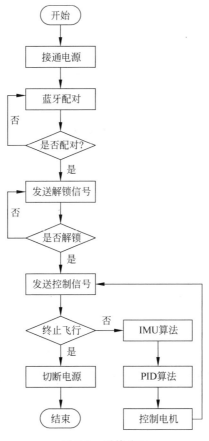

图 8-2 系统流程

3. 系统总电路

系统总电路如图8-3所示。4个电机通过电调连接到Arduino UNO开发板，接3、9、10、11引脚（电调见实物），蓝牙模块接RX、TX、GND、5V，九轴传感器模块接SCL、SDA、GND、3.3V，具体接线以实物为准。

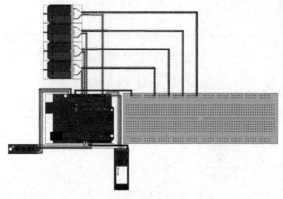

图8-3　系统总电路

8.3.3　模块介绍

本项目主要包括以下模块：App模块、通信模块、动力系统及飞控模块。下面分别给出各部分的功能、元器件、电路图和相关代码。

1. App模块

利用手机App通过BlueTooth无线传输协议，实现对四轴飞行器的简单测试以及控制。需要一部安卓手机、一台性能较好的计算机和安卓开发平台eclipse。

App开发平台界面如图8-4所示。

图8-4　开发平台界面

App界面如图8-5～图8-8所示。

图 8-5　TestApp 1.0

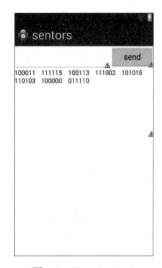

图 8-6　TestApp 2.0

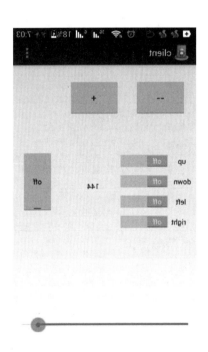

图 8-7　TestApp 3.0

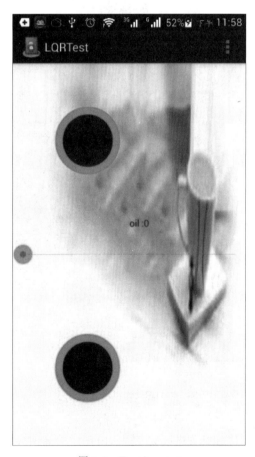

图 8-8　TestApp 4.0

相关代码见"代码8-1"。

2. 通信模块

实现手机 App 与 Arduino UNO 开发板的连接。元器件包括 HC-06 蓝牙模块和 Arduino UNO 开发板。通信模块电路如图 8-9 所示，其中蓝牙模块分别连接 Arduino UNO 开发板的 Rx、Tx、GND、5V 引脚。

相关代码见"代码8-2"。

3. 动力系统

为飞行器提供动力以及姿态控制。元器件包括朗宇 A2216 无刷电机、天行者 40A 电调、电调板、锂电池 3S 2200mAh、1147 正反螺旋桨。动力系统电路如图 8-10 所示。

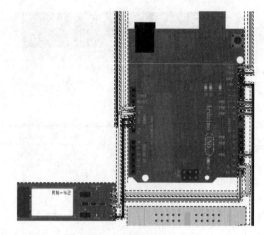

图 8-9　通信模块电路

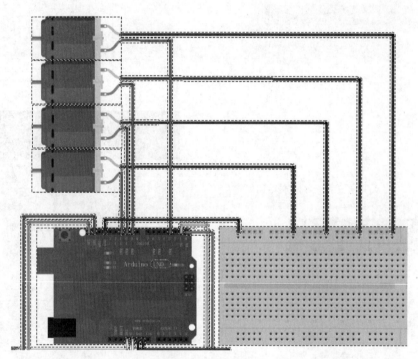

图 8-10　动力系统电路

相关代码见"代码8-3"。

4. 飞控模块

本模块的功能是实现飞行器稳定飞行。所用元器件包括 GY-85 传感器。IMU 算法的代码见"代码8-4"，PIO 算法代码见"代码8-5"。

8.4　产品展示

整体外观如图 8-11 所示，内部结构如图 8-12 所示。飞行器内部是电调和电机，使用高温硅导线连接；下方为电源和脚架；Arduino UNO 开发板安装在飞行器顶部，GY-85 九轴传感器接 Arduino UNO

开发板 SDA、SCL 引脚,蓝牙模块接 Rx、Tx、GND 和 5V 引脚,电调信号线分别连在 3、9、10、11 引脚。

图 8-11　整体外观

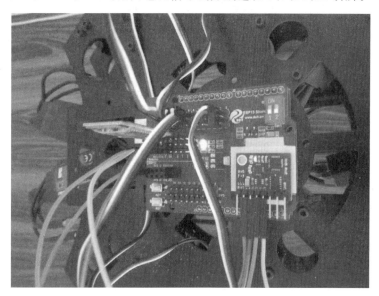

图 8-12　内部结构

8.5　元器件清单

完成 App 遥控四轴飞行器元器件清单如表 8-1 所示。

表 8-1　App 遥控四轴飞行器元器件清单

模　　块	元器件名称	数　　量
主模块	Arduino UNO 开发板＋WiFi 模块	1
	ATG 16MM T650	1
	朗宇 A2216 KV880 1250 天使系列无刷电机	4
	ATG 1147 正反螺旋桨	2
	天行者 40A 无刷电调	4
	电调板	1
	锂电池 3S 2200mAh 30C	2
	蓝牙 HC-06	1
	传感器 GY-85	1
	B6 平衡充电器＋电源	1
辅助材料	16AWG 高温特软硅胶线	3
	杜邦线	若干
	螺丝	若干
	3.5mm 公母香蕉头	12
	螺丝刀、镊子、胶布	1

## 第 9 章

红外遥控智能小车

9.1 项目背景

对于遥控赛车我们并不陌生,通过遥控器控制赛车跑动的同时,也一定很好奇车是怎样受到控制的。不仅如此,还要让车具备其他各种各样的功能。

9.2 创新描述

本作品主要分为两部分进行设计:控制部分和红外激光部分。控制部分的主要功能是通过遥控远程控制小车的运行;红外激光部分由两个红外激光器组成,它们位于车的前端,通过红外激光感知周围物体,如果两个激光器同时检测到物体并且和物体达到一定距离,则小车会前进,如果左侧检测到物体,则小车向右转,如果右侧检测到物体,则小车向左转,如果都没有检测到,则小车停止不动。

9.3 功能及总体设计

本部分包括功能介绍、总体设计和模块介绍。

9.3.1 功能介绍

本项目利用 Arduino 开发板实现小车的测距、红外遥控以及避障功能。

9.3.2 总体设计

本部分包括整体框架、系统流程和系统总电路。

1. 整体框架

整体框架如图 9-1 所示。直流电机连接到 L298N 驱动上,Arduino UNO 开发板与扩展板控制红外数字传感器、红外控制器和红外测距传感器。

2. 系统流程

系统流程如图 9-2 所示。

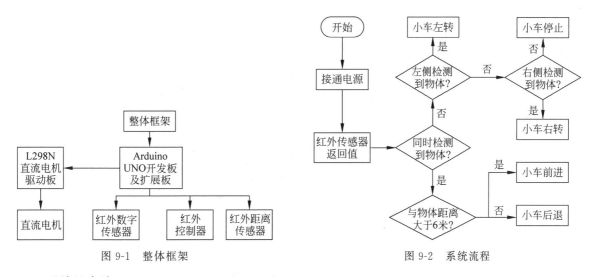

图 9-1 整体框架

图 9-2 系统流程

3. 系统总电路

系统总电路如图 9-3 所示。直流电机模块组有一块直流电机驱动板,分别通过设定好的接口连接电机驱动板,红外避障模块和测距模块接到传感器扩展板上,按照对应的位置连接即可。红外控制模块可以在小车寻物或者避障的时候人为控制小车前进方向,使得小车更为灵活。

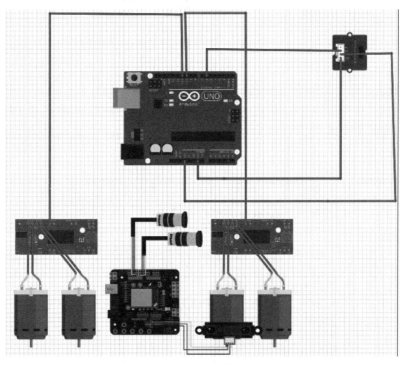

图 9-3 系统总电路

9.3.3 模块介绍

本项目主要包括以下几个模块:小车运动模块、红外寻物模块、碰撞开关模块和红外遥控模块。下面分别给出各部分的功能、元器件、连接图和相关代码。

1. 小车运动模块

本模块通过电机控制小车运动,小车运动模块接线如图 9-4 所示。

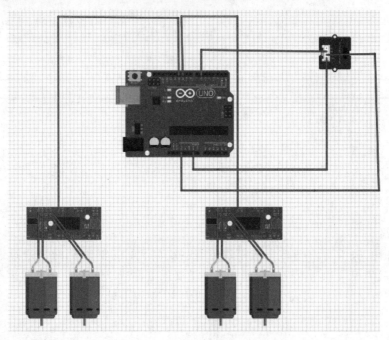

图 9-4　小车运动模块接线

相关代码见"代码 9-1"。

2. 红外寻物模块

通过红外避障监测是否有障碍物,根据测距传感器返回的值判断距离,然后小车跟随物体运动。元器件包括两个红外避障传感器、一个红外测距传感器和一个 Arduino 扩展板组成。红外寻物模块电路连接如图 9-5 所示。

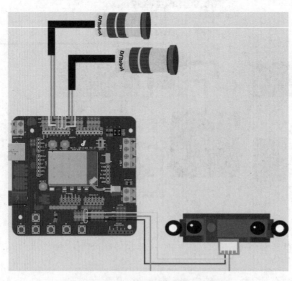

图 9-5　红外寻物模块电路连接

相关代码见"代码9-2"。

3. 碰撞开关模块

本模块实现碰撞检测及控制碰撞开关,碰撞开关模块连接如图9-6所示。

图9-6　碰撞开关模块连接

相关代码如下:

```
void Knock()
{
  if (!digitalRead(Knockpin))                    //如果后边撞到了,前进
  {
    Onward();
    delay(300);
    Halt();
    Serial.println("Knock detected");
  }
}
```

4. 红外遥控模块

本模块实现红外遥控功能,红外遥控模块电路连接如图9-7所示。

图9-7　红外遥控模块电路连接

相关代码见"代码9-3"。

9.4　产品展示

整体外观如图9-8所示,内部结构如图9-9所示,最终演示效果如图9-10所示。

图 9-8　整体外观

图 9-9　内部结构

图 9-10　最终演示效果

9.5　元器件清单

完成红外遥控智能小车元器件清单如表 9-1 所示。

表 9-1　红外遥控智能小车元器件清单

模　块	元器件/测试仪表	数　量
小车运动模块	直流电机	4
	L298N 直流电机驱动板	1
	Arduino UNO 开发板	1
	杜邦线	若干
红外激光模块	红外遥控器	1
	红外避障传感器	2
	红外测距传感器	1
	碰撞开关	1

## 第 10 章

蓝牙手柄避障小车

10.1 项目背景

智能小车在技术上和移动机器人有着密切的联系,具有对于自动控制、传感器技术、电子电路上的重要实践意义。智能小车通过对基本功能进行不同方向的多种多样的扩展,可以为人们的生活提供各种各样的便利。这类设备可以应用于复杂多样的工作环境,尤其在民用和军用上更为广泛。

一般来说,实现红外避障要求相对简单且易于做到实时控制。同时,一般的红外避障装置在测量精度方面可达到实用的要求。因此,能够作为常用的避障方法。利用红外传感器来实现小车的智能避障时,通过测量小车与障碍物的距离,实现小车多角度检测障碍物,从而加以判断转向、后退和前进,使小车能成功地躲避障碍物,并按照控制者的意愿前进。

除此之外,可以为它加装通过 WiFi 连接的摄像头模块,将拍到的图像数据传输到计算机上,也可以通过手机 App 对小车进行操控,让小车使用更为方便,功能更加强大。

10.2 创新描述

创新点:可以通过操作手柄进行远程操控,进行前进、后退、转弯、变速等运动。切换模式后,当遇到障碍物时,它可以通过红外避障模块探测到障碍物,灵活地自动避障。

10.3 功能及总体设计

本部分包括功能介绍、总体设计和模块介绍。

10.3.1 功能介绍

本项目主要分为两部分:小车的运动转向部分和红外避障部分。对于运动和转向部分,经由 Arduino UNO 开发板,再用 PM-R3 多功能扩展板连接电机和舵机,实现小车运动。操作时,通过蓝牙和遥控手柄连接主板,达到操纵的目的;红外避障部分,分布在小车各侧的多个红外线板通过传感器模块感应到障碍物,进而控制电机的转动,避开障碍物。

10.3.2 总体设计

本部分包括整体框架、系统流程和系统总电路。

1. 整体框架

整体框架如图 10-1 所示。PM-R3 多功能扩展板连接到 Arduino UNO 开发板,通过 PM-R3 多功能扩展板连接并驱动步进电机和转向舵机；另外，PM-R3 多功能扩展板连接了红外避障模块，4 个红外避障小板接收到障碍物的信号返回给多功能扩展板处理，从而控制电机工作和舵机的转向。

2. 系统流程

系统流程如图 10-2 所示。避障模式下，在小车运动过程中，如果遇到障碍物，被红外小板探测到后，让舵机转动，从而达到转向的目的；如果前方各个方向都有障碍物，小车则后退。

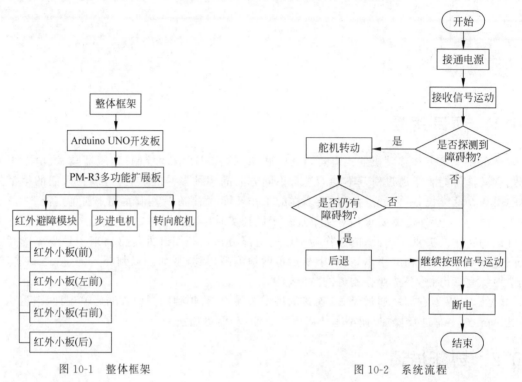

图 10-1　整体框架　　　　　　　　　　图 10-2　系统流程

3. 系统总电路

系统总电路如图 10-3 所示。Arduino UNO 开发板连接具有 PM-R3 的多功能扩展板。驱动步进

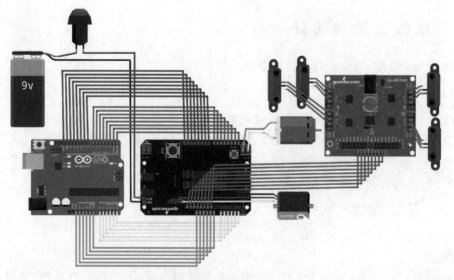

图 10-3　系统总电路

电机和转向舵机也通过 PM-R3 多功能扩展板连接;另外,PM-R3 多功能扩展板连接到红外避障模块,4 个红外避障小板接收到障碍物的信号通过它传回扩展板,控制电机工作和舵机的转向。

10.3.3 模块介绍

本项目主要包括以下几个模块:运动与转向模块、红外避障模块。下面分别给出各部分的功能、元器件、电路图和相关代码。

1. 运动与转向模块

小车通过操作手柄进行前进、后退、转弯、变速等运动。元器件包括 S3003 舵机、17mm 联轴器 D-3mm、0.5 模 50 齿齿轮、0.5 模 34 齿齿轮、传动连杆、后轮连杆、电机固定支架、25mm 金属减速电机、开关、PM-R3 多功能扩展板、PS2 手柄、若干杜邦线和 9.1V-2400mA·h 锂电池组。电机模块电路接线如图 10-4 所示,PM-R3 扩展板电路如图 10-5 所示。

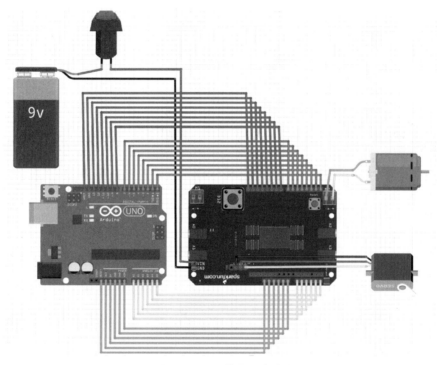

图 10-4　电机模块电路接线

相关代码见"代码 10-1"。

2. 红外避障模块

红外避障模块是智能小车红外线探测系统的工具。它使用红外线发射和接收管等分立元器件组成探头,并使用 LM339 电压比较器获得输出信号。电源从模块 VCC 和 GND 引脚输入,VCC、SIG1、GND 接到红外板上,对应的通道 LED 显示灯灭(常态下无遮挡输出高电平),若通电后 LED 常亮,则对应调节电位器顺时针旋转,使感应距离变小,逆时针旋转使感应距离变大。此时用手或者白纸遮挡红外板,则对应通道显示灯会亮,表示输出一个低电平信号。单片机只要对 OUT1~OUT4 的电平信号进行判断。常态下无遮挡为高电平,有遮挡时输出为低电平。元器件包括红外主板、避障小板和若干杜邦线。红外避障模块电路原理如图 10-6 所示。

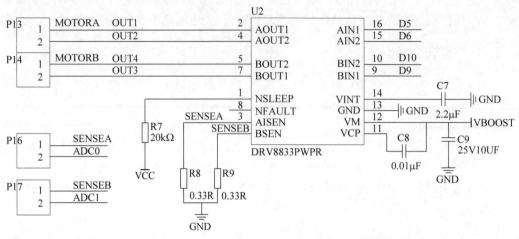

图 10-5　PM-R3 扩展板电路

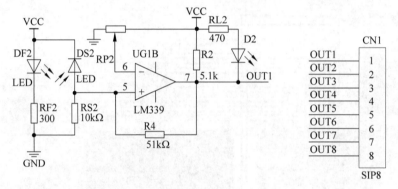

图 10-6　红外避障模块电路原理

相关代码见"代码 10-2"。

10.4　产品展示

整体外观如图 10-7 所示,最终演示效果如图 10-8 所示。

图 10-7　整体外观

图 10-8　最终演示效果

10.5　元器件清单

完成蓝牙手柄避障小车元器件清单如表 10-1 所示。

表 10-1　蓝牙手柄避障小车元器件清单

模　块	元器件/测试仪表	数　量
小车框架	亚克力底板(7 块/套)	1
	65mm 轮子	4
	Arduino UNO 开发板	1
	轴承	若干
	螺丝、螺母、铜柱	若干
舵机和电机	S3003 舵机	1
	17mm 联轴器 D-3mm	2
	0.5 模 50 齿齿轮	1
	0.5 模 34 齿齿轮	1
	传动连杆	2
	后轮连杆	1
	电机固定支架	1
	25mm 金属减速电机	1
	开关	1
	PM-R3 多功能扩展板	1
	PS2 手柄	1
	9.1V-2400mA · h 锂电池组	1
	杜邦线	若干
避障模块	4 路红外主板	1
	避障小板	4

## 第 11 章

红外遥控自动避障小车

11.1 项目背景

针对高危环境下对无人化作业的要求,无论是机器人或小车在复杂地形中行进时自动避障还是恶劣环境中无人驾驶汽车的物资运输,自动避障均是一项必不可少的也是最基本的功能设计。

目前市场的遥控玩具小车遇到障碍物时不能自动避开障碍,需要人工操作,若加入自动避障功能则可以省去人工操作,大幅提升此类玩具的趣味性,将具有良好的市场前景。本设计作为残障人士的智能轮椅也非常适合,自动避障的功能还可以成为失明人群的最后一层屏障,甚至在某些模型遥控游戏中,此款产品也十分适合。

11.2 创新描述

作为创意产品,它有新的特色。用红外的方式遥控是这款产品的亮点之一。红外遥控有很高的传输效率,且不会影响其他电器,非常符合本项目的要求。

另外,本项目用超声波测距的方式进行自动避障,这也是设计中最重要的特点。只要有障碍物在小车前进的方向上,小车就会自动改变方向,以免发生冲撞。尽管目前还无法使小车在高速移动的物体前变向,但对固定障碍物可以很好地做到自动避障。

11.3 功能及总体设计

本部分包括功能介绍、总体设计和模块介绍。

11.3.1 功能介绍

这款小车以红外遥控指令为触发手段,可实现普通的遥控控制运动,若无遥控指令也可实现自动运动并自动避障。

11.3.2 总体设计

本部分包括整体框架、系统流程和系统总电路。

1. 整体框架

整体框架如图 11-1 所示。Arduino UNO 开发板负责处理接收到的红外遥控信号和测距信号,向舵机发送调制好的 PWM 波进行扫描,并向电机驱动板发送命令控制小车的行进,两个电机由外部电源进行供电。

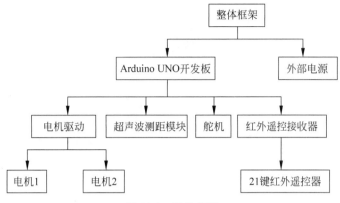

图 11-1　整体框架

2. 系统流程

系统流程如图 11-2 所示。接通电源以后,初始化各个模块,小车处于静止状态,等待红外信号的输入。接收到红外信号后判断是否与之前相同,若不相同则调整至对应运动方向,相同则判断继续运行后是否需要进入避障模式。

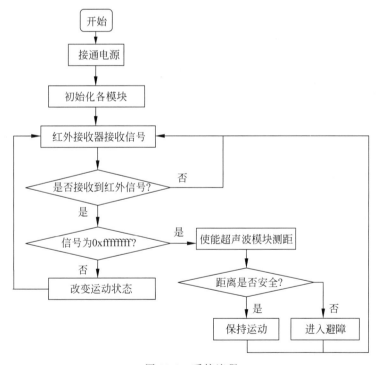

图 11-2　系统流程

3. 系统总电路

系统总电路如图 11-3 所示。面包板左侧是电源系统,连接 Arduino UNO 开发板的 Vin 和 GND。面包板下方是测距系统,超声波模块电源端分别接 Arduino UNO 开发板的电源正负极,第一个超声波信号端接 9 和 10 引脚,第二个超声波模块信号端接 12 和 13 引脚。面包板左上方是 Arduino UNO 开

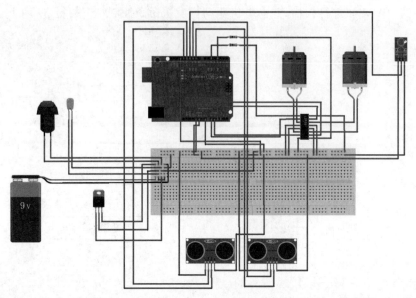

图 11-3　系统总电路

发板,右上方为红外信号接收器,红外信号接收器引脚分别接开发板电源的正负极和 D11 引脚。动力系统的驱动 L293D 的引脚 OUT1、OUT2 连接电机 1,OUT3、OUT4 连接电机 2,IN1、IN2、IN3、IN4 分别连接 Arduino UNO 开发板的 A0、A1、A2、A3,Arduino UNO 开发板的 5 引脚连接 EN1、3 引脚连接 EN2。电源模块的正极分别接到 Arduino UNO 开发板和 L293D 的电源正极,负极接地。

　　电源系统负责提供稳定的 7.2V 直流电压为 Arduino UNO 开发板和动力系统供电,其余元器件由 Arduino UNO 开发板的 5V 电压供电。

11.3.3　模块介绍

　　本项目主要包括以下几个模块:电源模块、动力模块、遥控模块和避障模块。下面分别给出各部分的功能、元器件、电路图和相关代码。

1. 电源模块

　　为动力模块和 Arduino UNO 开发板提供稳定的 7.2V 直流电压。元器件包括直流电源、电源开关、0.47mF 电容、7805 稳压器和若干杜邦线。电源模块接线如图 11-4 所示,电源模块电路原理如图 11-5 所示。

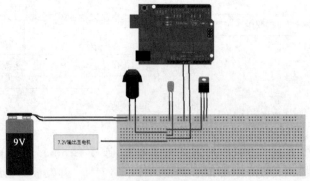

图 11-4　电源模块接线

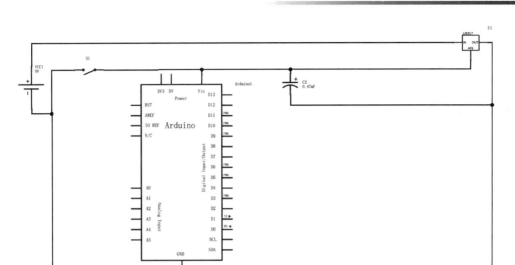

图 11-5 电源模块电路原理

2. 动力模块

负责控制小车的运动方向和速度。元器件包括两个电机和 L293D 驱动芯片。动力模块连接如图 11-6 所示,动力模块电路原理如图 11-7 所示。

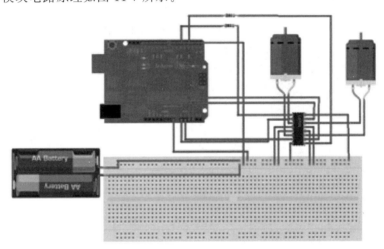

图 11-6 动力模块连接

相关代码见"代码 11-1"。

3. 遥控模块

Arduino UNO 开发板接收红外遥控信号,控制小车的前进方向。元器件包括红外信号接收器和遥控器。红外信号接收器电路接线如图 11-8 所示。

相关代码见"代码 11-2"。

4. 避障模块

利用超声波进行测距,以判断是否需要避障。元器件包括两个 SR04 超声波模块。SR04 接线如图 11-9 所示。

相关代码见"代码 11-3"。

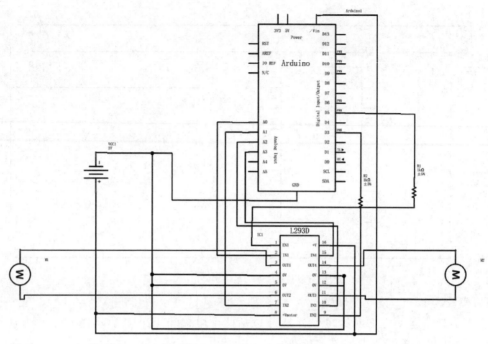

图 11-7　动力模块电路原理

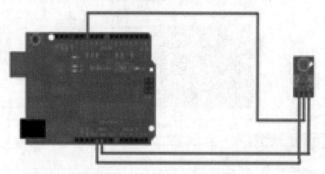

图 11-8　红外信号接收器电路接线

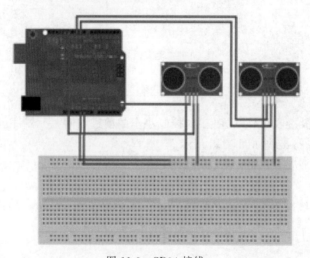

图 11-9　SR04 接线

11.4　产品展示

红外发射器控制如图 11-10 所示,实物展示如图 11-11 所示。

图 11-10　红外发射器控制

图 11-11　实物展示

11.5　元器件清单

完成红外遥控自动避障小车元器件清单如表 11-1 所示。

表 11-1　红外遥控自动避障小车元器件清单

模　　块	元器件/测试仪表	数　　量
主控模块	Arduino UNO 开发板	1
	面包板	1
	导线	若干
	杜邦线	若干
电源及动力模块	电机	2
	集成电路底盘	1
	3.6V 电池	2
	万向轮	1
	侧面车轮	2
遥控及避障模块	超声波测距模块	2
	红外一体化接收头	1
	21 键红外发射器	1
	超声波测距仪云台	1

## 第 12 章

自行车测速里程计

12.1 项目背景

低碳生活、绿色出行的理念正逐渐被人们所接受,越来越多的人选择骑自行车出行。研究表明,骑自行车可以预防大脑老化,提高心肺功能和神经系统敏捷性,锻炼下肢肌力和增强全身耐力,益寿延年。由于周期性的有氧运动使锻炼者消耗较多的热量,也可起到显著的减肥效果。

12.2 创新描述

传统的自行车测速里程计通常将霍尔传感器安装在车轮上,每转一圈霍尔传感器就输出一次低电平,因此,只要测出两次输出低电平之间的时间间隔,然后再结合自行车轮胎的周长就可以轻松地求出速度。而对于自行车的行驶里程,只要记录下霍尔传感器输出低电平的次数,再乘以周长即可求出里程。但由于此方法对于不同大小形状的自行车均需要修改代码,造成操作上的不便。所以本次设计采用更为方便、精确的 GPS 模块,通过 GPS 芯片接收卫星传输的数据来进行自行车速度里程的计算。

12.3 功能及总体设计

本部分包括功能介绍、总体设计和模块介绍。

12.3.1 功能介绍

本项目的自行车测速里程计可以根据 GPS 从卫星上获取的经度、纬度等信息,通过一定的计算方法,得出想要的速度、里程等数据,并显示到液晶屏上,而且可以通过按键开关进行里程数的重置。

12.3.2 总体设计

本部分包括整体框架、系统流程和系统总电路。

1. 整体框架

整体框架如图 12-1 所示。液晶显示屏连接 Arduino MEGA 开发板的下面一排接口,将按键开关重置,GPS 模块连接 Arduino MEGA 开发板的上面一排接口。数据通过 GPS 传输给 Arduino MEGA 开发板进行计算后显示在液晶屏幕上。

2. 系统流程

系统流程如图 12-2 所示。接通电源后判断 GPS 芯片能否接收到信号,如果能接收到,则在显示屏上显示"GPS"符号,Arduino MEGA 开发板开始接收数据计算并显示;如果未接收到,则移至信号良好的区域,重新判断,直到 GPS 可以全部接收到信号。

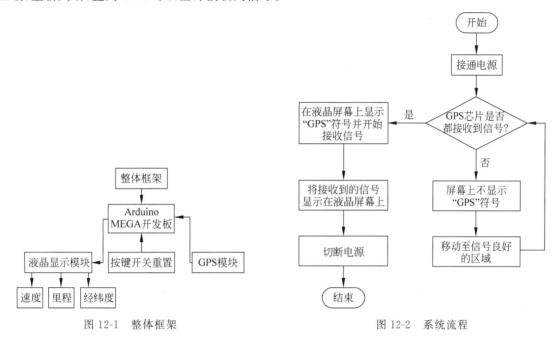

图 12-1 整体框架

图 12-2 系统流程

3. 系统总电路

系统总电路如图 12-3 所示。系统由按键重置开关、GPS 模块、Arduino MEGA 开发板和 1.44 寸的液晶显示屏组成。

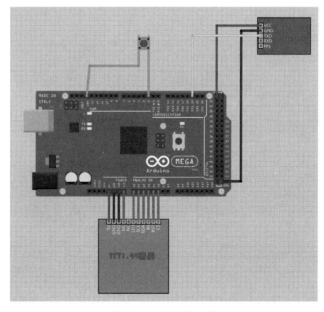

图 12-3 系统总电路

液晶显示屏5V、GND、GND、NC、LED、SCL、SDA、RS、RST、CS引脚分别接于Arduino MEGA板下面一排的5V、GND、GND、VIN、A0、A1、A2、A3、A4、A5。

按键重置开关一端接Arduino MEGA开发板上的GND，一端接2引脚。

GPS模块VCC、GND、TXD引脚分别接到上面一排的5V、GND、RX1(19)引脚。

12.3.3　模块介绍

本项目主要包括两个模块：GPS模块和LED显示屏模块。下面分别给出各模块的功能、元器件、电路图和相关代码。

1. GPS模块

提供经纬度信息、实时定位和时间校准，并将信息传输给Arduino MEGA开发板，提供整个系统的所有时间。元器件包括UBLOX-6M GPS MINI开发板、有源陶瓷天线、杜邦线和Arduino MEGA开发板。GPS模块接线如图12-4所示，GPS模块电路原理如图12-5所示。

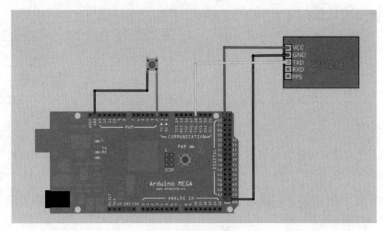

图12-4　GPS模块接线

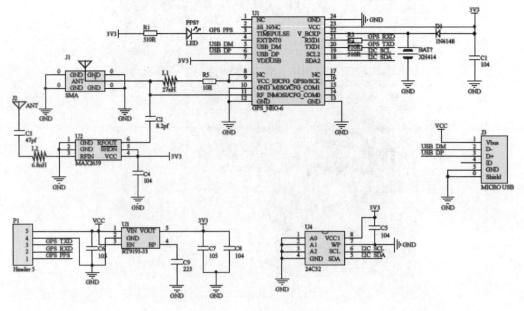

图12-5　GPS模块电路原理

相关代码见"代码12-1"。

2. LED 显示模块

通过 YYROBOT_1.44TFT LED 显示屏,将获得的 GPS 数据显示在屏幕上。元器件包括 YYROBOT_1.44TFT LED 显示屏、若干杜邦线、Arduino MEGA 开发板。LED 显示模块连接如图 12-6 所示,LED 显示模块电路原理如图 12-7 所示。

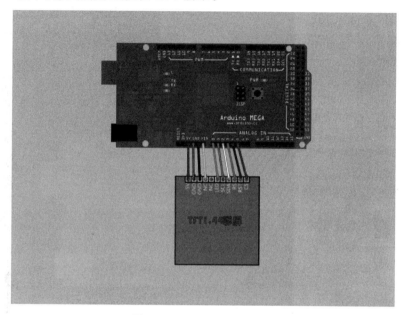

图 12-6　LED 显示模块连接

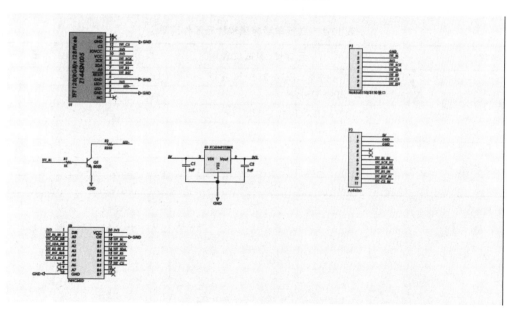

图 12-7　LED 显示模块电路原理

相关代码见"代码12-2"。

12.4 产品展示

整体外观如图 12-8 所示，上面为 LED 液晶显示屏幕，正面是里程重置按键开关，右侧为电源线，控制是否接入电源，右下角为接收信号的天线。最终演示效果如图 12-9 所示，可以看出天线已经接收到信号，液晶显示屏已经显示出"GPS"。

图 12-8　整体外观

图 12-9　最终演示效果

12.5 元器件清单

完成自行车测速里程计元器件清单如表 12-1 所示。

表 12-1　自行车测速里程计元器件清单

模　　块	元器件/测试仪表	数　　量
液晶显示模块	Arduino MEGA 2560 开发板	1
	MINI USB 线	1
	YYROBOT_1.44TFT LED 显示屏	1
	杜邦线	若干
GPS 模块	DC-DC 升压模块	1
	按键复位开关	1
	UBLOX-6M GPS 模块	1

## 第 13 章

超声波自动避障小车

13.1 项目背景

在目前私家车逐渐普及的情况下,各类车祸层出不穷,酒驾、疲劳驾驶等时刻都在威胁着公众生命及财产安全。同时,随着汽车工业的快速发展,关于汽车的研究也越来越受到人们的关注。智能汽车概念的提出给汽车产业带来机遇也带来了挑战,汽车的智能化必将是未来汽车产业发展的趋势。在上述背景下,考虑到智能化和安全性的结合,开展了基于超声波智能小车的避障研究。

超声波作为智能车避障的一种重要手段,以其避障实现方便、计算简单、易于实时控制、测量精度可达到实用的要求等优点,在未来汽车智能化进程中必将得到广泛应用。我国作为一个世界大国,在高科技领域也必须占据一席之地,未来汽车的智能化是汽车产业发展必然趋势,在这种情况下,研究超声波在智能车避障上的应用具有深远意义,这将对我国未来智能汽车的研究,在世界高科技领域占据领先地位具有重要作用。

13.2 创新描述

创新点:能够通过 1602 液晶显示屏实时显示超声波探头测定的距离和舵机转动控制超声波测距模块的方向,实现对不同方向的精确测量。

13.3 功能及总体设计

本部分包括功能介绍、总体设计和模块介绍。

13.3.1 功能介绍

本项目设计的小车,在前进过程中不断用超声波探头探测与前方障碍物之间的距离,并通过 1602 液晶显示屏显示。一旦该距离小于预置值,小车马上刹车,然后通过舵机转动测定与左右障碍物间的距离并显示,再转向距离较大的方向继续前进;若两侧距离均过小,则向左转。

13.3.2 总体设计

本部分包括整体框架、系统流程和系统总电路。

1. 整体框架

整体框架如图 13-1 所示,所有模块都接在一块 Arduino UNO 开发板上。

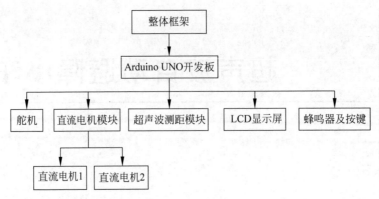

图 13-1 整体框架

2. 系统流程

系统流程如图 13-2 所示。接通电源，按下按键，蜂鸣器发出响声，小车前进，同时测定与前方障碍

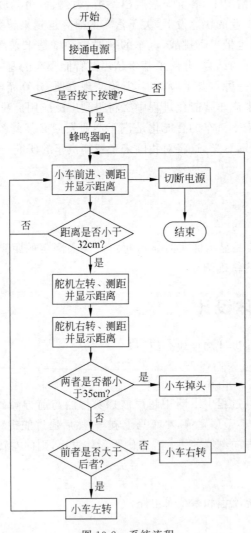

图 13-2 系统流程

物间的距离并显示,若大于预设值则继续前进,若小于则刹车。舵机左转并测定距离,然后右转并测定距离,若两者都小于预设值,则掉头前进;若前者大于后者,则左转前进,否则右转前进。断开电源,小车停止运行。

3. 系统总电路

系统总电路如图 13-3 所示。左上角为电机模块,两个电机分别接到 Arduino UNO 开发板的 9、8、10、11 引脚;左下角为 1602 液晶显示屏,其 4、5、6、11、12、13、14 引脚分别接到 Arduino UNO 开发板的 13、12、7、6、5、4、3 引脚;右上角为舵机,信号控制端接 Arduino UNO 开发板的 2 引脚,另外两个分别接电源和接地端;右下角按键、蜂鸣器分别接 Arduino UNO 开发板的 A2、A3 引脚上。

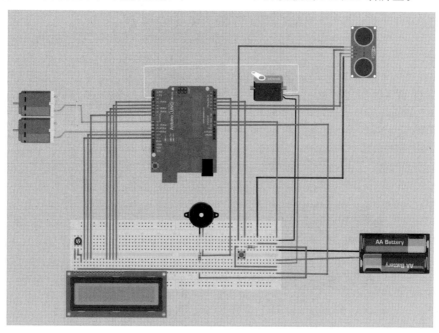

图 13-3　系统总电路

13.3.3　模块介绍

本部分主要包括直流电机模块、LCD 显示模块、按键和蜂鸣器模块、舵机模块和超声波测距模块。下面分别给出各模块的功能、元器件、电路图和相关代码。

1. 直流电机模块

控制小车的运动。元器件包括 2 个直流电机。直流电机模块接线如图 13-4 所示。

相关代码见"代码 13-1"。

2. LCD 显示模块

显示超声波模块与障碍物之间测定的距离。元器件包括 1602 液晶显示屏和电位器。LCD 模块连接如图 13-5 所示。

相关代码见"代码 13-2"。

3. 按键和蜂鸣器模块

控制小车运行状态并提醒。元器件包括蜂鸣器、按键和 2 个电阻。按键和蜂鸣器模块接线如图 13-6 所示。

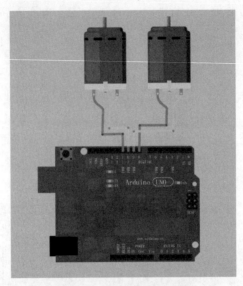

图 13-4　直流电机模块接线

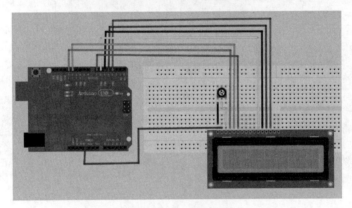

图 13-5　LCD 模块连接

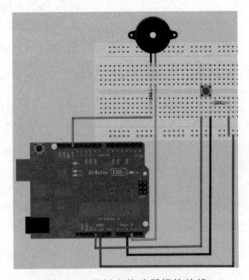

图 13-6　按键和蜂鸣器模块接线

相关代码见"代码 13-3"。

4. 舵机模块

控制超声波测距模块的方向。元器件包括 1 个舵机。舵机模块接线如图 13-7 所示。

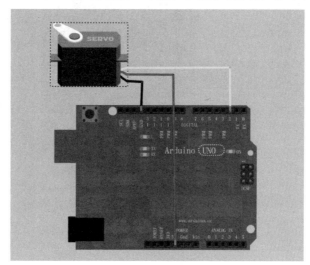

图 13-7　舵机模块接线

相关代码见"代码 13-4"。

5. 超声波测距模块

测定小车与前方障碍物的距离。元器件包括 1 个超声波探头。

相关代码见"代码 13-5"。

13.4　产品展示

整体外观俯视如图 13-8 所示。整体外观侧视如图 13-9 所示。最终演示效果如图 13-10 所示。图 13-10(a)显示测定的距离为 48cm。图 13-10(b)显示 OUT OF RANGE，即测定的距离不在 2～400cm 的范围内。

图 13-8　整体外观俯视

图 13-9　整体外观侧视

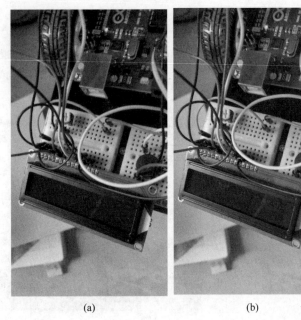

(a)　　　　　　　　(b)

图 13-10　最终演示效果

13.5　元器件清单

完成超声波自动避障小车元器件清单如表 13-1 所示。

表 13-1　超声波自动避障小车元器件清单

模　块	元器件/测试仪表	数　量
主模块	Arduino UNO 开发板	1
	小面包板	2
	充电电池	2
	电池座	1
	小车底板	1
	螺钉	若干
	螺帽	若干
	10kΩ 电位器	1
	万向轮	1
按键与蜂鸣器	蜂鸣器	1
	按键	1
LCD 显示模块	1602 液晶显示屏	1
	导线	若干
直流电机模块	直流电机	2
	轮胎	2
超声波测距模块	超声波测距模块	1
	10kΩ 电阻	2
舵机模块	舵机	1

## 第 14 章

智能拳击手套

14.1 项目背景

综合格斗大赛 UFC195 中,安德森·席尔瓦在第二回合便打花了对手比斯平的脸,熬过五回合的激战,比斯平已经满身是血,而席尔瓦脸上还很干净,但比赛的裁决却出乎大多数人的意料,比斯平获得了胜利,于是许多人对结果产生了质疑,甚至有人认为是假拳,然而 UFC 官方给出的评论是:席尔瓦虽然打开了对手的眉弓,但整场比赛挨到的重击却更多,换句话说就是承受了更多的伤害。在一场拳赛中,如何确定谁受到的伤害更多呢? 于是调查发现,目前的拳赛中从没出现过可以记录每一拳力道的设备,根据这一现象,做一个智能电子拳套,记录拳击手每一拳的数据。

14.2 创新描述

本产品通过比较力的大小判断比赛的输赢。另外,设置了一个功能来筛选数据,通过预判位置,决定是否显示数据,不显示数据无效,反之有效,只有显示的数据进行比较才能判断输赢。在戴上拳击手套的时候,一直测定心率的变化,以此观测其运动状态以及健康状态。与目前市面上的拳套相比,此产品不仅可以筛选数据,测定有效打击的压力,还能实时监控选手的健康状况。

14.3 功能及总体设计

本部分包括功能介绍、总体设计和模块介绍。

14.3.1 功能介绍

本项目分为测力部分和测心率部分。测力部分主要是对数据进行筛选和转化,测量出所需要的打击力度,从而在最后的评判中,根据谁的有效打击力度最大来判断胜负。测心率部分主要是实时监测选手的健康状况,一旦发生意外状况,裁判能及时终止比赛。

14.3.2 总体设计

本部分包括整体框架、系统流程和系统总电路。

1. 整体框架

整体框架如图 14-1 所示。包括两个 Arduino UNO 开发板、一个薄膜压力传感器接触式测量 FSR(量程 150kg)、一个 Pulsesensor 心率传感器、四个蓝牙模块 XM-15B(用于配对,无线传输)。一个

Arduino 开发板连接压力传感器并且连蓝牙模块，另一个 Arduino 开发板连接 pulsesensor 心率传感器，另外两个蓝牙模块与计算机连接，实现无线传输。

2. 系统流程

系统流程如图 14-2 所示。

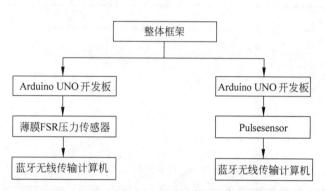

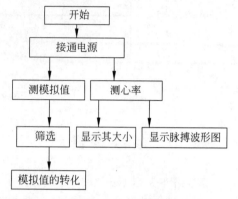

图 14-1　整体框架　　　　　　　　　图 14-2　系统流程

3. 系统总电路

系统总电路及 Arduino UNO 开发板引脚如图 14-3 所示。接通电源后，通过观察拳手出拳击打的

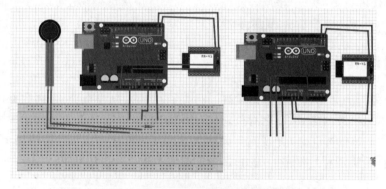

(a) 系统总电路

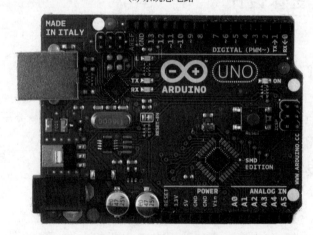

(b) Arduino UNO开发板引脚图

图 14-3　系统总电路及 Arduino UNO 开发板引脚图

位置,确定此次击打是否有效。如果此次出拳有效,通过输入任意一个大于 0 的数字,经过模拟值的转化后,由蓝牙进行无线传输,就能在对应窗口显示出此次出拳的具体力度,最后在评定胜负时,将窗口所有数据相加,比较最后总数的多少,即可公正地确定谁胜谁负;如果此次出拳无效,则不输入数字,此次出拳的数值不会显示在窗口中。而对于心率的监测,只需将心率传感器接在对应位置,连接电源和蓝牙,即可通过无线传输,将所需的脉搏曲线和心率数值显示在上位机的窗口中,对选手身体健康进行实时监测。

14.3.3　模块介绍

本部分包括测压力模块和测心率模块。下面分别给出各部分的功能、元器件、电路图和相关代码。

1. 测压力模块

测量出拳的力度,并且及时显示,确保安全性。元器件包括 Arduino UNO 开发板、FSR 传感器、蓝牙模块(XM-15B)、杜邦线。压力测试电路连接如图 14-4 所示,压力测试电路原理如图 14-5 所示。

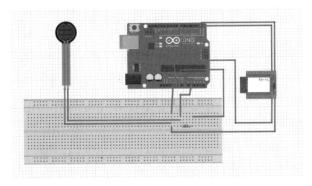

图 14-4　压力测试电路连接

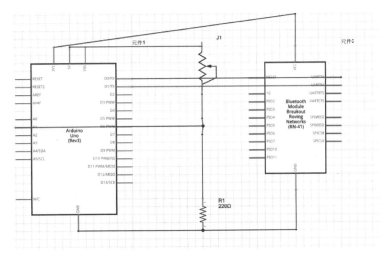

图 14-5　压力测试电路原理

相关代码见"代码 14-1"。

2. 测心率模块

实现选手心率的测量,元器件包括一个 Arduino UNO 开发板、Pulsesensor 传感器、蓝牙模块、杜邦线、面包板,心率测试电路连接如图 14-6 所示,心率测试原理如图 14-7 所示。

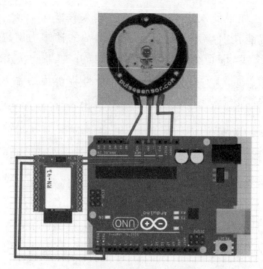

图 14-6　心率测试电路连接

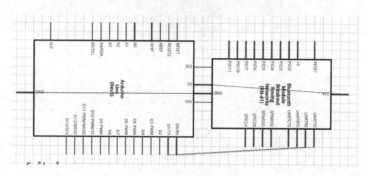

图 14-7　心率测试原理

相关代码见"代码 14-2"。

14.4　产品展示

整体外观如图 14-8 所示、内部结构如图 14-9 所示，最终演示效果如图 14-10 所示，可以看到测出的压力值以及心跳值。

图 14-8　整体外观

图 14-9 内部结构

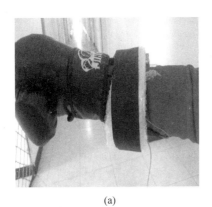

(a)

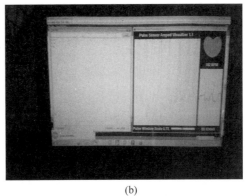

(b)

图 14-10 最终演示效果

14.5 元器件清单

完成智能拳击手套元器件清单如表 14-1 所示。

表 14-1 智能拳击手套元器件清单

模　块	元器件/测试仪表	数　量
侧压力电路	无线蓝牙 XM-15B	2
	电阻	1
	膜式 FSR 压力传感器	1
	小面包板	1
	Arduino UNO 开发板	1
	杜邦线	若干
测心跳电路	无线蓝牙模块 XM-15B	2
	Pulsesensor 传感器	1
	杜邦线	若干
	Arduino UNO 开发板	1
外观部分	拳套	1
	魔术贴	1

## 第 15 章

拍照密码锁

15.1 项目背景

本项目是基于 Arduino 控制的密码锁设计。锁,是自古以来就有的东西。它保证了物品的安全,给予人们安全感。随着时代的发展,从以前用钥匙这种方式解锁逐渐发展出用密码解锁。但是,锁本身只能被动地保护需要保护的东西,不能知道是谁想动我们的物品。因此,在传统密码锁的基础上,加上了拍照的功能,能够有效地保证物品的安全。

15.2 创新描述

拍照密码锁,简而言之就是在密码锁的基础上加拍照功能,将拍下的照片存在 MicroSD 卡上,当需要查看时将 MicroSD 卡取下插入计算机直接查看拍下的图像。

15.3 功能及总体设计

本部分包括功能介绍、总体设计和模块介绍。

15.3.1 功能介绍

密码锁可以预先设定密码,通电后用户直接输入密码,然后按 A 确认,按 B 清空当前输入的密码。输入的数字可以从 LCD 液晶显示屏上读出。当输入的密码和预先设定的密码不一致时,会启动拍照功能,将输入错误密码的人拍下,然后存储到 MicroSD 卡中。

15.3.2 总体设计

本部分包括整体框架、系统流程和系统总电路。

1. 整体框架

整体框架如图 15-1 所示。

所有模块均连接到 Arduino UNO 开发板上,MicroSD 卡放入 W5100 的卡槽中。

2. 系统流程

系统流程如图 15-2 所示。接通电源以后,直接输入密码,如果密码正确,则提示显示正确;如果密码错误,则提示显示错误,摄像头工作后将拍到的画面存储。

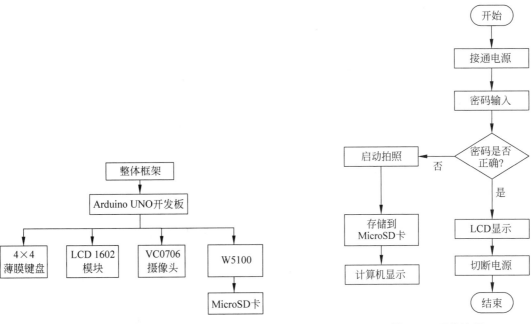

图 15-1 整体框架　　　　　　　　　图 15-2 系统流程

3. 系统总电路

系统总电路如图 15-3 所示。W5100 模块直接堆叠到 Arduino UNO 开发板上，然后键盘的 1～8 号位分别接入 7、8、9、10 及 A1、A2、A3、A4 引脚，LCD 的 GND、VCC、SDA、SCL 分别接入 GND、面包板上由 Arduino 引出的 5V 电源、A4 和 A5 引脚。摄像头模块的 VCC、GND、RX、TX 分别接入面包板上由 Arduino 引出的 5V 电源、GND、2 和 3 引脚。

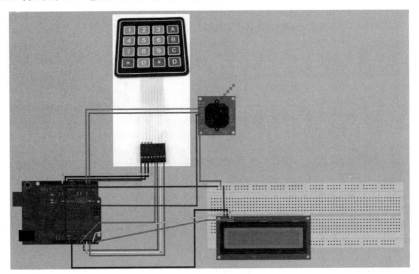

图 15-3 系统总电路

15.3.3 模块介绍

本项目主要包括以下几个模块：密码输入、液晶显示、拍照以及存储模块。下面分别给出各部分的功能、元器件、电路图和相关代码。

1. 密码输入模块

该模块的功能是输入密码。元器件包括 4×4 薄膜键盘和杜邦线。键盘连接如图 15-4 所示。
相关代码见"代码 15-1"。

2. 液晶显示模块

该模块的功能是显示键盘输入的数字以及相关提示。元器件包括 LCD1602 模块和若干杜邦线。
电路连接如图 15-5 所示。

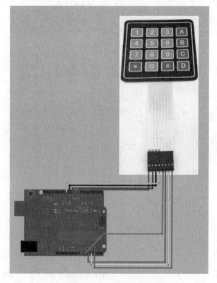

图 15-4　键盘连接

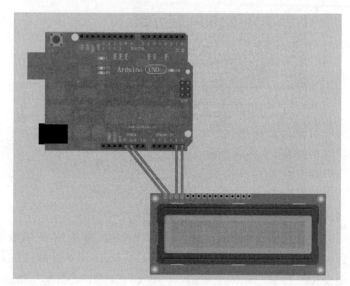

图 15-5　电路连接

相关代码见"代码 15-2"。

3. 拍照模块

该模块的功能是密码输入错误时拍照。元器件包括 VC0706 摄像头模块和若干杜邦线。摄像头连
接如图 15-6 所示。

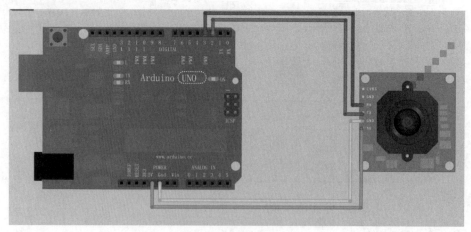

图 15-6　摄像头连接

相关代码见"代码 15-3"。

4. 存储模块

该模块的功能是存储照片。元器件包括 W5100 模块和若干杜邦线。W5100 模块连接如图 15-7 所示。

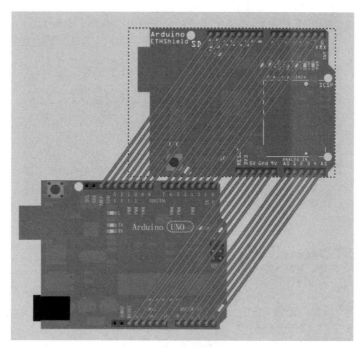

图 15-7 W5100 模块连接

相关代码见"代码 15-4"。

15.4 产品展示

整体外观如图 15-8 所示，内部结构如图 15-9 所示，最终演示效果如图 15-10 所示。

图 15-8 整体外观

图 15-9　内部结构

图 15-10　最终演示效果

15.5　元器件清单

完成拍照密码锁元器件清单如表 15-1 所示。

表 15-1　拍照密码锁元器件清单

模　块	元器件/测试仪表	数　量
拍照密码锁	Arduino UNO 开发板	1
	LCD 1602 模块	1
	面包板	1
	W5100 模块	1
	VC0706 摄像头模块	1
	4×4 薄膜键盘	1
	杜邦线	若干

## 第 16 章

手势图案解锁门

16.1 项目背景

随着智能手机的发展和普及,其各种功能也被人们所熟知并加以运用。其中用手势图案解锁手机可以说是运用最广泛的功能,图案的多样性和复杂性在最大程度上减小了个人隐私被窃取的危险。

在门禁系统方面,随着时间和技术的发展,已从古代的门闩,到门锁,再到较为高级的密码锁、指纹解锁、人脸识别等。虽然门禁系统不断地更新发展,但被破解的危险仍然存在,对于人身和财产安全仍存在较大隐患。

本项目将手机的图案解锁和门禁系统结合起来,设计一种新的解锁方式。通过预设好的图案密码,当使用者画出的图案与预设图案相同时,就可以把门打开。当使用者认为这个密码不安全时,还可以修改密码,提高安全性。

16.2 创新描述

通过 9 个超声波测距模块组成感应装置,用 9 个 LED 表示该点已被触发,用舵机驱动门的转动,当图案顺序一致时,便可驱动舵机,实现开门。以开关和红色 LED 表示当前处于修改密码状态,此状态下使用者可以自定义密码。

创新点:设置超声波模块的感应距离,避免相互干扰;开关和 LED 显示工作状态,避免混淆;可以根据喜好选择图案和点数,无须全部触发。

16.3 功能及总体设计

本部分包括功能介绍、总体设计和模块介绍。

16.3.1 功能介绍

这个简易的密码手势解锁门,模仿手机图案解锁的功能,借助超声波实现非触碰式的手势图案感应,实现既定密码图案正确解锁及密码修改功能,能够让使用者根据自己的想法和喜好,自定义属于自己的密码解锁图案。

其中,通过超声波测距模块感应手势,拨码开关控制切换密码识别及密码修改模式,舵机根据密码是否匹配控制门禁的开关。

16.3.2　总体设计

本部分包括整体框架、系统流程和系统总电路。

1. 整体框架

整体框架如图 16-1 所示。Arduino DUE 开发板分别连接 SG90 微舵机、拨码开关以及超声波测距模块。其中拨码开关连接一个红色 LED 工作状态指示灯，超声波测距模块共 9 个，排列成 3×3 九宫格可识别密码图案，每个测距模块连接 1 个蓝色 LED 指示灯。

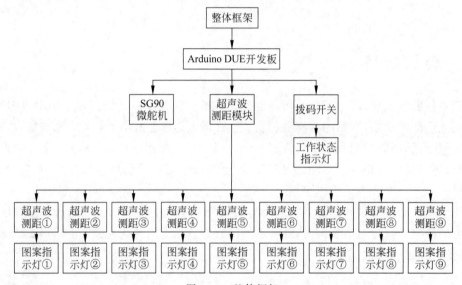

图 16-1　整体框架

2. 系统流程

系统流程如图 16-2 所示。接通电源以后判断拨码开关拨向，若拨向密码识别模式，则红 LED 指示灯灭，读取并显示使用者输入的手势密码图案，验证密码正确与否决定是否使用舵机开门；若拨向密码修改模式，则红 LED 指示灯亮，读取、显示并保存使用者输入的有效手势密码图案，在接下来的密码识别状态中则使用新的自定义密码。

3. 系统总电路

系统总电路如图 16-3 所示。将 9 个超声波测距模块并联排列成 3×3 的九宫格，其中每个测距模块一起共用 VCC=5V、GND 以及触发引脚 Trig，接收引脚 Echo 分别定义为 25、27、29、31、33、35、43、45、47 引脚。9 个测距模块对应的 9 个蓝色 LED 并联共地连接，定义为 24、26、28、30、32、34、42、44、46 引脚。

控制模块利用 7 号 I/O 引脚持续输出高电平给拨码开关提供高电平，用 GND 为其提供低电平，两种电平对应两种模式。舵机与其他模块共用 5V 以及 GND，定义 22 号 I/O 引脚为舵机信号引脚。

16.3.3　模块介绍

本项目主要包括以下几个模块：密码识别模块、密码修改模块、舵机及控制模块。下面分别给出各部分的功能、元器件、电路图和相关代码。

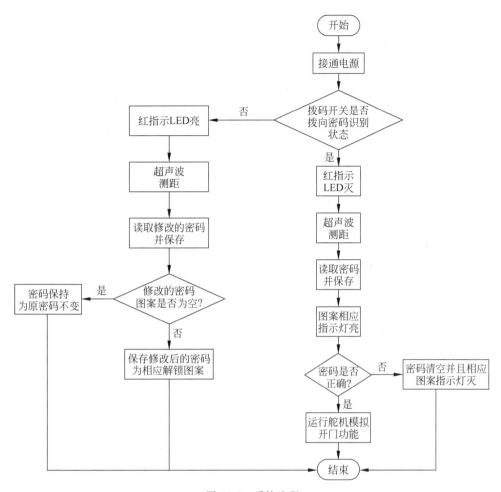

图 16-2 系统流程

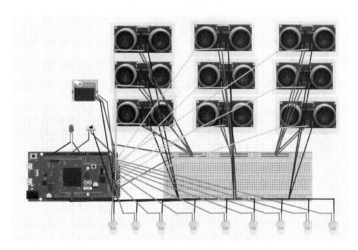

图 16-3 系统总电路

1. 密码识别模块

识别使用者手势并记录顺序,确保输入的密码图案保存正确。并将使用者输入的密码图案与内置给定正确密码解锁图案对比，判断输入密码是否正确，从而实现密码识别。元器件包括 HC-SR04 超声波测距模块、蓝色 LED 和若干杜邦线。密码识别模块接线如图 16-4 所示。

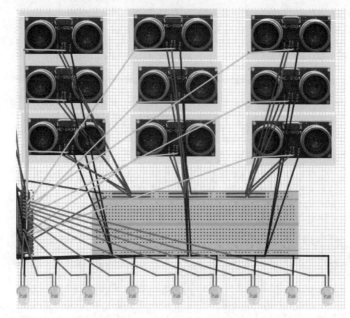

图 16-4　密码识别模块接线

相关代码见"代码 16-1"。

2. 密码修改模块

识别使用者手势并记录顺序，确保输入的密码图案保存正确。并将使用者输入的密码图案按顺序记录为正确密码解锁图案，从而实现密码解锁图案的修改。元器件包括 HC-SR04 超声波测距模块、蓝色 LED 和若干杜邦线。密码修改模块接线如图 16-5 所示。

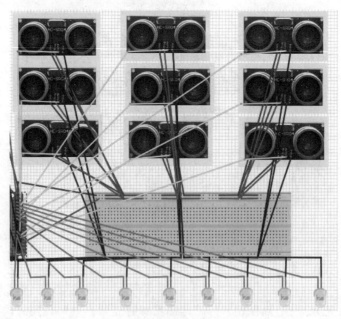

图 16-5　密码修改模块接线

相关代码见"代码16-2"。

3．舵机及控制模块

通过对使用者输入的密码图案与内置密码图案对比判断舵机是否应该转动开门，并面向对象控制切换"密码识别"及"密码修改"两种模式。元器件包括SG90舵机、拨码开关和红色LED。舵机及控制模块接线如图16-6所示。

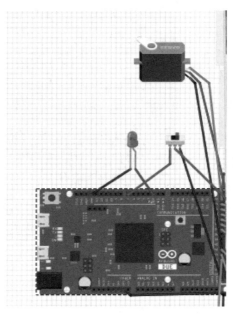

图16-6　舵机及控制模块接线

相关代码见"代码16-3"。

16.4　产品展示

整体外观如图16-7所示，内部结构如图16-8所示，最终演示效果如图16-9所示。右半部分为密码识别及修改部分，由9个超声波测距模块和9个LED分别以3×3排布在做好的纸箱上，纸箱内为封装

图16-7　整体外观

完好的电路图；左半部分为简单制作的房子并将舵机安装在房子内部，从而驱动事先做好的门；房子内部放有拨码开关，房子上有红色 LED，用来改变和显示当前状态。如图 16-9 所示，当 LED 点亮顺序与预设密码一致时，舵机将转动，控制门打开；当 LED 熄灭时，门会转回原位。

图 16-8　内部结构

图 16-9　最终演示效果

16.5　元器件清单

完成手势图案解锁门元器件清单如表 16-1 所示。

表 16-1　手势图案解锁门元器件清单

模　　块	元器件/测试仪表	数　　量
密码识别模块及密码修改模块	蓝色 LED	9
	HC-SR04 超声波测距模块	9
舵机及控制模块	红色 LED	1
	SG90 舵机	1
	拨码开关	1
	面包板	1
	杜邦线	若干
	Arduino DUE 开发板	1
外观部分	礼物包装纸	若干
	大白台灯	1
	牛皮纸	若干
	纸箱	1

第 17 章

CHAPTER 17

智 能 窗 户

17.1 项目背景

智能窗户的概念首先在 20 世纪 80 年代末由美国和瑞典的科学家联合提出,最初的设计理念是使窗户能够调节太阳辐射能透过率,在之后的研究及开发中,又添加了其他诸如自动净化等概念。21 世纪以来,智能窗户得到了广泛的应用,在大厦玻璃幕墙、法拉利敞篷跑车的挡风玻璃、波音客机客舱中都可以见到智能窗户的影子。

17.2 创新描述

现在市场上常见的智能窗户多数应用于公司,较少见于家庭中。即使有,功能也偏于单一。有的专注于防盗,有的专注于对天气的感应。本产品的创新点在于将多种功能结合起来,实现的功能是当人不在家时,同样可以实现对家里元器件的远程监测及控制,主要是由该设备把对屋内屋外的温湿度数据实时传送到微信平台上,房屋主人就可以通过微信查看,由此知道家里的状况,如果再加以扩展的话,还可实现实时反向控制。如果可以进一步制作,还可以监测室内外空气污染物指数,并且实现反控制。

17.3 功能及总体设计

本部分包括功能介绍、总体设计和模块介绍。

17.3.1 功能介绍

智能窗户主要完成的功能有温湿度的测定及比较,红外线监测窗外是否有人,以及实时传输数据到微信平台并及时对其进行监测。

17.3.2 总体设计

本部分包括整体框架、系统流程和系统总电路。

1. 整体框架

整体框架如图 17-1 所示。一个舵机和一个 W5100 模块连接到一个 Arduino UNO 开发板,两个 DHT11 温湿度传感器连在电路板上,同时和 Arduino UNO 开发板相连,人体红外传感器也同样连接。

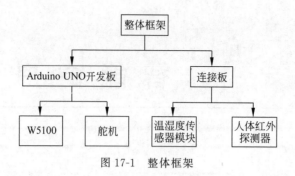

图 17-1　整体框架

2. 系统流程

系统流程如图 17-2 所示。接通电源以后，如果人体红外传感器检测到窗外有人，则舵机不运行，窗外无人则进入工作模式，如果满足开窗条件则开窗，反之，则随时关窗。无论窗外是否有人，都将温度信息传输到微信平台上。

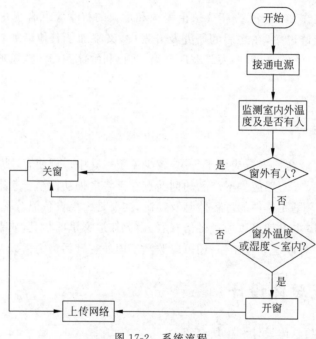

图 17-2　系统流程

3. 系统总电路

系统总电路如图 17-3 所示。从左到右依次是 DHT11 温湿度传感器、舵机 SG90 模块、红外传感器模块和 W5100 模块。

其中，DHT11 模块有三个引脚，VCC 接 Arduino UNO 开发板上 5V 引脚，GND 接 Arduino UNO 开发板上的 GND 引脚，数据接口接 3 引脚，另外一个 DHT11 连接方式也类似，只是数据接口接 Arduino UNO 开发板上的 2 引脚。

舵机 SG90 的 VCC 引脚、GND 引脚接法和 DHT11 一样，只是数据端连接 Arduino UNO 开发板的 9 引脚。红外传感器模块的 VCC 引脚、GND 引脚接法和 DHT11 一样，只是数据接口连接 Arduino UNO 开发板的 1 引脚。

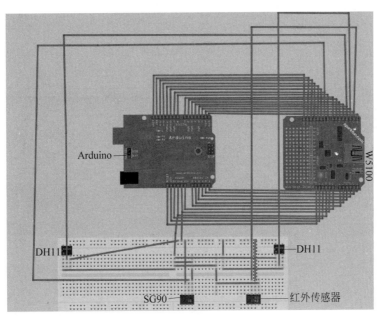

图 17-3　系统总电路

17.3.3　模块介绍

本项目主要包括以下几个模块：温湿度测定模块、控制开关窗模块、红外线监测模块和网络模块。下面分别给出各部分的功能、元器件、电路图和相关代码。

1．温湿度测定模块

检测室内外温湿度状况。元器件包括 DHT11 和若干杜邦线。温湿度模块接线如图 17-4 所示。

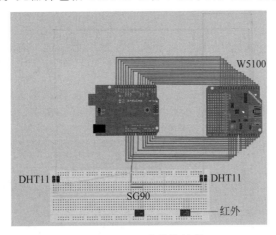

图 17-4　温湿度模块接线

相关代码见"代码 17-1"。

2．控制开关窗模块

根据室内外温湿度对比情况，适时开关窗。元器件清单包括 SG90。控制开关窗模块连接如图 17-5 所示。

相关代码见"代码 17-2"。

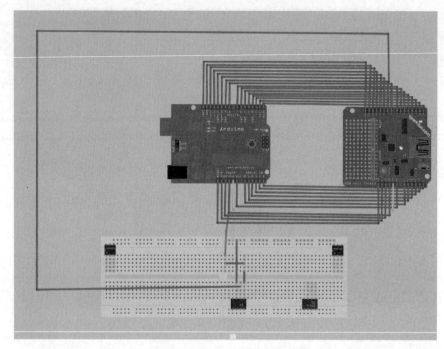

图 17-5　控制开关窗模块连接

3. 红外线监测模块

判断窗外是否有人,如有人则关窗,优先级最高。元器件包括红外传感器模块。红外传感器模块接线如图 17-6 所示。

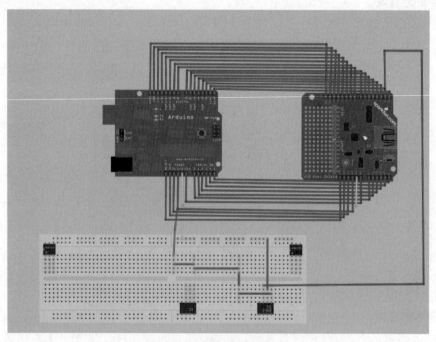

图 17-6　红外传感器模块连接

相关代码见"代码 17-3"。

4. 网络模块

将室内外温度数据上传至微信平台。元器件包括 W5100、路由器。电路图连接将 W5100 插入 Arduino UNO 开发板,接入网线即可。

相关代码见"代码 17-4"。

17.4 产品展示

整体外观如图 17-7 所示,内部结构如图 17-8 所示。纸箱内部为模拟室内环境,外部为模拟室外环境。最终演示效果如图 17-9 所示。

图 17-7 整体外观

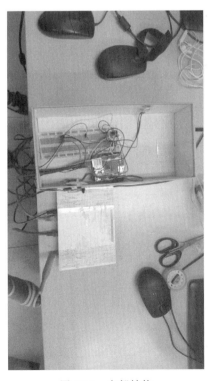

图 17-8 内部结构

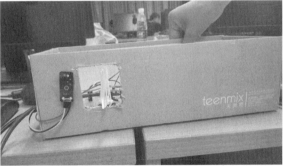

(a) 开窗

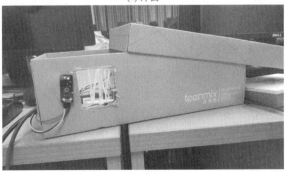

(b) 关窗

图 17-9 最终演示效果

17.5　元器件清单

完成智能窗户元器件清单如表 17-1 所示。

表 17-1　智能窗户元器件清单

模　　块	元器件/测试仪表	数　　量
传感器	温湿度传感器 DHT11	2
	人体红外传感器	1
网络	W5100	1
	路由器	1
舵机	舵机 SG90	1

## 第 18 章

自动扫码分拣装置

18.1　项目背景

随着人们生活水平的提高,超市是人们的必去之处,每当周末、节假日,超市就人满为患,排长队等待收银。另外,研究显示,下肢静脉曲张、腰背酸痛、手部前端疼痛等成为收银员常见的职业病,以静脉曲张最为普遍,潜伏期最长。

为了缓解这种现象,同时也为了解放劳动力,设计制作了自动收银装置,这种自动扫码装置有如下功能:通过传送带传送,条形码扫描器扫码,累计商品价格并显示;对未成功扫码商品进行分拣,显示扫描成功的商品数量;用于超市等需要扫码收银的地方,减少收银人员的工作量,如果加上收银的 POS机等装置,可以完全实现自助购物,从而有效缓解顾客排队等待的现象,也可以减少工作失误。

18.2　创新描述

创新点:将传送带应用到收银过程,传送过程与条形码扫描器结合起来实现自动扫码;通过开关门设计及数码管显示扫描商品数量,检测扫码失误。

18.3　功能及总体设计

本部分包括功能介绍、总体设计和模块介绍。

18.3.1　功能介绍

此套解决方案可以用于超市的扫码收银,实现从条码生成、商品传送、价格累计、货物分拣等一系列过程的自动化。

18.3.2　总体设计

本部分包括整体框架、系统流程和系统总电路。

1. 整体框架

整体框架如图 18-1 所示。电源连接步进电机,数码管译码器与条码扫描器连接到 Arduino 开发板上,条码扫描器控制两个舵机是否运转。

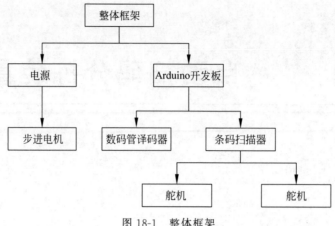

图 18-1 整体框架

2. 系统流程

系统流程如图 18-2 所示。接通电源后,步进电机运转,如果扫描器扫描条码,数码管计数显示商品总数,计算机端显示商品信息,舵机运转,开关门打开,商品掉落;否则,舵机、数码管计数及计算机端无变化。

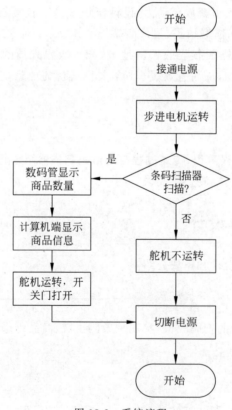

图 18-2 系统流程

3. 系统总电路

系统总电路及 Arduino UNO 开发板引脚如图 18-3 所示。Arduino UNO 开发板的 5~12 引脚通过电阻连接数码管,A3 引脚控制舵机的转动,A5 引脚处理扫描器信息。

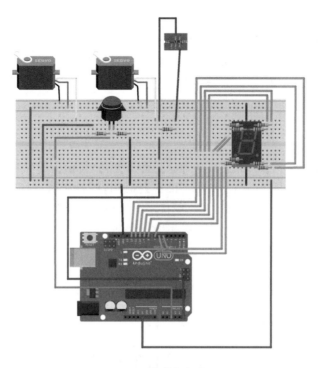

(a) 系统总电路

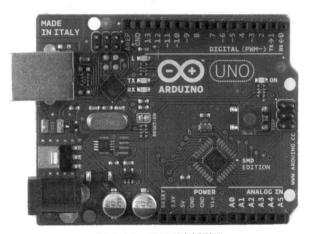

(b) Arduino UNO开发板引脚

图 18-3 系统总电路及 Arduino UNO 开发板引脚

18.3.3 模块介绍

本项目主要包括以下几个模块：条形码生成模块、扫码计价模块、分拣计件模块。下面分别给出各部分的功能、元器件、电路图和相关代码。

1. 条码生成模块

完成货物的条形码的生成功能，为后面的模块提供扫描信号源。

相关代码见"代码 18-1"。

2．扫码计价模块

顾客输入商品总件数，打开传送带开关，商品经传送带移动，上方的扫描仪扫描条形码，条形码对应不同商品的信息，计算机端显示对应商品价格、名称，扫描完成后显示商品清单及总价。元器件包括扫描仪、传送带、电机、辊筒、木板、电源适配器、手机支架。

相关代码见"代码18-2"。

3．分拣计件模块

商品经过自动扫描模块，存在信息没有提前录入程序，或者由于角度原因扫码器没有成功捕获条码，所以需要对物品进行区分。当扫码器成功捕获了商品条码，将输出低电平，Arduino UNO 开发板接收到电平信号，控制舵机转动，门打开，设置恰当的打开时间，使得商品恰好在门打开的时间段内掉落；当没有成功捕获条码，扫码器持续输出高电平，舵机不会转动，商品滑下斜坡，数码管显示掉落物品的数量。当所有物品都通过后，按下开关，门打开，顾客可以取出所有的物品。元器件包括纸箱、舵机、Arduino UNO 开发板、连接线、电源、数码管。分拣计件模块接线如图18-4所示。

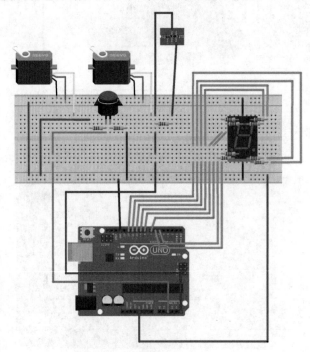

图 18-4　分拣计件模块接线

相关代码见"代码18-3"。

18.4　产品展示

本产品的整体外观如图18-5所示，分拣计件部分内部结构如图18-6所示，传送带内部结构如图18-7所示，计算机端运行结果如图18-8所示。

本产品上部为扫码计价电路，其中包括传送带装置和条形码扫描器，传送带装置的下方有额定电压为24V的步进电机，正下方斜坡为分拣装置，当扫码成功时，开关门会在舵机带动下打开，左下方为电路板、Adruino UNO 开发板和数码管译码器，当条码扫描器扫描成功时，数码管便可以实现加计数，显示成功扫描的商品数量；纸箱内部为封装完毕的电路图、Adruino UNO 开发板以及数码管译码器；封装在木板内的为传送带结构，以一个步进电机连接主动轮带动从动轮的方式工作。

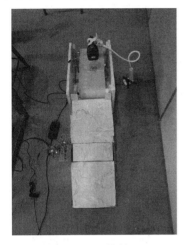

图 18-5　整体外观

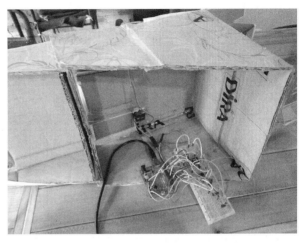

图 18-6　计算机计件部分内部结构

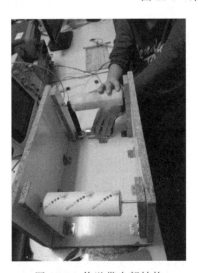

图 18-7　传送带内部结构

```
Please press the total number of goods : 5
now please put things you have bought and if you don't want to continue add goods, press 0
6940352200564
bread has been charged successfully !
6940352200540
noodles has been charged successfully !
69019388
cola has been charged successfully !
69019388
cola has been charged successfully !
6940352200564
bread has been charged successfully !

**************************************
list of goods you have bought :
bread   *2
noodles  *1
cola   *2
**************************************
The total price is :18.9
请按任意键继续. . . _
```

图 18-8　计算机端运行结果

18.5　元器件清单

完成自动扫码分拣装置元器件清单如表 18-1 所示。

表 18-1　自动扫码分拣装置元器件清单

模　　块	元器件/测试仪表	数　　量
扫码计价部分	步进电机	1
	条形码扫描器	1
	皮带轮	1
	皮带	1
	齿轮	1
	木板	若干
	手机支架	1
	电源适配器	1
	辊筒	2
分拣计件部分	杜邦线	若干
	舵机	2
	纸箱	1
	数码管	1
	开关	1
	Arduino UNO 开发板	1
外观部分	壁纸	1

## 第 19 章

RFID 智能门锁

19.1 项目背景

随着社会经济的发展,城市面貌发生了巨大的变化,高楼大厦越来越多,同时其存在的安全隐患也越来越多,甚至出现了更多高科技的犯罪,直接威胁到人身财产安全。仅仅靠传统的门锁和防盗门是远远不够的,"智能门禁系统"应运而生。

智能门禁系统是对楼房中的重要通道进行管理,在门口、电梯等人员来往频繁或重要的地方安装控制装置,例如读卡器、键盘等,人员要想进入,必须有卡且输入密码正确,才能通过,大大增强了安全性。而传统的机械门锁仅仅是单纯的机械装置,无论结构设计多么合理,材料多么坚固,人们总能通过各种手段把它打开。在小区等人流量大的地方由人来充当保安控制和监控人员流动更是实际意义不大。智能化门禁管理方便了内部管理,而且比传统的门禁系统安全性更高。

基于 RFID 技术的门禁系统作为智能"骨干",已经成为一项先进的高科技技术防范和管理手段,在一些经济发达的国家已经广泛应用于科研、工业、博物馆、酒店、商场、医疗监护、银行、监狱等领域,已成为安防技术重点研究和开发的方向。

19.2 创新描述

在日常生活中,经常会遇到忘带钥匙的情况,如果家中或单位无人,则只能站在门外等待。如果设置了 RFID 读卡器,可以正常读取市面上的一些智能卡。

19.3 功能及总体设计

本部分包括功能介绍、总体设计和模块介绍。

19.3.1 功能介绍

智能门锁可以通过管理员卡注册多个钥匙(不过并不是所有卡都适用,而是只能识别一部分),通过刷卡可以实现门锁的开合,达到智能门锁的基本要求。

19.3.2 总体设计

本部分包括整体框架、系统流程和系统总电路。

1. 整体框架

整体框架如图 19-1 所示。电机驱动板和 RFID 模块连接到 Arduino UNO 开发板上,电机驱动板控制一个电机。

2. 系统流程

系统流程如图 19-2 所示。通电后,对系统进行初始化,并用管理员卡对 RFID 读卡器进行初始化,设置可使用的钥匙,如果 RFID 模块识别到有卡存在作用区并通过验证则驱动电机使门锁打开,否则不作反应,门锁闭合。

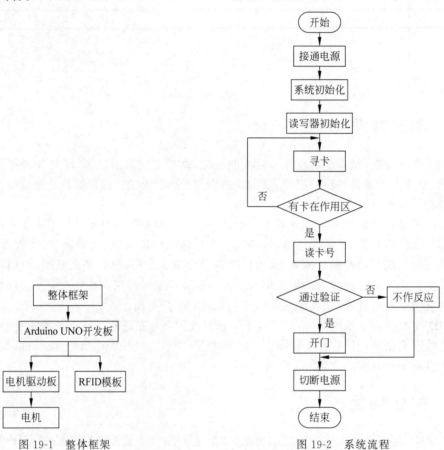

图 19-1 整体框架   图 19-2 系统流程

3. 系统总电路

系统总电路如图 19-3 所示。从左到右依次是电机驱动模块组和 RFID 模块。其中,Arduino UNO 开发板的 5、10、11、12、13 引脚分别连接 RFID 模块的引脚,6、7 引脚连接 L298N 驱动板,驱动板的 OUT 引脚与直流电机相连。

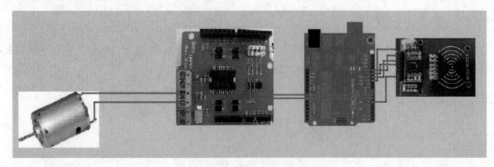

图 19-3 系统总电路

19.3.3　模块介绍

本项目主要包括两个模块：RFID模块和电机驱动模块。下面分别给出各部分的功能、元器件、电路图和相关代码。

1. RFID模块

识别特定的卡，可通过管理员卡进行初始化和添加用户卡。元器件包括RFID-RC522和若干杜邦线。RFID模块接线如图19-4所示。

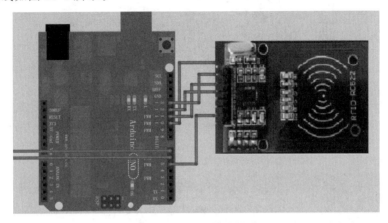

图 19-4　RFID模块接线

相关代码见"代码19-1"。

2. 电机驱动模块

当RFID模块识别正确后，电机驱动模块驱动电机运转，实现锁头的开合。元器件包括Arduino UNO开发板、直流电机、L298N驱动板和若干杜邦线。电机驱动模块接线如图19-5所示。

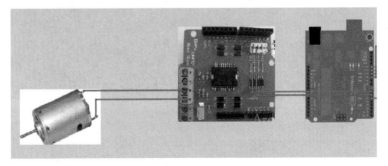

图 19-5　电机驱动模块接线

相关代码见"代码19-2"。

19.4　产品展示

整体外观如图19-6所示，内部结构如图19-7所示。整体外观是一个小纸箱，内部封装有完成的电路。

最终演示效果如图19-8所示。可以看到刷上注册过的用户卡以后，锁头能正确缩进，实现开门。

图 19-6　整体外观

图 19-7　内部结构

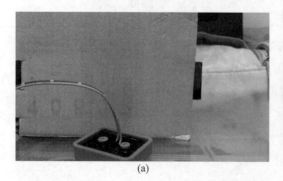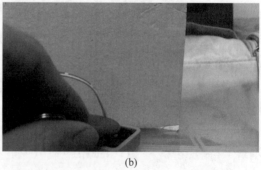

(a)　　　　　　　　　　　　　　　　　(b)

图 19-8　最终演示效果

19.5　元器件清单

完成 RFID 智能门锁元器件清单如表 19-1 所示。

表 19-1　RFID 智能门锁元器件清单

模　　块	元器件/测试仪表	数　　量
RFID 模块电路	RFID—RC522	1
	Arduino UNO 开发板	1
	杜邦线	若干
电机驱动模块电路	L298N 驱动板	1
	直流电机	1
外观部分	纸盒	1
	胶带	若干

## 第 20 章

光 立 方

20.1 项目背景

回首 2008 年,我国承办了举世瞩目的第 28 届奥运会,并留下了堪称"世界瑰宝"的建筑——鸟巢与水立方。有感于绚丽多彩的水立方,联想到可以用 LED 发光二极管搭建"光立方",呈现出同水立方一样的视觉感受。

光立方是由一定数量的 LED 发光二极管构成的立方体,一般有 4×4×4、6×6×6 和 8×8×8 大小的。在竖直方向每一列的 LED 是共阳极,在水平方向的每一平面是共阴极,这样即可实现对每个 LED 的控制。

20.2 创新描述

光立方除了可以显示各种绚烂的图形之外,还可以实现许多经典的像素化游戏,例如俄罗斯方块、贪吃蛇等。此外,还有许多待以挖掘的新功能。这种水幕时钟可以制作成大型的水景观,可作为广告媒体,由计算机程序控制显示出各种图像和文字,也可以充当大型宣传显示屏幕,表演的效果极佳,还可以用于舞台展示,开业典礼等商业用途,呈现具有灵魂并且十分美妙的活动现场景观工程。在进行激光立体水幕投影的研究中,使用激光控制系统编程控制,用于室内、场馆等场所,独具新意,更能增加朦胧美感。

20.3 功能及总体设计

本部分包括功能介绍、总体设计和模块介绍。

20.3.1 功能介绍

本作品硬件方面主要由 64 个 LED 发光二极管组成,软件方面分为两方面的设计:图形显示部分和贪吃蛇游戏部分。图形显示部分将设计好的图案转换为机器可识别的二进制代码;贪吃蛇部分由两个算法来实现。

20.3.2 总体设计

本部分包括整体框架、系统流程和系统总电路。

1. 整体框架

整体框架如图 20-1 所示。

2. 系统流程

系统流程如图 20-2 所示。接通电源以后,自动展示图形及贪吃蛇部分。

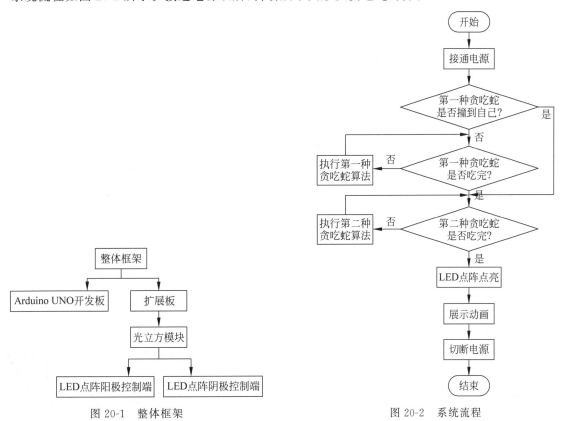

图 20-1　整体框架

图 20-2　系统流程

3. 系统总电路

系统总电路如图 20-3 和图 20-4 所示。图 20-3 中 64 个 LED 发光二极管连接到 Arduino UNO 开发板上。其中纵向一列(共 16 列)为共阳极,分别接到 A0~A1、D0~D13 引脚;水平方向平面(共 4 个平面)为共阴极,分别接到 A2~A5 引脚。

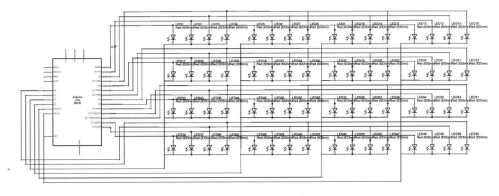

图 20-3　系统总电路 1

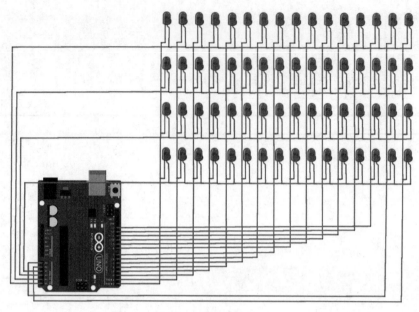

图 20-4　系统总电路 2

20.3.3　模块介绍

本项目主要包括两个模块：图形显示及两种贪吃蛇算法。下面分别给出功能和相关代码。

1. 图形显示

将设计好的图案转换为开发板可识别的二进制代码，逐帧显示图案，帧与帧之间设置一定的间隔时间，从而可显示出具有连续性的画面。

相关代码见"代码 20-1"。

2. 两种贪吃蛇算法

实现两种贪吃蛇游戏的方法均为自动控制。

相关代码见"代码 20-2"。

20.4　产品展示

整体外观如图 20-5 所示。底部为 Arduino UNO 开发板，中间通过开发板与 64 个 LED 小灯相连，一个水平面小灯的负极相连，一个纵列小灯的正极相连，实现以 20 个端口独立控制 64 个小灯的功能。最终演示效果如图 20-6 所示。可以看到图 20-6(a)显示出字母"A"，图 20-6(b)显示出正在寻找"食物"的"蛇"。

图 20-5　整体外观

(a) 显示字母"A"　　　　　　　(b) 显示正在寻找食物的"蛇"

图 20-6　最终演示效果

20.5　元器件清单

完成光立方元器件清单如表 20-1 所示。

表 20-1　光立方元器件清单

模　块	元器件/测试仪表	数　量
光立方	LED 发光二极管	64
	Arduino UNO 开发板	1
	电路板	1
	导线	若干
	插针	20
	排针	40

## 第 21 章

灯 光 棋 盘

21.1　项目背景

在科幻电影中,踩上便会发光的地板梦幻般的效果给观众以新奇的体验。此外,设计师 Golden Krishna 在新书 *The Best Interface is No Interface* 中提到的"屏幕之外的世界"即"无界面交互",旨在省去不必要的交互,尤其是摆脱对屏幕交互的依赖,从而回归到最初目的。书中提到了一个宝马应用的案例:iPhone 曾给宝马设计了一款新的移动操作系统,系统通过在界面上操作实现开车门的动作需要 13 个步骤,而这些步骤中真正必要的只有两个:主人走近车和车门打开。可见利用界面进行交互往往增加了不必要的操作步骤。

灯光棋盘正是基于以上背景进行设计的,利用灯光提供梦幻般的效果,并减少不必要的操作步骤,回归到对弈本身。只需用手触按一下对应的格子,便可实现落子对弈,而胜负条件一旦达成,棋盘会自动结算并重置。

21.2　创新描述

创新点:LED 代表棋子,具有梦幻般的效果;直接按压操作,步骤简洁;自动判断局面,省心省力;整体封装度高,外观漂亮。

21.3　功能及总体设计

本部分包括功能介绍、总体设计和模块介绍。

21.3.1　功能介绍

本项目主要分为按压输入、局面分析及处理、LED 显示。按压输入主要功能是支持按压操作,读取相关信息;局面分析及处理根据已有信息并结合当前输入信息,确认当前操作是否有效,同时进行判断分析;LED 显示通过三种颜色共 9 组 LED 表示棋盘当前状态,其中红和蓝颜色 LED 用于表示棋子先后手阵营,白灯用于提示工作状态。

21.3.2　总体设计

本部分包括整体框架、系统流程和系统总电路。

1. 整体框架

整体框架如图 21-1 所示。S1～S9 共 9 个输入模块采集信息,并将信息传输给 Arduino MEGA 开发板,Arduino MEGA 开发板处理信息后将处理结果传递给输出模块,使对应格子作出相应反应,反之亦然。

2. 系统流程

系统流程如图 21-2 所示。接通电源以后,白灯闪烁两次示意,即可进行按压操作,Arduino 开发板每隔一定时间读取一次输入信息,然后依次进行各项判断及操作,期间将信息传递给输出模块,然后再次读取输入信息。达到结束条件后,闪烁胜利方 LED,之后重置棋盘。

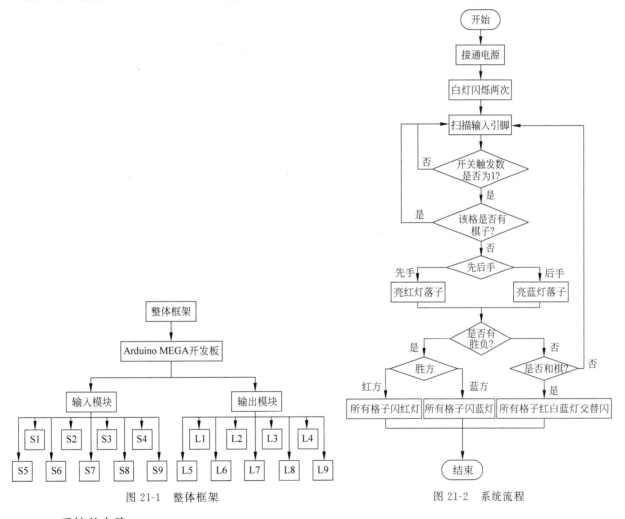

图 21-1　整体框架　　　　　图 21-2　系统流程

3. 系统总电路

系统总电路如图 21-3 所示。从左到右依次是,左侧为红色 LED,连接 23、27、31、35、39、43、47、51、53 引脚,中上侧间为 9 个输入模块,其引脚分别连接 Arduino MEGA 开发板上 A1～A9 以及 GND,右上侧为蓝色 LED,连接 22、26、30、34、38、42、46、50、52 引脚,右下侧为白色 LED,分别连接 13 引脚和 GND。LED 组单格框架如图 21-4 所示,R1、R2、B、W 分别表示两个红色 LED、蓝色 LED 和白色 LED。

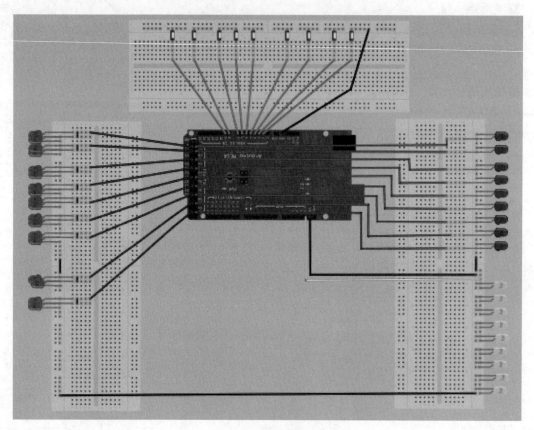

图 21-3　系统总电路

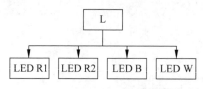

图 21-4　LED 组单格框架

21.3.3　模块介绍

本项目主要包括以下三个模块：输入模块、LED 输出模块、分析和处理模块（核心模块）。下面分别给出各部分的功能、元器件、电路图和相关代码。

1. 输入模块

将按压操作转换为对应输入信号，并传递给 Arduino MEGA 开发板。元器件包括按压开关和若干杜邦线。输入模块接线如图 21-5 所示，输入模块电路如图 21-6 所示。

相关代码见"代码 21-1"。

2. LED 输出模块

Arduino MEGA 开发板根据读取信号控制方格中所有 LED 的亮与灭。元器件包括白、红、蓝 LED 和若干杜邦线。LED 输出模块红灯部分接线如图 21-7 所示。LED 输出模块蓝白灯部分接线如图 21-8 所示。

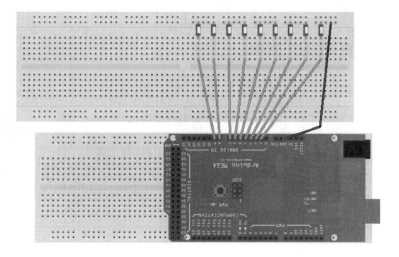

图 21-5 输入模块接线

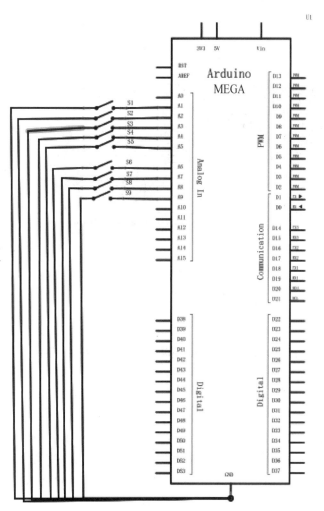

图 21-6 输入模块电路

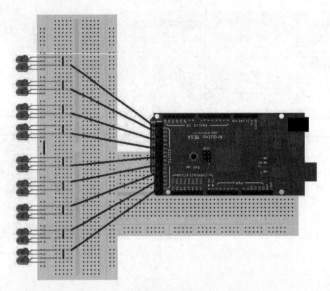

图 21-7　LED 输出模块红灯部分接线

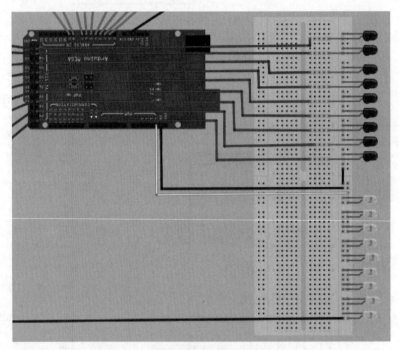

图 21-8　LED 输出模块蓝白灯部分接线

相关代码见"代码 21-2"。

红灯部分电路示意图与蓝灯类似，只是每个格子采用两个红色 LED 并联，以增强亮度。

3. 分析和处理模块（核心模块）

整合输入信息，进行分析判断并且控制 LED 输出模块。元器件包括 Arduino DUE 开发板。

相关代码见"代码 21-3"。

21.4　产品展示

整体外观如图 21-9 所示,内部结构如图 21-10 所示。分为上中下三层 9 个格子,每个格子上层为灯罩,中层设置有一个按压开关、一个蓝 LED、两个红 LED、一个白 LED,下层放置 Arduino MEGA 开发板及连线。

(a)　　　　　　　　　　　　　　　　(b)

图 21-9　整体外观

最终演示效果如图 21-11 所示。可以看到显示出的 LED 灯光效果,LED 灯光经过灯罩发散后较为均匀地分布于灯罩表面,美中不足的是不同方格之间产生了干扰,改进方案中考虑在灯罩内侧面加上不透光涂层隔绝干扰。

(a)　　　　　　　　　　(b)　　　　　　　　　　(c)

图 21-10　内部结构

图 21-11　最终演示效果

21.5　元器件清单

完成灯光棋盘元器件清单如表 21-1 所示。

表 21-1　灯光棋盘元器件清单

模　　块	元器件/测试仪表	数　　量
输入部分	按压开关	9
	杜邦线	若干
	Arduino MEGA 开发板	1
输出部分	红 LED	18
	蓝 LED	9
	白 LED	9
外观部分	纸盒	2
	泡沫板	1
	灯罩	9

## 第 22 章

贪吃蛇游戏

22.1 项目背景

本着方便、实用及娱乐性高的宗旨,在对界面进行设计的过程中,始终坚持清晰明了、实现效率高、不易出错等原则。主界面力求美观、赏心悦目。控制模块同样应遵循易懂、易操作、准确率高、不易出错的原则。

22.2 创新描述

作为创意游戏,它带来了新的显示特色。用红绿双色显示点阵作为游戏界面,显示效果突出;红色表示果子,并在随机的地方产生食物;绿色表示蛇身,并在每次吃过食物后蛇身加长;游戏摇杆控制蛇身的上下左右 4 个方位,游戏结束后用按键重置游戏,游戏中用按键加快蛇身速度。

创新点:食物不会出现在蛇本身;蛇每吃 5 个食物,移动速度增加一次;场地无边界;一键重置游戏;增加摇杆控制;增加手动加速功能;摇杆实时高精度识别,加入防误触机制。

22.3 功能及总体设计

本部分包括功能介绍、总体设计和模块介绍。

22.3.1 功能介绍

本项目仿照市场上的贪吃蛇游戏,用点阵和游戏摇杆做了简易的贪吃蛇小游戏。游戏利用摇杆来改变蛇的运行方向,并随机产生食物,蛇吃到食物后就变成新的蛇体,若碰到自身则游戏结束,否则正常运行。

22.3.2 总体设计

本部分包括整体框架、系统流程和系统总电路。

1. 整体框架

整体框架如图 22-1 所示。将点阵显示模块和摇杆控制模块与 Arduino UNO 开发板连接。

2. 系统流程

系统流程如图 22-2 所示。接通电源以后,点阵滚动显示 logo,然后正式进入游戏,蛇咬到自身则游戏结束并显示分数。断开电源,屏幕暗淡。

图 22-1　整体框架

3. 系统总电路

系统总电路如图 22-3 所示。右侧是点阵显示模块,下方是摇杆控制模块。点阵显示模块与 Arduino UNO 开发板接线引脚对应关系为 VCC-5V、GND-GND、SCK-SCK、SDA-SDA。摇杆控制模块与 Arduino UNO 开发板接线引脚对应关系为 VCC-5V、GND-GND、V-A1、H-A0、K-D4。

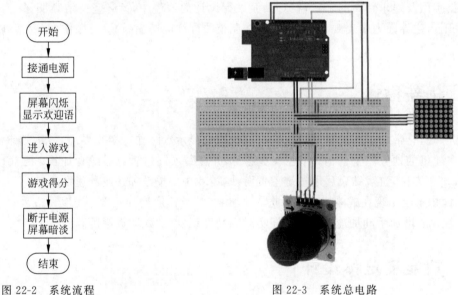

图 22-2　系统流程　　　　　　　图 22-3　系统总电路

22.3.3　模块介绍

本项目主要包括两个模块：点阵显示模块和摇杆控制模块。下面分别给出功能、元器件、电路图和相关代码。

1. 点阵显示模块

点阵显示模块主要用来显示开机 logo、主体游戏和游戏结束界面。元器件包括 OCROBOT 红绿双色 IIC 点阵模块和若干杜邦线。显示模块接线如图 22-4 所示。

相关代码见“代码 22-1”。

2. 摇杆控制模块

摇杆控制模块由一个 PS2 摇杆构成,上下左右分别控制蛇的运动方向,中间的按钮按下时蛇速增加,游戏结束后按下按钮可以重置。元器件包括 PS2 摇杆模块和若干杜邦线。控制模块接线如图 22-5 所示。

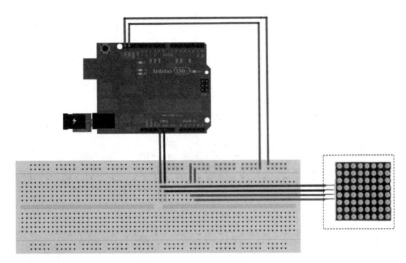

图 22-4 显示模块接线

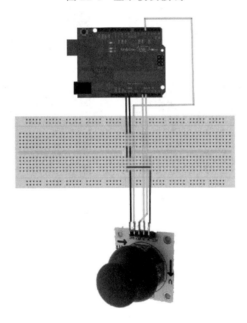

图 22-5 控制模块接线

相关代码见"代码 22-2"。

22.4 产品展示

整体外观和内部结构如图 22-6 和图 22-7 所示。在图 22-6 中,左边是红绿双色点阵用于显示游戏界面;右边是手动操控游戏摇杆,可调节蛇身上下左右 4 个方位,游戏中按下按键可提升速度,结束后按下按键可重启游戏。

最终演示效果如图 22-8 所示。可以看到最初蛇身只有三个点的长度,在点阵中显示为红色;食物是一个点的大小,在点阵中显示为绿色。

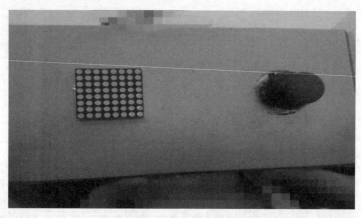

图 22-6　整体外观

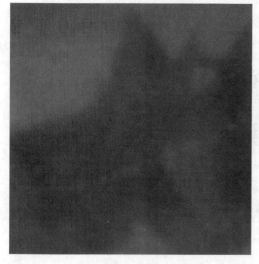

图 22-7　内部结构

图 22-8　最终演示效果

22.5　元器件清单

完成贪吃蛇元器件清单如表 22-1 所示。

表 22-1　贪吃蛇元器件清单

模　　块	元器件/测试仪表	数　　量	具 体 参 数
点阵显示模块	OCROBOT 红绿双色 IIC 点阵模块	1	1.8 英寸 3mm 8×8 点阵模块
	Arduino UNO 开发板	1	
	面包板	1	
	杜邦线	若干	
摇杆控制模块	PS2 游戏摇杆模块	1	电子积木标准引脚及 2.54mm 插针引脚引出
外观部分	电池 5V	1	
	卡纸		

## 第 23 章

MakeyMakey 手柄

23.1 项目背景

MakeyMakey 是最近网上很火的开发板,它可以给我们眼前几乎所有的东西都增加新功能,水果不只是可以吃,还可以用来玩。

那么 MaKeyMaKey 究竟是什么呢? 它是一块由麻省理工学院媒体实验室的两位博士研究的开发板。通过这块开发板,可以让任何物件成为你实现创意的工具:本子粘上橡皮泥就成了超级玛丽游戏手柄;一家人在一起可以组建一套架子鼓;如果键盘的哪个按键坏了,找个水果便可替换……

23.2 创新描述

创新点:用各种生活中常见物品代替传统的键盘或者按键,具有简单易用、体型娇小等优点。它可以用极其简单的方法让艺术家创造艺术,给普通人增添乐趣。

23.3 功能及总体设计

本部分包括功能介绍、总体设计和模块介绍。

23.3.1 功能介绍

可以让任何物件成为实现创意的工具,当将它与香蕉相连,就成了一个香蕉钢琴;当它与橡皮泥相连,就可以成为游戏手柄;也可以用铅笔在纸张上绘制按钮,让纸张变成“俄罗斯方块”的控制器。

也就是说,只要物体能够导电,MaKeyMaKey 就可以在其上面工作,如果 MakeyMakey 没有反应,喷点水在物体上面,即使是石头也没有问题,万物皆可成触摸板。

23.3.2 总体设计

本部分包括整体框架、系统流程和系统总电路。

1. 整体框架

整体框架如图 23-1 所示。Arduino UNO 开发板和 USB keyboard 开发板上下对齐连接在一起,代码通过 Arduino UNO 开发板输入,触摸输入由外界触摸物体通过鳄鱼夹传给 USB keyboard,在 Arduino

UNO 控制下由 USB keyboard 转换为键盘输入传递给计算机，完成功能。

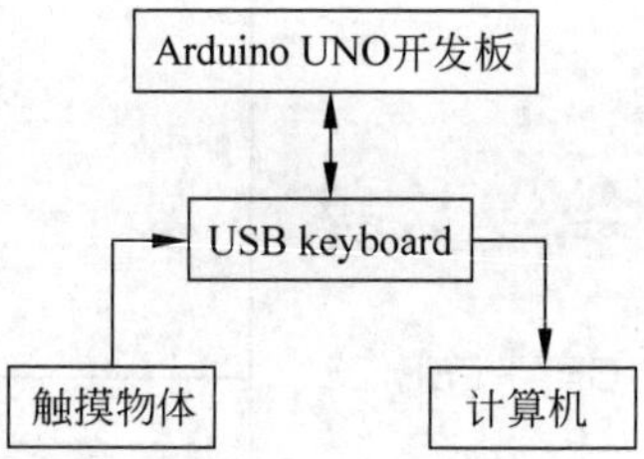

2. 系统流程

系统流程如图 23-2 所示。选择喜欢的外界触摸物体，连接计算机后通过外界的触摸信号来传递键盘输入进去完成功能，不断开即继续保持等待输入状态，断开连接后即结束功能。

3. 系统总电路

系统总电路如图 23-3 所示。由于触摸部分对周围的电磁干扰比较敏感，触摸板与 Arduino 连接线必须使用屏蔽线。6 根屏蔽线的芯线接 A0～A5，屏蔽层接电源正极（+5V）。电路使用了外置的 2.2MΩ 上拉电阻，常态时输入端是高电压，所以默认 AD 转换数值是 1023，通过触摸 GND 和 A0～A5，令输入电压降低，从而改变输入的 AD 数值。当 AD 数值降低到一定程度（变量 TouchSensitivity 决定）时，就认为该触摸板有事件响应。如果触摸灵敏度不适合的话，可以通过调整变量 TouchSensitivity 的值来改变灵敏度，值越大灵敏度越低。

图 23-1　整体框架

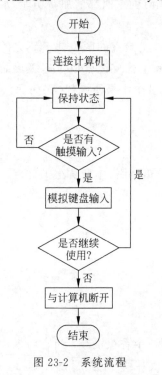

图 23-2　系统流程

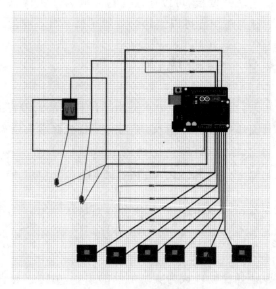

图 23-3　系统总电路

23.3.3　模块介绍

本项目主要是模拟触控键盘输入模块。下面给出其功能、元器件、电路图和相关代码。

模拟触控键盘输入模块使用触摸作为输入方法，采用双触点的触摸开关，将触摸端和地端引出，连接到两块触摸电极上，人触摸两个电极的时候，由于人体电阻的关系，两触摸电极之间有一定电流流过，通过检测这个电流大小即可检测出触摸事件，进而告诉计算机，完成键盘输入功能。元器件包括 Arduino UNO 开发板和 USB keyboard。模块电路原理如图 23-4 所示。

相关代码见"代码 23-1"。

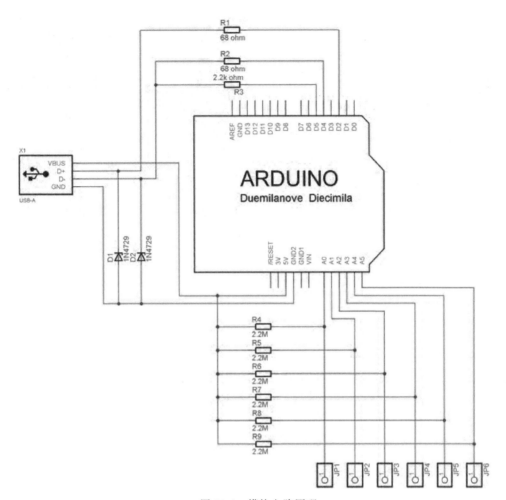

图 23-4　模块电路原理

23.4　产品展示

整体外观如图 23-5 所示,内部结构如图 23-6 所示。盒子里是模拟触控键盘输入模块,盒子的最右边连出的是双向 USB线,用来连接计算机,上面的 6 个孔连出的鳄鱼夹夹住想要作为触控的物体,对应的按键由上传到开发板中的程序决定,可随意更改,目前是作为手柄的上下左右和 ZX 键。盒子右下角连出的地线需和人体连接形成回路。盒子内部较为简单,主要是 Arduino UNO 开发板与 USB keyboard,还有和外界连接的线。

最终演示效果如图 23-7 所示。可以看到这是用到了三个香蕉触摸分别控制向左、向右移动和跳跃来玩"超级玛丽"游戏。如果需要更多按键可以继续接入,目前最大可用触摸输入数目是 6 个。

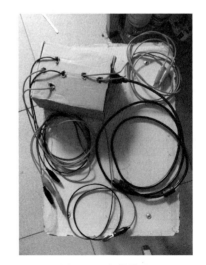

图 23-5　整体外观

图 23-6　内部结构

图 23-7　最终演示效果

23.5　元器件清单

完成 MakeyMakey 手柄元器件清单如表 23-1 所示。

表 23-1　MakeyMakey 手柄元器件清单

模　块	元器件/测试仪表	数　量
串口模拟键盘输入部分	Arduino UNO 开发板	1
	USB keyboard	1
	双向 USB 线	1
	鳄鱼夹	7
外观部分	纸箱	1

## 第 24 章

表 情 口 罩

24.1 项目背景

本项目研究了 RGB 全彩 LED 点阵,这种点阵相比普通点阵颜色更加多样,通过数字操控可以显示任一种颜色。也可以应用于车站、超市、学校等用来作信息显示屏,还可以用作游戏的屏幕、音乐音量显示等。

通过在口罩中加入 LED 点阵,赋予了点阵以新的用途——交流与互动。通过在口罩上加入 LED 全彩点阵,再经过 Arduino、触摸传感器以及蓝牙等模块的控制,实现监测用户的微笑、惊喜、痛苦等面部表情,并把表情显示在 LED 面板上的功能,同时也可以实现通过手机、计算机蓝牙输入文字,在 LED 面板上实时输出文字的功能。

24.2 创新描述

创新点:生活中有很多时候无法通过语言交流,或者说话不方便。例如,在太空站里的宇航员、雾霾天中戴口罩的行人。这时虽然可以用手势,但意思传达并不准确,这种时候交流工具就变得尤为重要。

本项目通过 LED 来实现交流功能:用触摸传感器感应笑脸、哭脸的检测,实现了图形化的交流,增添了趣味性;通过蓝牙进行文字传输,实现不用声音也可以交流的功能;全彩的设计给雾霾天中的交流增添一抹亮色。

24.3 功能及总体设计

本部分包括功能介绍、总体设计和模块介绍。

24.3.1 功能介绍

"表情口罩"可以通过蓝牙通信传输信息,实现不同模式的切换实现与他人的无声交流、表情的实时监控及显示,又增添了蜂鸣器,让笑脸和哭脸都伴随着音乐而显示。

24.3.2 总体设计

本部分包括整体框架、系统流程和系统总电路。

1. 整体框架

整体框架如图 24-1 所示。蓝牙与触摸传感器及蜂鸣器连接到 Arduino NANO 开发板，控制面部表情；全彩 LED 点阵连接 Colorduino 板，直接控制点阵。Arduino NANO 开发板与 Colorduino 板之间是从机与主机的关系。Arduino NANO 开发板通过 IIC 口与 Colorduino 进行通信。

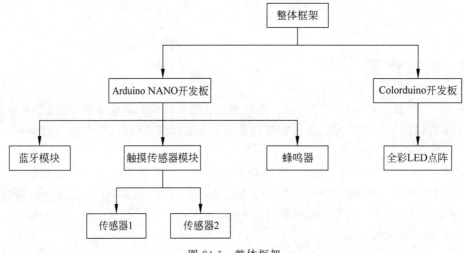

图 24-1　整体框架

2. 系统流程

系统流程如图 24-2 所示。接通电源以后，用蓝牙传输输入指令，即执行相应模式。在表情模式下，传感器工作；在文字模式下，通过蓝牙传输，字母滚动或打字输出；长时间无指令，进入待机画面。最后都用 Colorduino 驱动 LED 点阵显示图形。

3. 系统总电路

系统总电路及 Arduino NANO 开发板引脚如图 24-3 所示。上方从左到右依次是蓝牙模块、2 个触摸传感器、蜂鸣器、Colorduino（已与 LED 点阵相连接）、开关。下方从左到右依次是 Arduino NANO 开发板、2 个 3.7V 电源。

其中：蓝牙模块中的 RX 引脚接 Arduino NANO 开发板的 TX 引脚，TX 引脚接 Arduino NANO 开发板的 RX 引脚；两块触摸传感器的数据引脚接 Arduino NANO 开发板的模拟引脚 A0、A1；蜂鸣器的正极接 Arduino NANO 开发板的 13 引脚，负极接地。

最重要的是主从机之间的连接，主机的 SDA 接从机的 A4 引脚，从机的 SCL 接从机的 A5 引脚，用来构成主从机之间的 IIC 通信。

24.3.3 模块介绍

本项目主要包括两个模块：从机模块、主机模块。下面分别给出各部分的功能、元器件、电路图和相关代码。

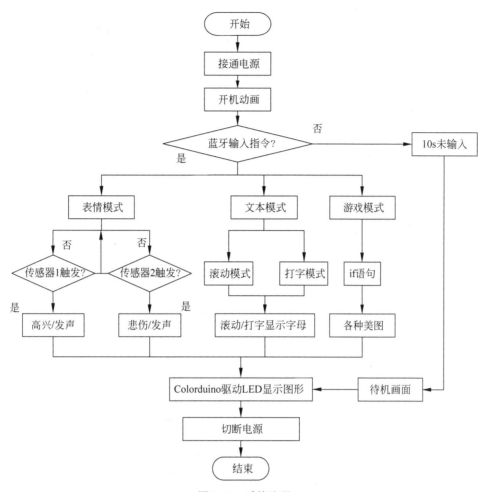

图 24-2　系统流程

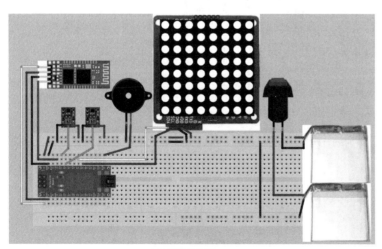

(a) 系统总电路

(b) Arduino NANO开发板引脚

图 24-3　系统总电路及 Arduino NANO 开发板引脚

1. 从机模块

Arduino NANO 开发板作为从机，从主机中接收命令并将触摸传感器及蓝牙等模块的命令传给主机。元器件包括触摸传感器、蓝牙模块、蜂鸣器、Arduino NANO 开发板。从机模块接线如图 24-4 所示。

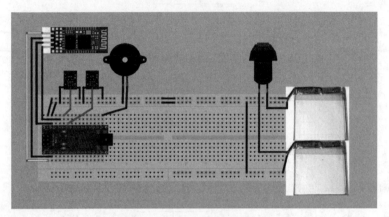

图 24-4　从机模块接线

相关代码见"代码 24-1"。

2. 主机模块

Colorduino 作为主机，接收从机传输的命令，完成相应的功能，在 LED 点阵上形成相应的图形。元器件包括杜邦线、Colorduino 开发板和 RGB 全彩 LED 点阵。主机与从机连接如图 24-5 所示。

图 24-5　主机与从机连接

注：图中由点阵代替，实际上 32 引脚的 LED 点阵正好可以扣在 Colorduino 开发板上。

相关代码见"代码 24-2"。

24.4　产品展示

正面如图 24-6 所示，侧面如图 24-7 所示，内部结构正面如图 24-8 所示，内部结构反面如图 24-9 所示，最终演示效果（笑脸）如图 24-10 所示。将口罩的中间部分进行裁剪，剪出一个如 LED 点阵大小的正方形，将 LED 点阵镶嵌在这个正方形口中，背面则是已经封装好的 Colorduino 开发板。

图 24-6 正面

图 24-7 侧面

图 24-8 内部结构正面

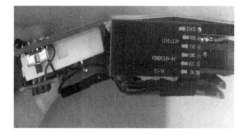

图 24-9 内部结构反面

图 24-10 最终演示效果

24.5 元器件清单

完成表情口罩元器件清单如表 24-1 所示。

表 24-1 表情口罩元器件清单

模　块	元　器　件	数　　量
主机模块	Colorduino 开发板	1
	RGB 全彩 LED 点阵	1
	3.7V 锂电池	2
	小面包板	1
	杜邦线	若干
从机模块	Arduino NANO 开发板	1
	触摸传感器	2
	蓝牙模块	1
	蜂鸣器	1
	杜邦线	若干

## 第 25 章

简易心率监测仪

25.1 项目背景

"可穿戴设备"自 2014 年 CES 大会以来就已经成为现代人们关注的焦点,目前仍处于极速上升期,而作为"可穿戴设备"里最容易采集分析数据的"心率监测"即为首要攻克的项目。

传统的脉搏测量方法有三种:一是从心电信号中提取;二是从测量血压时压力传感器测到的波动来计算脉率;三是光电容积法。其中,目前市面上的心率带或者一些专业的心电采集设备应该用的是第一种方法,从采集到的 ECG 信号中直接计算 R-R 之间的时间就可以得到心率,不需要额外的硬件设备。前两种方法提取信号都会限制病人的活动,如果长时间使用会增加病人生理和心理上的不舒适感。而光电容积法脉搏测量作为监护测量中最普遍的方法之一,其具有方法简单、佩戴方便、可靠性高等特点。

本项目的"简易心率监测仪"是应用光电容积法,本质是一个带有放大和消噪功能的光学放大器,通过佩戴在手指末端或者耳垂等毛细血管末端来检测血液量的变化,从而得到人体的实时心率。

25.2 创新描述

简易心率监测仪带来了方便快捷的监测方式和显示方式,具有随身可携带的特性和用户可视化界面,对使用者来说操作简单,同时,应用的蓝牙模块可以让用户随时随地监测自己的心率变化。

本项目相比较于传统的大型监测仪器,在可携带性和可操作性上面有了质的提升;独特的可视化界面,使用户不用随身携带笔记本电脑,只需一部手机就可完成监测;设备使用寿命提升,准确性提高。

25.3 功能及总体设计

本部分包括功能介绍、总体设计和模块介绍。

25.3.1 功能介绍

简易心率监测仪可以方便地绑在手腕上,心率传感器则套在指尖,通过无线传输心率信号,计算机采集并显示心率值与心率波形,利用远程控制,可以实现在手机上实时便捷地观测心率值与波形。

25.3.2 总体设计

本部分包括整体框架、系统流程和系统总电路。

1. 整体框架

整体框架如图 25-1 所示。

2. 系统流程

系统流程如图 25-2 所示。

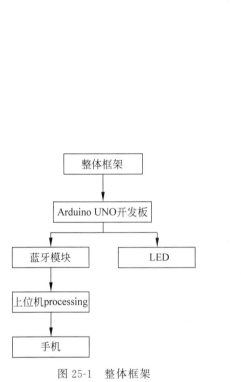

图 25-1　整体框架

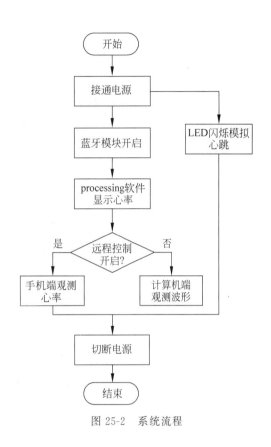

图 25-2　系统流程

3. 系统总电路

系统总电路及 Arduino UNO 开发板引脚如图 25-3 所示,中间为 Arduino UNO 开发板,右边为蓝牙模块 XM-15B,下边为心率传感器。心率传感器有 3 个引脚,"s"端接在 Arduino UNO 开发板的"A0"端,"+"端接在 Arduino UNO 开发板的"5V"端,"-"端接在开发板的"GND"端。蓝牙模块有 6 个引脚,本电路只使用 4 个引脚,"VCC"端接在 Arduino UNO 开发板的"3.3V"端,"GND"端接在 Arduino UNO 开发板的"GND"端,"TXD"端接在开发板的"RX"端,"RXD"端接在 Arduino UNO 开发板的"TX"端。

25.3.3　模块介绍

本项目主要包括以下几个模块:心率传感器模块、无线蓝牙模块和心率显示模块。下面分别给出各部分的功能、元器件、电路图和相关代码。

1. 心率传感器模块

利用人体组织在血管搏动时透光率不同进行脉搏测量,当光束透过人体外周血管时,由于动脉搏动充血容积变化导致光的透光率发生变化,传感器接收到的电信号变化就是脉搏率。元器件包括一个脉搏心率传感器和杜邦线。心率传感器模块接线如图 25-4 所示,心率传感器模块电路如图 25-5 所示。

相关代码见"代码 25-1"。

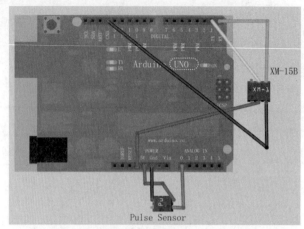

(a) 系统总电路

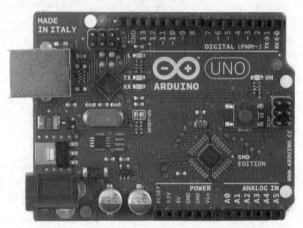

(b) Arduino UNO开发板引脚

图 25-3　系统总电路及 Arduino UNO 开发板引脚

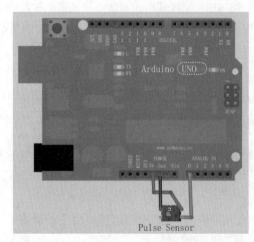

图 25-4　心率传感器模块接线

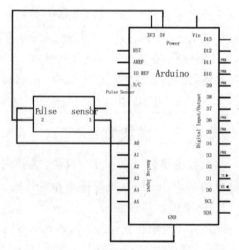

图 25-5　心率传感器模块电路

2. 无线蓝牙模块

一种集成蓝牙功能的 PCBA 板,用于短距离无线通信,接收信号时,收发开关置为收状态,射频信号从天线接收后,经过蓝牙收发器直接传输到基带信号处理器。本项目应用的是蓝牙 2.1 模块,适合安卓手机使用,不适合苹果手机使用。元器件包括一个 USB-TTL 模块、一个 XM-15B 蓝牙模块和杜邦线。无线蓝牙模块连接如图 25-6 所示,无线蓝牙模块电路如图 25-7 所示。

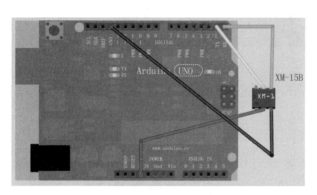

图 25-6　无线蓝牙模块连接

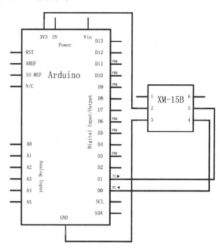

图 25-7　无线蓝牙模块电路

相关代码见"代码 25-2"。

3. 心率显示模块

心率显示模块主要通过上位机软件显示出心率波形,以及观测心率数据并提供可视化界面。软件包括 processing 软件、远程控制软件。processing 软件输入端口即为无线蓝牙模块对应接入端口。

相关代码见"代码 25-3"。

25.4　产品展示

整体外观如图 25-8 所示,内部结构如图 25-9 所示。考虑到心率监测仪携带的方便性,把所有元器件都封装在盒子里并进行美化。盒子下方有绑带,可将其固定于手腕处,心率传感器则由小孔露出,通过指套套在手指上,方便被监测者测量心率。同时盒子上方开了个小孔,用于观察模拟心脏跳动的 LED 闪烁,便于实时监察心跳情况。最终演示效果如图 25-10 所示。

图 25-8　整体外观

图 25-9　内部结构

(a) 心率测量

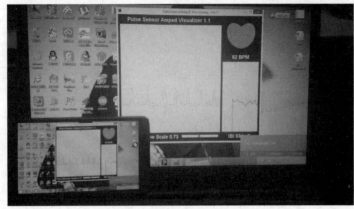

(b) 心率显示

图 25-10　最终演示效果

25.5　元器件清单

完成简易心率监测仪元器件清单如表 25-1 所示。

表 25-1　简易心率监测仪元器件清单

模　块	元器件/测试仪表	数　量
心率传感器模块	Arduino UNO 开发板	1
	心率传感器	1
	9V 电池	1
	带 DC 插线的电池盒	1
	杜邦线	若干
无线蓝牙模块	XM-158 蓝牙模块	1
	USB-TTL 模块	1
	杜邦线	若干
心率显示模块	纸盒	1
	绑带	1
	指套	1

## 第 26 章

智 能 风 扇

26.1　项目背景

夏季高温炎热,对于还没有安装空调的宿舍,小小的电风扇则成为大家的"救命稻草"。但传统的电风扇需要手动控制,电风扇的开关、风速大小、转向等均需要手动调节,与当今生活硬件智能化的主题格格不入。因此,本项目致力于开发一个由手机 App 控制的智能风扇,对其所有操作只需在手机客户端单击按钮即可。

26.2　创新描述

作为实用功能型产品,它通过 Arduino 开发板将传统硬件与软件相结合,实现日常生活用品的智能化。主要由电风扇、信息转换、手机 App、点阵显示组成。

创新点:通过手机 App 便可实现电风扇的开关、延时关闭、电风扇状态显示;实用性比较强,应用对象也很广,可以对诸如加湿器、空调甚至热水器等做类似应用移植。

26.3　功能及总体设计

本部分包括功能介绍、总体设计和模块介绍。

26.3.1　功能介绍

智能风扇能让用户在吹风时享受更加方便、智能的服务,通过手机输入便可选择风扇的开关,多长时间以后关闭,并能看到风扇的运行状态。开关部分主要是通过手机字母输入,以控制电风扇的开启和关闭;延时关闭部分是指可以在手机端通过选择不同的挡位来决定何时关闭风扇;状态显示部分主要是通过一个 8×8 点阵来显示风扇当前运行状态,用户可自由选择是否开启点阵以获得相关信息。

26.3.2　总体设计

本部分包括整体框架、系统流程和系统总电路。

1. 整体框架

整体框架如图 26-1 所示。继电器和 LED 8×8 点阵直接连到 Arduino UNO 开发板上,风扇连接到继电器的输出端,这样,通过 Arduino 开发板便可控制小风扇以及 LED 显示屏。

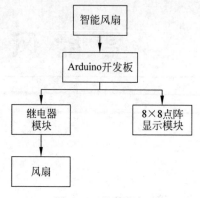

图 26-1　整体框架

2. 系统流程

系统流程如图 26-2 所示。接通电源以后,如果继电器模块输出高电平,则电风扇开始转动。Arduino 开发板与 LED 点阵相连可控制显示屏开始显示。

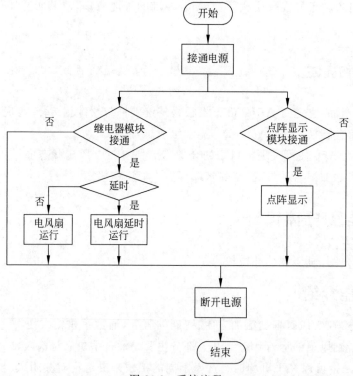

图 26-2　系统流程

3. 系统总电路

系统总电路及 Arduino UNO 开发板引脚如图 26-3 所示。从左到右依次是带红外避障模块的 LED 点阵、蓝牙模块、Arduino 开发板、继电器、电风扇。其中,LED 点阵的 2、3、4 引脚与 Arduino 开发板的 12、11、10 引脚相连,GND 与 GND 相连,6 引脚与 5V 相连。蓝牙模块的 RX、TX、VCC、GND 和 Arduino 开发板的 1、0、5V、GND 相连。继电器模块的 VCC、GND、IN 分别和 5V、GND、2 引脚相连。

继电器的 OUT 与电风扇的正极相连,而 GND 与 GND 相连。

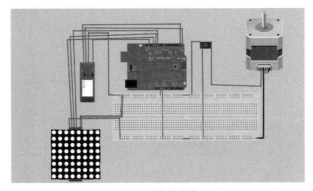

(a) 系统总电路

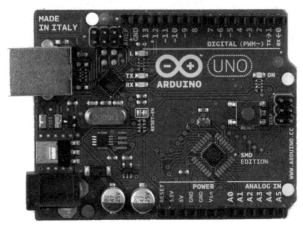

(b) Arduino UNO开发板引脚

图 26-3 系统总电路及 Arduino UNO 开发板引脚

26.3.3 模块介绍

本项目主要包括以下几个模块:蓝牙模块、继电器模块和 LED 点阵显示模块。下面分别给出各模块的功能、元器件、电路图和相关代码。

1. 蓝牙模块

蓝牙模块实现手机 App 与 Arduino 开发板的通信,将手机 App 上输入的信息传递给 Arduino 开发板。元器件包括 HC-05 蓝牙模块、杜邦线和面包板。蓝牙模块接线如图 26-4 所示。

相关代码见"代码 26-1"。

2. 继电器模块(包括开关电风扇和延时关闭电风扇)

继电器模块为高电平触发,当输入信号为高电平时,继电器吸合,电路连通,风扇开始工作。元器件包括 5V 高电平触发单路继电器、杜邦线。继电器模块接线如图 26-5 所示。

相关代码见"代码 26-2"。

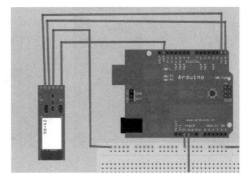

图 26-4 蓝牙模块接线

3. LED 点阵显示模块

风扇运行时，Arduino 开发板可以将信息反馈给 LED 点阵并显示当前风扇的状态。元器件包括 8×8 LED 点阵、杜邦线。LED 点阵显示模块接线如图 26-6 所示。

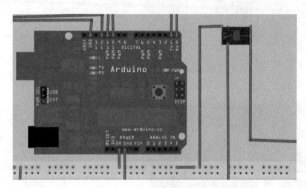

图 26-5　继电器模块接线

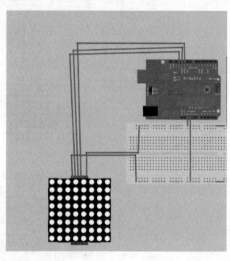

图 26-6　LED 点阵显示模块接线

相关代码见"代码 26-3"。

26.4　产品展示

整体外观如图 26-7 所示，从上到下依次为 8×8 LED 点阵、Arduino 开发板、面包板、小风扇、蓝牙模块。最终演示效果如图 26-8～图 26-12 所示。实现功能如下：①用手机控制电风扇的开闭。输入"a"时，电风扇开始运行；输入"b"时，电风扇停止。②用手机控制电风扇的延时关闭。输入"c"时，电风扇 10s 后关闭；输入"d"时，电风扇 20s 后关闭。③用 LED 点阵显示电风扇状态。

图 26-7　整体外观

图 26-8　开启电风扇

图 26-9　关闭电风扇

图 26-10　"延时 10s 关闭"　　　图 26-11　"延时 20s 关闭"　　　图 26-12　LED 点阵显示电风扇"开启"

26.5　元器件清单

完成智能风扇元器件清单如表 26-1 所示。

表 26-1　智能风扇元器件清单

元器件/测试仪表	数　量
HC-05 蓝牙模块	1
5V 高电平触发单路继电器	1
面包板	1
8×8 LED 点阵	1
Arduino UNO 开发板	1
杜邦线	若干

第 27 章 智能天然气控制报警系统

27.1 项目背景

据不完全统计,每年全国燃气爆炸事故特别是家庭天然气事故达几百起,威胁着我国居民的生命和财产安全。据调查,许多天然气事故就是由于对生活中一些小细节的疏忽造成的,例如长时间不使用时不关闭阀门,管道或软管老化造成泄漏等。因此,产生了通过程序设计解决这一问题的想法。

北京市政府曾对家用暖气进行过改造,在每户的暖气管道接入口加装一个接入市政专用无线网络的智能阀门,同时每户发放了温度控制终端。当用户通过温度控制终端设定一定的值后,终端会根据当前温度的变化自动控制暖气管道阀门进水量,使温度达到并保持用户的设定值。

27.2 创新描述

本系统致力于解决家庭天然气使用安全问题,以 MQ-5 烟雾报警器检测空气中是否有甲烷(即天然气)泄漏,从而对用户提出警告。

创新点:甲烷气体检测;电磁阀开关;蓝牙控制电磁阀开闭。

27.3 功能及总体设计

本部分包括功能介绍、总体设计和模块介绍。

27.3.1 功能介绍

智能天然气报警系统能够监测空气环境中的甲烷含量,值超过一定范围时报警。同时可以使用手机来接收甲烷含量的值与报警信号。用户在手机端也可以控制天然气管道上的电磁阀的开闭,实现远程操控。

27.3.2 总体设计

本部分包括整体框架、系统流程和系统总电路。

1. 整体框架

整体框架如图 27-1 所示。5 个模块所使用的元器件统一接到面包板上,再由面包板接到 Arduino 开发板上。

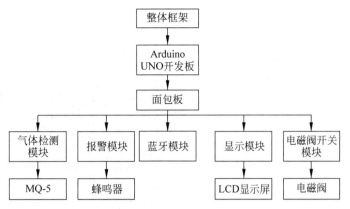

图 27-1　整体框架

2. 系统流程

系统流程如图 27-2 所示。接通电源后，气体检测器开始自动检测，并将值显示于 LCD 屏上，当超过报警的值时，蜂鸣器报警。用户此时得知燃气可能发生泄漏，能通过蓝牙控制关闭电磁阀。

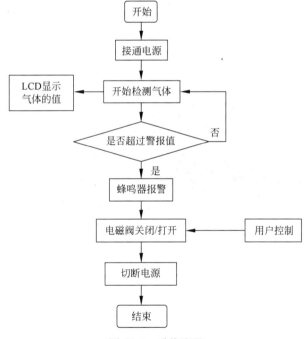

图 27-2　系统流程

3. 系统总电路

系统总电路及 Arduino UNO 开发板引脚如图 27-3 所示。最上边的元器件是 Arduino 主板，主板下边三个元器件是蜂鸣器、烟雾报警器和蓝牙模块，最下面是 LCD 显示屏。

27.3.3　模块介绍

本项目主要包括以下几个模块：气体检测模块、报警模块、蓝牙模块、显示模块。下面分别给出各模块的功能、元器件、电路图和相关代码。

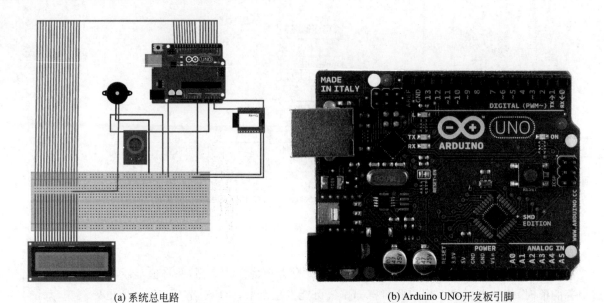

(a) 系统总电路   (b) Arduino UNO开发板引脚

图 27-3　系统总电路及 Arduino UNO 开发板引脚

1. 气体检测模块

检测空气中的甲烷含量并将数据反馈给 Arduino 主板。元器件包括 MQ-5 烟雾探测器。气体检测模块接线如图 27-4 所示,气体检测模块原理如图 27-5 所示。

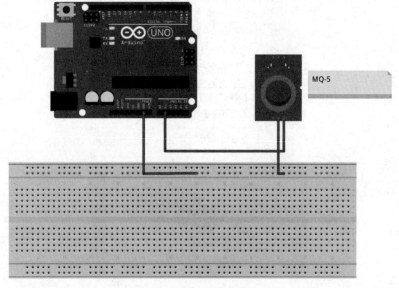

图 27-4　气体检测模块接线

相关代码见"代码 27-1"。

2. 报警模块

该模块的功能是发出响声,警示用户。元器件包括蜂鸣器。报警模块接线如图 27-6 所示,报警模块电路如图 27-7 所示。

相关代码见"代码 27-2"。

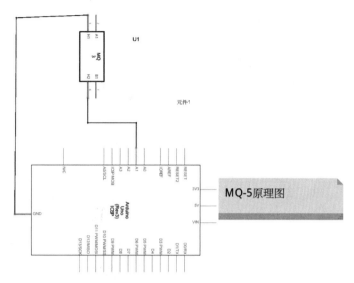

图 27-5 气体检测模块原理

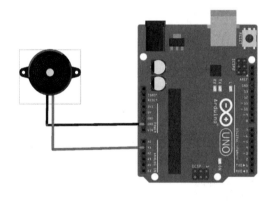

图 27-6 报警模块接线

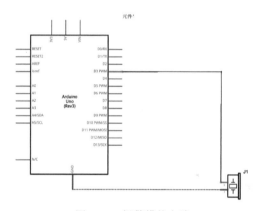

图 27-7 报警模块电路

3. 蓝牙模块

蓝牙功能可以帮助用户在手机端进行控制。元器件包括 Arduino 型蓝牙模块。蓝牙模块接线如图 27-8 所示,蓝牙模块电路如图 27-9 所示。

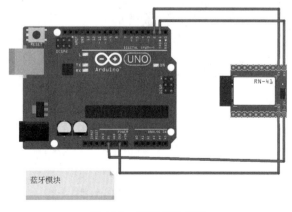

图 27-8 蓝牙模块接线

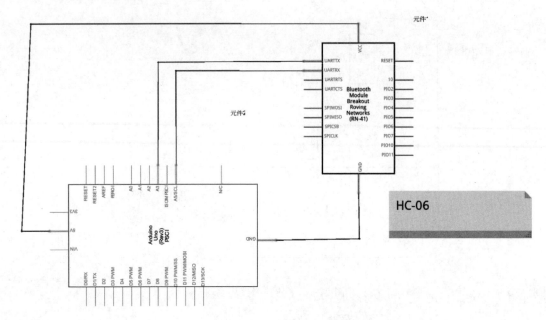

图 27-9　蓝牙模块电路

相关代码见"代码 27-3"。

4. 显示模块

LCD 显示屏将显示当前气体数值。元器件包括 LCD 显示屏。显示模块接线如图 27-10 所示，显示模块电路如图 27-11 所示。

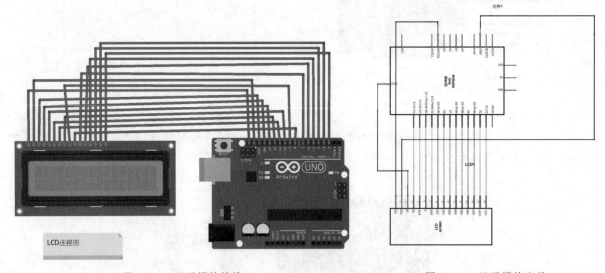

图 27-10　显示模块接线　　　　　　　　　　　图 27-11　显示模块电路

相关代码见"代码 27-4"。

27.4　产品展示

整体外观如图 27-12 所示，内部结构如图 27-13 所示，最终演示效果如图 27-14 所示。

图 27-12 整体外观

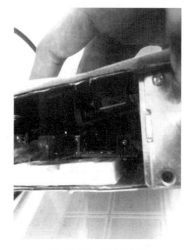

图 27-13 内部结构

(a) 系统初始化状态

(b) 天然气检测状态

(c) CO_2检测状态

图 27-14 最终演示效果

27.5　元器件清单

完成智能天然气控制报警系统元器件清单如表 27-1 所示。

表 27-1　智能天然气控制报警系统元器件清单

模　块	元　器　件	数　量
气体检测模块	MQ-5	1
报警模块	蜂鸣器	1
蓝牙模块	HC-06 蓝牙模块	1
显示模块	LCD 显示屏	1
其他	电磁阀	1
	导线	若干
	盒子	1
	Arduino UNO 开发板	1

## 第 28 章

多功能加湿器

28.1　项目背景

智能家居是利用先进的控制、遥感、探测、通信等技术组建起来的新型家庭居所。智能家居系统融合安全防范、智能控制、自动化办公和休闲娱乐为一体,具有自动识别、自动控制、事故报警和智能管理等功能,为人们提供一个安全、舒适、便捷的生活环境。

智能化、数字化毫无疑问是当今科技发展的潮流。科技越来越多地被用在改善人类衣食住行各方面。而智能家居就是对人类生活条件的一次历史性变革。人工智能逐渐在人类的日常生活中崭露头角。

28.2　创新描述

本项目基于当前需求,设计并实现多功能加湿器,主要完成以下功能:监测周围环境的温湿度情况并显示;判断是否适合人体,进而决定加湿器的开关;根据温度控制空调的开关;用蓝牙进行通信。

28.3　功能及总体设计

本部分包括功能介绍、总体设计和模块介绍。

28.3.1　功能介绍

温湿度控制的智能家居模块,利用 DHT11 温湿度传感器收集环境中的温湿度信息,并且反馈给 Arduino 之后显示在数码管上。根据温湿度信息,决定加湿器的开关,并且温度信息单独控制空调(灯)的开关,直到温湿度适宜之后再自动将加湿器以及空调关闭。

28.3.2　总体设计

本部分包括整体框架、系统流程和系统总电路。

1. 整体框架

整体框架如图 28-1 所示。

2. 系统流程

系统流程如图 28-2 所示。接通电源后,系统将进入待机状态,手机端连接蓝牙模块,输入不同指令

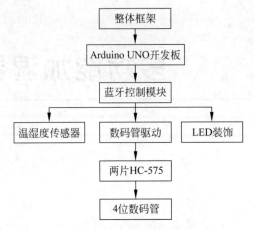

图 28-1　整体框架

加湿器将有不同的反应,若输入 00,则进行无夜灯的时钟显示；若输入 01,则进行有夜灯的时钟显示；若输入 1,则检测温湿度传感器及其他期间是否正常工作；若输入 a 或 b,则在手机和数码管上显示温度或湿度。其他指令相同,每次指令结束后均回到待机状态。

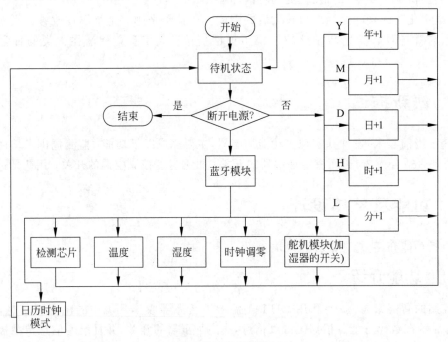

图 28-2　系统流程

3. 系统总电路

系统总电路及 Arduino UNO 开发板引脚如图 28-3 所示。从左到右依次是温湿度传感器与蜂鸣器报警系统、蓝牙模块、数码管显示模块。

其中,Arduino UNO 开发板的 9 引脚接蜂鸣器正极,8 引脚接二极管负极,5、4、3 引脚分别接数码显示管的 DIO 端、RCLK 端和 SCLK 端,1、0 引脚分别接 HC-05 的 RX 和 TX 端,然后对应的 3.3V 电压极和 GND 极接好即可。

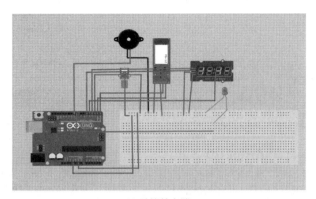

(a) 系统总电路

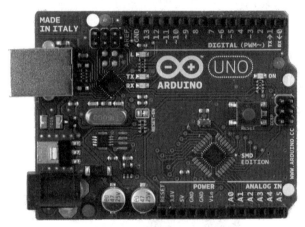

(b) Arduino UNO开发板引脚

图 28-3 系统总电路及 Arduino UNO 开发板引脚

28.3.3 模块介绍

本项目主要包括以下几个模块：蓝牙模块、数码管模块、温湿度传感器模块与时钟计时模块。下面分别给出各部分的功能、元器件、电路图和相关代码。

1. 蓝牙模块

通过读取串口字符串，判断指令，进入相应的工作模式。元器件包括 HC-05、杜邦线。蓝牙模块接线如图 28-4 所示。

相关代码见"代码 28-1"。

2. 数码管模块

设置 LED 的 4 位缓存和显示数组，调用时只需要对数组进行赋值，显示函数就可以显示相应数值的元素符号。元器件包括 4 位数码管、杜邦线若干。数码管模块连接如图 28-5 所示。

相关代码见"代码 28-2"。

3. 温湿度传感器模块

该模块的功能是采集温湿度数据。元器件包括 DHT11、杜邦线。温湿度传感器模块连接如图 28-6 所示。

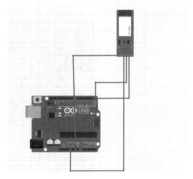

图 28-4 蓝牙模块接线

相关代码见"代码 28-3"。

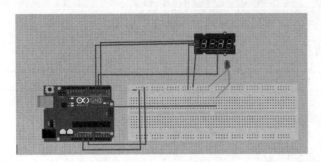 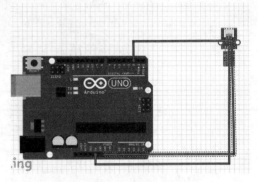

图 28-5　数码管模块连接　　　　　图 28-6　温湿度传感器模块连接

4. 时钟计时模块

通过调用中断函数，每 1s 数组加 1 并检查时间相关数组数值是否正常，从而实现时钟计时。相关代码见"代码 28-4"。

28.4　产品展示

整体外观如图 28-7 所示，内部结构如图 28-8(a)、(b)所示。最终演示效果如图 28-9 所示。

图 28-7　整体外观

(a)内部结构一　　　　　(b)内部结构二

图 28-8　内部结构

图 28-9 最终演示效果

28.5 元器件清单

完成多功能加湿器元器件清单如表 28-1 所示。

表 28-1 多功能加湿器元器件清单

模　　块	元器件/测试仪表	数　　量
蓝牙模块电路	HC-05	1
	杜邦线	若干
	Arduino UNO 开发板	1
温湿度感应模块电路	DTH11	1
	杜邦线	若干
	Arduino UNO 开发板	1
	蜂鸣器	1
数码管模块电路	数码管	1
外观部分	薄木板	245
	硬纸盒	1
	塑料瓶	1
	LED	5

## 第 29 章

多功能闹钟

29.1 项目背景

由于在实际生活中,有的人用苹果手机,有的人用安卓手机,而有的手机设置闹钟关机后无法自启响铃,所以,本项目制作一款多功能小闹钟。

29.2 创新描述

相比于普通闹钟,本产品在此基础上增加了温湿度显示、语音备忘、跟随闹铃声节奏的灯光闪烁、触摸感应器灯光亮起照明等功能。

29.3 功能及总体设计

本部分包括功能介绍、总体设计和模块介绍。

29.3.1 功能介绍

多功能闹钟可以通过自己调节,使其显示时分秒;也可以根据自己的喜好改变其灯光效果,调节其闪烁节奏和颜色变化。实现时钟以及周围环境温湿度的实时显示,液晶屏显示数字和关键字,轻按触摸传感器使灯光亮起照明,长按录音按钮可进行语音备忘,需要时只需按播放按钮即可进行备忘提醒。

29.3.2 总体设计

本部分包括整体框架、系统流程和系统总电路。

1. 整体框架

整体框架如图 29-1 所示。时钟闹钟模块、语音备忘模块、灯光模块以及温湿度模块均通过一个 Arduino UNO 开发板连接实现。

2. 系统流程

系统流程如图 29-2 所示。

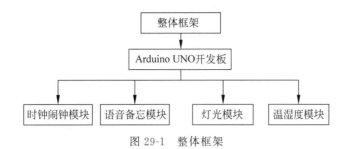

图 29-1　整体框架

3. 系统总电路

系统总电路及 Arduino UNO 开发板引脚如图 29-3 所示。

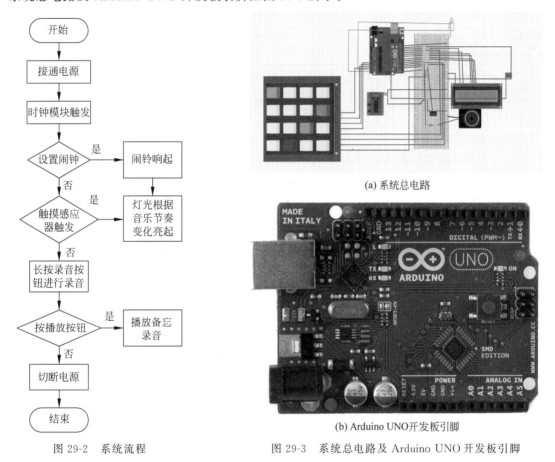

图 29-2　系统流程

图 29-3　系统总电路及 Arduino UNO 开发板引脚

29.3.3　模块介绍

本项目主要包括以下几个模块：时钟闹钟模块、温湿度模块、灯光模块。下面分别给出各部分的功能、元器件、电路图和相关代码。

1. 时钟闹钟模块

通过矩阵键盘设置时间，并即时显示时间和周围环境实时温湿度，确保显示内容的正确性。设置闹钟，到达指定时间闹钟响起并伴随着灯光闪烁。元器件包括 Arduino UNO 开发板、杜邦线、扬声器、显示屏、电阻和矩阵键盘。时钟模块接线如图 29-4 所示。

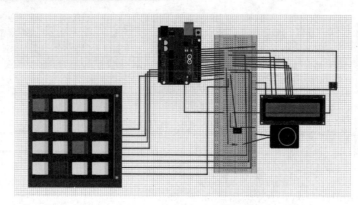

图 29-4　时钟闹钟模块接线

相关代码见"代码 29-1"。

2. 温湿度模块

通过 DHT11 模块测量周围环境温湿度、液晶显示屏显示周围环境实时温湿度。元器件包括 DHT11 温湿度模块、杜邦线、1 个面包板。温湿度模块连接如图 29-5 所示。

相关代码见"代码 29-2"。

3. 灯光模块

设置闹钟后，到达规定时间响铃，灯光根据响铃节奏闪烁和变化颜色。元器件包括一个 RGB LED、杜邦线若干、一个面包板。灯光模块接线如图 29-6 所示。

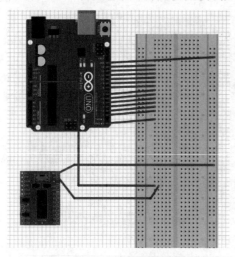

图 29-5　温湿度模块连接

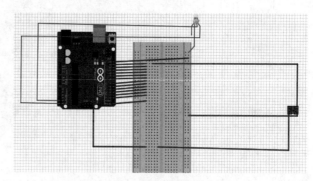

图 29-6　灯光模块接线

相关代码见"代码 29-3"。

29.4　产品展示

整体外观如图 29-7 所示。左侧为 DHT11 模块和扬声器，右侧为矩阵键盘和触摸开关；正面为液晶显示屏显示时间和温湿度，背面为 ISD1820 模块；纸盒内部为封装完毕的电路、Arduino UNO 开发板以及电源。最终演示效果如图 29-8 所示。闹钟响起时色彩明艳的灯光交互也形成了较好的视听效果。

(a) 正面图

(b) 右侧图

(c) 左侧图

图 29-7 整体外观

图 29-8 最终演示效果

29.5 元器件清单

完成多功能闹钟元器件清单如表 29-1 所示。

表 29-1 多功能闹钟元器件清单

模　块	元器件/测试仪表	数　量
闹钟时钟电路	RGB LED	4
	触摸感应器	1
	面包板	1
	ISD1820 语音备忘模块	1
	Arduino UNO 开发板	1
	LCD1602 显示屏	1
	4×4 矩阵键盘	1
	100Ω 电阻	1
	扬声器	2
	杜邦线	若干
温湿度电路	DHT11	1
	面包板	1
	Arduino UNO 开发板	1
	杜邦线	若干
外观部分	纸盒	1
	透明胶带	1
	红色绸带蝴蝶结	1

## 第 30 章

基于自建云服务器端的智能家居

30.1 项目背景

近年来,智能家居逐渐走入到大众的生活中,这些集创新与技术于一体的智能产品给我们的生活带来了极大的便利,也是市场的主要决定因素。不仅如此,创新型的智能设计产品几乎都能受到大家的青睐。

智能家居是通过互联网实现多种居家功能,不仅具有传统家居的特点,还兼备全方位的信息交互,甚至能做到能源与资金的节约。可以确定的是,在今后智能家居的市场影响力将越来越大,而且它在人们的日常生活里也会越来越普及。

在充分考虑当前的物质以及技术条件,最终决定用 Arduino 实现"基于云服务器的智能家居"设计。可以实现系统安装、数据库安装、Web 环境配置、数据库访问、页面显示等。另外,以此为载体加入了一些创新功能,充分展示了智能家居的主题。

30.2 创新描述

创新点:WiFi 模块的使用使整个设计功能更加新颖;温湿度实时监测周身环境因素;自主开发网页端显示温湿度的实时变化,状态监控显示小车 Robot 的实时运动情况;4 个 LED 作为红外避障模块的指示灯,使视觉效果更加清晰。

30.3 功能及总体设计

本部分包括功能介绍、总体设计和模块介绍。

30.3.1 功能介绍

小车上装有红外传感器模块,可以实现自主避障功能,家居小车可以在室内自由畅通地行进,利用这一功能装上拖布或吸尘器,便可实现清洁小车功能。而温湿度传感器时刻检测空气中的温度和湿度,打开页面就能读取相应数据,并且网页端可以实时显示 Robot 的运动状态。

30.3.2 总体设计

本部分包括整体框架、系统流程和系统总电路。

1. 整体框架

整体框架如图 30-1 所示。步进电机驱动板连接到 Arduino UNO 开发板上,控制两个步进电机;红外模块连接到 Arduino 扩展板上,控制实现避障功能;温湿度模块连接到另外一组 Arduino UNO 开发板及 Arduino 扩展板上;而 WiFi 模块连接到温湿度模块上面,用以实现检测数据及图像的传输。

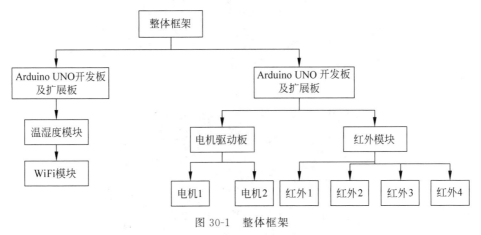

图 30-1 整体框架

2. 系统流程

系统流程如图 30-2 所示。整个系统共两对 Arduino UNO 开发板及扩展板。第一对连接电机驱动及红外模块:接通电源后,步进电机运行,红外传感器负责判断障碍物的存在,有则改变方向行驶,没有则直行,实现避障功能,红外模块输出四个变量。第二对连接温湿度模块:模块采集的信息将通过WiFi 模块上传到服务器端口。

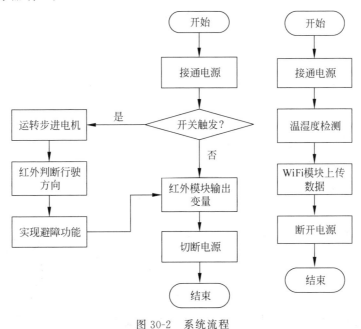

图 30-2 系统流程

3. 系统总电路

系统总电路及 Arduino UNO 开发板引脚如图 30-3 所示。从左到右依次为温湿度模块组、步进电机模块组、红外避障模块组。

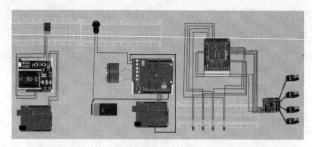

(a) 系统总电路

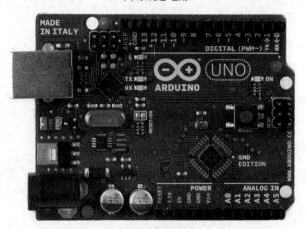

(b) Arduino UNO开发板引脚

图 30-3   系统总电路及 Arduino UNO 开发板引脚图

30.3.3   模块介绍

本项目主要分为三大模块：云服务器的搭建、红外避障传感器模块、WiFi 和温湿度传感器模块。下面分别给出各部分的功能、元器件、电路图和相关代码。

1. 云服务器的搭建

只服务于信息显示。温湿度模块检测的数据以及智能车避障时的转向会实时显示在云服务器端的网页上。

- 购买云服务器端和域名，并在服务器上安装 Ubuntu14.04LTS 操作系统。
- 配置 LAMP(Linux＋Apache＋MongoDB＋PHP)开发环境。
- 本地开发调试项目，开发完成部署到服务器端。
- 部署完成后，即可通过浏览器访问域名或者服务器端的公网 IP 地址，查看到发布的项目主页。

网站首页代码见"代码 30-1"。

2. 红外避障传感器模块

红外传感器检测障碍物，然后把检测信号传送给传感器的处理器，处理成 0 和 1 信号再发送给 Arduino。Arduino 对 0 和 1 进行判断小车是否遇到障碍物，然后控制电机的转动方向和速度。将电机控制信号发送给电机驱动板，由电机驱动板驱动小车的运动，从而实现避障功能。

元器件包括红外传感器 4 个、电机驱动板 1 块，LED 4 个、Arduino UNO 开发板 1 块、Arduino 原型扩展板 1 块、步进电机 2 个、杜邦线。红外传感器模块接线如图 30-4 所示,步进电机模块接线如图 30-5 所示。

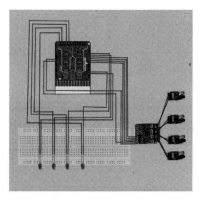

图 30-4 红外传感器模块接线

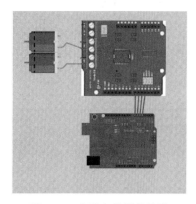

图 30-5 步进电机模块接线

相关代码见"代码 30-2"。

3. WiFi 和温湿度传感器模块

温湿度模块 DHT11 能够检测空气中的温度和湿度,把信号通过串口发送到 Arduino 开发板,通过库函数识别和重组信息,然后把温度和湿度信号通过 WiFi 发送到服务器端,服务器端接收数据并显示到界面上,实现温湿度信息的检测。元器件包括 WiFi 模块 1 块、温湿度传感器 1 个、Arduino UNO 开发板 1 块、杜邦线。

EMW3162 WiFi 模块的使用配置说明如下:

(1) 查看 WiFi shield 的使用说明,特别是开发板上各引脚的说明。在 Windows 计算机上安装 EMW Tool box 软件,然后让 WiFi 模块进入命令模式如图 30-6 所示。跳线帽不要接 TX 和 RX 引脚,WiFi 设置第一步如图 30-7 所示。

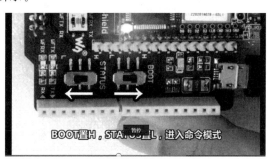

图 30-6 进入命令模式

(2) 打开 PC 上的 EMW toolbox 软件,用 USB 数据线(必须是能够传输数据的数据线,部分 USB 连接线只能用来充电,不能传输数据)连接 WiFi 模块和计算机,WiFi 设置第二步如图 30-8 箭头所示,蓝色框中是参数调整界面(注意和服务器端的通信参数相匹配)。

(3) 设置完成之后,保存到 WiFi 模块(单击 Save Paras To Module)。断开 USB 数据线,把跳线帽接到 TX 和 RX,BOOT 和 STATUS 全部设置为 H(高电平),然后把 WiFi shield 板插到 Arduino UNO 开发板上即可实现串口数据的发送和接收。温湿度模块及 WiFi 模块接线如图 30-9 所示。

相关代码见"代码 30-3"。

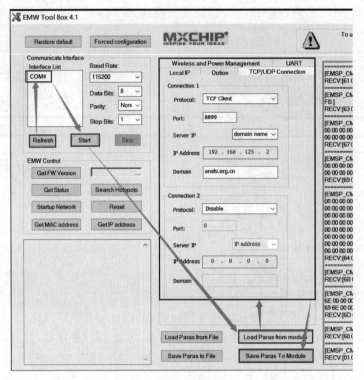

图 30-7　WiFi 设置第一步

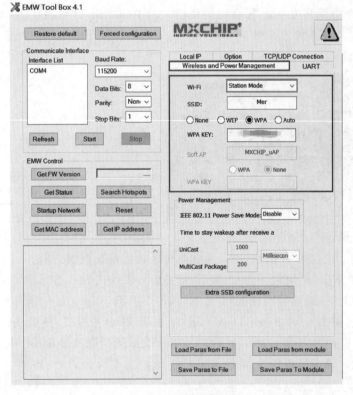

图 30-8　WiFi 设置第二步

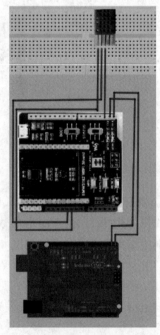

图 30-9　温湿度模块及 WiFi 模块接线

30.4　产品展示

整体外观如图 30-10 所示，内部结构如图 30-11 所示。

图 30-10　整体外观

图 30-11　内部结构

　　智能车底盘共有两层，最下面固定四个红外接收探头，两层中间是红外模块。最上面由下至上分别是 Arduino UNO 开发板、电机驱动板、Arduino 扩展板、WiFi 模块和 Arduino 扩展板，另外还有一块面包板用以提供引脚和电池供电。云服务器端上可以实现温湿度的实时变化以及避障时的转向，手机端最终演示效果如图 30-12 所示，浏览器端最终演示效果如图 30-13 所示。

图 30-12　手机端最终演示效果

图 30-12 （续）

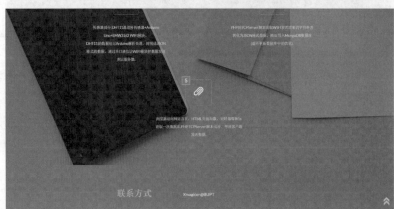

图 30-13　浏览器端最终演示效果

图 30-13 （续）

30.5 元器件清单

完成基于自建云服务器端的智能家居元器件清单如表 30-1 所示。

表 30-1 基于自建云服务器端的智能家居元器件清单

模 块	元器件/测试仪表	数 量
温湿度部分	温湿度传感器	1
	Arduino UNO 开发板	1
	Arduino 原型扩展板	1
	WiFi 模块	1
	杜邦线	若干
步进电机及红外避障部分	步进电机	2
	电机驱动板	1
	红外避障模块	1
	LED	4
	Arduino UNO 开发板	1
	Arduino 原型扩展板	1
	12V 可充电电池	1
	杜邦线	若干
外观部分	智能车底盘	1
	牛皮纸	若干

## 第 31 章

语音控制台灯

31.1 项目背景

看过皮克斯动画的朋友,想必都会对片头中那个淘气的跳跳灯有着深刻的印象,每次等它把字母"I"踩扁了,就能安心看电影了。智能家居渐渐走进消费者的视线,例如,皮克斯跳跳灯的智能台灯会为消费者的生活带来更多方便,本产品设计的初衷是通过语音控制台灯做出相应的动作。

31.2 创新描述

通过语音控制台灯开、关的上下前后左右六个方向的转动以及复位,免去了手动的麻烦。机械臂可以上下左右前后全方位转动,照亮多个角度。

创新点:通过语音来控制台灯,解放双手,台灯可以多方位转动。

31.3 功能及总体设计

本部分包括功能介绍、总体设计和模块介绍。

31.3.1 功能介绍

本项目的语音识别控制台灯能根据语句做出相应的反应。

31.3.2 总体设计

本部分包括整体框架、系统流程和系统总电路。

1. 整体框架

整体框架如图 31-1 所示。LD3320 语音识别模块、机械臂三个舵机和升压模块均连接到 Arduino UNO 开发板及扩展板上,MIC 连接在语音识别模块上,每个舵机控制机械臂一个自由度,12V LED 通过升压模块和扩展板连接。

2. 系统流程

系统流程如图 31-2 所示。接通电源以后,机械臂首先进行复位操作,如果语音识别模块识别到语音,则模块上绿灯闪烁,再判断语音内容是否为原先设置的命令,如果是,则执行相应操作,否则等待下

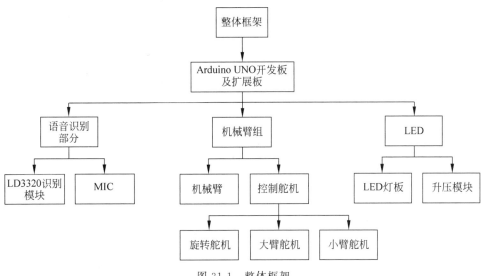

图 31-1　整体框架

一次识别。

3. 系统总电路

系统总电路及 Arduino UNO 开发板引脚如图 31-3 和图 31-4 所示。面包板上方从左到右依次是机械臂组、LED 灯组和语音识别模块组,面包板下方是将命令写入语音识别模块时的连接图,USB 端口接入 PC 端。

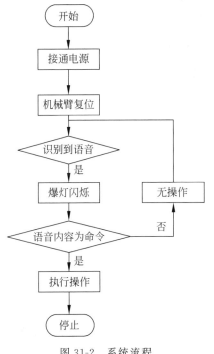

图 31-2　系统流程

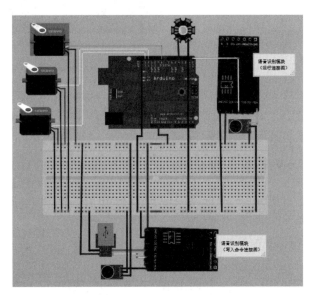

图 31-3　系统总电路

其中,机械臂组有三个舵机,即旋转舵机、大臂舵机、小臂舵机,分别通过 8、10、12 引脚接入 Arduino 开发板,对应的 5V 电压极和 GND 极接好即可。

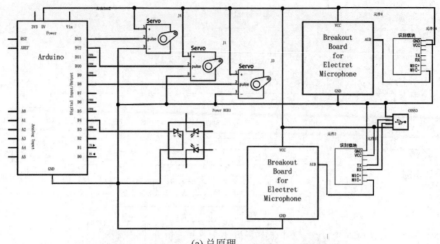

(a) 总原理

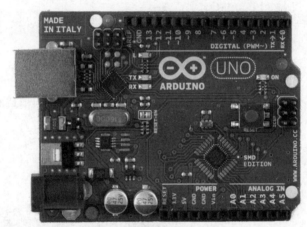

(b) Arduino UNO开发板引脚

图 31-4　系统总电路及 Arduino UNO 开发板引脚

　　将 LED 灯组一端接入 4 引脚，另一端与 GND 极接好。由于在实际中使用的是"12V，60mA"、灯珠数量为 4 颗的白光 LED 小灯板，需使用 5V 升 12V 的升压模块将 4 引脚输出接入 LED 灯板。语音识别模块组由识别模块和 MIC 组成。

31.3.3　模块介绍

　　本项目主要包括以下几个模块：语音识别模块、机械臂组、LED。下面分别给出各部分的功能、元器件、电路图和相关代码。

1. 语音识别模块

1）功能介绍

　　通过上位机将所需识别命令及所需返回值写入语音识别模块，输出返回值至 Arduino。元器件包括 LD3320 语音识别模块、测试 MIC、USB 转 TTL 连接线、杜邦线。

　　应用程序为 LP_COMM V2.22.exe。语音识别模块与上位机接线如图 31-5 所示，语音识别模块与 Arduino UNO 开发板接线如图 31-6 所示。

图 31-5 语音识别模块与上位机接线

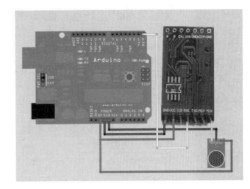

图 31-6 语音识别模块与 Arduino UNO 开发板接线

2) 相关代码

通过上位机(LP_COMM V2.22.exe)写入命令至 LD3320 语音识别模块。上位机打开界面如图 31-7 所示。

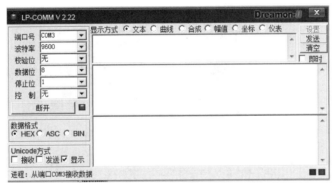

图 31-7 上位机打开界面

```
//数据格式选择 ASC
//以下指令逐条输入,逐条发送
//得到接收信息"DA"即表示指令已被接收,可继续输入下一条指令.
{d1}                    //打开调试模式
{c0}                    //清空原有命令
{a0zuo zhuan}          //写入命令,默认返回值 00H
{a0you zhuan}          //写入命令,默认返回值 01H
{a0xiang shang}        //写入命令,默认返回值 02H
{a0xiang xia}          //写入命令,默认返回值 03H
{a0xiang qian}         //写入命令,默认返回值 04H
{a0xiang hou}          //写入命令,默认返回值 05H
{a0kai deng}           //写入命令,默认返回值 06H
{a0guan deng}          //写入命令,默认返回值 07H
{a0fu wei}             //写入命令,默认返回值 08H
{d0}                   //关闭调试模式
```

后续测试操作:命令写入结束后,清空。然后数据格式选择 HEX,在距离模块测试 MIC 15～30cm 说话,可看到相应返回值,语音识别模块测试界面如图 31-8 所示。

2. 机械臂组

机械臂组由三个舵机与机械拼接板组成,通过舵机带动机械臂,实现语音识别模块识别的命令,如完成"左转""右转""向上""向下""向前""向后"等操作。

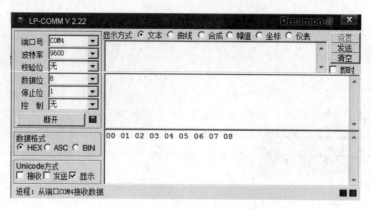

图 31-8　语音识别模块测试界面

元器件清单：机械臂、3 个舵机（分别控制大臂、小臂以及底部旋转的功能）。

机械臂（舵机）连接如图 31-9 所示。机械臂（舵机）电路原理如图 31-10 所示。

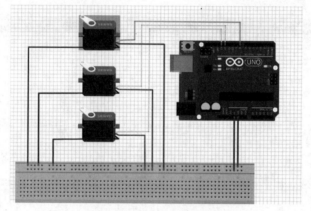

图 31-9　机械臂（舵机）连接

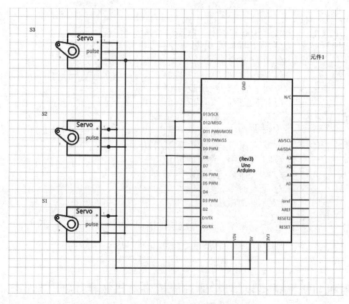

图 31-10　机械臂（舵机）电路原理

相关代码见"代码31-1"。

3. LED

语音命令为"开灯""关灯"时,完成相应操作。元器件包括一个5V升12V升压模块、一个"12V,60mA"白光LED小灯板。

电路连接:Arduino UNO开发板4引脚接入升压模块输入"+"极,GND口接入升压模块输入"-"极;升压模块输出端"+"极、"-"极分别与LED小灯板"+"极、"-"极连接。

相关代码见"代码31-2"。

31.4 产品展示

整体外观如图31-11所示,局部外观如图31-12所示,图31-12(a)为语音识别模块,图31-12(b)为LED板和升压模块。从左到右分别为Arduino UNO开发板及扩展板、升压模块、机械臂、LED板、语音识别模块。最终演示效果如图31-13所示,图31-13(a)到(b)为右转、向前,图31-13(b)到(c)为开灯。

图31-11 整体外观

(a)   (b)

图31-12 局部外观

(a)   (b)   (c)

图31-13 最终演示效果

31.5 元器件清单

完成语音控制台灯元器件清单如表 31-1 所示。

表 31-1 语音控制台灯元器件清单

模　　块	元器件/测试仪表	数　　量
语音识别电路	LD3320 语音识别模块	1
	测试 MIC	1
	杜邦线	若干
	USB 转 TTL 接线	1
机械臂组	机械拼接器件	1 套
	舵机	3
	扩展板	1
	杜邦线	若干
	Arduino UNO 开发板	1
	移动电源	1
LED	LED 板	1
	升压模块	6
	皮筋	2

## 第 32 章

盲文教学器

32.1　项目背景

据统计,中国是世界盲人最多的国家,约有 500 万人,占全世界盲人的 18％,低视力者 600 多万,儿童斜弱视者 1000 万。同时,除综合残疾外,视力残疾是文盲率最高者。全国 6～14 岁视力残疾儿童人数约 12.62 万人。若按一级盲、二级盲的盲童计算,推算为 7.81 万人,1988 年年初统计在盲校学习的盲童为 2929 人,入学率仅仅为 3.75％。现在应该上学而未上学的盲童,他们渴望学习,渴望知识,也渴望通过自己的努力创造一个"光明"的未来。

基于这样的现状,"授人以鱼,不如授人以渔",就业是改善视力残疾人生活状况的根本途径。要就业,就要有一些基本的能力,这样,帮助视力残疾人,尤其是帮助盲童学习盲文,就成了帮助其自食其力的一项重要措施。

由此,基于 Arduino 开发平台做盲文教学器,主要帮助盲童等有视力残疾的人群从学习盲文开始,找回自信,拥抱未来。

32.2　创新描述

本项目不同于市面上已经出现的盲文阅读器,是一款帮助盲人自主学习基础盲文的产品。精心设计的盲文卡片,用语音模块控制发声,声音与文字的结合,让盲人也能轻松学习,且不需要其他人的帮忙,自主学习盲文,可以解放盲人家中的其他劳动力来做更多的事。同时其价格低廉,可广泛应用,即使家里较为寻常甚至有些贫困的盲人家庭也能接受,从而发挥更大的作用,帮助更多的人。

创新点:将盲文读取,通过扬声器发出声音,盲文与声音的转化,有助于盲文的学习;用数码管显示,也可以帮助需要学习盲文的正常人更加快速学习;按键的应用,可以控制声音重复出现或者根据每个人的记忆习惯选择性发声,加深记忆。

32.3　功能及总体设计

本部分包括功能介绍、总体设计和模块介绍。

32.3.1　功能介绍

这种盲文教学器主要针对自主学习基础盲文,盲人可以通过触摸卡片并利用盲文教学器来理解盲文卡片所对应的内容来实现盲文教学，且本款盲文教学器成本低，可用于低成本家庭。它利用感光电路实现盲文识别，利用 PM66 语音模块来实现盲文阅读，利用数码管显示数字来实现帮助教学。

32.3.2 总体设计

本部分包括整体框架、系统流程和系统总电路。

1. 整体框架

整体框架如图 32-1 所示。

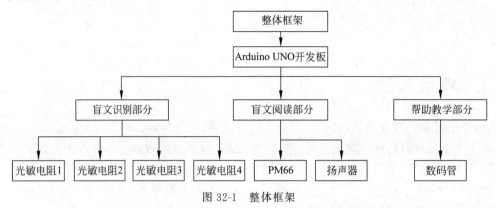

图 32-1 整体框架

2. 系统流程

系统流程如图 32-2 所示。接通电源，将盲文卡片插入系统后，对按键开关进行触发，则会使语音模块工作，从而使扬声器发声，而数码管不受开关控制，自行显示。

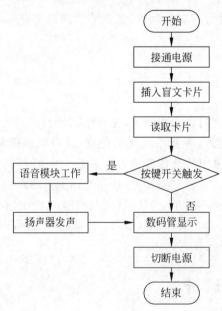

图 32-2 系统流程

3. 系统总电路

系统总电路及 Arduino UNO 开发板引脚如图 32-3 所示，从左往右依次是盲文识别部分、盲文阅读部分以及帮助教学部分。

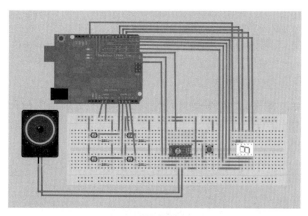

(a) 系统总电路

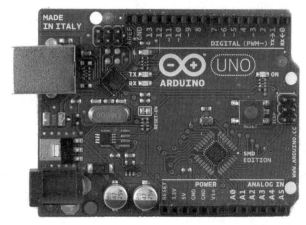

(b) Arduino UNO开发板引脚

图 32-3　系统总电路及 Arduino UNO 开发板引脚

其中,盲文识别主要是由四个光敏电阻接入电路,在电路上方有具有 LED 灯板,两端分别接入 5V 电压和 GND 线即可。

盲文阅读由 PM66 语音模块、开关以及扬声器构成,12 引脚和 11 引脚均接收由识别部分产生的信号,扬声器与 PM66 相连,10 引脚用来接收信号,开关则截断了 PM66 的接地端。

帮助教学部分主要由数码管构成,采用的是共阳极的方式,使用 13 引脚作为公共阳极,2~9 引脚作为阴极输出。

32.3.3　模块介绍

本项目主要包括以下几个模块:盲文识别、盲文阅读以及帮助教学模块。下面分别给出各部分的功能、元器件、电路图和相关代码。

1. 盲文识别

利用光敏电阻的感光特性,对盲文卡片所对应的数字进行识别,然后根据识别的内容将不同的信号输入盲文阅读部分。元器件包括四个光敏电阻、LED 灯板、杜邦线。盲文识别模块连接如图 32-4 所示。

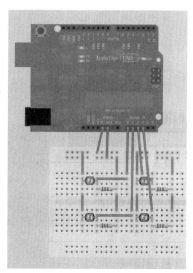

图 32-4　盲文识别模块连接

相关代码见"代码 32-1"。

此代码为语音识别的测试模块，根据盲文设计不同的感光电路组合，从而判断所需要输出的信号类型。

2. 盲文阅读

主要由 PM66 语音模块来操作，由扬声器进行发声，根据盲文识别的信号发出不同的声音。元器件包括 PM66 语音模块、扬声器、开关、杜邦线。盲文阅读模块连接如图 32-5 所示。

相关代码见"代码 32-2"。

只要改变发声地址即可选择不同的声音。本设计中采用 0X00～0X09 分别表示 0～9。

3. 帮助教学

使用数码管显示相应的数字 0～9，从而帮助那些需要学习盲文的正常人来学习。元器件包括数码管、杜邦线。帮助教学模块连接如图 32-6 所示。

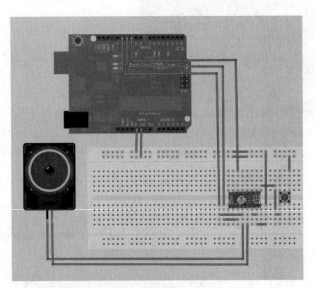

图 32-5　盲文阅读模块连接

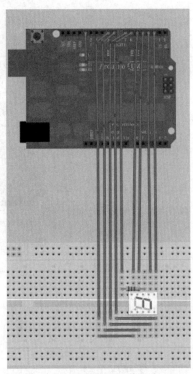

图 32-6　帮助教学模块连接

相关代码见"代码 32-3"。

32.4　产品展示

整体外观如图 32-7 所示，内部结构如图 32-8 所示。外部是按钮开关、数码管显示，以及制作的盲文卡片手卡，下边盒子内是盲文教学器的主体，包含 LED 板，Arduino 开发板以及 PM66、扬声器等。最终演示效果如图 32-9 所示，可以根据盲文卡片的不同，显示不同的数字，盲文阅读的功能只能在视频以及现场进行演示。

图 32-7 整体外观

图 32-8 内部结构

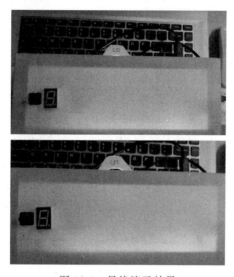

图 32-9 最终演示效果

32.5 元器件清单

完成盲文教学器元器件清单如表 32-1 所示。

表 32-1 盲文教学器元器件清单

模 块	元器件/测试仪表	数 量
盲文识别	光敏电阻	4
	Arduino UNO 开发板	1
	面包板	1
	LED 板	1
	杜邦线	若干
盲文阅读	PM66 语音模块	1
	开关	1
	扬声器	1
	杜邦线	若干
帮助教学	数码管	1
	杜邦线	若干
外观部分	盲文卡片	10
	纸箱	2

## 第 33 章

激光雕刻机

33.1　项目背景

随着切割雕刻工艺的复杂度加强,传统的手工和机械加工受到设备及技术的制约,被加工物体的精度低,从而在一定程度上影响产品的质量,甚至影响经济的效益。依据激光的能量密度高、可操作性强等特点,开发一款激光雕刻机,用来加工各种材料,其加工速度快、精度高、废料少,是各行业升级换代的最佳选择。

激光雕刻机能提高雕刻的效率,使被雕刻处的表面光滑、圆润,迅速地降低被雕刻的非金属材料的温度,减少被雕刻物的形变和内应力,可广泛地用于对各种非金属材料进行精细雕刻的领域。

33.2　创新描述

关于 DIY 激光打印机的制作教程五花八门,将 Arduino 改造成 Grbl 下位机的方法具有很大的优势,Grbl 在应用层面上非常简单,向 Arduino 开发板内烧写的也是已有的 Grbl. hex 文件,结合 PC 端软件很好地实现了图像识别、转化路径信息、控制电机等功能。受 3D 打印机的启发,再根据实际应用情况,利用这个激光雕刻机,可以将一些喜欢的图案有效地雕刻到目标物体上。

33.3　功能及总体设计

本部分包括功能介绍、总体设计和模块介绍。

33.3.1　功能介绍

激光雕刻机可以将输入的矢量图或者简单的线性图案转化为 G 代码后雕刻到目标上,由于激光头是红色的,所以本激光雕刻机不能对反射红光的物体(如白色、红色外观的物体)进行雕刻。本项目做一个相对小型的雕刻机,目前的尺寸是 13cm×13cm×20cm,虽然不能达到便携,但是尺寸已经相对较小。激光雕刻可以解决一些光滑表面上雕刻的问题,并方便地留下相关的信息。

33.3.2　总体设计

本项目的激光雕刻机由输入和输出组成。输入部分由 Grbl 控制器将矢量图或者线性图案转换为

G 代码,输出部分使用了激光笔和步进电机,处理部分用 Arduino UNO 开发板。

1. 整体框架

整体框架如图 33-1 所示。

2. 系统流程

系统流程如图 33-2 所示。

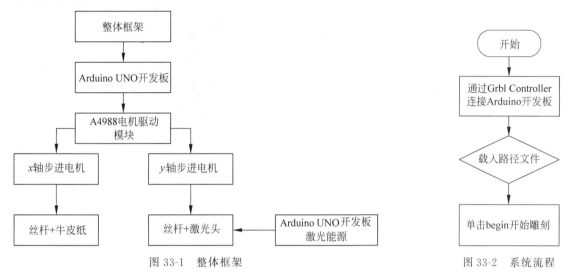

图 33-1 整体框架

图 33-2 系统流程

3. 系统总电路

系统总电路及 Arduino UNO 开发板引脚如图 33-3 所示。其中左边的电机控制 x 轴方向,右边的控制 y 轴方向,Arduino 与直流电机引脚连接如表 33-1 所示。Arduino UNO 开发板之间引脚连线如表 33-2 所示。

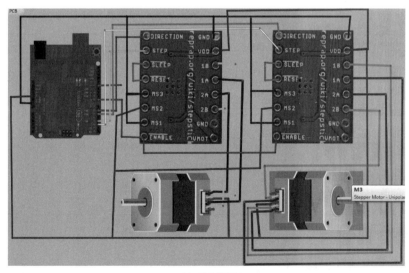

(a) 总电路图1

图 33-3 系统及 Arduino UNO 开发板的总电路图

(b) 总电路图2

图 33-3 （续）

表 33-1 Arduino 与直流电机引脚连接

Arduino	A4988（*x* 轴）	A4988（*y* 轴）	步进电机
2	STEP		
3		STEP	
5	DIRETION		
6		DIRETION	
8	ENABLE	ENABLE	
	1B	1B	2
	1A	1A	3
	2A	2A	1
	2B	2B	4
GND	MS1	MS1	
VCC	MS2	MS2	
GND	MS3	MS3	

表 33-2 Arduino UNO 开发板之间连线

Arduino 开发板 1	Arduino 开发板 2	
12	2	
	VCC	激光笔正极
	GND	参考地
	7	激光笔负极

图 33-3(a)是控制步进电机的 Arduino 开发板通过 A4988 步进电机驱动板与步进电机相连,一共有 2 个步进电机。它们在工作时相互垂直分为两层,共同运作达到激光笔的雕刻位置,然后在一个平面上自由移动。

图 33-3(b)是激光笔的供能电路。图 33-3(b)中左边的 Arduino 开发板与图 33-3(a)中的 Arduino 开发板是同一块,通过 12 引脚发出使能信息,另一块开发板根据接收到的信息控制激光笔的亮(雕刻状态)和暗(非雕刻状态)。图 33-3(b)中红色 LED 表示激光笔,激光笔有一个输入端和一个输出端,通电时发出的是红光。

33.3.3 模块介绍

本项目从硬件和软件两方面实现,其中,硬件端模块有 Arduino UNO 开发板上的 Grbl 固件模块、激光笔供能与使能模块,软件端模块有上位机 Grbl Controller 模块、nc 文件生成软件 Inkscape 模块。下面分别给出各部分的功能、元器件、电路图和相关代码。

1. nc 文件生成软件 Inkscape 模块

Inkscape 是一款开源软件,用于图像的处理,在本项目中,用 Inkscape 的一个扩展功能将想要打印(雕刻)的图案处理成 Grbl Controller 可以读取的路径文件(.nc),Inkscape 界面如图 33-4 所示。

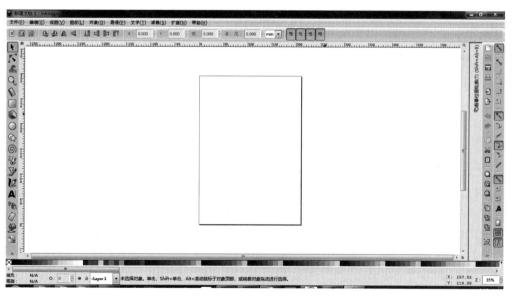

(a) Inkscape 主界面

图 33-4 Inkscape 界面

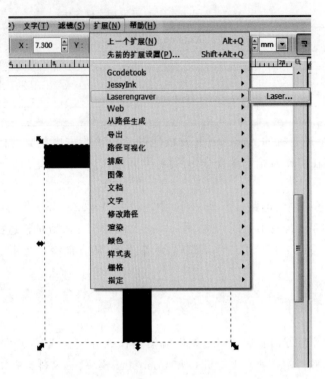

(b) 选择图形利用扩展功能生成路径文件

图 33-4 （续）

2. Grbl Controller 模块

Grbl Controller 的核心功能是向 Arduino 发送 G 指令（即 G 代码），可以识别 Inkscape 软件生成的路径文件。通过 USB 口与 Arduino UNO 开发板上的 Grbl 固件模块相连并向其发送 G 代码，Grbl Controller 界面如图 33-5 所示。

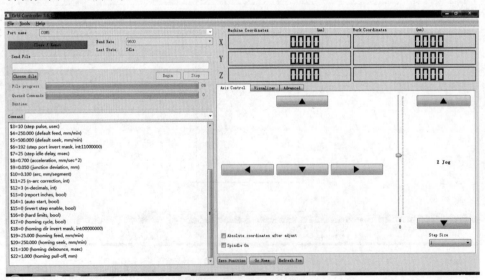

(a) Grbl Controller主界面

图 33-5　Grbl Controller 界面

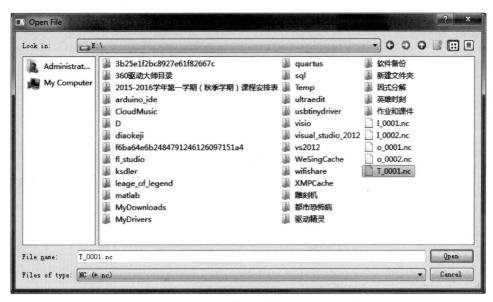

(b) 选择之前生成的路径文件

图 33-5 （续）

3. Grbl 固件模块

本模块由 1 个 Arduino 开发板与 2 个步进电机驱动板组成，Arduino 开发板上下载的是 grbl. hex 文件，是由 WinAVR 生成的机器语言码。Arduino 开发板通过 USB 口与 PC 端相接，接收有 PC 端的 Grbl Controller 发来的 G 代码信号，分别控制 x 轴电机、y 轴电机的运动以及激光笔的 开关。

通过 Xloader 向 Arduino 下载已有程序包 grbl. hex，这样 Arduino 开发板就能通过 USB 引脚识别 Grbl Controller 发送的 G 代码信号，并通过 A4988 驱动板控制步进电机，操作界面如图 33-6 所示。需 要注意 pin_map. h 中关于引脚号的定义语句。

```
#define X_STEP_BIT          2                //x 轴步进电机驱动使能
#define Y_STEP_BIT          3                //y 轴步进电机驱动使能
#define X_DIRECTION_BIT     5                //x 轴步进电机驱动方向
#define Y_DIRECTION_BIT     6                //y 轴步进电机驱动方向
```

相关代码见"代码 33-1"。

4. 激光笔供能与使能模块

该模块通过识别 Grbl 固件模块中的 Arduino 开发板 12 引脚的使能信号控制激光笔。图 33-3 左 边是 Grbl 固件模块中的 Arduino 开发板，右边是控制激光笔的 Arduino 开发板。电路部分设计成类似 反向器的电路，激光笔的正极接 5V 电压，负极接 7 引脚并通过电阻后接地。当 7 引脚输出高电平时激 光笔两端电压较小，此时激光笔不工作；当 7 引脚输出高电平时激光笔两端电压较大，此时激光笔 工作。

控制激光笔代码见"代码 33-2"。

config	2017/4/14 13:07	C/C++ Header	29KB
coolant_control	2017/4/14 13:07	C Source	2KB
coolant_control	2017/4/14 13:07	C/C++ Header	1KB
cpu_map	2017/4/14 13:07	C/C++ Header	2KB
defaults	2017/4/14 13:07	C/C++ Header	4KB
eeprom	2017/4/14 13:07	C Source	6KB
eeprom	2017/4/14 13:07	C/C++ Header	2KB
gcode	2017/4/14 13:07	C Source	59KB
gcode	2017/4/14 13:07	C/C++ Header	8KB
grbl	2017/4/14 13:07	C/C++ Header	2KB
grbl.pnproj	2017/6/3 10:48	PNPROJ 文件	1KB
limits	2017/4/14 13:07	C Source	16KB
limits	2017/4/14 13:07	C/C++ Header	2KB
main	2017/4/14 13:07	C Source	4KB
motion_control	2017/4/14 13:07	C Source	18KB
motion_control	2017/4/14 13:07	C/C++ Header	3KB
nuts_bolts	2017/4/14 13:07	C Source	5KB
nuts_bolts	2017/4/14 13:07	C/C++ Header	3KB
planner	2017/4/14 13:07	C Source	25KB
planner	2017/4/14 13:07	C/C++ Header	4KB
print	2017/4/14 13:07	C Source	6KB
print	2017/4/14 13:07	C/C++ Header	2KB
probe	2017/4/14 13:07	C Source	3KB

(a) 部分Grbl源代码文件、头文件   (b) Xloader上传操作界面

图 33-6 操作界面

33.4 产品展示

整体外观如图 33-7 所示，Arduino 开发板与 PC 控制端如图 33-8 所示。下方是 x 轴方向的丝杆，受步进电机控制，下方黑色部分通过夹子把牛皮纸固定其上，步进电机的转动带动纸在 x 轴来回运动。上方的 y 轴方向丝杆上固定有激光笔，运动原理与下方相同。

图 33-7 整体外观   图 33-8 Arduino 开发板与 PC 控制端

33.5 元器件清单

完成激光雕刻机元器件清单如表 33-3 所示。

表 33-3 激光雕刻机元器件清单

模　块	元器件/测试仪表	数　量
输入模块	导线	若干
	杜邦线	若干
	步进电机	2
	步进电机驱动板	2
	丝杆	2
	Arduino UNO 开发板	1
输出模块	导线	若干
	杜邦线	若干
	电阻	若干
	激光笔头	1
	导轨	若干
	Arduino UNO 开发板	1
外观部分	铁板	4
	螺钉	若干

第34章

CHAPTER 34

简易翻译机

34.1　项目背景

近年来出国旅游越来越流行,许多老年人不断加入出国旅游的行列,可是语言不通的问题往往会影响他们的游玩质量,并不是每位老年人都能熟练地使用英语或者使用智能手机的翻译功能与外国人交流,因此,制作使用方便,极易上手的翻译工具来方便老年人与外国人对话显得尤为重要。

为了保证翻译机的简单实用性,选择了只对单词进行翻译,配合肢体语言,进行简单的交流。之所以不选用句子翻译,一是出错概率大,二是句子数量太多,组合太复杂,不如对组成句子更简单的元素——单词进行翻译。实践证明,翻译关键单词配合肢体语言的表达效果要好于句子。

同时,为了方便交流,在语音翻译的同时,加上了一个LCD屏对单词进行显示,这是为了避免对方没有听清翻译语音的情况发生。

34.2　创新描述

创新点:利用关键单词配合肢体语言,其表达效果要优于纯粹的肢体语言和整句翻译。有时候,当老年人向外国人问路或者进行交流的时候,虽然摆出各种手势想要表达自己的意思,可是外国人仍然不明白对方想要表达什么,如果加上关键单词,那么外国人便可以弄懂对方的用意。

34.3　功能及总体设计

本部分包括功能介绍、总体设计和模块介绍。

34.3.1　功能介绍

对着麦克风说出关键单词(中文),小音箱会翻译出它的英文,LCD显示屏上会显示出其拼写。本作品实现了对中文语音的识别、中英文的翻译和根据识别内容进行显示。

34.3.2　总体设计

本部分包括整体框架、系统流程和系统总电路。

1. 整体框架

整体框架如图34-1所示。整个系统由语音翻译部分和LCD显示构成,而语音翻译又由语音识别模块、麦克风和小型音箱组成；LCD 显示由 Arduino 开发板和 LCD 显示屏组成。

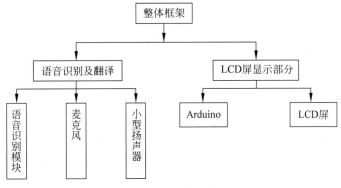

图 34-1　整体框架

2. 系统流程

系统流程如图 34-2 所示。打开开关以后，由识别模块输入中文语音，如果语音无效，则发送返回值给 Arduino 开发板，Arduino 开发板驱动 LCD 屏显示"please say a word."；若有效，则由模块识别且翻译，并驱动音箱读出相应英文，同时发送返回值给 Arduino 开发板，Arduino 开发板驱动 LCD 屏显示相应英文。

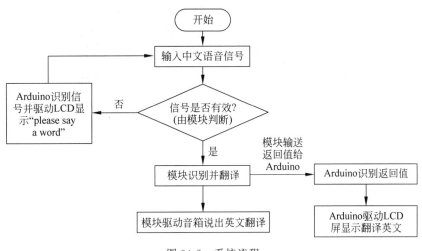

图 34-2　系统流程

3. 系统总电路

系统总电路及 Arduino UNO 开发板引脚如图 34-3 所示。

34.3.3　模块介绍

本项目主要分为两个模块：语音翻译模块和 LCD 显示模块。下面分别给出各模块的功能、元器件、电路图和相关代码。

1. 语音翻译模块

对输入的中文语音信号进行识别，将数据发送至 Arduino，同时播放出翻译后的英文语音信号。元器件包括麦克风、语音识别模块、小音箱、杜邦线（面包板）。语音翻译模块连线如图 34-4 所示，语音翻译模块电路如图 34-5 所示。其中，1 接 GND，2 接 D0，3 接 D1。

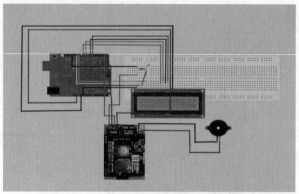

(a) 系统总电路

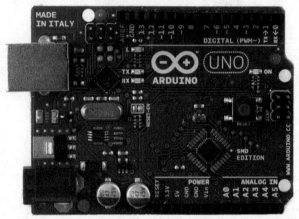

(b) Arduino UNO开发板引脚

图 34-3　系统总电路及 Arduino UNO 开发板引脚

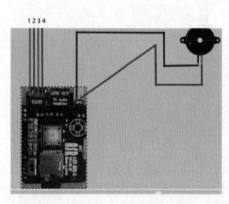

图 34-4　语音翻译模块连线

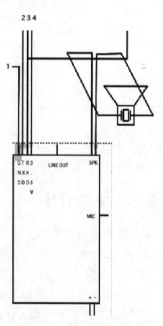

图 34-5　语音翻译模块电路

相关代码见"代码 34-1"。

2. LCD 显示模块

接收语音模块发送的返回值,并在 LCD 上显示与输入中文相对应的英文(与音箱所读出的英文一致)。元器件包括 Arduino UNO 开发板、LCD 显示屏、杜邦线(面包板)。LCD 显示模块连接如图 34-6 所示,LCD 显示模块电路如图 34-7 所示。

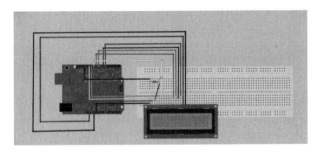

图 34-6　LCD 显示模块连接

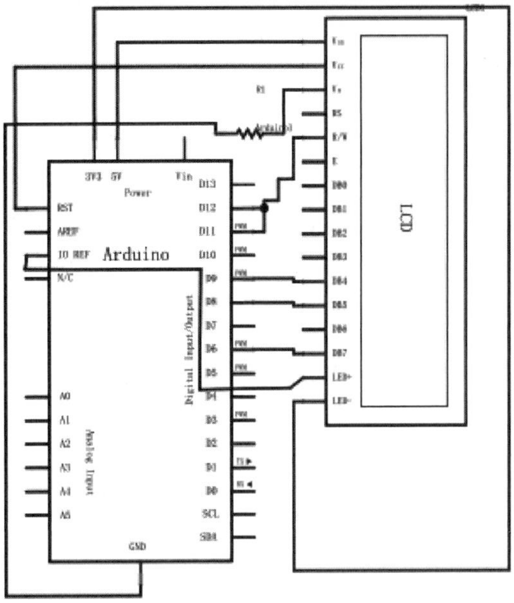

相关代码见"代码 34-2"。

34.4　产品展示

整体外观如图 34-8,内部结构如图 34-9 所示。

图 34-8　整体外观

图 34-7　LCD 显示模块电路

图 34-9　内部结构

34.5　元器件清单

完成简易翻译机元器件清单如表 34-1 所示。

表 34-1　简易翻译机元器件清单

模　块	元器件/测试仪表	数　量
语音翻译模块	语音识别模块	1
	小音箱	1
	杜邦线	若干
LCD 显示模块	Arduino 开发板	1
	LCD 显示屏	1
	面包板	1
	杜邦线	若干
外观部分	纸盒	1
	双面胶	若干
	剪刀	1
	包装纸	若干

第 35 章

智能教室管理

35.1 项目背景

在国内部分大学,由于校园面积较小,教室资源紧张,学生需要花大量时间去寻找适合上自习的教室;另外,一些任课教师会不时点名以督促学生按时到课,点名的过程往往会耽误时间。

在实际运用中,一些大型的商场会有统计客流的装置,并根据统计数据做出更佳的商业策略;在人员管理方面,会有相应的装置进行出勤统计;在工厂生产中,往往会有计数装置对产品进行计件。因此,计数装置在工商业生产生活中扮演着重要的角色。

本项目以计数为出发点,以方便老师和同学为目标,以物联网为特色,以 Arduino 开发板为核心,制作出可以应用于多种情景的多功能计数装置。它用于教室、公共浴室的智能化,以及各种相对封闭空间的人数统计。

由于材料和技术的限制,计数统计仅限于出入口较窄的空间,否则面对相对复杂的人员进出情况,会出现计数失灵。

35.2 创新描述

作为以物联网为特色的计数装置,它带来了新的校园生活方式。简单来说,通过 Arduino 开发板和物联网以阈值计数的方式来读取,例如,自习室人数、浴室空位等数据传至云端,师生在云端读取数据后,来规划当日的校园生活。老师使用本系统时还可以通过互联网远程控制该教室的使用计划,也可以将其远程复位。当教室闲置无人时,系统将关闭电力系统(在实验中以 LED 代替),从而达到节能的效果。

创新点:将单片机、物联网及云端结合起来;在云端可以接收数据也可以远程控制;无人时自动节电;可随时开关。

35.3 功能及总体设计

本部分包括功能介绍、总体设计和模块介绍。

35.3.1 功能介绍

智能教室管理系统可以统计一个空间内的人数并将其在 LCD1602 液晶显示屏进行显示,同时可以通过无线网络将信息发至云端,让需要的人可以在千里之外获取实时信息。

35.3.2 总体设计

本部分包括整体框架、系统流程和系统总电路。

1. 整体框架

整体框架如图 35-1 所示。两块带有 ESP8266 无线模块的扩展板分别连到两块 Arduino UNO 开发板，两块 LCD1602 液晶显示模块分别接到扩展板，两个光敏电阻连接至第一个扩展板，作为实现计数的硬件，继电器模块连接至另一扩展板，LED 连接至继电器模块作为模拟的电力供应控制系统。

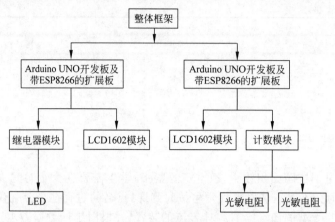

图 35-1　整体框架

2. 系统流程

系统流程如图 35-2 所示。

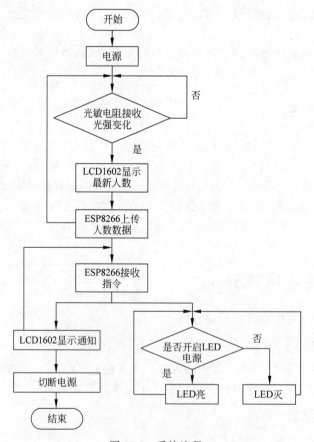

图 35-2　系统流程

3. 系统总电路

系统总电路及 Arduino UNO 开发板引脚如图 35-3 所示。

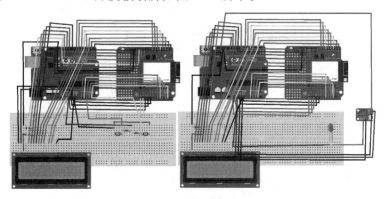

(a) 系统总电路

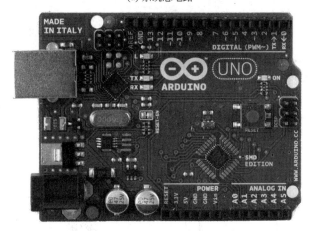

(b) Arduino UNO开发板引脚

图 35-3　系统总电路及 Arduino UNO 开发板引脚

LCD1602 液晶显示模块均是八位接法接到扩展板,使用了 2～12 数字引脚和 3.3V、5V 电源以及两个 GND 引脚。光敏电阻连接模拟 2、3 引脚,输入光强信息。电力控制电路接入 13 数字引脚,接收远程信号的控制。

35.3.3　模块介绍

本项目主要包括以下几个模块:计数模块、LCD 液晶显示模块、物联网模块及电力控制模块。下面分别给出各部分的功能、元器件、电路图和相关代码。

1. 计数模块

获取两点光强,并根据两点光强变化的顺序来统计进出的人数。元器件包括光敏电阻、1kΩ 电阻、小面包板、杜邦线。计数模块接线如图 35-4 所示,计数模块电路原理如图 35-5 所示。

相关代码见"代码 35-1"。

2. LCD 液晶显示模块

以 LCD1602 液晶显示模块为核心,显示 Arduino UNO 开发板所传输的数量及通知信息。元器件

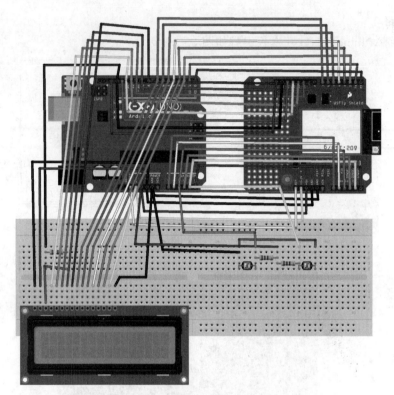

图 35-4　计数模块接线

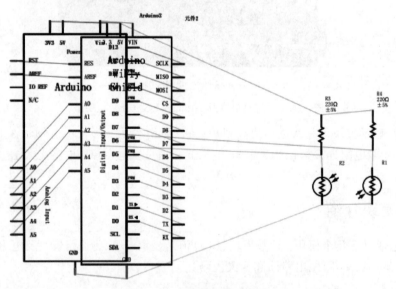

图 35-5　计数模块电路原理

包括 LCD1602、1kΩ 电阻、杜邦线、面包板。LCD 数显模块连接如图 35-6 所示。LCD 数显模块电路原理如图 35-7 所示。

相关代码见"代码 35-2"。

采用八线接法将固定在面包板的 LCD1602 模块接到扩展板上，其中使用了两块 LCD1602 模块，两块的代码仅有最终显示命令部分不同，其余定义引脚及相关控制函数均相同。

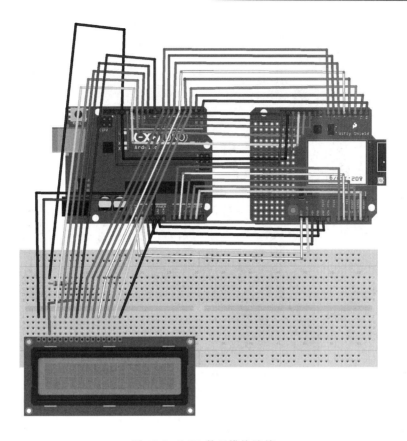

图 35-6　LCD 数显模块连接

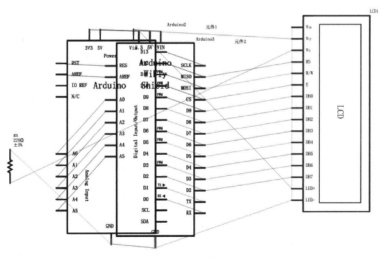

图 35-7　LCD 数显模块电路原理

3. 物联网模块

由 ESP8266 模块实现通过 WiFi 连接互联网，接收和发送信息的功能。元器件包括带 ESP8266 模块的扩展板。物联网模块接线如图 35-8 所示。

相关代码见"代码 35-3"。

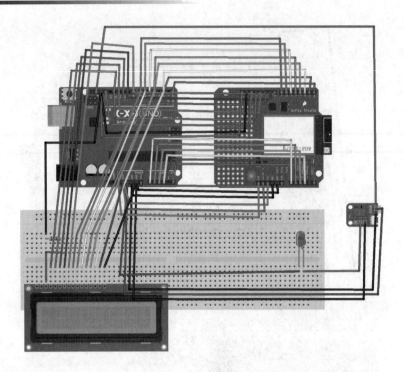

图 35-8　物联网模块接线

4. 电力控制模块

通过继电器模块实现小电压电路控制大电压电路，以此实现对于电力开关的远程控制。元器件包括继电器模块、LED、面包板、杜邦线。电力控制模块接线如图 35-9 所示。

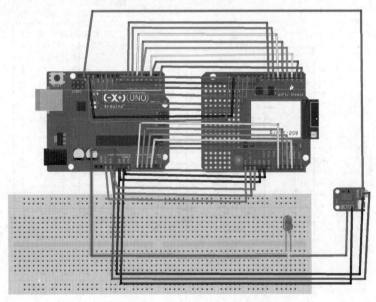

图 35-9　电力控制模块接线

相关代码见"代码 35-4"。

35.4 产品展示

整体外观如图 35-10 所示,内部结构如图 35-11 所示。箱体底部为显示部分,有 2 块 LCD1602 液晶显示模块,用来显示计数信息和远程指令通知。另外还有一个蓝色 LED 模拟电力系统。上方正面开口为整个系统的供电口,上方侧面开口为光敏电阻打开接收光照的通道。最终演示效果如图 35-12 所示。在 LCD1602 液晶显示模块上可以看到计数信息和远程指令通知。另外,在远程端口可以看见人数信息。

图 35-10 整体外观

图 35-11 内部结构

(a)

(b)

图 35-12 最终演示效果

35.5 元器件清单

完成智能教室管理元器件清单如表 35-1 所示。

表 35-1 智能教室管理元器件清单

模　　块	元器件/测试仪表	数　　量
计数电路	Arduino UNO 开发板	1
	光敏电阻	2
	小面包板	1
	1kΩ 电阻	2
	杜邦线	若干
	激光器	2
数显电路	LCD1602 液晶数显模块	1
	1kΩ 电阻	1
	面包板	1
	杜邦线	若干
物联网模块电路	Arduino UNO 开发板	1
	LCD1602 液晶数显模块	1
	面包板	1
	1kΩ 电阻	1
	ESP8266 扩展板	2
	杜邦线	若干
继电器控制电路	继电器模块	1
	LED	1
	杜邦线	若干

## 第 36 章

变 声 器

36.1 项目背景

项目的最初灵感来源于《名侦探柯南》中的主人公——江户川柯南的随身蝴蝶结变声器,主角可以使用这一变声器模仿许多人物的声音,给观众留下了深刻的印象。再加上网络的发展,腾讯 QQ 推出了变声语音这一功能,但是这一功能比较简陋而且效果并没有那么令人满意。综合种种原因,决定基于 Arduino 开发一款可以自由变声的专业变声器。

36.2 创新描述

用户事先制作好音效音频,预置于 SD 卡中,通过数字键盘切换不同音效,来满足不同需求。例如,产生怪兽般的声音来参加万圣节晚会,也可以在某些聚会中进行娱乐活动。

创新点:国内同类产品较少,能实现自由添加音效的功能,并且可进行一定程度的变调,还可以实现将人的本音变化为男女童声。处理后的声音与目前同等功能产品所产生的尖锐、怪异、不自然的声音不同。经过处理后的声音更加贴合人声,效果比一般的软件更理想。

36.3 功能及总体设计

本部分包括功能介绍、总体设计和模块介绍。

36.3.1 功能介绍

在这种变声器中,只要用户预置音效 WAV 文件于 SD 卡中,便可通过数字键盘选择所需音效。用户也可以通过调节电位器以升高或降低声调,满足男女童声切换的功能。此变声器的延迟时间较短,可视作实时变声器。不同于市面上所介绍的变声手机(魔音),本变声功能全为手动调制,并没有事先设好的音效。同时由于 SD 卡中 WAV 文件的来源是丰富多样的,所以从理论上来说本变声功能可以调节出几乎所有可听到的声音。

36.3.2 总体设计

本部分包括整体框架、系统流程和系统总电路。

1. 整体框架

整体框架如图 36-1 所示。

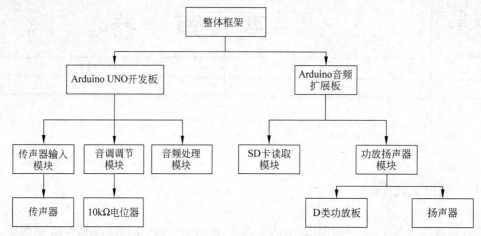

图 36-1　整体框架

2. 系统流程

系统流程如图 36-2 所示。

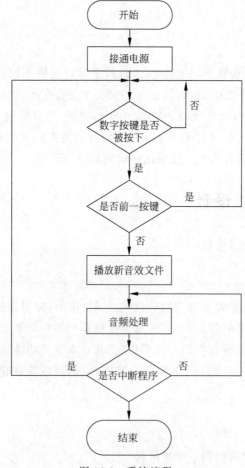

图 36-2　系统流程

接通电源后,如果数字按键被触发,则主程序开始工作,先播放新的音效文件,再进行音频处理。经中断判断与调节等待下一次数字按键的触发来进行第二次的音效处理。直到断开电源,所有流程结束,系统停止运行。

3. 系统总电路

系统总电路及 Arduino UNO 开发板引脚如图 36-3 所示。本电路图较为复杂,为清晰起见,此处使用了两幅图(图 36-3(a)和图 36-3(b))来进行解释其原理。需要注意,两幅图使用的开发板并未将

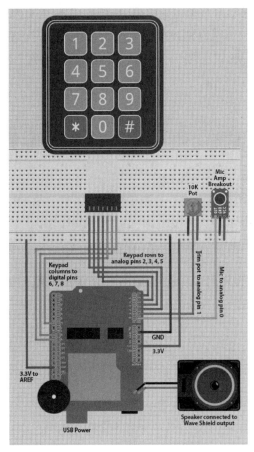

(a) 系统总电路一

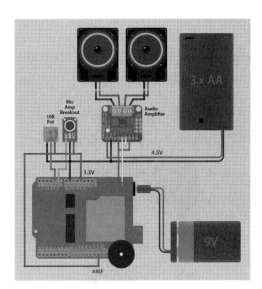

(b) 系统总电路二

(c) Arduino UNO 开发板引脚

图 36-3　系统总电路及 Arduino UNO 开发板引脚

Arduino UNO 开发板画出，具体的原因是音频功能板和 Arduino UNO 开发板是通过引脚相互连接的，为了切合实际连接方式并便于说明，所以，此处给出的为音频功能拓展板。

图 36-3（a）着重点在于输入和调制模块。可以看到图中有一个 10kΩ POT（电位器）和麦克风，将它们的信号端连在功能板的数字 I/O 上。同理对于 4×4 数字键盘，将行触发信号连至数字 I/O 的 5、4、3、2 引脚，并且将其列触发信号连至 I/O 的 6、8、9 引脚。另外，使用扬声器作为输出，此时输出信号由开发板上的输出信号端引入到输出模块。

图 36-3（b）着重点在于输出。本电路使用的输出是功放与扬声器的组合，可以在另外一个角度看到 10kΩ 电位器和麦克风的地线（GND）与电源线（VCC）的连接方式。Audio Amplifier 是一个小功率的功放，输出的音频信号由开发板引出的信号线连到功放上的"＋"与"－"上，这样就可以完成双声道扬声器的输出。

36.3.3 模块介绍

本项目主要包括主程序模块、SD 卡模块和输出处理模块。下面分别给出各部分的功能、元器件、电路图和相关代码。

1. 主程序模块

设置端口，并检测数字键盘按键输入，以启动另外两个模块进行音频处理。元器件包括：4×4 数字键盘，Arduino UNO 开发板，数字按键模块接线如图 36-4 所示。

相关代码见"代码 36-1"。

2. SD 卡模块

读取 SD 卡中的音效 WAV 文件，并播放以提示用户选择了什么音效，可检查 WAV 文件是否存在。元器件包括 adafruit-wave-shield。音频功能开发板上的 SD 模块电路如图 36-5 所示。

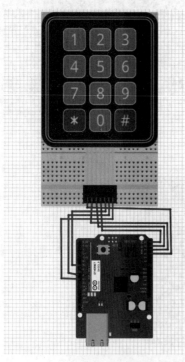

图 36-4 数字按键模块接线

图 36-5 音频功能开发板上的 SD 模块电路

相关代码见"代码 36-2"。

3. 输出处理模块

设置麦克风进行采样,通过 ADC 得到数字信号流,与音效音频流进行"颗粒"合成,再通过 DAC 转换为模拟信号输出。元器件包括:0.5W 扬声器一对,3xAA 电池盒及电池,D 类功放,导线若干,集成麦克风,10kΩ 电位器,9V 电池与电池盒使用技术资料原理。音频处理输出电路原理如图 36-6 所示。

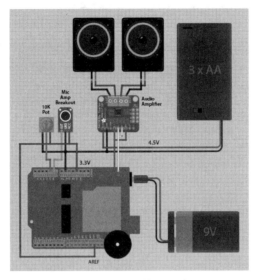

图 36-6 音频处理输出电路原理

相关代码见"代码 36-3"。

36.4 产品展示

整体外观如图 36-7 所示。内部结构如图 36-8 所示。图中左上方是 Arduino UNO 开发板和 Wave Shield 扩展板,上面有旋钮可控制音量大小;右上方是数字键盘,可切换不同音效,有效按键为 1、2、3、4、5、6、7、8、9、*、0、♯;数字键盘下方有一个电位器和一个麦克风,电位器的作用是调节音调,麦克风的作用是输入音频;中间的是拓展板及一个功放芯片,与下方的扬声器连接在一起。

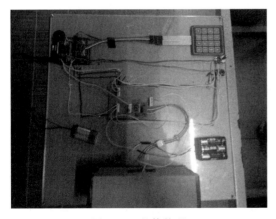

图 36-7 整体外观

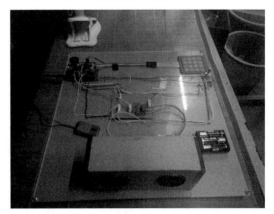

图 36-8 内部结构

36.5 元器件清单

完成变声器元器件清单如表 36-1 所示。

表 36-1 变声器元器件清单

模　　块	元器件及设备	数　　量
音频输入模块	导线	若干
	杜邦线	若干
	2.54mm 接线端	5
	2.54mm 接线座	5
	Microphone Amplifier-MAX4466	1
	Arduino UNO 开发板	1
	4×4 数字键盘	若干
	9V 电源	1
SD 卡模块与音频处理模块	导线	若干
	杜邦线	若干
	Adafruit Wave Shield for Arduino Kit-v1.1	1
	万能板	1
	Audio Amplifier-MAX98306	1
	排针	若干
	0.5W 扬声器	2
	Arduino UNO 开发板	1
	8G SD 卡	1
	3xAA 电池盒	1
	AA 电池	3
外观部分	亚克力板	1
	螺钉	4
	纸箱	1

第37章

CHAPTER 37

移 动 花 盆

37.1 项目背景

室内摆放盆栽,一方面可以调节室内的颜色配置,从一定程度上缓解人们的视觉疲劳;另一方面还可以改善空气的含氧量和湿度,从而对人体健康有益。此外,长时间与植物相处还能起到修身养性的功效。

喜欢盆栽的人很多,但是愿意或者有时间打理的人却很少。市面上的盆栽中有很大一部分属喜光植物,每天将这些植物放置于阳台等有阳光的地方,并跟着阳光的迁移,每隔一段时间将其搬动到合适的位置是一件比较烦琐的工作。从消费者的角度打造智能可移动花盆,将花盆与由 Arduino 控制的小车相结合,实现花盆移动的自动化。

37.2 创新描述

在传统智能花盆的基础上,一方面通过土壤湿度传感器获取信息,于 LCD 显示屏上将当前土壤条件反馈给用户,实现信息的可视化,达到直观的效果;另一方面将花盆与小车相结合,通过光敏传感器模块实时读取多个地点的光强信息,通过蓝牙模块实现信息传输,在超声波测距模块的主板上分析数据(光强信息和位置信息),从而控制花盆向着合适(光强大)的地方移动。

37.3 功能及总体设计

本部分包括功能介绍、总体设计和模块介绍。

37.3.1 功能介绍

移动花盆可以智能地感应光照强度,通过多点光强的比较控制小车移动的方向,使得小车总是处在能够获取足够光照强度的位置,让植物更好生长的同时省去人工搬动花盆的麻烦。而影响植物生长的主要因素还有水分,因此,在花盆中有一个土壤湿度传感器,可以检测土壤的湿度是否符合标准,若不符合,会由 LCD 显示器告知花盆主人该植株缺乏水分,需要及时浇水。

37.3.2 总体设计

本部分包括整体框架、系统流程和系统总电路。

1. 整体框架

整体框架如图 37-1 所示。

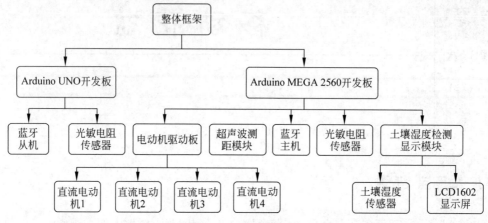

图 37-1　整体框架

本项目中包含了三块 Arduino 开发板，分别是两块 Arduino UNO 开发板以及一块 Arduino MEGA 2560 开发板。其中两块 Arduino UNO 开发板中的程序一样，执行同样的功能，即获取采光点光照强度并通过蓝牙传输给主机。因此，两块 Arduino UNO 开发板分别连接蓝牙从机及光敏电阻传感器，组成两个采光模块。另一块 Arduino MEGA 2560 开发板连接控制电动机驱动板、LCD1602 显示屏、土壤湿度传感器、蓝牙主机、光敏电阻传感器和两个超声波测距模块。其中，电动机驱动板控制四个电机。

2. 系统流程

由于项目中有三块 Arduino 开发板，其中两块具有同样的程序，执行同样的功能，只是采样点不同而已，因此，在 Arduino UNO 开发板与 Arduino MEGA 2560 开发板程序上有两种不同的流程。Arduino UNO 开发板程序流程如图 37-2 所示。

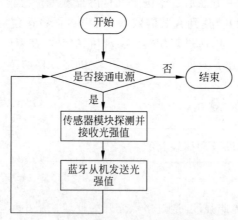

图 37-2　Arduino UNO 开发板程序流程

Arduino MEGA 2560 开发板程序流程如图 37-3 所示。

对于图 37-2 的流程，接通电源后，采光模块通过程序在循环地获取采光点的光强值，并通过蓝牙传输给 Arduino MEGA 2560 开发板的蓝牙主机。

对于图 37-3 的流程，接通电源后，Arduino MEGA 开发板连接的光敏电阻传感器接收小车所处位

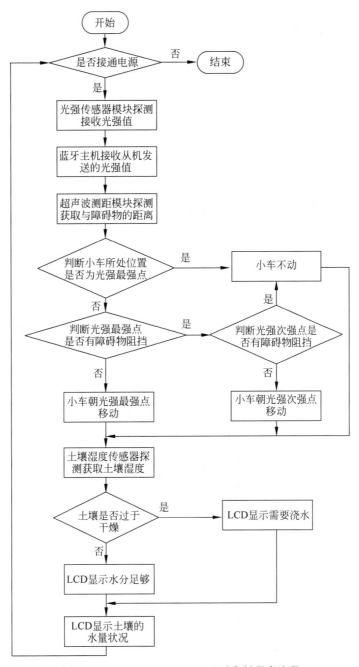

图 37-3　Arduino MEGA 2560 开发板程序流程

置的光强,两个蓝牙主机分别接收两个蓝牙从机的光强值,两个超声波测距模块分别测得小车前后与障碍物的距离,判断小车和采光点 1、2 中光强最大的位置,并判断前后距离,若满足移动的条件,即距离足够大,且保证不撞上障碍物,则移动到光强最大的位置。然后获取土壤湿度,判断土壤是否干燥。若干燥则 LCD 显示屏提示需要浇水,否则提示水分足够,提示过后显示当前土壤的水分状况,循环执行。

3. 系统总电路

系统总电路接线及 Arduino 开发板引脚,如图 37-4 所示。系统总电路原理如图 37-5 所示。

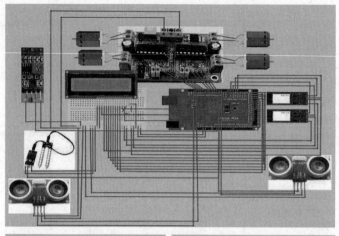

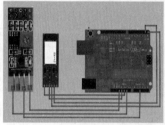 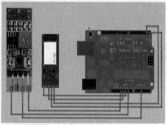

(a) 系统总电路接线

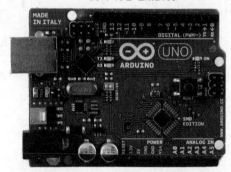

(b) Arduino UNO开发板引脚

(c) Arduino MEGA开发板引脚

图 37-4　系统总线路及 Arduino 开发板引脚

　　如图 37-4(a)、图 37-5 所示，上部分是由 Arduino MEGA 2560 开发板控制的小车模块与花盆模块，下部分是两个相同功能的由 Arduino UNO 开发板控制的采光模块。

　　其中，Arduino MEGA 开发板通过 2、3、12、13 引脚控制两个超声波测距模块，A1 连接光敏电阻传感器，A2 连接土壤湿度传感器，22～32 引脚连接 LCD 显示屏，RX2、TX2、RX3 与 TX3 连接两个蓝牙模

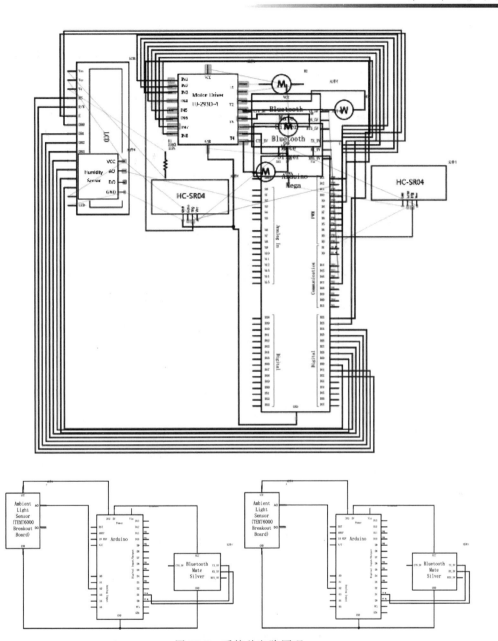

图 37-5 系统总电路原理

块。同时,4、5、6、7、8、9、10、11 引脚连接电机驱动板,进而控制电机。对所有模块的 VCC 与 GND,使用一块小面包板,将所有的 VCC 与 GND 分别接在一起。

Arduino UNO 开发板的 RX 与 TX 接蓝牙从机模块,A2 连接光敏电阻传感器。另一块板接法与其相同。

37.3.3 模块介绍

本项目主要包括光强数据传输模块、超声波测距模块、电机驱动模块、土壤湿度检测模块和 LCD 显示模块。下面分别给出各模块的功能、元器件、电路图和相关代码。

1. 光强数据传输模块

光敏电阻传感器模块探测当前的光照强度,得到光强值,再由 Arduino UNO 开发板传递给蓝牙模块,蓝牙模块将信息传递给另外的蓝牙模块,实现信息传输。

元器件包括 Arduino UNO 开发板、蓝牙传输模块 HC-05、光敏电阻传感器模块和杜邦线。为了实现所需功能,即小车判断光照强度最大的位置,设立 2 个不同方向上的采光点,使用 4 个蓝牙模块。其中 2 个为主机,2 个为从机。从机与 Arduino UNO 开发板以及光敏电阻传感器模块相连接,负责传输当前采光点的光强值到主机;主机负责接收从机传输的数据并判断以及控制小车运动。下面给出的电路图为从机的电路图,主机接线与其相似,只是使用了 Arduino MEGA 开发板。光强数据传输模块接线如图 37-6 所示;光强数据传输模块电路原理如图 37-7 所示。

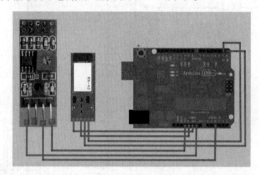

图 37-6　光强数据传输模块接线

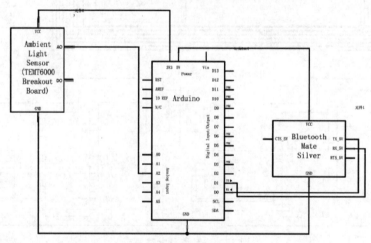

图 37-7　光强数据传输模块电路原理

相关代码见"代码 37-1"。

2. 超声波测距模块

通过超声波测距,测量小车距离墙壁等障碍物的距离,防止小车撞上障碍物,用来确定采光点的位置。元器件包括超声波测距模块 HC-SR04 2 个、Arduino MEGA 2560 开发板、杜邦线。超声波测距模块接线如图 37-8 所示;超声波测距模块电路原理如图 37-9 所示。

相关代码见"代码 37-2"。

3. 电动机驱动模块

电动机驱动板由外电源供电,通过改变电动机的高低电平驱动电机,实现小车的移动。由于该小车

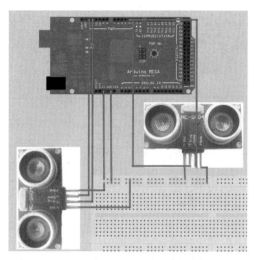

图 37-8 超声波测距模块接线

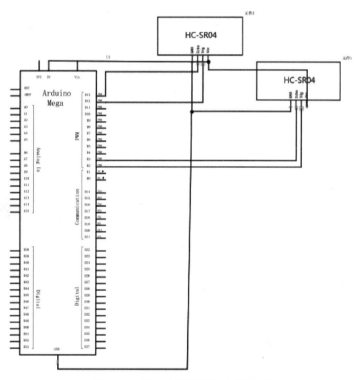

图 37-9 超声波测距模块电路原理

的移动具有目的性,因此,需要经过光强的高低判断来决定小车的移动。元器件包括 Arduino MEGA 2560 开发板、电动机驱动模块、蓝牙传输模块 HC-05、光敏电阻传感器模块、杜邦线。电动机驱动模块接线如图 37-10 所示;电动机驱动模块电路原理如图 37-11 所示。

相关代码见"代码 37-3"。

4. 土壤湿度检测模块

鉴于植物生长关键在于光照与水分,光照通过小车移动寻光解决,水分方面则需要 1 个模块来测定

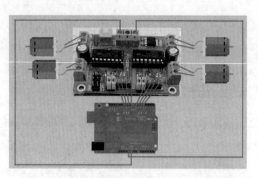

图 37-10　电动机驱动模块接线

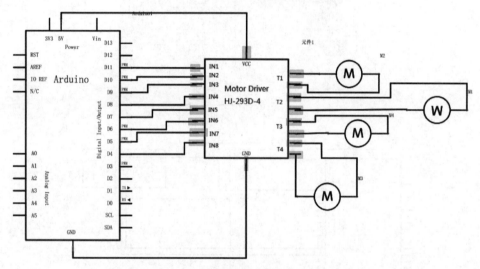

图 37-11　电动机驱动模块电路原理

土壤的湿度，以便了解浇水的时间，防止植物过涝淹死或是过干枯死。元器件包括土壤湿度传感器、Arduino UNO 开发板和杜邦线。土壤湿度检测模块接线如图 37-12 所示；土壤湿度检测模块电路原理如图 37-13 所示。

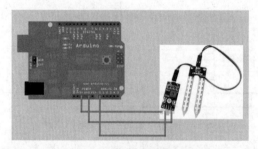

图 37-12　土壤湿度检测模块接线

相关代码见"代码 37-4"。

5. LCD 显示模块

只是测定土壤湿度和明确浇水时间还不够，花盆主人并不知道土壤的湿度。因此，考虑到要有一个提示花盆植物缺水的模块，使用 LCD 显示模块将花盆缺水直接显示出来，即在缺水时提示"Need Water!"，在不缺水时提示"Water enough!"。同时，在与土壤湿度传感器结合后，得到的土壤湿度的数据,可以通过图像(矩形格数)以及数字(百分比)的显示方式显示出土壤的水分状况,能让花盆主人形象化地了解土壤的湿度状况。元器件包括 Arduino UNO 开发板、LCD1602 和杜邦线。LCD 显示模块接线如图 37-14 所示;LCD 显示模块电路原理如图 37-15 所示。

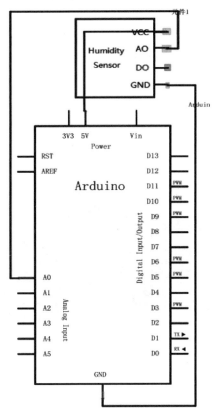

图 37-13　土壤湿度检测模块电路原理

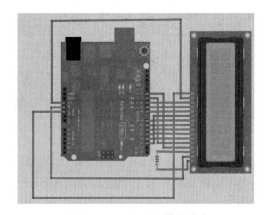

图 37-14　LCD 显示模块接线

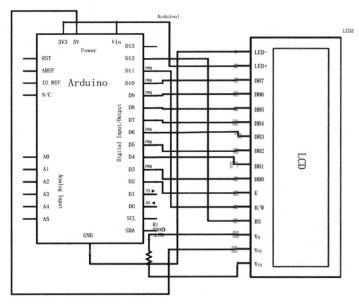

图 37-15　LCD 显示模块电路原理

相关代码见"代码 37-5"。

37.4 产品展示

整体外观如图 37-16 所示；内部结构如图 37-17 所示。顶部放置花盆、LCD 显示屏及前后 2 个超声波测距模块；中间层放置 Arduino MEGA 开发板和蓝牙模块，且 Arduino MEGA 开发板由外接电源供电；最下层为 4 个直流电动机和电动机驱动模块。各模块都通过杜邦线和小面包板连接到 Arduino MEGA 开发板上。

图 37-16 整体外观

图 37-17 内部结构

最终演示效果如图 37-18 所示。由于小车的寻光移动需要现场演示，照片拍不出效果，因此只拍摄了小车上的 LCD 显示屏关于土壤湿度情况的显示效果。从图 37-18 中可以看出测试情况，测试中，把湿度界限粗略地设置为 85%。因此，土壤湿度达不到程序预设的湿度值时，输出"Need Water!"，此时，土壤湿度为 80.5%；达到预设值后，显示"Water enough!"，此时，土壤湿度为 87.7%。

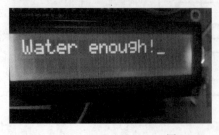
图 37-18 最终演示效果

37.5 元器件清单

完成移动花盆元器件清单如表 37-1 所示。

表 37-1 移动花盆元器件清单

模　块	元器件及设备	数　量
花盆模块	LCD1602	1
	光敏电阻传感器	1
	土壤湿度传感器	1
	花盆	1
	小面包板	1
	Arduino MEGA 2560 开发板	1
	杜邦线	若干
小车模块	直流电动机	4
	电动机驱动模块	1
	超声波测距模块 HC-SR04	2
	蓝牙模块	2
	Arduino MEGA 开发板	1
	杜邦线	若干
光强采集传输模块	Arduino UNO 开发板	1×2
	光敏电阻传感器	1×2
	蓝牙模块	1×2
	杜邦线	若干

## 第 38 章

测温加热杯

38.1 项目背景

本项目是为了使人们的办公和学习生活更加舒适和便捷,市面上出现了种类繁多的加热用具。这些用具有着不同的功率,使用方便而且成本低廉,深受人们的喜爱。然而,在对市场调研中,发现了这类产品的缺陷主要有以下两种:一种是加热杯垫,这种产品可以提供一个小功率的加热环境,结构较为简单而且安全。但是,这类产品几乎没有任何温感装置,只能手动加热,当用户需要饮水的时候经常连保温功能都难以保障;另一种是电热水壶,这类产品技术成熟功率强劲,但是在工作区域大量用电器的情况下难以保证安全,水温也比较高,这些都容易成为安全隐患。

38.2 创新描述

创新点:为本来功能单一的电加热装置加入了智能的色彩。目前已有的电加热装置都是以电加热片、圈、棒为主体,大多只有手动控制加热的开关,至多有加热到指定温度以上则控制停止的功能,而这一功能多以添加温控电阻等简易电路的方法为主。

除此之外,另一处创新就是使用蓝牙模块作为设定温度浮动范围,即加热的预设值的方式。生活中智能手机的广泛使用促成了这一设想,只要使用一个简单的 App 就可以从手机端轻松设定温度,这也是除去传统的键盘输入之外的一个较为新颖的亮点。

38.3 功能及总体设计

本部分包括功能介绍、总体设计和模块介绍。

38.3.1 功能介绍

本项目主要分为测温部分、控制部分以及加热部分。其中,加热部分主要是利用热电偶测量温度并连接 MAX6675,使得到的温度信息转化为数字信号。控制部分主要是在 Arduino 开发板上烧录来完成 PID 反馈控制的功能,以及蓝牙输入模块,并且通过连接的 LCD1602 显示屏显示杯中实时的温度状况。加热部分是由 12V 电源适配器连接陶瓷加热片进行加热,这部分由 Arduino 继电器模块控制,Arduino 继电器模块受到 PID 反馈系统的控制。

38.3.2 总体设计

本部分包括整体框架、系统流程和系统总电路。

1. 整体框架

整体框架如图 38-1 所示。

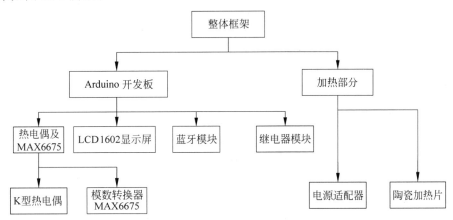

图 38-1 整体框架

K 型热电偶及其对应的模数转换器 MAX6675、LCD1602 显示屏、蓝牙模块、继电器模块连至 Arduino 开发板上。加热部分由适配器和加热片构成。继电器模块会控制加热片的开关。

2. 系统流程

系统流程如图 38-2 所示。

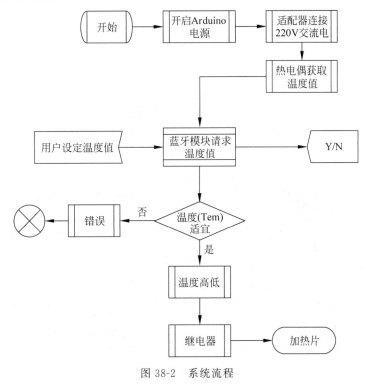

图 38-2 系统流程

由于本项目包含用户的输入信息和反馈,所以这里使用 SDL 体现用户交互的 Visio 流程图。先后接通 Arduino 和适配器之后,热电偶获取温度并传输给 Arduino,最后用户设定的温度值会和现有的温度值比较,从而控制继电器,并控制加热片是否加热。

3. 系统总电路

系统总电路及 Arduino UNO 开发板引脚如图 38-3 所示。左上方的热电偶和 MAX6675 模块可以获取数字的温度值,并通过 2、3 引脚传输给 Arduino 开发板;左侧的蓝牙模块可以使用户输入的数值传输给 Arduino 开发板,分别连接 0、1、电源及接地引脚。Arduino 开发板将实际温度值和用户输入的数值通过一系列数字引脚显示在 LCD1602 显示屏上,并进行比较,从而控制加热片是否加热。

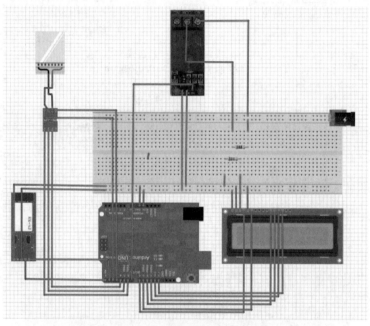

(a) 系统总电路

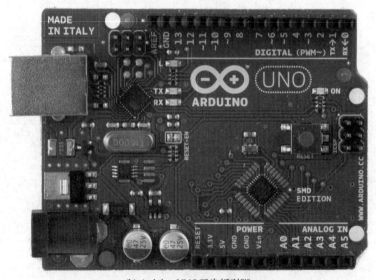

(b) Arduino UNO开发板引脚

图 38-3　系统总电路及 Arduino UNO 开发板引脚

38.3.3 模块介绍

本项目主要包括蓝牙模块、测温和显示装置、继电器和加热模块。下面分别介绍各部分的功能、元器件、电路图和相关代码。

1．蓝牙模块

用于 Arduino 开发板和用户之间的信息传递。用户只需要连接蓝牙并输入一个希望得到的温度值，蓝牙就可以得到数值并传输给 Arduino 开发板。元器件包括 HC-06 蓝牙模块、杜邦线、手机上任一款蓝牙串口 App。蓝牙模块电路如图 38-4 所示；蓝牙模块原理如图 38-5 所示。

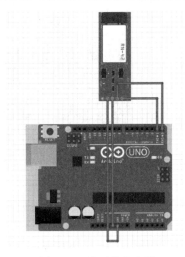

图 38-4　蓝牙模块电路

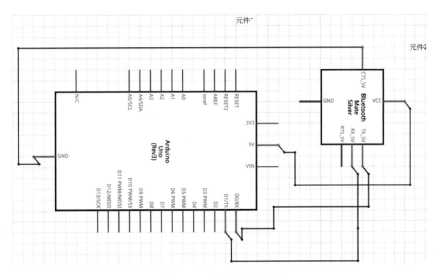

图 38-5　蓝牙模块原理

相关代码见"代码 38-1"。

2．测温和显示装置

K 型热电偶获取温度得到一个模拟信号后，首先传给 MAX6675 做 A/D 转换，再将得到的数字信号传给 Arduino 开发板，最后传输信号给 LCD1602 显示屏并显示数值。同时，此处也会将蓝牙模块中得到的数值一并显示。元器件包括 K 型热电偶、MAX6675 A/D 转换器、LCD1602 显示屏、面包板、1kΩ 的
电阻、杜邦线、Arduino 开发板。测温显示装置电路如图 38-6 所示；测温显示装置原理如图 38-7 所示。

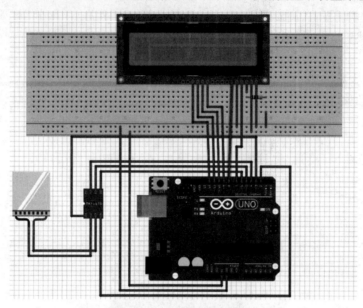

图 38-6　测温显示装置电路

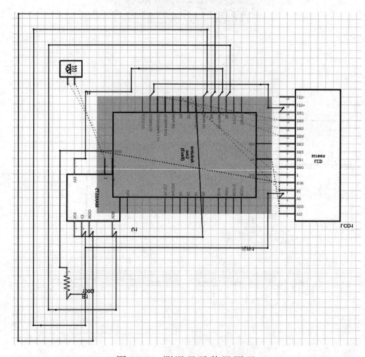

图 38-7　测温显示装置原理

相关代码见"代码 38-2"。

3. 继电器和加热模块

此部分简称为加热部分，首先通过适配器得到一个 12V 的直流电压，通过 Arduino 开发板控制继

电器控制 12V 电压的导通。继电器另一端有一个加热陶瓷片串联在 12V 的电压上,通过陶瓷片能够动态调节电压。元器件包括继电器模块、直流电源接口、陶瓷加热片、杜邦线。加热电路如图 38-8 所示。

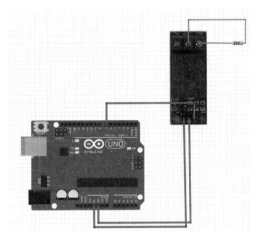

图 38-8　加热电路

相关代码见"代码 38-3"。

38.4　产品展示

整体外观如图 38-9 所示,内部结构如图 38-10 所示。

图 38-9　整体外观

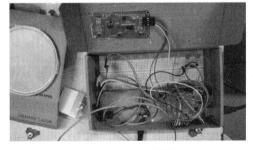

图 38-10　内部结构

最终演示效果如图 38-11 所示。图 38-11(a)是未设定温度时热电偶测得的温度值。图 38-11(b)是设定加热温度后且加热至超过设定温度后的状态。

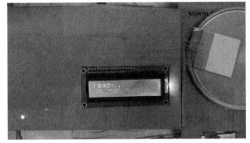

(a) 演示效果一

(b) 演示效果二

图 38-11　最终演示效果

38.5 元器件清单

完成测温加热杯元器件清单如表 38-1 所示。

表 38-1 测温加热杯元器件清单

模　　块	元器件及设备	数　　量
蓝牙模块	HC-06 蓝牙模块	1
	杜邦线	若干
	蓝牙串口 App	1
测温显示	K 型热电偶	1
	MAX6675	1
	LCD1602 显示屏	1
	面包板	1
	1kΩ 电阻	1
	杜邦线	若干
加热部分	12V 电源适配器	1
	直流电机电源接口	1
	继电器模块	1
	加热陶瓷片	1
	杜邦线	若干

温湿度环境监测仪

39.1 项目背景

人类的生存和社会活动与温湿度密切相关。随着现代化的实现,很难找出一个与温湿度无关的领域。科技的迅速发展使人们对温湿度的要求逐渐提高。

在食品行业中,温湿度对于食品储存来说至关重要,温湿度的变化会带来食物变质,引发食品安全问题。在档案管理中,纸制品对于温湿度要求极为严格,不当的保存会严重降低档案保存年限。在温室大棚中,植物的生长对于温湿度要求极为严格,不当的温湿度下,植物会停止生长,甚至死亡。在动物养殖中,各种动物在不同的温度下会表现出不同的生长状态,高质高产的目标要依靠适宜的环境做保障。在药物储存中,根据国家相关要求,药品保存必须按照相应的温湿度标准进行控制。

39.2 创新描述

本项目选用的温湿度传感器为 DHT11 和 Arduino UNO 开发板,采用 LCD1602 液晶显示管显示,并根据当前的温湿度值计算出室内的人体舒适度,并提示当前的环境状况,以供用户参考。

39.3 功能及总体设计

本部分包括功能介绍、总体设计和模块介绍。

39.3.1 功能介绍

本项目的温湿度环境监测仪,可以有效地把温湿度传感器测量出的温度和湿度传到计算机并在 LCD 液晶屏上显示,同时可以计算出当前室内的人体舒适度,显示出冷、良好、热三种状态。在对传感器吹气时,湿度上升;在传感器旁放置热水杯,温度上升。然后与温湿度计测量的值作对比,发现温度有 2℃ 左右的误差,湿度有 5% 左右的误差,均在允许范围之内。

39.3.2 总体设计

本部分包括整体框架、系统流程和系统总电路。

1. 整体框架

整体框架如图 39-1 所示。

图 39-1 整体框架

2．系统流程

系统流程如图 39-2 所示。

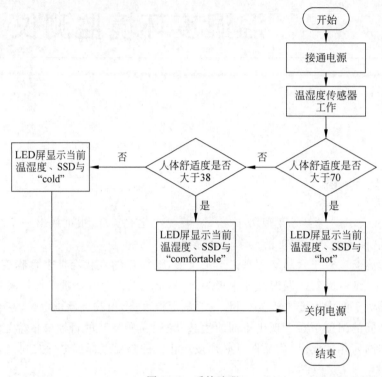

图 39-2　系统流程

3．系统总电路

系统总电路及 Arduino UNO 开发板引脚如图 39-3 所示。上方的温湿度传感器可以检测环境中的温湿度值，并通过 2、9 引脚将数据传输到 Arduino 开发板，并对数据进行处理，计算出人体舒适度后通过 LCD1602 模块显示相关提示。其中，LCD1602 模块通过 IIC LCD1602 转接板连接到 Arduino 开发板的 GND、5V 及 A4、A5 以接收数据。

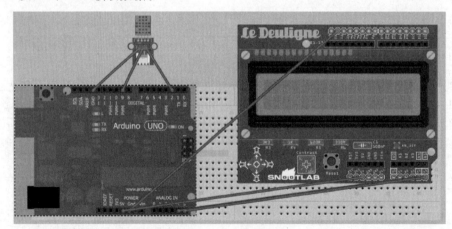

(a) 系统总电路

图 39-3　系统总电路及 Arduino UNO 开发板引脚

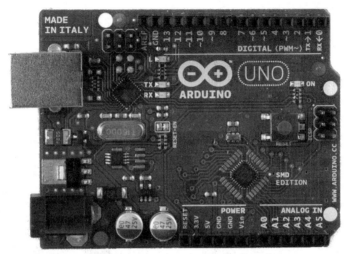

(b) Arduino UNO开发板引脚

图 39-3 （续）

39.3.3　模块介绍

本项目主要包括以下几个模块：温湿度传感器、IIC LCD1602 转接板、Arduino UNO 开发板。下面分别给出各部分的功能、元器件、电路图和相关代码。

1. 温湿度传感器

DHT11 数字温湿度传感器是一款含有已校准数字信号输出的温湿度复合传感器，它应用专用数字模块采集技术和温度传感器技术。元器件包括温湿度传感器 DHT11。温湿度传感器电路如图 39-4 所示。其中 1 引脚接到电源端，2 引脚接单片机或开发板的 I/O 引脚，3 引脚为空脚，4 引脚接地。DHT11 的供电电压为 3.5～5.5V。传感器通电后，要等待 1s 以越过不稳定状态，在此期间不要发送任何指令。电源引脚（VCC、GND）之间可增加一个 100nF 的电容，可以对滤波去耦。DHT11 数字湿温度传感器的连接电路简单，只需要占用控制器一个 I/O 引脚即可完成上下位的连接。

相关代码见"代码 39-1"。

2. IIC LCD1602 转接板

由于 Arduino 的 I/O 引脚数量有限，如果直接用 Arduino 的 I/O 引脚驱动 LCD1602，这样会占用较多的 I/O 引脚资源，也不利于连接更多的其他设备。IIC LCD1602 转接板可以减少需要使用的 I/O 引脚，原来的 LCD1602 屏需要 7 个 I/O 引脚才能驱动，IIC 这个模块可以节省 5 个 I/O 引脚。对于 Arduino 初学者来说，不必为烦琐复杂的液晶驱动电路连线而头疼了，只需两根线就可以实现数据显示，还可以与其他 IIC 设备连接，可轻松实现数据的记录显示。元器件包括 IIC LCD1602 转接板，LCD 电路如图 39-5 所示。电路连接方法：IIC LCD1602 模块有 4 个引脚，分别连接 Arduino 开发板（在这里要特别提示各位用户，必须先将库文件添加到 library 中，否则程序无法工作；虽然连线只有 4 根，但还是要注意连线，正负极不可反接）。两个开发板之间引脚连接关系如下：

GND——GND

VCC——5V

图 39-4　温湿度传感器电路

SDA——A4（AREF 旁的 SDA）

SCL——A5（AREF 旁的 SCL）

3. Arduino UNO 开发板

Arduino UNO 开发板是 Arduino USB 接口系列的最新版本，也是 Arduino 平台的标准参考模板。它的处理器核心是 AT MEGA328，同时具有 14 路数字输入/输出口（其中 6 路可作为 PWM 输出）、6 路模拟输入、一个 16MHz 晶体振荡器、一个 USB 口、一个电源插座、一个 ICSP header 和一个复位按钮。元器件包括 Arduino UNO 开发板。Arduino UNO 开发板与温湿度传感器接线如图 39-6 所示。

图 39-5　LCD 电路　　　　　图 39-6　Arduino UNO 开发板与温湿度传感器接线

相关代码见"代码 39-2"。

39.4　产品展示

整体外观如图 39-7 所示；内部结构如图 39-8 所示；最终演示效果如图 39-9 所示。

图 39-7　整体外观

(a) DHT11与Arduino开发板连接　　　　　(b) DHT11与LCD1602IIC连接

图 39-8　内部结构

(a) 最终演示效果一　　　　　　　　(b) 最终演示效果二

图 39-9　最终演示效果

39.5　元器件清单

完成温湿度环境监测仪元器件清单如表 39-1 所示。

表 39-1　温湿度环境监测仪元器件清单

模　块	元器件及设备	数　量
温湿度监测部分	DHT11 数字温湿度传感器	1
	IIC LCD1602 转接板	1
	Arduino UNO 开发板	1
	导线	若干
外观部分	纸箱	1
	胶带	若干
	墙纸	3m^2

第 40 章

CHAPTER 40

自动调速风扇

40.1 项目背景

电风扇曾经一度被认为是空调产品冲击下的淘汰品,其实并非如此,经过调查发现,家用电风扇不但没有随着空调的普及而淡出市场,反而呈现出市场复苏的趋势。造成这种现象的主要原因如下:一是电风扇和空调的降温效果不同,空调具有强大的制冷功能,可以快速地降低环境温度,但风力较强劲,相比之下,电风扇的风更加温和,适合老人、儿童和体质较弱的人群使用;二是电风扇价格低廉而且相对比较省电,安装和使用非常简单。

随着绿色生活、低碳生活意识的普及,节能成为现代社会的一个主流方向。电风扇在日常生活中具有极强的普及性,尤其是在学生宿舍里更是成为人手一个的必需品。所以,电风扇的智能化、节能化成为必然趋势。

40.2 创新描述

创新点:蓝牙模式和补偿模式可自由切换,蓝牙模式一改以前智能电风扇只能监测环境温度的缺陷,创新性地增加了手环可随时监测人体体表的温度;补偿模式更是为工作在计算机桌前的人们带来了福音,当近距离在桌前工作时,风速较缓,当远距离工作或休息时,增大风速继续保持凉爽。

40.3 功能及总体设计

本部分包括功能介绍、总体设计和模块介绍。

40.3.1 功能介绍

本项目为电风扇设置两种模式:模式一为蓝牙模式,通过自制手环和主板之间的蓝牙通信,实现基于体表温度的智能调速;模式二为补偿模式,通过超声波测距模块,实现距离近则风速小、距离远则风速大的功能,即风速与距离成反比。

40.3.2 总体设计

本部分包括整体框架、系统流程和系统总电路。

1. 整体框架

整体框架如图 40-1 所示。

项目通过一个自锁开关控制模式的切换。在模式一中,手环测量出准确的体表温度后通过蓝牙模

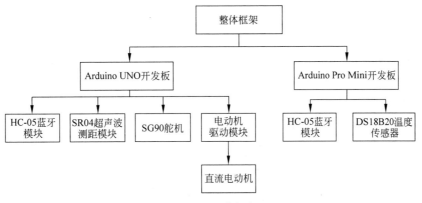

图 40-1 整体框架

块发送给 Arduino UNO 开发板,Arduino UNO 开发板接收到温度后根据温度的高低来控制电风扇的转速;在模式二中,超声波测距模块测量出电风扇与人体之间的距离,通过判断距离的远近来控制风速的大小,LCD 显示模块显示电风扇当前所处的工作模式以及风速。

2. 系统流程

系统流程如图 40-2 所示。

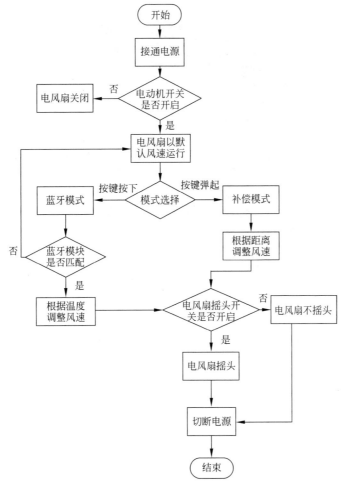

图 40-2 系统流程

接通电源后，先判断电动机开关是否开启，若开启则启动电风扇，再判断模式切换按键的状态，若被按下则启动模式一（即蓝牙模式），若未被按下则启动模式二（即补偿模式）。若开启补偿模式，则通过超声波测距模块得到的结果来判断风速的大小；若开启蓝牙模式，则通过判断手环所返回的温度值来判断风速的大小。

3. 系统总电路

系统总电路及 Arduino UNO 开发板引脚如图 40-3 所示。

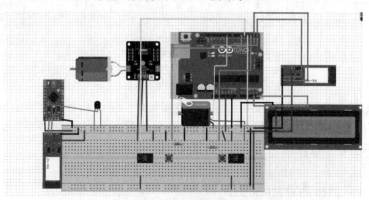

(a) 总体连接

(b) Arduino UNO开发板引脚

图 40-3　系统总电路及 Arduino UNO 开发板引脚

如图 40-3(a)所示，从左至右依次是手环部分、电动机部分、舵机部分、显示部分、蓝牙部分。

其中舵机控制信号接到 9 引脚，控制继电器 1、2 的信号分别接至 3、4 引脚，按键 1、2 的状态信号分别接至 2、5 引脚；IIC1602 显示屏的 SDA、SCL 分别接至 A4、A5 引脚；蓝牙模块的 TX、RX 分别接至 RX、TX；L298N 电动机驱动模块的 IN1、IN2 分别接至 6、7 引脚。其余接线均为 VCC 接至 5V，GND 接至 GND。

40.3.3　模块介绍

本项目中主要包括以下几个模块：舵机控制模块、电动机控制模块、SR04 超声波测距模块、HC-05

蓝牙模块、DS18B20 温度传感器模块、IIC1602 LCD 模块。

1. 舵机控制模块

通过按键控制舵机由 0°到 180°转动再由 180°到 0°转动,从而带动电动机转动,实现"摇头"功能。元器件包括微动开关、1kΩ 电阻、SG90 舵机、HRS1H 继电器、杜邦线。舵机控制模块接线如图 40-4 所示。

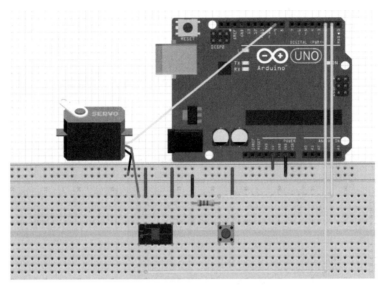

图 40-4 舵机控制模块接线

相关代码见"代码 40-1"。

2. 电动机控制模块

电动机控制模块是电风扇的主要部分,微动开关控制继电器的开关,继电器控制 L298N 电动机驱动模块的开关,从而实现控制电动机开关的功能。元器件包括微动开关、HRS1H 继电器、直流电机、扇叶、1kΩ 电阻、L298N 电动机驱动模块。电动机控制模块电路连接如图 40-5 所示。

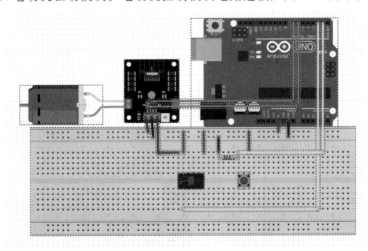

图 40-5 电动机控制模块电路连接

相关代码见"代码 40-2"。

3. SR04 超声波测距模块

先向 TRIG 引脚输入至少 $10\mu s$ 的触发信号，该模块内部将发出 8 个 40kHz 周期电平并检测回波。一旦检测到有回波信号则 ECHO 输出高电平回响信号，回响信号的脉冲宽度与所测的距离成正比。由此通过发射信号至收到回响信号的时间间隔可以计算得到距离，公式为：距离＝高电平时间×声速（340m/s）/2，得到距离后通过判断距离的远近来调整风速的大小。元器件包括 SR04 超声波测距模块、杜邦线。SR04 超声波测距模块电路连接如图 40-6 所示。

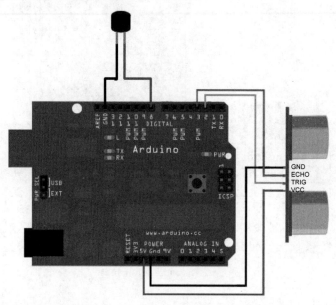

图 40-6　SR04 超声波测距模块电路连接

相关代码见"代码 40-3"。

4. HC-05 蓝牙模块

将两片蓝牙模块设置好主从和匹配码后便可以配对。配对后两蓝牙相当于串口，可以在 Arduino UNO 开发板和 Pro Mini 之间利用串口函数收发数据实现通信，从而控制电风扇的转速。元器件包括两片 HC-05 蓝牙模块、杜邦线。HC-05 蓝牙模块电路连接如图 40-7 所示。

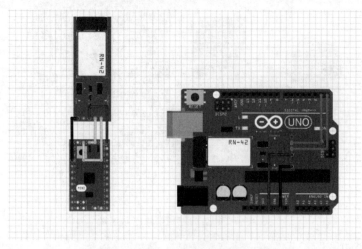

图 40-7　HC-05 蓝牙模块电路连接

相关代码见"代码40-4"。

5．DS18B20 温度传感器模块

DS18B20 可以把芯片感知到的温度转换成数值放在数据寄存器里，然后通过单总线协议，取得 DS18B20 里面的温度值，进而为蓝牙间的通信提供数据。元器件包括 DS18B20 温度传感器、1kΩ 电阻、杜邦线。温度传感器模块电路连接如图 40-8 所示。

相关代码见"代码40-5"。

6．IIC1602 LCD 模块

通过该显示屏与 Arduino UNO 开发板之间进行数据交互，在显示屏上显示电风扇当前所处模式以及风速的大小。元器件包括 IIC1602 液晶显示屏、杜邦线。显示屏模块电路连接如图 40-9 所示。

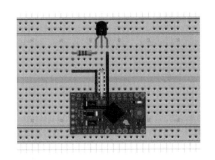

图 40-8　DS18B20 温度传感器模块电路连接

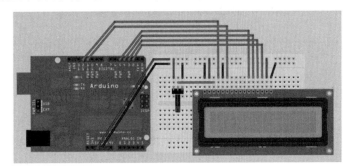

图 40-9　IIC1602 LCD 模块电路连接

相关代码见"代码40-6"。

40.4　产品展示

整体外观如图 40-10 所示；内部结构如图 40-11 所示；最终演示效果如图 40-12 所示。小黄人头上的"花"是电风扇，眼睛是超声波测距模块，嘴巴是液晶显示屏，身后的三个按键从左至右分别为：模式切换自锁开关、电动机控制微动开关、舵机控制微动开关。

(a) 整体外观一

(b) 整体外观二

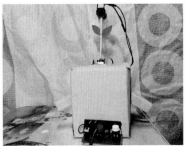

(c) 整体外观三

图 40-10　整体外观

图 40-11　内部结构

图 40-12　最终演示效果

40.5　元器件清单

完成自动调速电风扇元器件清单如表 40-1 所示。

表 40-1　自动调速电风扇元器件清单

模　　块	元器件及设备	数　　量
舵机控制	SG90 舵机	1
	HRS1H 继电器	1
	微动开关	1
	1kΩ 电阻	1
	Arduino UNO 开发板	1
	杜邦线	若干
电动机控制	直流电动机	1
	扇叶	1
	HRS1H 继电器	1
	微动开关	1
	1kΩ 电阻	1
	L298N 电动机驱动模块	1
	直流电源	1
	杜邦线	若干
超声波测距	SR04 超声波测距模块	1
	Arduino UNO 开发板	1
	杜邦线	若干
蓝牙	HC-05 蓝牙模块	2
	Arduino UNO 开发板	1
	Arduino Pro Mini 开发板	1
	杜邦线	若干
温度测量	D18B20 温度传感器	1
	Arduino Pro Mini 开发板	1
	1kΩ 电阻	1
	杜邦线	若干
显示屏	IIC1602 液晶显示屏	1
	Arduino UNO 开发板	1
	杜邦线	若干

## 第 41 章

基于语音芯片的 MP3 播放器

41.1 项目背景

Saehan 公司于 1998 年推出了世界上第一台 MP3 播放器——MPMan F10。通过微处理器接收用户选择的播放控制,并将当前播放的歌曲信息显示在液晶显示屏上,然后向数据信号处理芯片发出指令,使其准确地处理音频信号。数码信号处理器先用解压算法将 MP3 文件解压,接着用数模转换器将数码信息转换成波形信息,然后由放大器将信号放大并送到音频端口,最后通过接在音频端口的耳机听到动听的音乐。

41.2 创新描述

在控制 MP3 时,只需要输入单个简单指令,就能替代普通 MP3 的一系列操作。例如,可以通过输入歌曲文件的位置编号来实现即时播放的效果,可以通过输入数字来直接调节至指定音量大小。将串口检测器设计成一个用户界面,可以实时监测 MP3 的运行状态。

41.3 功能及总体设计

本部分包括功能介绍、总体设计和模块介绍。

41.3.1 功能介绍

本项目设计 MP3 每次的调节只需要一个简单的代码,除了可以实现市场中 MP3 的绝大部分功能之外,还可以实现定位播放歌曲与选择歌单播放。具体功能键如下:p 为播放,r 为重新播放歌曲,空格为暂停播放,>为下一首,<为上一首,]为下一个歌单,[为上一个歌单,+为音量增加,-为音量减少,v+数字直接调到指定音量,m 为静音,e+为指定字母选择音效模式,l+为指定字母选择播放模式,f+为歌曲序号直接播放该歌曲,F+为歌单序号/歌曲号播放歌曲。

41.3.2 总体设计

本部分包括整体框架、系统流程和系统总电路。

1. 整体框架

整体框架如图 41-1 所示。

2. 系统流程

系统流程如图 41-2 所示。

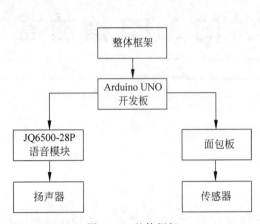

图 41-1 整体框架

图 41-2 系统流程

3. 系统总电路

系统总电路及 Arduino UNO 开发板引脚如图 41-3 所示。

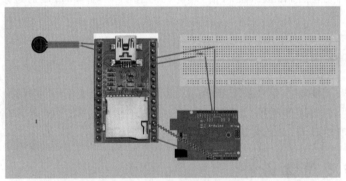

(a) 系统总电路

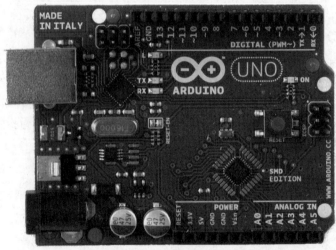

(b) Arduino UNO开发板引脚

图 41-3 系统总电路及 Arduino UNO 开发板引脚

JQ6500引脚如图41-4所示,具体的接法是语音芯片的GND和VCC分别与Arduino UNO开发板的GND和VCC互接,RX通过一个1kΩ的电阻接到PIN9,TX直接连到PIN8,扬声器接到SPK＋与SPK－。

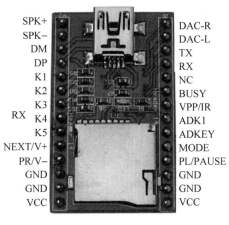

图41-4　JQ6500引脚

41.3.3　模块介绍

本项目主要应用JQ6500语音芯片,通过在串口检测器中对其输入代码达到控制MP3的功能。为了更加合理化,将JQ6500需要的控制指令封装成一个类,这个类基于Arduino库中的SoftwareSerial类,相关代码见"代码41-1"。

41.4　产品展示

整体外观如图41-5所示,MP3串口检测器界面如图41-6所示。

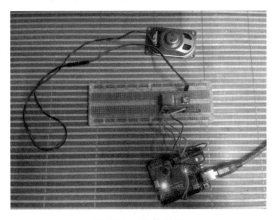

图41-5　整体外观

该界面分为两部分,波浪线以上是状态界面,显示当前状态、音量、音效模式、循环模式等;波浪线以下是说明书,告诉用户使用每个按键实现的功能。当歌曲播放后会自动滚屏,上面显示该首歌曲的总时间和当前播放时间,输入按键会有反馈,如果想查看当前的状态菜单输入"?"即可。

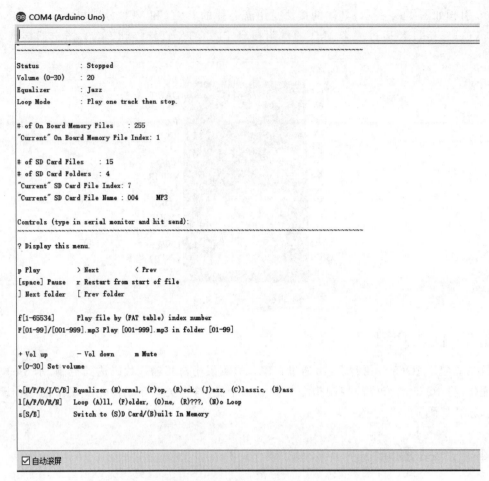

图 41-6　MP3 串口检测器界面

41.5　元器件清单

完成基于语音芯片的 MP3 播放器元器件清单如表 41-1 所示。

表 41-1　基于语音芯片的 MP3 播放器元器件清单

元器件及设备	数　量
Arduino UNO 开发板	1
面包板	1
JQ6500-28P 语音芯片	1
1kΩ 电阻	1
扬声器	1
杜邦线	若干

语音芯片发送指令格式如表 41-2 所示。它支持异步串口通信模式,通过串口接收上位机发送的命令,通信标准为 9600 波特率,数据位为 1。

表 41-2　语音芯片发送指令格式

格式：$ S　VER　Len　CMD　Feedback　para1　para2　checksum　$ O		
$ S	起始位 0x7E	每条命令反馈均以 $ 开头,即 0x7E
Len	Len 后字节个数	Len＋CMD＋para1＋para2
CMD	命令字	表示具体的操作,例如播放/暂停等
para1	参数 1	查询的数据高字节(例如歌曲序号)
para2	参数 2	查询的数据低字节
$ O	结束位	结束位 0xEF

如果指定播放,则需要发送【7E 04 03 00 01 EF】,红色代表第几首,01 表示第一首,02 表示第二首等,即从 01 开始计算;数据长度为 4,这 4 个字节分别是【04 03 00 01】,不计算起始、结束。组合播放：连续发送【7E 04 03 00 01 EF】【7E 04 03 00 02 EF】【7E 04 03 00 03 EF】,则连续播放第一首、第二首、第三首,最多可以十首组合,播放完停止。语音芯片功能通信指令如表 41-3 所示,语音芯片系统通信指令如表 41-4 所示。

表 41-3　语音芯片功能通信指令

CMD 详解(指令)	对应的功能	参数(16 位)及对应指令格式
0x01	下一曲	【7E 02 01 EF】
0x02	上一曲	【7E 02 02 EF】
0x03	指定曲目(NUM)	0～65535、SPI(0～200) 【7E 04 03 00 01 EF】表示播放第一段音乐,红色字体就是播放的段数,自己可以改变
0x04	音量＋	【7E 02 04 EF】
0x05	音量－	【7E 02 05 EF】
0x06	指定音量	0～30【7E 03 06 15 EF】红色字体就是音量大小,范围 00～1E
0x07	指定 EQ(0/1/2/3/4/5)	Normal/Pop/Rock/Jazz/Classic/Base 【7E 03 07 01 EF】红色字体可以改变从 00 到 05
0x09	指定设备(0/1/2/3/4)	U/TF/AUX/SLEEP/FLASH 【7E 03 09 01 EF】红色字体可以改变从 00 到 05
0x0A	进入睡眠——低功耗	暂停播放 【7E 02 0A EF】
0x0C	芯片复位	【7E 02 0C EF】
0x0D	播放	【7E 02 0D EF】
0x0E	暂停	【7E 02 0E EF】
0x0F	上下文件夹切换	1 下一个文件夹,0 上一个文件夹 【7E 03 0F 00 EF】红色字体可为 00 01
0x10	保留	
0x11	循环播放	0 1 2 3 4(ALL FOL ONE_RAM ONE_STOP) 【7E 03 11 00 EF】红色字体为 00 01 对应为相应的模式,00 表示全部循环,01 表示单曲循环;如要循环播放第二曲,先发送 7E 03 11 01 EF 再发送 7E 04 03 00 02 EF
0x12	指定文件夹文件播放	01 01 (前面 01 指文件夹后面 01 指文件) 【7E 04 12 01 01 EF】 即播放 01 文件夹里面的 01 文件

续表

CMD 详解（指令）	对应的功能	参数（16 位）及对应指令格式
	插播功能	此功能要求 FLASH 和 TF 卡同时存在，即 TF 卡存放音乐，FLASH 存放语音。当播放音乐的时候可以插入一段语音，语音播放完后则从断开的那个点接着播放音乐。操作方式：在播放 TF 卡的音乐时，先转换到 FLASH，即发送指令：【7E 03 09 04 EF】，然后发送对应的那个 FLASH 语音段：【7E 04 03 00 01 EF】，用 BUSY 检测播放完后，再发送指令转换到 TF 卡，即发送指令：【7E 03 09 01 EF】，然后发送播放指令：【7E 02 0D EF】

表 41-4　语音芯片系统通信指令

CMD 命令详解（查询）	对应的功能	说明及命令格式
0x40	返回错误，请求重发	
0x42	查询当前状态	播放　停止　暂停三种状态 【7E 02 42 EF】
0x43	查询当前音量	【7E 02 43 EF】
0x44	查询当前 EQ	返回值 012345 对应 Normal/Pop/Rock/Jazz/Classic/Base 【7E 02 44 EF】
0x45	查询当前播放模式	返回值 0 1 2 3 4 对应 ALL FOL ONE_RAM ONE_STOP 【7E 02 45 EF】
0x46	查询当前软件版本	【7E 02 46 EF】
0x47	查询 TF 卡的总文件数	【7E 02 47 EF】
0x48	查询 UDISK 的总文件数	【7E 02 48 EF】
0x49	查询 FLASH 的总文件数	【7E 02 49 EF】
0x4B	查询 TF 卡的当前曲目	【7E 02 4B EF】
0x4C	查询 UDISK 的当前曲目	【7E 02 4C EF】
0x4D	查询 FLASH 的当前曲目	【7E 02 4D EF】
0x50	查询当前的播放时间	【7E 02 50 EF】
0x51	查询当前的播放歌曲总时间	【7E 02 51 EF】
0x52	查询当前的播放歌曲名字	返回值为歌曲名字（SPI FLASH 不支持） 【7E 02 52 EF】
0x53	查询当前的文件夹的总文件夹数	【7E 02 53 EF】

第 42 章

CHAPTER 42

虚拟架子鼓

42.1 项目背景

传统打击乐器价格昂贵而且体积庞大，上手复杂，不易安置，而电子音乐软件操作同样复杂又缺乏体感。本项目打造一个既有体感交互又便携易上手的电子乐器——虚拟架子鼓。

42.2 创意描述

虚拟架子鼓是一个软硬件结合的电子乐器，融合音乐软件的强大音色库和现实打击乐器的真实体感，为用户提供一个简单便携的娱乐平台，随时随地畅游音乐世界。同时虚拟架子鼓简单的操作方式适合初学者使用，尤其符合家庭娱乐的需求。

42.3 功能及总体设计

本部分包括功能介绍、总体设计和模块介绍。

42.3.1 功能介绍

本项目所设计的虚拟架子鼓，可以通过硬件与计算机的连接实现架子鼓的音效。除此之外，也可以通过在计算机上的设置，发出更多的音色，从而获得更多的音效组合。此虚拟架子鼓实现既能在捕捉操纵者四肢动作的同时，也能用炫彩 LED 显示音频信号来源的功能。蜂鸣器部分自主播放歌曲《传邮万里》。

42.3.2 总体设计

本部分包括整体框架、系统流程和系统总电路。

1. 整体框架

整体框架如图 42-1 所示。

三个三轴加速度传感器、三个炫彩 LED、一个光敏电阻和一个 MIDI 模块连接到第一个 Arduino UNO 开发板，每个加速度传感器和光敏电阻提供输入信号，通过 MIDI 模块连接到计算机并依次点亮三个炫彩 LED，输入计算机的 MIDI 信号经过 FL Studio 处理，由扬声器发声；音乐播放器模块连接到第二个 Arduino UNO 开发板上，通过蜂鸣器播放音乐。

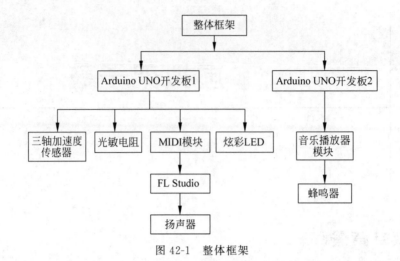

图 42-1　整体框架

2. 系统流程

系统流程如图 42-2 所示。

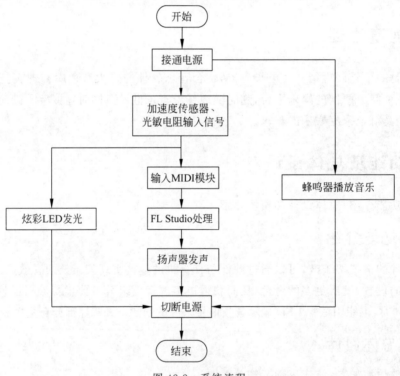

图 42-2　系统流程

接通电源以后，蜂鸣器播放音乐，如果加速度传感器和光敏电阻有信号，则炫彩 LED 点亮，并通过 MIDI 模块把输入信号接入计算机，用 FL Studio 处理后通过扬声器发声。

3. 系统总电路

系统总电路及 Arduino UNO 开发板引脚如图 42-3 所示。图 42-3（a）中从左到右依次是蜂鸣器、MIDI 模块、光敏电阻、加速度传感器和炫彩 LED。其中，三轴加速度传感器、光敏电阻、MIDI 模块和炫彩 LED 共用一块 Arduino UNO 开发板。加速度传感器的 VCC 和 Arduino UNO 开发板上的 AREF

引脚接 3V3 电压极,其中,两个传感器的 X 轴(鼓槌)和一个传感器的 Z 轴(脚踏板)分别接模拟 2、4、5 引脚,GND 接地；光敏电阻两端分别接 5V 电压极和模拟 3 引脚,并通过 220Ω 电阻接地；炫彩 LED 同样接 5V 电压极,并分别接数字 3、4、5 引脚,GND 接地；MIDI 模块接 Arduino UNO 开发板的 TX 和 RX；蜂鸣器一端通过 100Ω 电阻连接到另一块 Arduino UNO 开发板的数字 9 引脚,另一端接地。

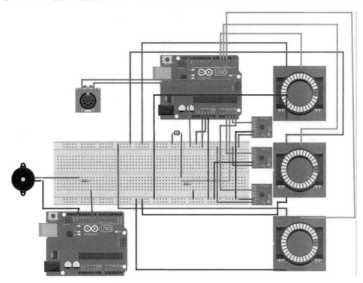

(a) 系统总电路

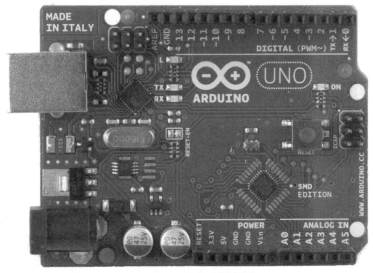

(b) Arduino UNO开发板引脚

图 42-3 系统总电路及 Arduino UNO 开发板引脚

42.3.3 模块介绍

本项目主要包括外部传感器模块、MIDI 信号传输模块、炫彩 LED 模块、音乐播放器模块。下面分别给出各部分的功能、元器件、电路图和相关代码。

1. 外部传感器模块

传感器模块用于捕获双手和左脚的动作，与 Arduino 开发板相连，给 Ardunio 开发板传输模拟信号。元器件包括 ADXL335 三轴加速度传感器 3 个、光敏电阻 1 只、10kΩ 电阻 1 只、杜邦线若干。加速度传感器连接如图 42-4 所示。

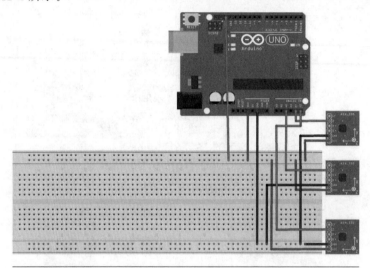

图 42-4　加速度传感器连接

本项目为了提高模块的稳定性，采取时间间隔函数以及对一段时间的输入信号分析两种方式。下面以虚拟架子鼓的镲片（crash）部分解释相关代码：

（1）时间间隔判断函数

```
long PreviousMillis4 = 0;           //初始化记录时间
long Interval4 = 600;               //设定最小输出 MIDI 音乐信号的间隔
void loop()                         //loop 函数中开始即记录时间
unsigned long currentMillis = millis();
if(CrashAverage > CrashMax && (CurrentMillis – PreviousMillis4) > Interval4&& analogRead(A3) > = Threshold)
        {//条件满足时更新 PreviousMillis4
            PreviousMillis4 = CurrentMillis;
            playMidiNote(1, 49, 127);
            rainbow2(100);
            clearLEDsALL2();
        }
//只有判断中的时间间隔达到一定条件(interval)的时候才会输出 MIDI 音乐信号
```

（2）数据记录及分析，加速度传感器在平放的时候由于重力，也会有模拟量的输入。因此，需要对一段时间的数据进行记录和判断，决定是否输出 MIDI 音乐信号，相关代码如下：

```
const int NumCrashReadings = 7;
Int CrashReadings[NumCrashReadings];
int CrashIndex = 0;
int CrashTotal = 0;
int CrashAverage = 0;
int CrashMax = 700;
int CrashPin = A5;
int Threshold = 700;            //数据的初始化
void loop()
{                               //更新数据值
```

```
CrashTotal = CrashTotal - CrashReadings[CrashIndex];
CrashReadings[CrashIndex] = analogRead(CrashPin);
CrashTotal = CrashTotal + CrashReadings[CrashIndex];
CrashIndex = CrashIndex + 1;
 if(CrashIndex > = NumCrashReadings)
{
  CrashIndex = C;                        //计算平均值
 CrashAverage = CrashTotal / NumCrashReadings;
 }
}
//只有当平均值大于设定的阈值(CrashMax)时,才会在当前输出 MIDI 音乐信号
if(CrashAverage > CrashMax && (CurrentMillis - PreviousMillis4) > Interval4&& analogRead(A3) >= Threshold)
```

（3）光敏电阻(右脚)是为了控制架子鼓的镲片(crash),当抬脚(有进光量)时,可以输出 crash 信号,反之不可以。另外还控制双手输出不同的 MIDI 信号。光敏电阻接线如图 42-5 所示。

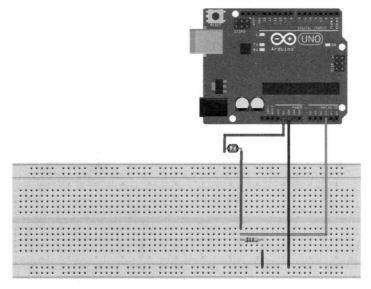

图 42-5　光敏电阻接线

相关代码见"代码 42-1"。

2. MIDI 信号传输模块

在传感器的模拟量输入达到条件以后,由 Arduino 输出 MIDI 音乐信号,再通过 MIDI USB 线传输到计算机中,由计算机软件发出声音。元器件包括 Arduino MIDI 开发板、杜邦线。MIDI 开发板电路连接原理如图 42-6 所示(备注: fritzing 中无法导入 Arduino-MIDI 开发板,用五针 MIDI 转接头代替)。

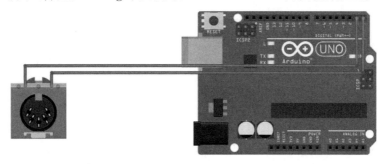

图 42-6　MIDI 开发板电路连接原理

相关代码见"代码 42-2"。

3. 炫彩 LED 模块

在输出 MIDI 信号的同时，控制灯珠发光，产生酷炫的灯光效果。元器件包括 WS2812 5050RGB LED 彩色灯环 12 位、16 位、24 位各一个，杜邦线若干。LED 电路连接如图 42-7 所示。

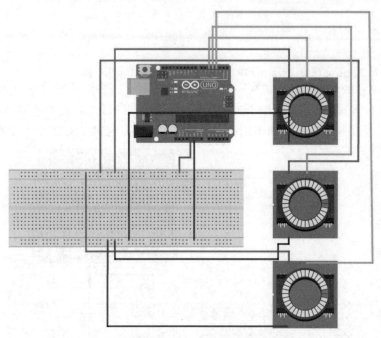

图 42-7　LED 电路连接

相关代码见"代码 42-3"。

4. 音乐播放器模块

通过 Arduino UNO 开发板用蜂鸣器播放歌曲《传邮万里》。元器件包括蜂鸣器、100Ω 电阻、杜邦线若干。蜂鸣器电路连接如图 42-8 所示。

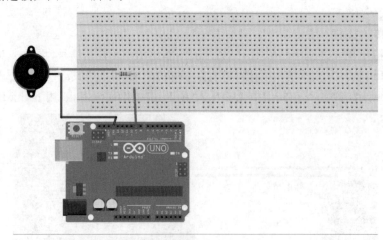

图 42-8　蜂鸣器电路连接

相关代码见"代码 42-4"。

42.4 产品展示

内部结构如图 42-9 所示；整体外观如图 42-10 所示。盒子里包括两块 Arduino 开发板，一块控制蜂鸣器的发声，另一块控制其余部分。最终演示效果如图 42-11 所示。从图 42-11 中，可以看到随着机器的启动，LED 发出绚烂的灯光，配合击打鼓槌时发出的音效，达到了不错的视听效果。

图 42-9 内部结构

图 42-10 整体外观

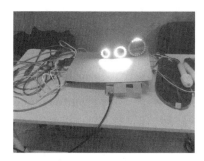

图 42-11 最终演示效果

42.5 元器件清单

完成虚拟架子鼓元器件清单如表 42-1 所示。

表 42-1 虚拟架子鼓元器件清单

模 块	元器件及设备	数 量
炫彩 LED 电路	环形 LED	3
	Arduino UNO 开发板	4
	杜邦线	若干
传感器电路	三轴加速度传感器	3
	光敏电阻	1
	USB 延长线	2
	USB 公头	2
	USB 母头	2
	220Ω 电阻	1
	杜邦线	若干
	Arduino UNO 开发板	1
蜂鸣器电路	无源蜂鸣器	1
	220Ω 电阻	1
	杜邦线	若干
	Arduino UNO 开发板	1
外观部分	跳绳把手	2
	人字拖	1
	纸盒	1

## 第 43 章

音乐心情助手

43.1 项目背景

空气的干湿度,周围环境的亮度,以及温度等因素都是时刻在改变着。同时,人们的情绪也会因这些因素的改变而产生细微的变化。而不同的音乐对人的情绪有不一样的影响,有的可以抚平人们心中的躁动,有的却可以点燃激情。

据此,设计了一个可以根据周围环境的不同而播放不同类型音乐的播放器,当然,也可以用手机、计算机和语言进行主动的控制。而在什么情况下播放什么音乐可以由自己提前设定。例如,当周围光线明亮时,它会自动播放设定的音乐,也可以根据周围的温度、湿度来播放不同类型的音乐;炎热的午后,潮湿的下雨天,阴沉的雾霾天,都会有喜欢的音乐在耳边响起,营造一个美丽的心情;当入睡时,周围昏暗的光线会使它播放一些舒缓的音乐助你入睡;当你起床时,一句话,合适的音乐便会响起,与你一起迎接新的一天;当你做早餐、读报或者做着出行的准备时,都有合适的音乐在你耳边响起,给你一个好的心情;当然,也可以放在办公地点或汽车上。无论在哪里,都可以携带这个音乐心情助手。

43.2 创新描述

创新点:通过对周围环境数据的收集,将其作为改变音乐类型的条件,通过对不同类型音乐的分类,满足在某个特定条件下播放对应的音乐。

43.3 功能及总体设计

本部分包括功能介绍、总体设计和模块介绍。

43.3.1 功能介绍

本作品由传感器部分、音频储存部分和音频播放部分组成。传感器部分主要是对环境数据进行收集;音频储存部分由 SD 卡储存音乐;音频播放部分可以将 SD 卡中的音乐播放出来。

43.3.2　总体设计

本部分包括整体框架、系统流程和系统总电路。

1．整体框架

整体框架如图 43-1 所示。

将温湿度传感器与亮度传感器连接到 Arduino 开发板上，实现对数据的采集。将 SD 卡读取模块与音频播放模块通过拓展板相连，实现音乐的读取与播放。

2．系统流程

系统流程如图 43-2 所示。

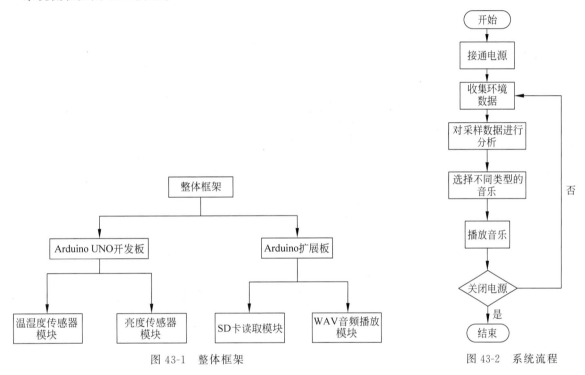

图 43-1　整体框架　　　　图 43-2　系统流程

接通电源后，传感器传回数据，通过数据分析进行不同类型音乐的选择，然后通过音频播放模块进行播放。

3．系统总电路

系统总电路及 Arduino UNO 开发板引脚如图 43-3 所示。图 43-3(a)中，从左到右依次是 SD 卡读取模块、亮度传感器、温湿度传感器、Arduino UNO 开发板、音频播放模块。

各模块通过导线连接到 Arduino UNO 开发板上来实现产品的功能。温湿度传感器 DHT11 的 1 引脚接 5V，2 引脚接 PIN3，3 引脚悬空，4 引脚接 GND。亮度传感器的 VCC 接 5V，GND 接 GND，S 接 A0。SD 卡读取模块的 C5 接 PIN7，5V 接 5V，SCK 接 PIN13，MIS0 接 PIN12，MIS1 接 PIN11 接 GND N5178 接音频播放模块的 GND，实现三板共地。音频播放模块的 VCC 接 5V，AUDIO 接 PIN6，TX 接 PIN1，RX 接 PIN0，SPK 接 PIN9。

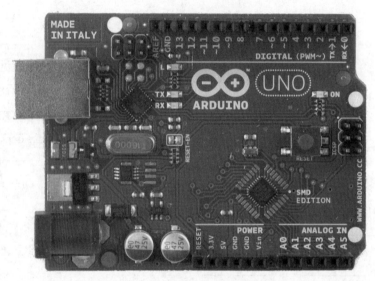

(a) 系统总电路

(b) Arduino UNO开发板引脚

图 43-3　系统总电路及 Arduino UNO 开发板引脚

43.3.3　模块介绍

本项目包括温湿度传感器模块、亮度传感器模块、音频读取与播放模块。下面分别给出各部分的功能、元器件、电路图和相关代码。

1. 温湿度传感器模块

收集环境中的温度与湿度的数据，并以数字的形式输出。元器件包括 DHT11 温湿度传感器、杜邦线。温湿度传感器模块接线如图 43-4 所示；温湿度传感器模块电路原理如图 43-5 所示。

相关代码见"代码 43-1"。

2. 亮度传感器模块

收集周围的亮度信息，并以数字的形式输出。元器件包括亮度传感器、杜邦线。亮度传感器模块接线如图 43-6 所示；亮度传感器模块电路原理如图 43-7 所示。

相关代码见"代码 43-2"。

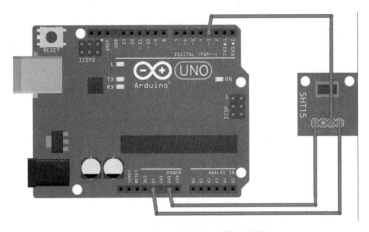

图 43-4　温湿度传感器模块接线

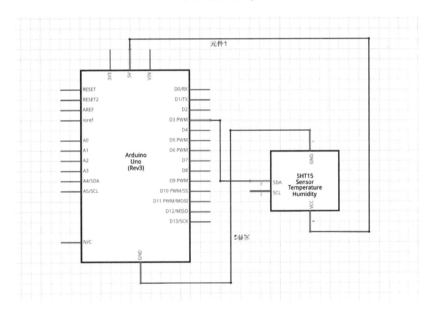

图 43-5　温湿度传感器模块电路原理

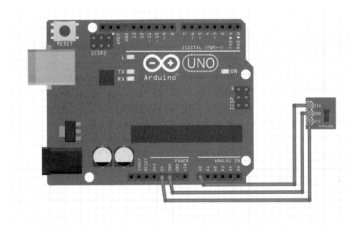

图 43-6　亮度传感器模块接线

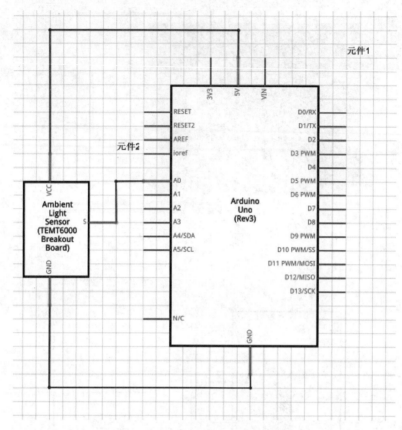

图 43-7　亮度传感器模块电路原理

3. 音频读取与播放模块

读取 SD 卡中的音频文件，并通过 WAV 音频播放模块播放。元器件包括 SD 卡存储器、WAV 音频播放模块、杜邦线。音频读取与播放模块接线如图 43-8 所示；音频读取与播放模块电路原理如图 43-9 所示。

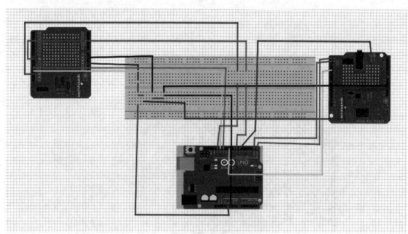

图 43-8　音频读取与播放模块接线

相关代码见"代码 43-3"。

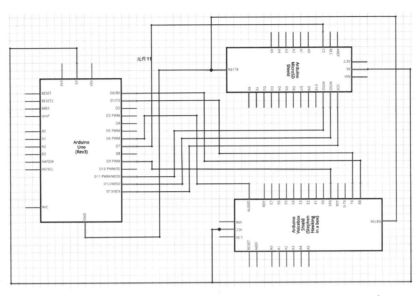

图 43-9 音频读取与播放模块电路原理

43.4 产品展示

音箱连接如图 43-10 所示,耳机连接如图 43-11 所示。在图 43-11(b)中,右下方为 SD 卡读取模块,右上方为 WAV 音频播放模块,左上方两个元器件:靠左的为温湿度传感器、靠右的为亮度传感器。其中,SD 卡读取模块与 WAV 音频播放模块通过拓展板 IDC shield 相连接。

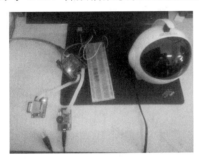

(a) 音箱连接一

(b) 音箱连接二

图 43-10 音箱连接

(a) 耳机连接一

(b) 耳机连接二

图 43-11 耳机连接

43.5　元器件清单

完成音乐心情助手元器件清单如表 43-1 所示。

表 43-1　音乐心情助手元器件清单

模　　块	元器件及设备	数　　量
内部电路	Arduino UNO 开发板	1
	IDC shield 拓展板	1
	亮度传感器	1
	温湿度传感器	1
	SD 卡读取模块	1
	WAV 音频播放模块	1
	杜邦线	若干
外部设备	SD 卡	1
	音箱	1

## 第 44 章

音 乐 游 戏

44.1 项目背景

音乐游戏(Music Game)是使模拟器(或键盘)发出相应音效的游戏,将不断出现的各种按键(NOTE)合成一首歌曲,类似于奏乐。当完成一首难度比较高的音乐时,会有一种成就感,而且在心情不好的时候弹一首会改变心情。

随着游戏的不断发展,音乐游戏也开始散发式地发展起来,并不仅仅局限于最早的按 NOTE 演奏这种模式。例如,PSP 上的战鼓啪嗒砰,GBA 上的节奏天国,都是打破传统的创新型音乐游戏。但是无论如何创新,音乐游戏都离不开音乐的两大要素:旋律与节拍。另外,众多的舞蹈游戏,也被归纳为音乐游戏的范畴内。

44.2 创新描述

本项目可以说是全新的想法、全新的创作,实现功能也十分完整,完美地融合了各个模块,使其协调工作,共同组建了基于 Arduino 的优秀音乐游戏。

44.3 功能及总体设计

本部分包括功能介绍、总体设计和模块介绍。

44.3.1 功能介绍

音乐模块可以根据 Keypad 的操作选择,传递到 SD 卡模块并播放卡中不同的音乐。Keypad 为 4×4 的按键模块,至少可以完成 16 个功能,即 16 首不同音乐的演奏。

LCD 屏模块不仅完成游戏界面的显示,还负责玩家与游戏的交互,即使用触屏功能反馈玩家的触击给 Arduino,继而让 Arduino 来判断触击是否有效,来完成游戏的核心判断。

44.3.2 总体设计

本部分包括整体框架、系统流程和系统总电路。

1. 整体框架

整体框架如图 44-1 所示。

一个 Keypad 模块、一个 SD 卡模块和一个扬声器模块接到第一个 Arduino UNO 开发板，完成音乐的控制与播放功能；一个 LCD 屏模块接到第二个 Arduino UNO 开发板。

2. 系统流程

系统流程如图 44-2 所示。

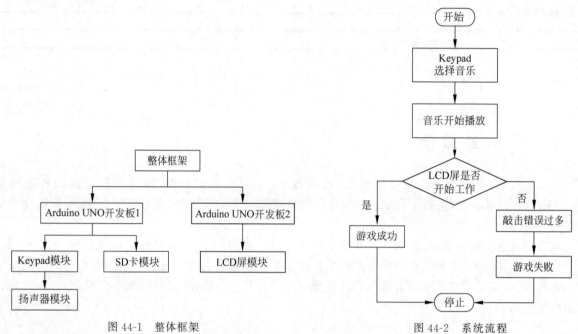

图 44-1　整体框架　　　　　　　　　　　图 44-2　系统流程

接通电源并利用 Keypad 选择音乐后，相应的音乐开始播放。另一块 Arduino 开发板开始工作，游戏开始。当音乐结束或玩家错误数（MISS）达到特定值时游戏结束。

3. 系统总电路

系统总电路及 Arduino UNO 开发板引脚如图 44-3 所示。

图 44-3（a）中从左到右依次是 LCD 屏模块和所在的 Arduino、Keypad 模块、SD 卡模块和扬声器模块所在的 Arduino。

LCD 屏上的 0～13 引脚正好对应第一块 Arduino 的 0～13 引脚，其他的分别连上 3.3V 电压、GND 接地和其他的引脚。对于 SD 卡模块，对应接到第二块 Arduino 开发板，接通方式如下：

3.3V→3.3V；

GND→GND；

DAT3/CS→PIN 4；

CMD/DI→PIN11；

CLK→PIN13；

DAT0/DO→PIN12；

SPEAPKER 正→PIN9；

SPEARKER 负→GND。

KeyPAD 模块从左向右分别连接 0、1、2、3、5、6、7、8、10 引脚。扬声器模块正极接 PIN9，负极接 GND。

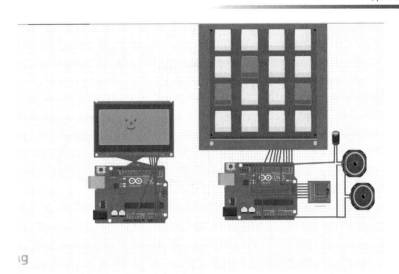

(a) 系统总电路

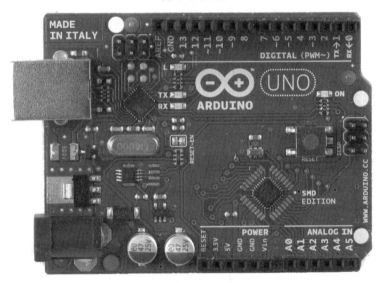

(b) Arduino UNO开发板引脚

图 44-3 系统总电路及 Arduino UNO 开发板引脚

44.3.3 模块介绍

本项目主要包括 SD 卡模块、Keypad 模块、扬声器模块和 LCD 屏模块。下面分别给出各模块的功能介绍、元器件、电路图和相关代码。

1. SD 卡模块

读取 SD 卡中的 AFM 格式的音乐文件并播放。元器件包括 SD 卡模块、杜邦线。SD 卡模块接线如图 44-4 所示；SD 卡模块电路如图 44-5 所示。

相关代码见"代码 44-1"。

2. Keypad 模块

由 4×4 十六个按键组成，通过连接到 Arduino 开发板可以实现 16 个按键的不同功能。元器件包括 4×4 Keypad 模块、杜邦线。Keypad 模块连接如图 44-6 所示；Keypad 模块电路如图 44-7 所示。

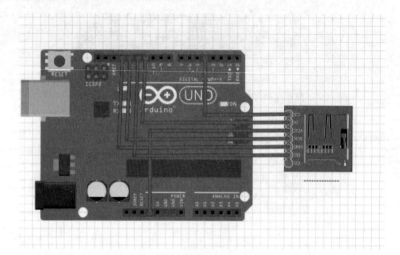

图 44-4　SD 卡模块接线

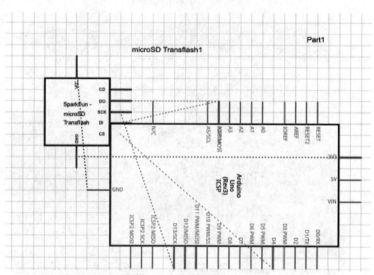

图 44-5　SD 卡模块电路

图 44-6　Keypad 模块连接

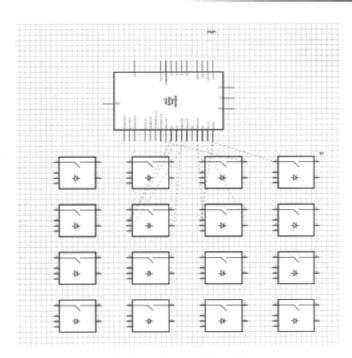

图 44-7 Keypad 模块电路

相关代码见"代码 44-2"。

3. 扬声器模块

两个扬声器并联提高了输出功率，能够以更大的音量播放，串联的一个电容可以有效改善音质，减少噪声。元器件包括两个 0.5W 的扬声器、一个电容、杜邦线若干。扬声器模块接线如图 44-8 所示；扬声器模块电路如图 44-9 所示。

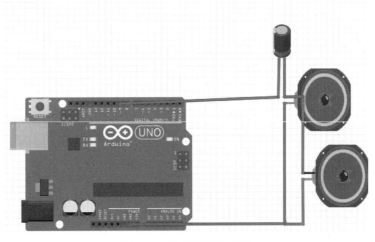

图 44-8 扬声器模块接线

4. LCD 屏模块

可触控 LCD 屏不仅可以完成显示的功能，还可以进行游戏的触碰控制判断。元器件包括 LCD 屏模块。LCD 屏模块接线如图 44-10 所示；LCD 屏模块电路如图 44-11 所示。

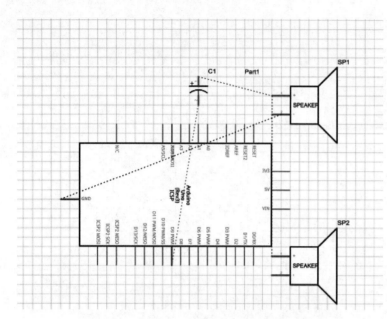

图 44-9　扬声器模块电路

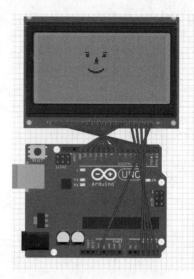

图 44-10　LCD 屏模块接线

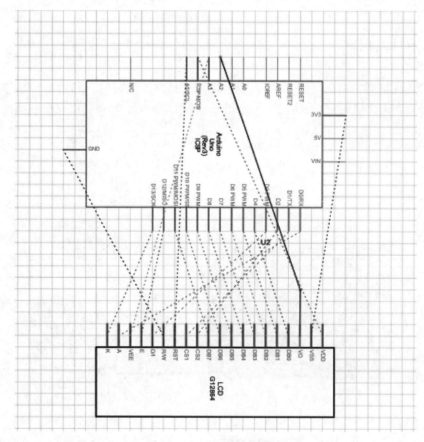

图 44-11　LCD 屏模块电路

相关代码见"代码 44-3"。

44.4　产品展示

　　整体外观如图 44-12 所示；内部结构如图 44-13 所示。图 44-13 中，右侧为 2 个供电的电池盒，左侧下方为播放音乐的 Arduino 开发板，连接的 SD 卡模块在右侧。Keypad 模块延伸到盒外，扬声器通过面包板固定在盒外；LCD 屏模块所在的 Arduino 开发板固定在盒子中央。最终演示效果如图 44-14 所示。音乐播放十分流畅，可以很好地切换不同的音乐。游戏模块工作良好，难度适中。

图 44-12　整体外观　　　　图 44-13　内部结构　　　　图 44-14　最终演示效果

44.5　元器件清单

　　完成音乐游戏元器件清单如表 44-1 所示。

表 44-1　音乐游戏元器件清单

模　　块	元器件及设备	数　　量
SD 卡模块	SD 卡模块	1
	SD 卡	1
	Arduino UNO 开发板	1
	杜邦线	若干
Keypad 模块	Keypad	1
	杜邦线	若干
扬声器模块	扬声器	2
	电容	1
	面包板	1
	杜邦线	若干
LCD 屏模块	LCD 屏	4
	Arduino UNO 开发板	1
	杜邦线	若干
外观部分	纸盒	1
	ABS 塑料板	1

## 第 45 章

音 乐 灯

45.1 项目背景

本项目为基于 Arduino 控制的创意娱乐产品。为了更好地欣赏音乐,听觉上的享受与视觉上的呼应会让音乐以更加多维的形式表达出来。目前,常见的音乐播放器大多只是在听觉方面进行改进提升,但本项目可将音乐以灯光的形式表现。例如,在家中放松娱乐时,放一首悠闲的音乐配合轻柔且缓慢变化的灯光,让人更加享受休息的过程;健身运动时播放劲爆的音乐,配合快节奏闪烁的灯光提高兴奋度,等等。目前蓝牙音箱较为常见,所以本项目将其与蓝牙模块结合,使用身边常见的零件,对音乐盒进行简易改造,造价低廉,让爱好 DIY 的人能够自制音乐盒。

45.2 创新描述

创新点:灯光跟随 SD 卡读取音乐数字文件的值而变化,做到灯光跟随音乐的节奏变化,利用较少的发光 RGB 三原色二极管经多重反射达到较为悦目的灯光效果。

45.3 功能及总体设计

本部分包括功能介绍、总体设计和模块介绍。

45.3.1 功能介绍

本作品主要分为三部分进行设计:SD 卡存储和读取部分、蓝牙从机模块和可变灯光部分。SD 卡存储和读取部分的主要功能是预先存储转换好格式的音乐文件并提供所输出的文件;蓝牙模块从机部分是由 HC-06 从机组成,作用是接收与其连接的终端所发送的数据。

音乐灯需要将音乐文件转换为 AFM 格式并预先存储在 SD 卡中,以便读取信号,经扬声器输出播放音乐。通过手机与蓝牙模块相连后,从手机发送所要播放文件的名称,得到提示读取正确后,从手机输入 p 进行播放,s 暂停,h 停止,d 终止,v 监视当前状态,1~7 控制当前工作状态的二极管数,R 只亮红色灯,G 只亮绿色灯,B 只亮蓝色灯,A 三种颜色灯一起变化达到连续变色的效果,输入 f 后再输入文件名即播放下一首歌曲。

45.3.2 总体设计

本部分包括整体框架、系统流程和系统总电路。

1. 整体框架

整体框架如图 45-1 所示。蓝牙模块和 SD 卡存储和读取模块直接连接到 Arduino UNO 开发板；Arduino UNO 开发板的 10 引脚作为音频信号的输出，控制灯光的变色情况；扬声器播放音乐。

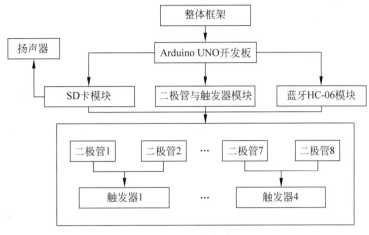

图 45-1　整体框架

2. 系统流程

系统流程如图 45-2 所示。接通电源以后，如果蓝牙模块连接上设备，则可接收数据，SD 卡模块工作，根据接收到的数据选择所要实现的功能，收到停止信号时中断整个流程。

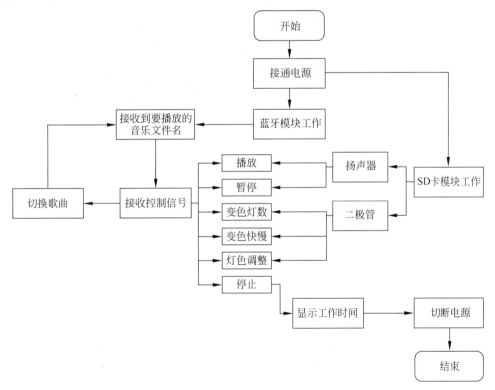

图 45-2　系统流程

3. 系统总电路

系统总电路及 Arduino UNO 开发板引脚如图 45-3 所示。

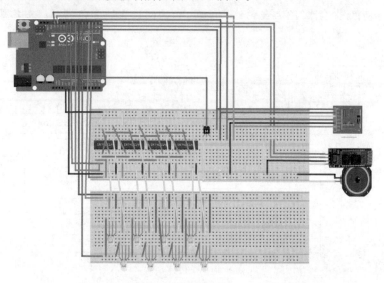

(a) 系统总电路

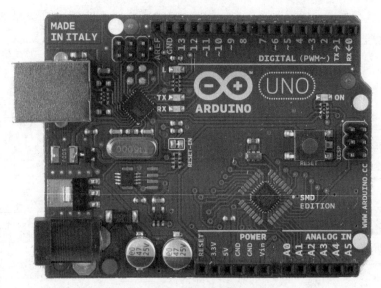

(b) Arduino UNO开发板引脚

图 45-3　系统总电路及 Arduino UNO 开发板引脚

如图 45-3(a)所示，最右侧从上到下依次是 SD 卡存储模块、蓝牙从机 HC-06 模块、扬声器。其中，SD 卡模块与 Arduino UNO 开发板直接相连，MOSI 连接 11 引脚，MISO 连接 12 引脚，SCK 连接 13 引脚，SD_SC 连接 4 引脚，然后对应的 5V 电压极和 GND 极接好即可。

蓝牙模块 RX 连接 0(TX)引脚，TX 连接 0(RX)引脚，然后对应的 5V 电压极和 GND 极接好即可。

对于二极管和触发器模块，二极管 R 引脚连接 6 引脚，二极管 G 引脚连接 3 引脚，二极管 B 引脚连接 5 引脚(所有二极管)；触发器时钟信号所有 CLK 引脚连接 8 引脚，触发器数据输入信号所有 CLK 连接 7 引脚。扬声器的输入信号连接 10 引脚，GND 连接 GND。

45.3.3 模块介绍

本项目主要包括 SD 卡读取和播放模块、变色灯模块和触发器模块。下面分别给出各部分的功能、元器件、电路图和相关代码。

1. SD 卡读取和播放模块

通过输入文件名和控制关键字符,进行播放、暂停、停止等操作。在代码中使用了双通道输出模式,即 9、10 引脚输出音乐信号,其中 10 引脚直接接到扬声器播放音乐。元器件包括 SD 卡、迷你 TF (H5A2)、扬声器、杜邦线。SD 卡读取和播放模块连接如图 45-4 所示。

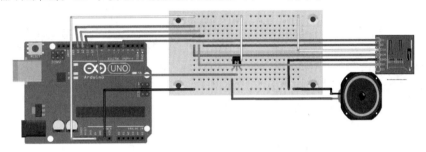

图 45-4　SD 卡读取和播放模块连接

相关代码见"代码 45-1"。

2. 变色灯模块和触发器模块

播放音乐模块中采用了双通道输出音乐信号,其中,10 引脚直接接入到扬声器播放音乐,9 引脚则空出并利用 pulseIn() 函数读取值,并由此设定灯光信号,通过 4 个触发器和触发器信号的设置实现灯光的变色效果。元器件包括 SD 卡、触发器、LED、杜邦线。变色灯模块和触发器模块如图 45-5 所示。

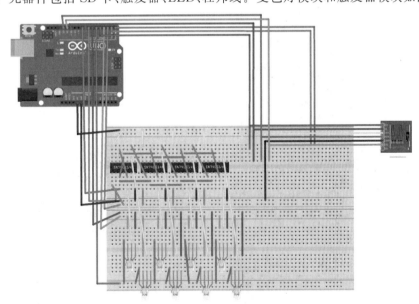

图 45-5　变色灯模块和触发器模块电路

相关代码见"代码 45-2"。

45.4　产品展示

　　整体外观如图 45-6 所示；内部结构如图 45-7 所示。图 45-6 中，顶部为封装的纸盒，底部为灰色镜子且镜面朝上，顶部为张贴了黑色透光膜的透明玻璃，四周为掏了洞的硬纸板，插有发光二极管；下方纸箱内部为封装完毕的电路图、Arduino UNO 开发板以及电源。透过张贴黑色透明膜的玻璃能够观察到二极管的发光情况。

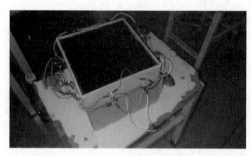

图 45-6　整体外观

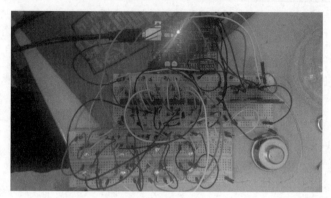

图 45-7　内部结构

　　最终演示效果如图 45-8 所示。灯光随着音乐变化闪烁，在上方的纸盒内部，灯光经过多重反射达到了 4 层灯的效果（实际只有 1 层），经过切换模式等操作也形成了较好的视觉效果。

(a) 演示效果一

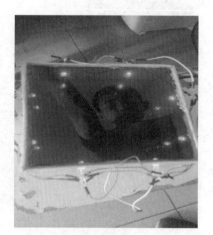

(b) 演示效果二

图 45-8　最终演示效果

45.5　元器件清单

完成音乐灯元器件清单如表 45-1 所示。

表 45-1　音乐灯元器件清单

模　　块	元器件及设备	数　　量
SD 卡	SD 卡	1
	迷你 TF 卡（H5A2）	1
	面包板	1
	Arduino UNO 开发板	4
	杜邦线	若干
蓝牙模块	蓝牙从机 HC-06	1
	手机蓝牙串口	1
	面包板	1
	杜邦线	若干
	Arduino UNO 开发板	1
二极管和触发器	RGB 发光二极管	8
	74LS74	4
	Arduino UNO 开发板	1
	面包板	1
	杜邦线	1
封装	硬纸板	4
	透明玻璃 15cm×15cm（附着黑色透光膜）	1
	灰色镜子 15cm×15cm	1

## 第 46 章

高温预警模拟

46.1 项目背景

随着现代家庭用火、用电量的增加,家庭火灾发生的频率越来越高。家庭火灾一旦发生,很容易出现扑救不及时、灭火器材缺乏及在场人员惊慌失措、逃生迟缓等状况,最终导致生命和财产损失。探讨家庭火灾的特点及防火对策,对于预防家庭火灾、减少火灾造成的损失具有现实意义。在现代城市家庭里,许多人因不懂家庭安全常识而引起火灾事故,使好端端的幸福家庭转眼间毁于一旦,甚至导致家破人亡。所以说,人们应该积极了解家庭火灾的主要起因,掌握预防火灾发生的知识和发生火灾时自救的方法。

46.2 创新描述

作为智能家居的重要组成部分,火灾报警器由于体积小可以在家里放置多个并根据家庭需要放置在家里的任何位置。它可以即时测出温湿度并在 LED 屏上显示,同时将数据发送给计算机。

46.3 功能及总体设计

本部分包括功能介绍、总体设计和模块介绍。

46.3.1 功能介绍

本项目的火灾报警器可以实现即时温湿度显示,同时通过接收到的数据,进行数据分析并使用MATLAB 绘图。在温度超过设定值、湿度低于设定值均达到设定时间后,报警器会发出蜂鸣声,并控制下级装置——风扇转动,模拟灭火过程,当温湿度回归正常时,风扇停止转动。

46.3.2 总体设计

本部分包括整体框架、系统流程和系统总电路。

1. 整体框架

整体框架如图 46-1 所示。

2. 系统流程

系统流程如图 46-2 所示。

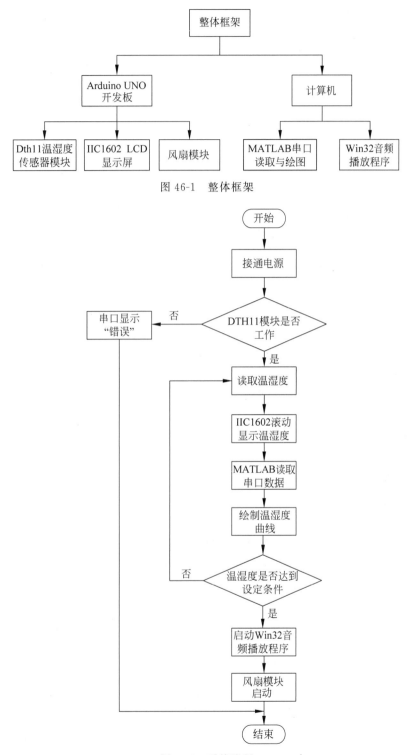

图 46-1　整体框架

图 46-2　系统流程

3. 系统总电路

系统总电路及 Arduino UNO 开发板引脚如图 46-3 所示。电路图包括温湿度传感器模块、LCD 显示屏模块、风扇模块，而 MATLAB 模块和报警模块为计算机编程部分，所以无法用 frizing 绘制。温湿度传感器负责检测周围数据，LCD 显示屏模块可以将测出的温湿度显示出来，而风扇模块可在特定条件下工作。

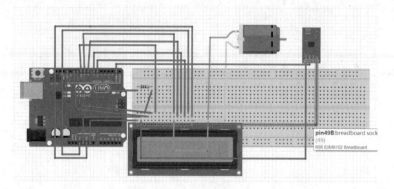

图 46-3　系统总电路及 Arduino UNO 开发板引脚

46.3.3　模块介绍

本项目主要包括温湿度传感器、LED 显示屏、MATLAB 串口读取与绘图、Win 32 音频播放程序、风扇模块。下面分别给出各部分的功能、元器件、电路图和相关代码。

1. 温湿度传感器

测出传感器周围的温度湿度等，并可以将数据通过杜邦线传输给其他模块。元器件包括 DHT11、杜邦线。

相关代码见"代码 46-1"。

2. LCD 显示屏

将温湿度传感器测出的数据显示在 LCD 显示屏上。元器件包括 LCD1602、杜邦线。

相关代码见"代码 46-2"。

3. MATLAB 串口读取与绘图

通过 MATLAB 绘图分析数据的功能，将温湿度传感器传输过来的数据绘制成图像，并在温湿度达到特定条件时响起警报，并向输出模块发送指令。元器件包括计算机、数据线、Arduino 开发板。

相关代码见"代码 46-3"。

4. Win 32 音频播放程序

在温度和湿度达到设定条件时，计算机发出蜂鸣声。本模块由计算机实现。

相关代码见"代码 46-4"。

5. 风扇模块

通过使用 MATLAB 绘图分析数据的功能，将温湿度传感器传输过来的数据绘制成图像，并在温湿度达到特定条件时响起警报，并向输出模块发送指令。元器件包括风扇、杜邦线。相关代码如下：

```
if((int)DHT11.temperature > 32)
  {digitalWrite(12,LOW);
  delay(100);}
else
  {digitalWrite(12,HIGH);
  delay(100);}
```

46.4 产品展示

整体外观如图 46-4 所示；内部结构如图 46-5 所示。图 46-4(a) 中，左侧为风扇模块，右侧为 LED 显示屏模块；图 46-4(b) 为温湿度传感器模块。

(a) 正面

(b) 反面

图 46-4 整体外观

图 46-5 内部结构

最终演示效果如图 46-6 所示。可以在 LED 显示屏上显示出温湿度(仅用温度举例)，图 46-6(a) 说明当温度低于设定值时，风扇模块不工作；图 46-6(b) 说明当温度高于设定值时，风扇模块开始工作。

(a) 演示效果一

(b) 演示效果二

图 46-6 最终演示效果

46.5 元器件清单

完成高温预警模拟元器件清单如表 46-1 所示。

表 46-1 高温预警模拟元器件清单

模　块	元器件及设备	数　量
数据收集	Arduino UNO 开发板	1
	面包板	1
	Dth11 温湿度传感器	1
显示控制	LCD1602 显示屏	1
	杜邦线	若干
	计算机	1
	风扇	1

## 第 47 章

四宫格手势解锁门

47.1　项目背景

本项目为基于 Arduino 控制的实用功能型设备。不知何时,手机的纯密码解锁功能因为既麻烦又容易被破解已经消失殆尽,而指纹解锁功能也常常因为使用者的手指上有汗液或者其他异物导致需要解锁几次。如今,九宫格图案解锁越来越流行。多变的密码组合使其难以破解,无与伦比的创意图案可以满足用户的设计感,趣味性的过程不仅让解锁者拥有快乐,更让旁观者跃跃欲试。

手势解锁相比用生锈的钥匙开门更加便捷迅速,又没有忘记带钥匙的担忧,相较于指纹解锁又充满趣味性,给孩童以创意思想,让古板的成年人享受童年解锁的喜悦。同时,还拥有无线控制功能,当你在外面无法及时回家,可以用手机远程开门。

47.2　创新描述

本项目通过红外测距传感器来确定手的距离远近,从而对输入的密码进行识别,在程序对密码进行检验之后,驱动舵机对门进行开或者关操作。当然,利用无线控制模块,只需通过在手机 App 上滑动几下,无论距离的远近,都可通过无线来迅速开启门或关闭门。

47.3　功能及总体设计

本部分包括功能介绍、总体设计和模块介绍。

47.3.1　功能介绍

这种简易的四宫格手势解锁门,可以自己通过程序设定任意密码,同时也能通过手机 App 连接互联网无线远程控制门的开关状态。实现通过手势来输入密码解锁开门,以及通过手机 App 无线远程控制门的开关状态。

47.3.2　总体设计

本部分包括整体框架、系统流程和系统总电路。

1. 整体框架

整体框架如图 47-1 所示。红外传感器感应模块和 LED 显示模块连接到第一个 Arduino UNO 开发板,红外传感器感应模块控制 4 个红外传感器,LED 显示模块控制 4 个 LED 灯管;W5100 无线控制模块连接到第二个 Arduino UNO 开发板;舵机模块同时连接到两个 Arduino UNO 开发板上,两板同时控制舵机。

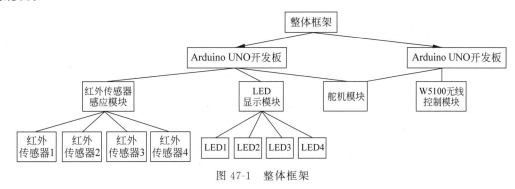

图 47-1 整体框架

2. 系统流程

系统流程如图 47-2 所示。接通电源以后,如果接收到手机 App 上的控制指令,就执行舵机驱动指令,否则,通过红外传感器接收密码,接收到一个信号则相应的 LED 灯管亮起,然后判断密码的正确与否,如果正确,驱动舵机使门打开,否则无反应。

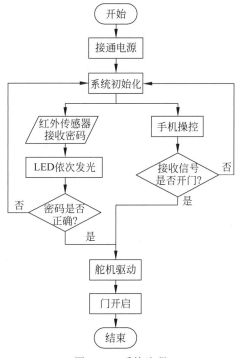

图 47-2 系统流程

3. 系统总电路

系统总电路如图 47-3 所示。左上为无线控制模块,右上为红外传感器感应模块,右下为舵机驱动模块。

其中,无线控制模块包含一个 Arduino UNO 开发板和一个 W5100 网络控制板,Arduino UNO 开发板在左,W5100 在右,相同的引脚相应连接,5V 电压极与舵机的 VCC 相连接。

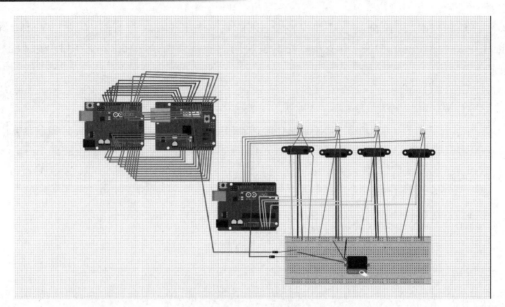

图 47-3　系统总电路

传感器感应模块中，4 个红外测距传感器的信号端分别和另一个 Arduino UNO 开发板的 10、11、12、13 引脚相连接，而对应的 VCC、GND 端和 Arduino UNO 开发板的 5V、GND 端相连。

舵机模块的 GND 和地引脚相连，VCC 端分别用两个二极管和两个 Arduino UNO 开发板的 5V 相连。

47.3.3　模块介绍

本项目主要包括以下几个模块：传感器感应、无线控制和舵机开门模块。下面分别给出各部分的功能、元器件、电路图和相关代码。

1. 传感器感应模块

通过红外测距传感器来接收手距离的远近来输入密码，然后在程序中进行密码正确与否。元器件包括 4 个红外线测距传感器模块 GP2Y0A21YK0F、4 个红色 10mm 大 LED 管和若干杜邦线。传感器感应模块接线如图 47-4 所示。

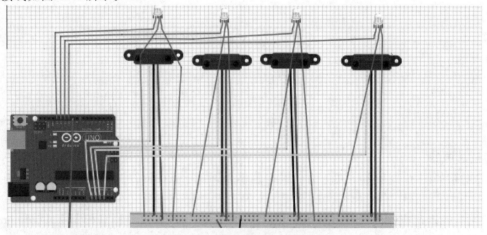

图 47-4　传感器感应模块接线

相关代码见"代码47-1"。

2. 无线控制模块

通过手机 App 无线远程控制门的开关状态。元器件包括 Arduino Ethernet W5100 网络拓展板和若干杜邦线。无线控制模块连接如图47-5所示。

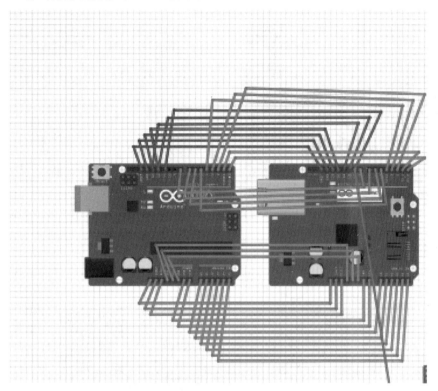

图 47-5 无线控制模块连接

相关代码见"代码47-2"。

3. 舵机开门模块

通过舵机转动控制门的开关状态。元器件包括小型舵机和若干杜邦线。舵机开门模块接线如图47-6所示。

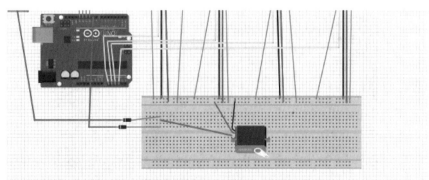

图 47-6 舵机开门模块接线

相关代码见"代码47-3"。

47.4 产品展示

整体外观如图 47-7 所示，内部结构如图 47-8 所示。纸箱内部为封装完毕的电路图、Arduino UNO 开发板以及电源。纸箱正表面为 4 个传感器及传感器指示灯，"门"的背部与舵机相接。

图 47-7　整体外观

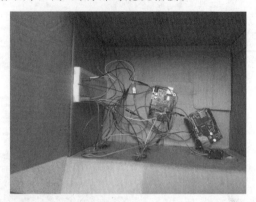

图 47-8　内部结构

最终演示效果如图 47-9 所示。从图 47-9(a)中可以看到输入正确密码后指示信号灯全亮，在稍等几秒后小门自动打开。从图 47-9(b)中可以看出，App 开关处于 ON 状态后稍等几秒小门自动打开，处于 OFF 状态时小门关闭。

(a) 手势控制

(b) App控制

图 47-9　最终演示效果

47.5 元器件清单

完成四宫格手势解锁门元器件清单如表 47-1 所示。

表 47-1 四宫格手势解锁门元器件清单

模 块	元器件/测试仪表	数 量
传感器感应模块	红色 10mm 大 LED 管	4
	红外线测距传感器模块 GP2Y0A21YK0F	1
	面包板	1
	Arduino UNO 开发板	1
	杜邦线	若干
无线控制模块	Arduino Ethernet W5100 网络拓展板	1
	无线路由器	1
	Arduino UNO 开发板	1
舵机开门模块	小型舵机	1
外观部分	纸箱	1

## 第 48 章

探测机器人

48.1 项目背景

机器人可以完成许多危险工作,到达人类不宜到达的地方,是目前智能硬件应用的重要方向。本项目经过调研,决定研发基于 Arduino 与 Processing 两个软件可以相结合,编写制作操作界面或游戏。实现探索周围环境因素,并且可以控制机器人运行的操控系统。

48.2 创新描述

市面上有许多的智能机器人产品,但大部分将编写的程序提前写入 Arduino UNO 开发板,然后再供电完成操作。本项目利用机器人作为载体实现自动避障探测获取周围的环境数据(如障碍物位置、温湿度等),并将这些环境数据通过无线传输的方式发送至计算机,用 Processing 编程。通过接收并处理探测机器人发回的数据,制作一个界面以最大化地还原探测机器人周围的环境,将数据进行可视化处理。并且可以在 Processing 上以计算机作为上位机,控制探测机器人的行驶路径,实现实时的控制。

48.3 功能及总体设计

本部分包括功能介绍、总体设计和模块介绍。

48.3.1 功能介绍

本项目由计算机部分和探测机器人部分组成。可以将探测机器人置于一个未知的环境,打开电源,探测机器人会自动在未知的环境中进行避障行驶并且收集一些周围环境的基础数据,然后通过无线蓝牙通信模块将数据传输至计算机。计算机通过 Processing 已经编好的程序,在一个界面绘制出小车周围的障碍物及周围的温湿度,并且标记出小车的坐标位置。另外,在 Processing 上设置了可以对探测机器人的行进路线进行规划的功能,在探测机器人出故障时可以进行实时的手动控制。

在最后阶段,将探测模式和规划路径模式结合在一起,可以实现一键切换、一键还原的操作,对整体的运行提供了极大的便利。本项目的产品基于软硬结合,旨在为用户提供对未知地形的探测功能,并将探测数据进行可视化。

48.3.2 总体设计

本部分包括整体框架、系统流程和系统总电路。

1. 整体框架

整体框架如图 48-1 所示。

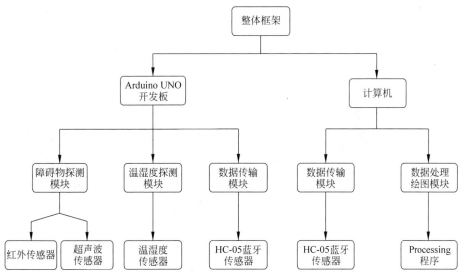

图 48-1 整体框架

2. 系统流程

系统流程如图 48-2 所示。

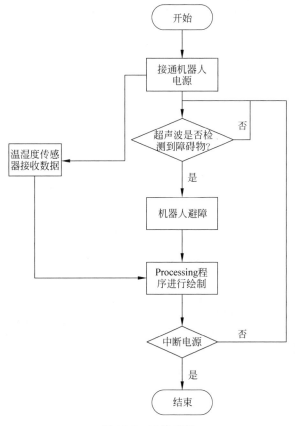

图 48-2 系统流程

　　接通电源以后，如果探测机器人上的驱动模块被触发，则产品开始工作，机器人开始收集周围的温湿度数据传给计算机并向前行驶，若前方超声波模块监测到了障碍物的存在，返回数据给计算机并进行避障，计算机根据传输回来的数据在 Processing 进行环境绘制。若不切断电源，则计算机会不断更新探测周围机器人的环境数据进行绘制，若切断电源，则探测机器人停止探测，Processing 的环境绘制停止。

3. 系统总电路

　　系统总电路如图 48-3 所示。

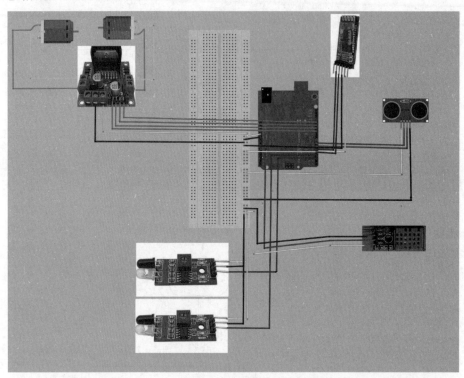

(a) 系统总电路1

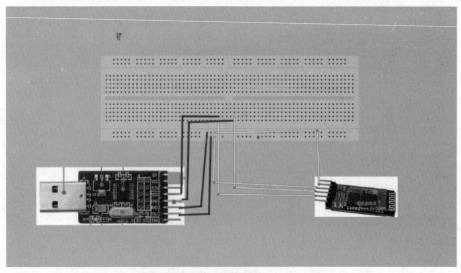

(b) 系统总电路2

图 48-3　系统总电路

探测机器人的模块连线图有左右两个红外模块(两个模块输出的 OUT 引脚对应 Arduino 开发板的 2、3 引脚),一个超声波模块(ECHO 引脚接 6 引脚,TRIG 引脚接 7 引脚),一个蓝牙传输模块(RS 引脚接 4 引脚,TS 接 5 引脚),一个温度传感器(其中数据输出口 DATA 接模拟 A0 引脚),一个直流电机驱动模块(直流驱动模块上的 IN1、IN2、IN3、IN4 分别对接数字 10、11、12、13 引脚)。

第二部分是计算机处理,主要就是 USB 转 TTL 模块接另一个蓝牙模块,接收探测机器人传来的数据,传给计算机中的 Processing 程序进行处理。其中电源和地分别连接,二者的 TXD 与 RXD 分别连接即可。

48.3.3 模块介绍

本项目主要包括探测机器人模块和计算机处理模块。下面分别给出各部分的功能、元器件、电路图和相关代码。

1. 探测机器人模块

以 Arduino UNO 开发板控制小车为基础,结合各种传感器控制,主要是对周围环境进行自主的探测与收集数据,也可以根据计算机传来的数据进行操作。

相关代码见"代码 48-1"。

2. 计算机处理模块

Processing 是一个为开发面向图形应用(visually oriented application)而生的简单易用的编程语言和编程环境。Processing 的创造者将它看作一个代码素描本。擅长算法动画和即时交互反馈,所以近年来在交互动画、复杂数据可视化、视觉设计、原型开发和制作方向愈发流行,是简洁好用的编程工具。

Processing 最方便的一点在于能在屏幕快速画出图像,并能方便输出鼠标实时位置。其程序分为 setup()和 draw()两部分,前者只执行一次,后者代表一帧帧的循环执行。

相关代码见"代码 48-2"。

48.4 产品展示

整体外观如图 48-4 所示,可以自动避障行驶,收集周围的障碍物信息及温湿度信息通过蓝牙模块传给计算机。图 48-5 是计算机与探测机器人连接后,产生初始的 Processing 界面,有模拟的探测机器人及坐标轴。图 48-6 是第一个模式,即 Processing 界面上构造虚拟的墙壁,然后反馈给小车,小车会以

图 48-4 整体外观

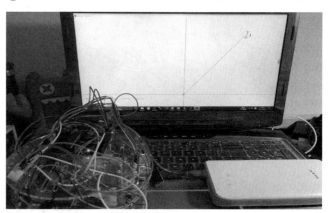

图 48-5 Processing 界面

为前方有墙壁的情况进行避障。图 48-7 是第二个模式，即小车探测周围的环境数据，将其返回给计算机并进行绘图和显示温湿度。图 48-8 是根据探测机器人返回周围障碍物数据绘出的图及其坐标。

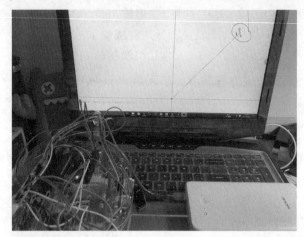

图 48-6　第一个模式界面

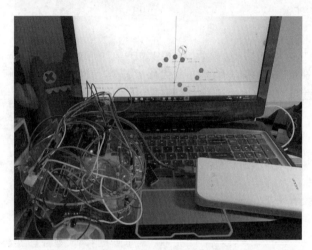

图 48-7　第二个模式界面

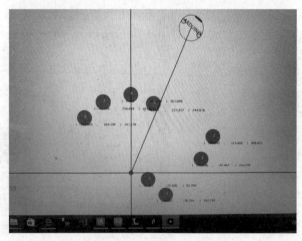

图 48-8　数据绘图及其坐标

48.5　元器件清单

完成探测机器人元器件清单如表 48-1 所示。

表 48-1　探测机器人元器件清单

模　　块	元器件/测试仪表	数　　量
探测机器人	导线	若干
	杜邦线	若干
	小车轮子	2
	驱动电机	2
	小车底板	1
	Arduino UNO 开发板	1
	DHT11 温湿度传感器	1
	面包板	1
	L298N 直流电机驱动模块	1
	超声波避障模块	1
	HC-05 蓝牙模块	1
	红外避障传感器	2
计算机处理	USB 转 TTL	1
	杜邦线	4
	HC-05 蓝牙模块	1

## 第 49 章

手机端压力传感游戏

49.1 项目背景

体感游戏在一些家用游戏机上已经常见,如游戏机上的水果忍者、Xbox One 或 PS4 上的 Just Dance(一类体感跳舞游戏)。体感游戏相比传统游戏让玩家更有身临其境的感觉,更加有带入感,也具备别样的吸引力。

49.2 创新描述

玩家通过压力传感器,搭建简易的游戏装置,通过施加适当的压力,可以控制游戏内主人公的移动。

49.3 功能及总体设计

本部分包括功能介绍、总体设计和模块介绍。

49.3.1 功能介绍

压力输入装置的量程为 5kg,并且可以接收双向的压力,经 AD 芯片处理后的数据与压力大小呈线性关系,所以可以将游戏中的移动速度与压力的大小关联起来。根据观察,虽然压力输入转换后的数据有一定的波动,但经过 Arduino UNO 开发板的程序对数据处理后,数据的误差较小,可以忽略这些数据的波动。将 HX711 输出数据线性转换为简单的 0~9 的整数,游戏程序再读取这 10 个数字并做出相应的变化。

49.3.2 总体设计

本部分包括整体框架、系统流程和系统总电路。

1. 整体框架

整体框架如图 49-1 所示。主要由 Arduino UNO 开发板及外围硬件,手机 App 应用程序,以及与二者相关的支撑软硬件构成。

2. 系统流程

系统流程如图 49-2 所示。

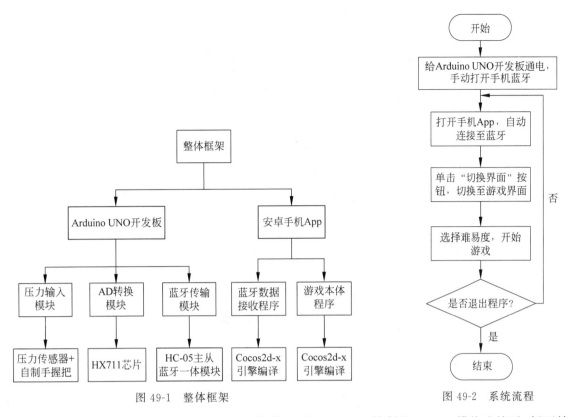

图 49-1　整体框架

图 49-2　系统流程

接通电源以后,通过手机 App 打开蓝牙通信接口,与 Arduino 控制的 HC-05 模块连接后,便可持续接收数据,通过界面上的按键进入游戏,控制压力输入装置开始游戏。

3. 系统总电路

系统总电路如图 49-3 所示,左侧从下到上分别为压力传感器和 HX711 模块,分别连接到 Arduino UNO 开发板;右侧为蓝牙模块与开发板连接。

接线:

HX711 模块:VCC-----→Arduino 5V 引脚

SCK-----→ Arduino 9 引脚

DT------→ Arduino 10 引脚

GND-----→ Arduino GND 引脚

HC-05 模块:VCC-----→Arduino 5V 引脚

RXD-----→Arduino RX←0 引脚

GND-----→Arduino GND 引脚

压力传感模块:红线-----→HX711 E＋引脚

黑线-----→HX711 E－引脚

绿线-----→HX711 A＋引脚

白线-----→HX711 A－引脚

如图 49-4 所示,压力传感器的连线从上到下对应红、白、黑、绿,绿线与白线对应 A＋与 A－。通过对长方体两端施加压力使之产生肉眼不可见的形变,从而改变输出电压。

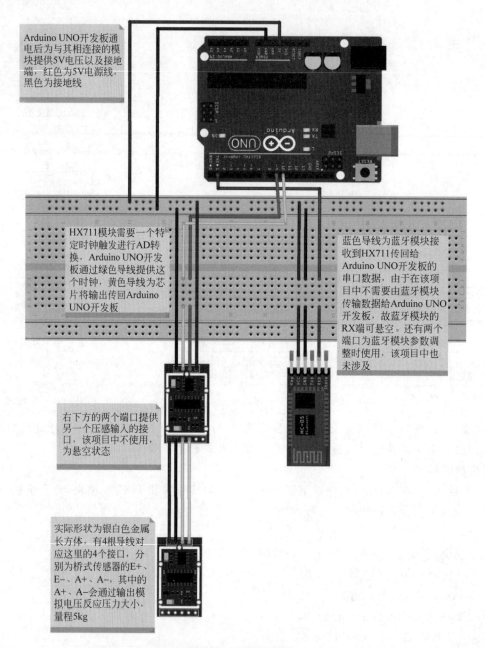

Arduino UNO开发板通电后为与其相连接的模块提供5V电压以及接地端，红色为5V电源线，黑色为接地线

HX711模块需要一个特定时钟触发进行AD转换，Arduino UNO开发板通过绿色导线提供这个时钟，黄色导线为芯片将输出传回Arduino UNO开发板

蓝色导线为蓝牙模块接收到HX711传回给Arduino UNO开发板的串口数据，由于在该项目中不需要由蓝牙模块传输数据给Arduino UNO开发板，故蓝牙模块的RX端可悬空。还有两个端口为蓝牙模块参数调整时使用，该项目中也未涉及

右下方的两个端口提供另一个压感输入的接口，该项目中不使用，为悬空状态

实际形状为银白色金属长方体，有4根导线对应这里的4个接口，分别为桥式传感器的E+、E−、A+、A−，其中的A+、A−会通过输出模拟电压反应压力大小，量程5kg

图 49-3　系统总电路

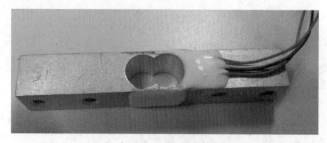

图 49-4　压力传感模块实际外观

49.3.3 模块介绍

硬件包括压力传输和蓝牙传输两个模块。蓝牙模块只需将线接好后,通过设置后便可正常工作,然后通过 Arduino UNO 开发板对压力传输模块进行控制。软件运用一个游戏引擎 Cocos2d-x,下面进行详细介绍。

1. 压力传输模块

从网络上下载 HX711 模块的库函数,直接导入 Arduino UNO 开发板使用。主文件如下:

```
#include<HX711.h>              //包含库的头文件
HX711 hx(9, 10);
void setup() {
  Serial.begin(38400);         //将波特率设置为蓝牙模块所需的数值
}
void loop()
{
  long    sum = 0;             //计数值
  for (int i = 0; i < 2; i++)  /* 多次取值,循环得越多精度越高,当然耗费的时间也越多,在游戏中为了实时反馈压力,仅采集两次作为平均 */
    sum += hx.read();          //压力传感数据读取的函数,在后面给出
  //Serial.print(sum);         //原始数据图1,测试用
  //Serial.print(" ");
//Serial.println(sum/100000 ); //测试数据图2
  Serial.print(sum/60000 + 5); //最终选定的数据
}
```

图 49-5 的左边为零输入时串口检测到的输出,因为外界的干扰有一定的波动;中间为对压力传感器施加一个适当的力后的输出,可见数值变化较大,经多次测试发现二者之间是线性相关的,故通过运算改变了串口数据的显示,每行数据的最右侧便是优化后的数据。

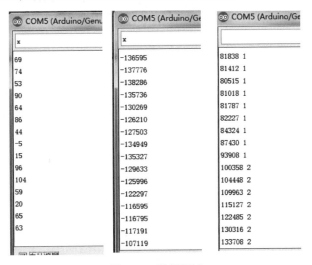

图 49-5 数据测试

Arduino 代码中使用到的库函数见"代码 49-1"。

2. 软件部分

Cocos2d-x 是一个开源的移动二维游戏框架,支持 Windows、Mac 等桌面操作系统。可以用 C++ 或者 Lua 编写,根据需要打包后的程序运行在 Android 或者 iOS 上。

但是，C++本身没有蓝牙类，需要通过引用 Java 的函数，因此程序内还是涉及了一部分的 Java 编程。这里使用的是 Cocos2d-x 3.1 版本，标准工程目录如图 49-6 所示。

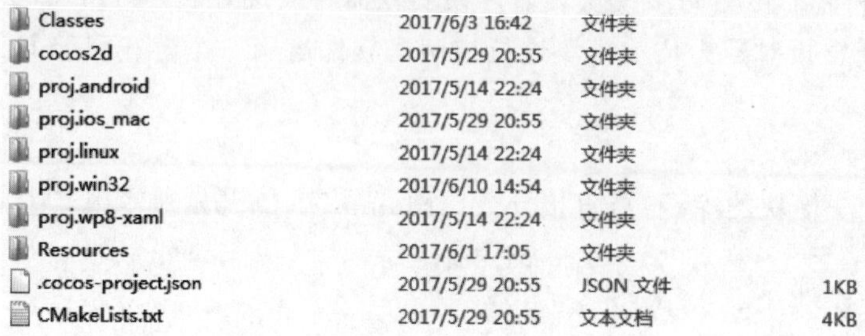

Classes	2017/6/3 16:42	文件夹	
cocos2d	2017/5/29 20:55	文件夹	
proj.android	2017/5/14 22:24	文件夹	
proj.ios_mac	2017/5/29 20:55	文件夹	
proj.linux	2017/5/14 22:24	文件夹	
proj.win32	2017/6/10 14:54	文件夹	
proj.wp8-xaml	2017/5/14 22:24	文件夹	
Resources	2017/6/1 17:05	文件夹	
.cocos-project.json	2017/5/29 20:55	JSON 文件	1KB
CMakeLists.txt	2017/5/29 20:55	文本文档	4KB

图 49-6　标准工程目录

可以看到这里提供了在多种平台上编译的工程，本项目使用 Windows 系统中 proj. win32 文件夹的内容。

由于需要调用到 Java 的函数，所以也要在 proj. android 工程文件内添加一些 Java 文件。在 cocos2d 文件夹内包含的是该引擎自带的一些例程以及库函数，在编写游戏程序时会引用到。Classes 文件夹内则是程序所使用到的类，由使用者自己创建及编写。Resources 文件内为游戏程序需要引用的一些图片资源。

1）游戏主程序（C++模块代码）

进入 proj. win32 文件夹目录如图 49-7 所示，双击 xuexi. sln 文件打开 C++工程。

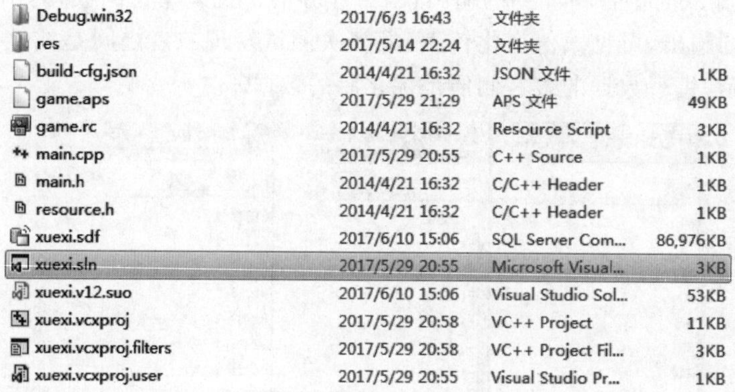

Debug.win32	2017/6/3 16:43	文件夹	
res	2017/5/14 22:24	文件夹	
build-cfg.json	2014/4/21 16:32	JSON 文件	1KB
game.aps	2017/5/29 21:29	APS 文件	49KB
game.rc	2014/4/21 16:32	Resource Script	3KB
main.cpp	2017/5/29 20:55	C++ Source	1KB
main.h	2014/4/21 16:32	C/C++ Header	1KB
resource.h	2014/4/21 16:32	C/C++ Header	1KB
xuexi.sdf	2017/6/10 15:06	SQL Server Com...	86,976KB
xuexi.sln	2017/5/29 20:55	Microsoft Visual...	3KB
xuexi.v12.suo	2017/6/10 15:06	Visual Studio Sol...	53KB
xuexi.vcxproj	2017/5/29 20:58	VC++ Project	11KB
xuexi.vcxproj.filters	2017/5/29 20:58	VC++ Project Fil...	3KB
xuexi.vcxproj.user	2017/5/29 20:55	Visual Studio Pr...	1KB

图 49-7　proj. win32 文件夹目录

图 49-8 中为"xuexi"文件，其余为所要引用的库。在 Classes 文件夹内即为游戏主程序使用到的文件。图 49-9 所示的 4 个文件为工程自带，其余文件是为了实现游戏主程序而自主添加的文件，游戏模板可以自己制作，也可以借鉴，通过修改内容及资源达到自己想要的效果。

相关代码见"代码 49-2"。

在上面的文件内打开 Hello World 场景如图 49-10 所示。

过场动画以及源码的 logo 如图 49-11 所示。

3 个难度按钮设定如图 49-12 所示。

在上面的游戏主文件内使用到了管道类、玩家类以及游戏中显示的数字类等，对应代码见"代码 49-3"。

图 49-8　资源管理器及类文件

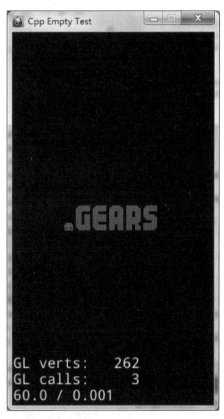

图 49-9　工程自带文件

图 49-10　打开 Hello World 场景　　　　　图 49-11　过场动画以及源码的 logo

图 49-12   3 个难度按钮设定

2）蓝牙模块程序代码（Java 为主）

蓝牙通信流程：打开蓝牙→搜索设备→配对→建立服务器端/客户端 Socket 连接→建立输入/输出 I/O 流→开始通信。本项目中由于是与唯一的蓝牙串口设备通信，蓝牙的 MAC 地址是确定的，因此，搜索设备配对步骤可以省略，且游戏端只作为蓝牙客户端，最终流程简化为：打开蓝牙→建立客户端 Socket 连接→获取输入流→开始通信。

具体实现中使用了 Cocos2d-x 作为游戏开发引擎，开发过程使用 C++ 语言，而蓝牙的操作是在 Android 系统底层实现，需要以 Java 语言进行调用，两者间的通信由 JNI 进行。相关代码见"代码 49-4"。

49.4   产品展示

调试阶段如图 49-13 所示，此时还未连接上蓝牙模块。产品后期外观，将模块固定在一个面包板

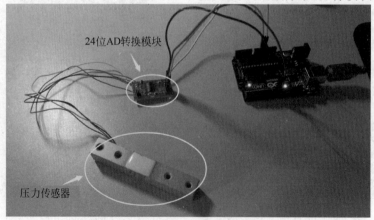

图 49-13   调试阶段

上,压力传感器上固定了几个手握把,便于操作,并连好了蓝牙模块,最终演示效果如图 49-14 所示。

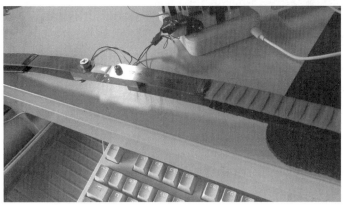

图 49-14　最终演示效果

49.5　元器件清单

完成手机端压力传感游戏元器件清单如表 49-1 所示。

表 49-1　手机端压力传感游戏元器件清单

元　器　件	数　量
Arduino UNO R3 开发板	1
HX711 AD 转换模块	1
压力传感器	1
HC-05 蓝牙主从一体模块	1
面包板	1
杜邦线	若干
绝缘胶带	若干
钢尺	4
螺丝钉	4
螺母	2
手胶	若干

## 第 50 章

极光演奏音乐盒

50.1 项目背景

音乐盒作为一种极具大众化的娱乐模式,经常出现在人们的生活中。而普通的音乐盒,通常只能进行相应的音乐播放模式,未免显得枯燥。本项目出于对音乐盒的好奇与探知,希望能够为音乐盒加上光影的效果,使 LED 灯带伴随音乐节奏变化而产生视觉效果;同时,希望能为音乐盒加上操控效果,将音乐盒转换成为某种能够弹奏的形式,便于音乐盒进一步的改良。

50.2 创新描述

创新点:能够在音乐盒的基础上实现演奏和变色功能;通过超声波传感器测量距离控制音阶 Do/Re/Mi/Fa/So/La/Si,并同时伴随 RGB LED 彩灯灯带的颜色变换,实现距离、音阶、灯带变换;目前国内市场上同类产品较少,本产品以其优越的便携性、出色的创造力、杰出的娱乐性,表明了其强大的发展空间。

50.3 功能及总体设计

本部分包括功能介绍、总体设计和模块介绍。

50.3.1 功能介绍

用户根据需求控制音乐盒,实现演奏的完整功能;光伴随音阶起伏功能,通过超声波模块,返回障碍物到 US-100 模块之间的距离,以此为标准控制 RGB LED 灯带显示的灯光、控制扬声器发出的音调。

50.3.2 总体设计

本部分包括整体框架、系统流程和系统总电路。

1. 整体框架

整体框架如图 50-1 所示。

2. 系统流程

系统流程如图 50-2 所示。

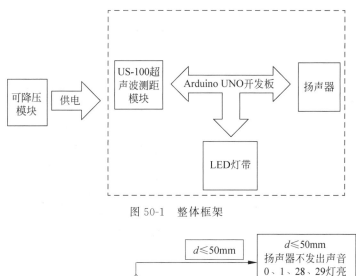

图 50-1 整体框架

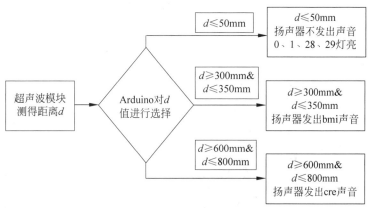

图 50-2 系统流程

接通电源以后,超声波模块首先反馈障碍与 US-100 模块的距离给 Arduino UNO 开发板主芯片,之后芯片根据距离控制 LED 灯带发出不同颜色、扬声器发出不同频率。如果超声波测距模块以及障碍物之间距离为零时,扬声器停止工作。

3. 系统总电路

系统总电路及引脚之间的连线如图 50-3 所示。

在超声波测距模块中,本项目使用的是 US-100 超声波测距模块的 1~4 引脚,VCC 连接 VCC (5V),TRIG 连接 2 引脚,ECHO 连接 3 引脚,GND 连接 GND 引脚。

在 LED 灯带以及扬声器模块中,使用的是 5W 扬声器以及由 30 个 5050 封装灯珠做成的灯带,由于 Fritzing 软件中不包含灯带,使用一个简单的 RGB LED 为大家展示功能。扬声器的正极连接 9 引脚,负极连接 GND 引脚;RGB LED 的正极连接 VCC(5V),负极连接 GND,数据输出连接 6 引脚。

LM2596S-ADJDC-DC 超小型可调降压模块,外接 12V 锂电池为 LED 灯带供电,需要将 12V 转换为 5V,IN+输入正极,IN−输入负极,OUT+输出正极,OUT−输出负极。

50.3.3 模块介绍

本项目主要包括 LED 灯带以及扬声器、US-100 超声波测距卡和降压模块。下面分别给出各部分的功能、元器件、电路图和相关代码。

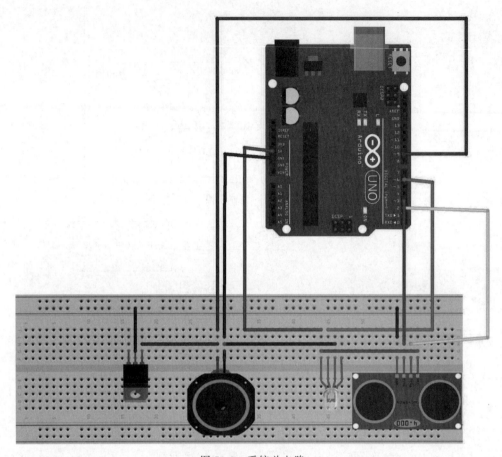

图 50-3　系统总电路

1. LED 灯带以及扬声器

由下面所示，代码在 Arduino UNO 开发板中添加彩色 LED 库，根据所测得距离 d 值的不同，通过函数控制扬声器发音，并显示不同状态的灯带：

ala 音：0、1、2、27、28、29 号灯亮；

asi 音：0、1、2、3、26、27、28、29 号灯亮；

do 音：0、1、2、3、4、25、26、27、28、29 号灯亮；

bri 音：0、1、2、3、4、5、24、25、26、27、28、29 号灯亮；

bmi 音：0、1、2、3、4、5、6、23、24、25、26、27、28、29 号灯亮；

bfa 音：0、1、2、3、4、5、6、7、22、23、24、25、26、27、28、29 号灯亮；

bso 音：0、1、2、3、4、5、6、7、8、21、22、23、24、25、26、27、28、29 号灯亮；

bla 音：0、1、2、3、4、5、6、7、8、9、20、21、22、23、24、25、26、27、28、29 号灯亮；

bsi 音：0、1、2、3、4、5、6、7、8、9、10、19、20、21、22、23、24、25、26、27、28、29 号灯亮；

cdo 音：0、1、2、3、4、5、6、7、8、9、10、19、20、21、22、23、24、25、26、27、28、29 号灯亮；

cre 音：所有灯亮。

LED 灯带及扬声器模块接线如图 50-4 所示。

相关代码见"代码 50-1"。

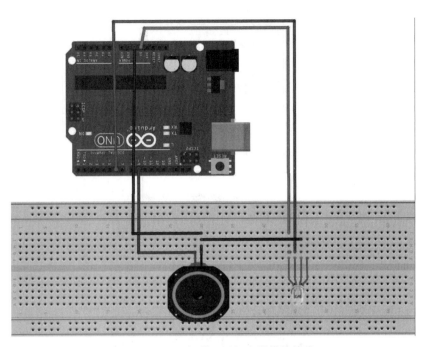

图 50-4　LED 灯带以及扬声器模块接线

2. US-100 超声波测距卡

工作原理：超声波发射器向某一方向发射，在发射的同时开始计时，超声波在空气中传播，途中碰到障碍物就立即返回，当接收器收到反射波就立即停止计时。超声波在空气中的传播速度为 340m/s，根据计时器记录的时间 t，就可以计算出发射点距障碍物的距离 s，即 $s=340t/2$。

模块使用：连接前首先将 US-100 模块背面的跳线帽拔掉。GPIO 模式下 US-100 与 Arduino UNO 开发板的连线如表 50-1 所示。US-100 超声波模块如图 50-5 所示，US-100 超声波模块接线如图 50-6 所示。

表 50-1　超声波与 Arduino UNO 开发板连线

US-100	Arduino UNO 开发板引脚	US-100	Arduino UNO 开发板引脚
VCC	5V(POWER)	ECHO/RX	D2
TRIG/TX	D3	GND	GND

图 50-5　US-100 超声波模块

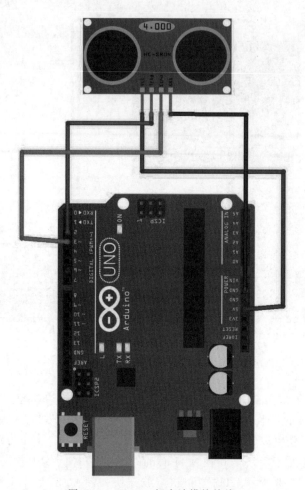

图 50-6　US-100 超声波模块接线

在超声波测距模块中，使用的是 US-100 超声波测距模块的 4～7 引脚，VCC 引脚连接 VCC(5V)，TRIG 引脚连接 2 引脚，ECHO 引脚连接 3 引脚，GND 引脚连接 GND 引脚。

相关代码见"代码 50-2"。

3. 降压模块

本实验中使用的 LM259S-ADJDC-DC 可调节降压模块有一对输入接口、一对输出接口。通过降压模块，实现 12V 锂电池电源至 5V 电源的转换，以此保证电路整体工作的稳定性。

50.4　产品展示

整体外观如图 50-7 所示。最终演示效果如图 50-8 所示。分为上下两层结构。上层由扬声器、灯带、光盘构成，此部分受 Arduino 控制，灯带的色彩变幻是伴随着扬声器的音调而变换的。下层是产品的核心部分，主要由电源模块、Arduino 模块和超声波模块构成。电源模块提供 5V 电压，为整体电路供电；Arduino UNO 开发板作为最重要的核心模块控制灯带的色彩变幻以及扬声器的音调变换等；超声波模块能够提供障碍物与模块之间的具体距离，以此保证反馈数据使得 Arduino 进行相应的操作。

图 50-7 整体外观

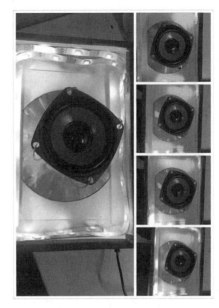

图 50-8 最终演示效果

50.5 元器件清单

完成极光演奏音乐盒元器件清单如表 50-2 所示。

表 50-2 极光演奏音乐盒元器件清单

模 块	元器件/测试仪表	数 量
降压模块	LM2596S-ADJDC-DC 可调节降压模块	1
超声波测距模块	导线	若干
	杜邦线	若干
	US-100 超声波测距模块	1
	5V 电源	1
扬声器模块	导线	若干
	杜邦线	若干
	面包板	1
	5W 扬声器	1
	Arduino UNO 开发板	1
	5V 电源	1
LED 模块	导线	若干
	杜邦线	若干
	面包板	1
	5V 幻彩 WS2812B 防水灯带	1
	Arduino UNO 开发板	1
	5V 电源	1
外观部分	纸箱	1
	卡纸	2

## 第 51 章

智能语音声控音响

51.1 项目背景

如今,音响的使用越来越普遍,而控制音响的方式也更加多元化。随着科学技术的不断进步,从最开始的有线音响,慢慢发展到利用网络、蓝牙等手段来控制其基本功能,但是通过语音控制的音响在市面上并未普及。此外,人们的生活越来越便捷,希望可以更高效地完成所有的事情。基于此背景,本项目使用 Arduino UNO 开发板做一个声控音响,使音响无线的控制方式不再有任何局限,实现任何时间、地点都可以用声音控制音响播放的设计。

51.2 创新描述

用户事先录制好回答音频,预置在 SD 卡中,通过中文语音识别模块识别用户所说的不同指令,从而实现音响不同的功能。

51.3 功能及总体设计

本部分包括功能介绍、总体设计和模块介绍。

51.3.1 功能介绍

用户向中文语音识别模块说出想要实现的不同指令,通过模块识别来实现音响的基本功能,具体如下:

(1) 唤醒指令:口令"嗒嗒","嗒"(语音回应)。

(2) 播放音乐:口令"播放音乐",不回应,随机播放预存在 SD 卡中的音乐。

(3) 暂停音乐:口令"暂停音乐","已暂停"(语音回应)。

(4) 调节音量:口令"调到最大音量","已调到最大音量"(语音回应);口令"调到最小音量","已调到最小音量"(语音回应)。

(5) 定时暂停音乐:口令"5 分钟后暂停音乐","好的,5 分钟后停止播放音乐"(语音回应)。

（6）增加音量：口令"增加音量"，初始音量为 6，5 级可调，范围 6～30。

（7）减小音量：口令"减小音量"，初始音量为 6，5 级可调，范围 6～30。

（8）换曲功能：口令"下一首"，播放下一首歌曲；口令"上一首"，播放上一首歌曲。

51.3.2　总体设计

1．整体框架

整体框架如图 51-1 所示。

2．系统流程

系统流程如图 51-2 所示。

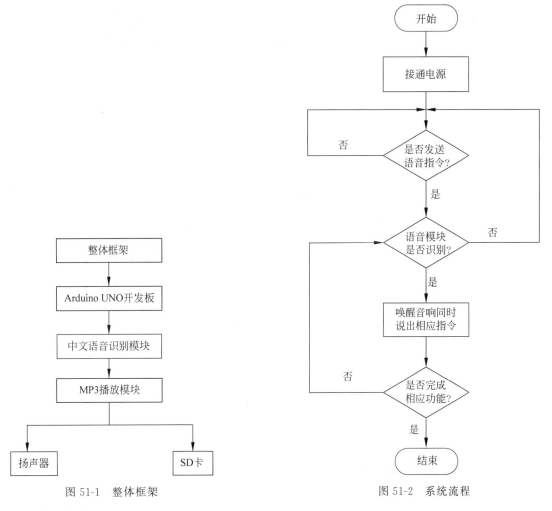

图 51-1　整体框架

图 51-2　系统流程

3．系统总电路

系统总电路如图 51-3 所示，分别为面包板电路、电路原理和 PCB。MP3 播放模块引脚如图 51-4 所示。

元器件之间的引脚连线如表 51-1 所示，同时，数字 7 引脚与 RX 相连时中间必须串联一个 1kΩ 电阻。

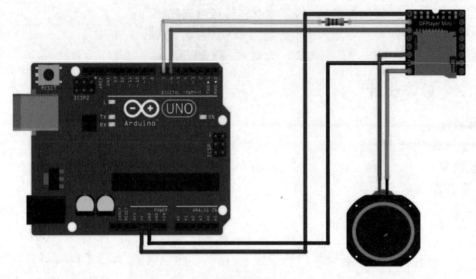

(a) 面包板电路

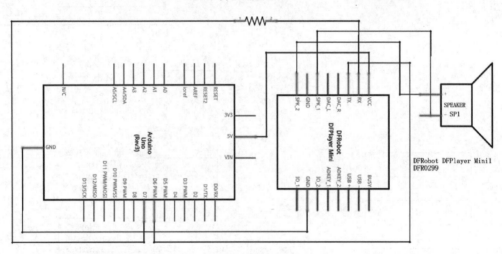

(b) 电路原理

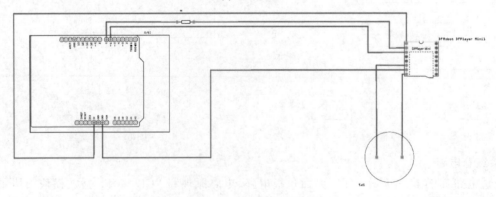

(c) PCB

图 51-3　系统总电路

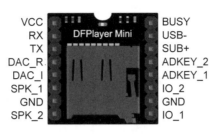

图 51-4　MP3 播放模块引脚

表 51-1　引脚连线

Arduino UNO 开发板	MP3 播放模块	扬 声 器
5V	VCC	—
GND	GND	—
数字 6 引脚	TX	—
数字 7 引脚	RX	—
—	SPK_1	任意接口
—	SPK_2	任意接口

51.3.3　模块介绍

本部分包括主程序模块、MP3 播放模块、SD 卡模块。下面分别给出各模块的功能、元器件、电路图和相关代码。

1. 主程序模块

主程序模块主要是中文语音识别模块,如图 51-5 所示,原理如图 51-6 所示。

图 51-5　中文语音识别模块

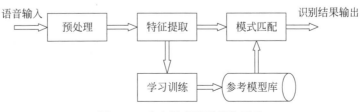

图 51-6　中文语音识别模块原理

功能介绍：语音识别模块是基于嵌入式的语音识别技术的模块，主要包括语音识别芯片和一些其他的附属电路，能够方便地与主控芯片进行通信，开发者可以方便地将该模块嵌入自己的产品中使用，实现语音交互的目的。

2. MP3 播放模块

通过本模块实现音响基本功能，MP3 引脚说明如表 51-2 所示。注意事项：RX 在与 Arduino 相连时，中间必须连一个 1kΩ 的电阻。因为 DFPlayer Mini 模块的工作电压应该是 3.3V，而主控板传入电压为 5V，因此需要 1kΩ 左右的电阻分压，从而可以消除扬声器的杂音。

表 51-2　MP3 播放模块引脚说明

引脚号	引脚名称	功 能 描 述	备　　注
1	VCC	模块电源输入	3.3～5V，建议 5V，小于 5.2V
2	RX	UART 串行数据输入	
3	TX	UART 串行数据输出	
6	SPK2	接小扬声器	驱动小于 3W 的扬声器
7	GND	地	电源地
8	SPK1	接小扬声器	驱动小于 3W 的扬声器

3. SD 卡模块

存储用户喜欢的音乐以及回答指令，在 SD 卡存储音频时，需将文件夹命名为 MP3，放置在 SD 卡根目录下，而 MP3 文件命名需要 4 位数字，例如"0001. MP3"，放置在 MP3 文件夹下，音频存储如图 51-7 所示。

名称	#^	标题	参与创作的艺术家	唱片集
🎵 0001	1	Try Everything	Shakira	Try Everything (From "
🎵 0002	2	旅行的意义	陈绮贞	旅行的意义
🎵 0003	3	灵魂尽头	张惠妹	小时代4：灵魂尽头 电影…
🎵 0004	4	陪你度过漫长岁月 (国语)	陈奕迅	陪你度过漫长岁月
🎵 0005	5	绅士	薛之谦	绅士
🎵 0006	6	A Little Inspiration	Jo De La Rosa	Unscripted
🎵 0007	7	好久不见	陈奕迅	认了吧
🎵 0008	8	默	那英	默
🎵 0009	9	Da		
🎵 0010	10	已暂停		
🎵 0011	11	已调到最大音量		
🎵 0012	12	已调到最小音量		
🎵 0013	13	好的，5分钟后停止播放		

图 51-7　音频存储

相关代码见"代码 51-1"。

51.4　产品展示

整体外观如图 51-8 所示。

图 51-8 整体外观

51.5 元器件清单

完成智能语音声控音响元器件清单如表 51-3 所示。

表 51-3 智能语音声控音响元器件清单

模 块	元器件/测试仪表	数 量
主程序模块	Arduino UNO 开发板	1
	9V 电源	1
	中文语音识别模块	1
	杜邦线	若干
MP3 播放模块	DFPlayer Mini 模块	1
	SD 卡（2GB）	1
	扬声器	1
	1kΩ 电阻	1
	导线	若干
	杜邦线	若干

## 第 52 章

植 物 精 灵

52.1　项目背景

智能家居作为一个新兴产业,处于一个导入期与成长期的临界点,市场消费观念还未形成,但随着智能家居市场推广普及的进一步落实,培养起消费者的使用习惯,智能家居市场的消费潜力必然是巨大的,产业前景是光明的。而作为智能家居的一部分,智能花盆的前景也是一片光明。

养花不仅可以陶冶情操,还可以净化室内空气,植物的光合作用可以吸收二氧化碳、释放氧气,而温、湿度和光照更是养花成败的关键。目前,市场上的智能花盆成品大多数仅能实现自动浇水功能,而且形式单一、过于拘泥于固有模式,缺乏灵动性。在这样的背景下,设计一款可自动浇水、自动晒太阳的智能花盆——"植物精灵"。

52.2　创新描述

创新点:打破了传统花盆静止不动的束缚,使植物也可以变得灵动、活泼、有趣。不仅在传统花盆的基础上增添了自动浇水的功能,而且在花盆底座加入智能小车的设计,使得花盆可以根据光的强弱而运动,选择最合适的光照。

52.3　功能及总体设计

本部分包括功能介绍、总体设计和模块介绍。

52.3.1　功能介绍

"植物精灵"能够在光照太强超出一定范围时,自动移动,躲避强光,直至到达光照适宜的地方才停下,而且在运动过程中,能够自动避障,防止撞到其他物体。同时,可以检测土壤的温湿度并输送到显示屏上,还能够在花盆中的土壤湿度低于一定值的时候自动浇水。

52.3.2　总体设计

本部分包括整体框架、系统流程和系统总电路。

1. 整体框架

整体框架如图 52-1 所示。在 Arduino UNO 开发板及其扩展板上分别连接了驱动电机的模块

L298N、光敏电阻、红外避障模块、LCD1602 液晶显示屏、温湿度传感器 DHT11 以及控制水泵开关的继电器。

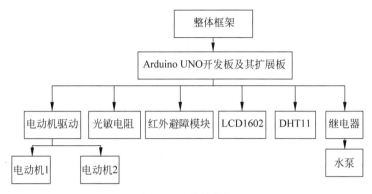

图 52-1　整体框架

2. 系统流程

系统流程如图 52-2 所示。

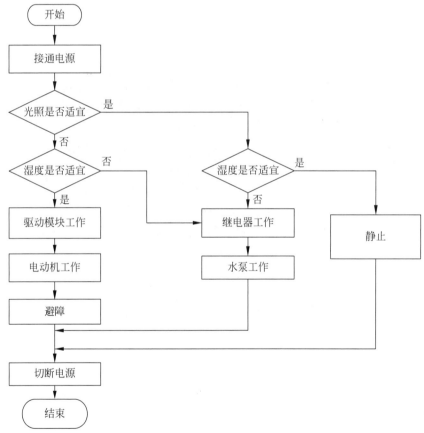

图 52-2　系统流程

3. 系统总电路

系统总电路及 Arduino UNO 开发板引脚如图 52-3 所示。整个系统的核心为 Arduino UNO 开发板。该板的上方是三个红外避障模块，OUT 端口分别连接 8、9、10 引脚，GND 和 VCC 分别连接 GND 及 5V。

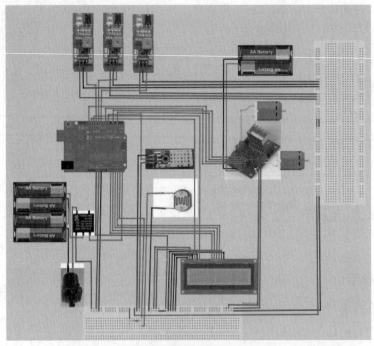

(a) 系统总电路

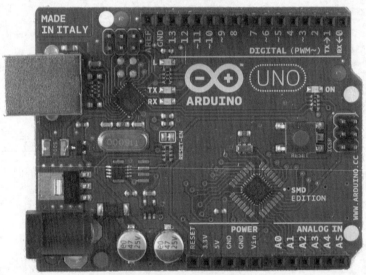

(b) Arduino UNO开发板引脚

图 52-3　系统总电路及 Arduino UNO 开发板引脚

　　图 52-3(a)中最右边的面包板为方便连接用,面包板的左边是两节干电池、两个电动机以及电动机驱动模块 L298N。两电动机分别接在 L298N 的 OUTA、B 和 OUTC、D 引脚,干电池的正负极分别接在 L298N 的 3V 和 GND 端,L298N 的 ENA、ENB 均与 3V 输出端连接,L298N 的 INA、INB、INC、IND 分别接 4、2、13、7 引脚。

　　Arduino UNO 开发板的下方分别是四节干电池、JQC-3FF 继电器和微型水泵,继电器的左上引脚接水泵的正极,下方中间引脚接干电池的正极,下方左边引脚接 5V 输出端,下方右边引脚接 A5 引脚。

水泵的负极与干电池的负极相连。

Arduino UNO 开发板的右方是 DHT11 土壤温湿度检测模块,它的 VCC 和 GND 端分别接 5V 电压输出端和 GND,DATA 端接 6 引脚。

DHT11 下方为光敏电阻,它的两端分别接 A4 引脚和 GND,在 A4 引脚和 5V 之间接 1kΩ 的电阻。光敏电阻的右下方为 LCD1602 液晶显示屏,从左到右共 16 个引脚,其中 1、3、5、16 引脚均接 GND,2、15 引脚接 5V 电压输出端,4、6、11、12、13、14 分别接 12、11、A0、A1、A2、A3 引脚。

52.3.3　模块介绍

本项目包括自动避障模块、感光模块、自动浇水及显示屏显示模块。下面分别给出各模块的功能、元器件、电路图和相关代码。

1. 自动避障模块

自动躲避障碍物,通过 3 个红外避障模块判断前、左、右方是否有障碍物,然后通过电机驱动模块控制电动机的转动,从而控制前进、后退、左转和右转。元器件包括 3 个红外避障模块、L298N 电动机驱动模块、2 个直流减速电动机、2 节干电池及电池盒。避障模块电路如图 52-4 所示。

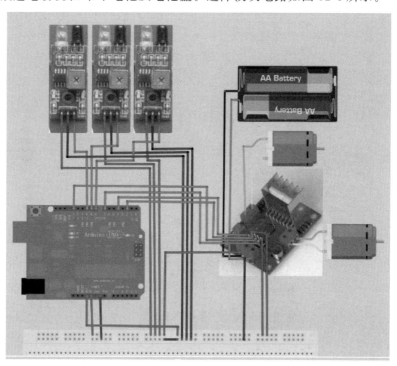

图 52-4　避障模块电路

通过红外避障模块的 DATA 端输出高低电平的变化,判断前、后、左、右方是否有障碍物,然后通过电动机驱动模块控制前进、后退、左转、右转。相关代码见"代码 52-1"。

2. 感光模块

通过光敏电阻采集信息来判断光照是否适宜。元器件包括光敏电阻和 1kΩ 电阻。感光模块电路如图 52-5 所示。

相关代码见"代码 52-2"。

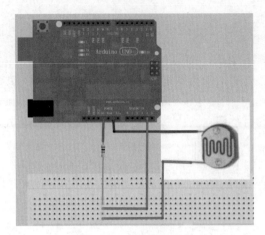

图 52-5　感光模块电路

3. 自动浇水及显示屏显示模块

检测土壤的温湿度并输送到显示屏上显示，判断土壤湿度是否适宜，从而控制水泵是否工作。如果土壤湿度低于设定值，则水泵工作，实现自动浇水功能。元器件包括 DHT11、LCD1602 液晶显示屏、继电器、水泵、4 节干电池及电池盒。自动浇水及显示屏显示模块电路如图 52-6 所示。

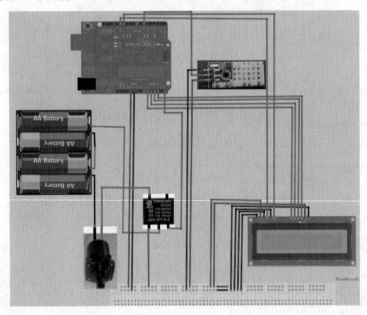

图 52-6　自动浇水及显示屏显示模块电路

相关代码见"代码 52-3"。

52.4　产品展示

整体外观如图 52-7 所示；内部结构如图 52-8 所示。整体分为上、下两层，Arduino UNO 开发板及其扩展板、继电器、电机及电机驱动模块位于下层，蓄水箱、花盆及干电池位于上层，水泵位于蓄水箱内，蓄水箱与花盆由水管连接，水管在花盆端扎孔，便于均匀浇水。温湿度传感器 DHT11 位于花盆内。

图 52-7　整体外观

图 52-8　内部结构

52.5　元器件清单

完成植物精灵元器件清单如表 52-1 所示。

表 52-1　植物精灵元器件清单

模　块	元器件及设备	数　量
自动避障模块	红外避障模块	3
	L298N 电动机驱动模块	1
	直流减速电动机	2
	干电池	2
	电池盒	1
感光模块	光敏电阻	1
	1kΩ 电阻	1
自动浇水及显示屏显示模块	DHT11	1
	LCD1602 液晶显示屏	1
	继电器	1
	干电池	4
	电池盒	1
	水泵	1
	水管	1
连接及焊接部分	杜邦线及导线	若干
	电烙铁	1
	锡线	1
	松香	1
外观	纸箱	1
	包装纸	1
	智能小车底盘	1

颜色识别自动分拣机

53.1　项目背景

本项目通过颜色识别对特定颜色分类物品的自动存储,从而实现劳动力的节约与高效利用。主要功能即输入指定颜色使得机械部分自动移至对应颜色的指定位置。

53.2　创新描述

通过摄像头实时采集视频返回计算机,计算机相应软件处理并返回信息给 Arduino UNO 开发板后根据实物特有的信息进行分类。

通过 OpenCV 的学习,将不断地改进识别的信息,通过灰度和边缘识别也可以识别二维码等。

创新性:随着摄像头精度的提高,判别的区分度也更大,可以通过特征识别更多的东西,而不是拘泥于固定的功能。

53.3　功能及总体设计

本部分包括功能介绍、总体设计和模块介绍。

53.3.1　功能介绍

无线摄像头在扫描到特定的颜色后,会移动到提前设定好的不同位置,来模拟存放特定品类物品的过程。本项目共有蓝、绿、红三种颜色,每种颜色依次放入各自从属的两排定点,以填满后无响应并亮起同颜色的小灯作标记。

53.3.2　总体设计

本部分包括整体框架、系统流程和系统总电路。

1. 整体框架

整体框架如图 53-1 所示。

2. 系统流程

系统流程如图 53-2 所示。当 OpenCV 程序开始执行后,不断地从摄像头获取视频流,并把视频流分为一帧一帧的进行图像处理,然后将图片中的颜色信息存放到.txt文件中,与此同时,串口程序实时地从.txt文件中读取信息并发送到串口中,供 Arduino UNO 开发板进行读取。

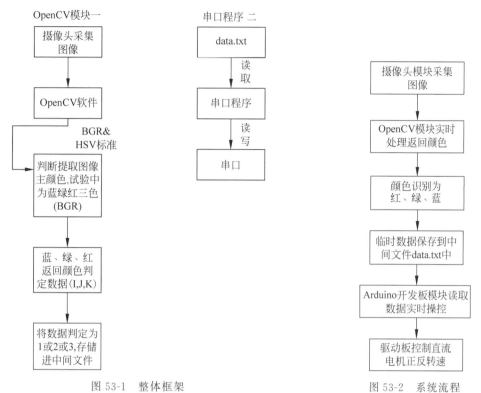

图 53-1　整体框架　　　　　　　　　　图 53-2　系统流程

3. 系统总电路

系统总电路如图 53-3 所示。元器件连线如表 53-1 所示。电机及驱动板连线如表 53-2 所示。

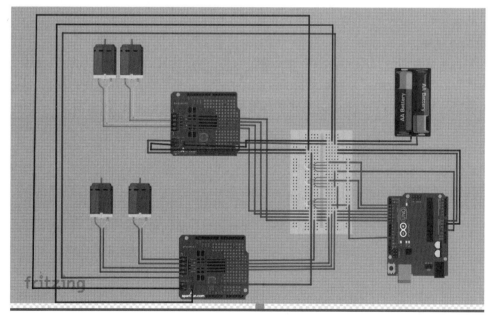

图 53-3　系统总电路

表 53-1　元器件连线

元　器　件	元器件引脚	Arduino UNO 开发板对应引脚
LED	蓝色输出端	2
	绿色输出端	3
	红色输出端	12
L298N 驱动模块 1 和 2	IN1	4
	IN2	5
	IN3	6
	IN4	7
	+5V	VIN
	GND	GND
计算机	USB	RX、TX

表 53-2　电机及驱动板连线

元　器　件	元器件引脚	上一级元器件	上一级元器件引脚
减速电机 1	正极	L298N 驱动板	OUT1
	负极		OUT2
减速电机 2	正极		OUT3
	负极		OUT4

53.3.3　模块介绍

本项目包括视频采集和 Arduino UNO 开发板模块。下面分别给出各模块的功能介绍和相关代码。

1. 视频采集模块

本项目采集的是视频流，Arduino 的摄像头延迟过高，难以实现，所以使用了无线摄像头和完全开源的视频硬件 WisCam。WisCam 能和 Arduino UNO 开发板完全对接 WiFi 视频模块，通过颜色识别模块，由 OpenCV 软件实现，识别颜色并返回实时数据到串口。

相关代码见"代码 53-1"。

2. Arduino UNO 开发板模块

根据串口传输后处理的颜色信息，将物体放到相应的区域内并记录物体的位置，从而实现特定种类物品存放的功能。

相关代码见"代码 53-2"。

53.4　产品展示

整体外观如图 53-4 所示，内部结构如图 53-5 所示。

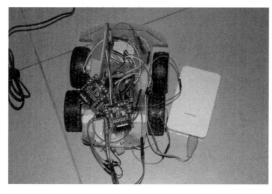

图 53-4 整体外观　　　　　　　　　　　　图 53-5 内部结构

53.5 元器件清单

完成颜色识别自动分拣机元器件清单如表 53-3 所示。

表 53-3 颜色识别自动分拣机元器件清单

模　　块	元器件/测试仪表	数　　量
主题模块	导线	若干
	杜邦线	若干
	拓展板	5
	LED	3
	Arduino 拓展板	1
	Arduino UNO 开发板	1
	面包板	1
辅助模块	USB 电源线	若干
	充电宝	1
	导线	若干
驱动模块	杜邦线	若干
	L298N 驱动板	2
	USB 供电	1
	减速电机	4
	亚克力板	1
外观部分	螺钉	若干
	车轮	4

## 第 54 章

综合监测装置

54.1 项目背景

随着国际物联网业的快速发展,大量的信息技术被采用,并且信息技术提高了监控系统的准确性和实时性。物联网可以提高经济发展,大大降低成本,将广泛应用于智能交通、环境保护、公共安全的领域。本项目的最初灵感来源于各种工厂仓库,实时监测里面的环境情况和安全情况的设备,把各种功能综合起来,得到更加全面的监测装置。

54.2 创新描述

本项目作为新一代信息技术的具体应用,通过将多种检测传感器综合利用,为工厂仓库提供定制化的监控需求,并在实时监控中,完成各种功能。

创新点:可以综合监测各项数据并且能够调控,遇到紧急情况还有相应的应急措施。

54.3 功能及总体设计

本部分包括功能介绍、总体设计和模块介绍。

54.3.1 功能介绍

本项目通过各种传感器,接收到室内的光强、温度湿度、红外感应等信息,并在某项数值超过阈值时做出反应,把监测的数据和报警日志记录在计算机上。为智能监控和安防工程提供基础的开发应用。

54.3.2 总体设计

本部分包括整体框架、系统流程和系统总电路。

1. 整体框架

整体框架如图 54-1 所示。

2. 系统流程

系统流程如图 54-2 所示。

3. 系统总电路

系统总电路如图 54-3 所示。由于有些元器件 Fritzing 库中没有,所以用实物连接。

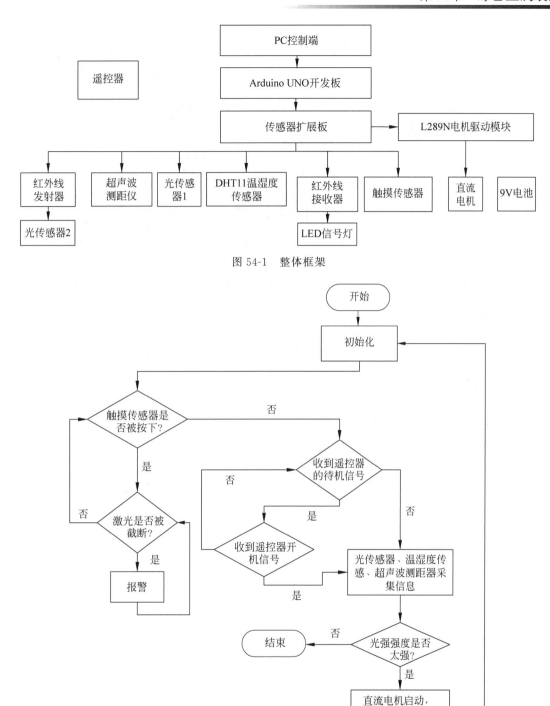

图 54-1 整体框架

图 54-2 系统流程

Arduino UNO 开发板与各元器件的连线如下：

红外接收器：11 引脚；红外发射器：2 引脚；超声波 TRIG：3 引脚；超声波 ECHO：4 引脚；触摸传感器：7 引脚；电机驱动模块：按照顺序接 5、6、9、10 引脚；光传感器 1：A1；温湿度传感器：12 引脚；光传感器 2：A5；压力传感器：7 引脚；LED：13 引脚。所有的元件电源接 VCC、GND 接地。

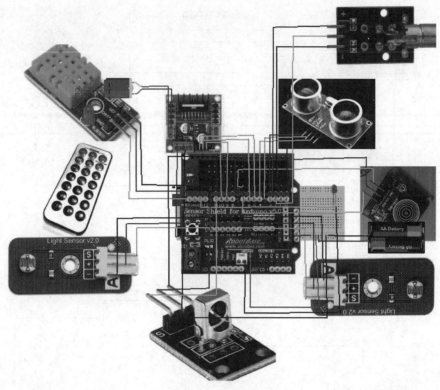

图 54-3　系统总电路

54.3.3　模块介绍

本项目主要包括三个模块：传感器模块、红外遥控模块和电机模块。下面分别介绍各模块的功能及相关代码。

1. 传感器模块

本部分主要是各种传感器的数据采集温湿度传感器和红外驱动报警等功能。

相关代码见"代码 54-1"。

2. 红外遥控模块

红外传感器使用红外发射传感器和红外接收传感器组成　个红外线遥控系统。信号的调制与解调红外遥控信号是一连串的二进制脉冲码。因此，需要将收到的信息进行解析，完成控制的功能。

相关代码见"代码 54-2"。

3. 电机模块

通过电机驱动模块，控制使用 in1、in2、in3、in4，通过高低电平控制，就可能控制电机的正反转，完成相关的功能。

相关代码见"代码 54-3"。

54.4　产品展示

整体外观如图 54-4 所示；内部结构如图 54-5 所示。

图 54-4　整体外观

图 54-5　内部结构

54.5　元器件清单

完成综合监测装置元器件清单如表 54-1 所示。

表 54-1　综合监测装置元器件清单

元器件/测试仪表	数　量	元器件/测试仪表	数　量
导线	若干	9V 电池	1
杜邦线	若干	DHT11 温湿度模块	1
光传感器	2	压力传感器	1
红外线发射器	1	面包板	1
红外线接收器	1	LED 发光二极管	若干
Arduino UNO 开发板	1	超声波传感器	1
遥控器	1	直流电机	1

第 55 章

CHAPTER 55

摇摇棒投票器

55.1 项目背景

炫彩摇摇棒是目前非常有应用前景的娱乐设备,具有很大的发展空间,不但实现了炫彩的功能,还可以添加许多现实的功能,例如,在当今诸多的电视选秀节目中,都有着大众评审投票环节,而大众评审基本是拿着会发光的灯棒或灯牌给自己喜欢的选手加油助威。本项目开发一款基于 Arduino UNO 开发板的 WiFi 摇摇棒投票器。

55.2 创新描述

用户通过摇动摇摇棒来给选手投票,再通过摇摇棒上的按钮来切换投票选手,并且摇动摇摇棒即可显示所投选手的姓名。投票结果会上传,并统计在网页平台上。非常适用于某些选秀节目的观众投票环节,既可以用摇摇棒来投票,也可以用来加油。

55.3 功能及总体设计

本部分包括功能介绍、总体设计和模块介绍。

55.3.1 功能介绍

WiFi 摇摇棒投票器只需用户通过摇动摇摇棒来给选手投票,按一下摇摇棒上的按钮,则颜色改变一次,并且切换一个投票对象,摇摇棒中的 LED 共显示三种颜色,可实现在三个投票对象之间互相切换。摇动摇摇棒的次数≥10 次即为给当前投票对象投出一票,并且摇动摇摇棒的同时可显示所投选手的姓名。投票对象的姓名(3 个)由网页端输入,投票结果会上传,并统计在网页平台上,所有人都可以登录网页平台,查看投票结果。

55.3.2 总体设计

本部分包括整体框架、系统流程和系统总电路。

1. 整体框架

整体框架如图 55-1 所示。

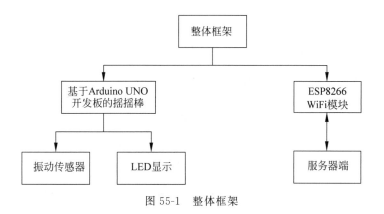

图 55-1 整体框架

2. 系统流程

系统流程如图 55-2 所示。

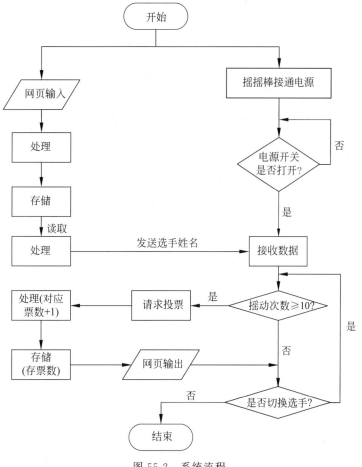

图 55-2 系统流程

3. 系统总电路

系统总电路及引脚如图 55-3 所示。

如图 55-3(a)所示，WiFi 模块的 2、3、4、3V3、GND 引脚分别连接摇摇棒的 PB1、PB0、PB2、VCC、GND 引脚。WiFi 模块的右端用数据线连接电源即可。

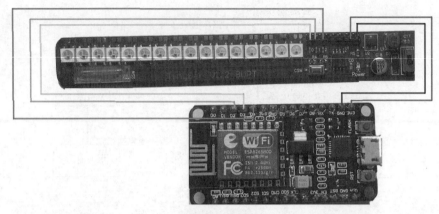

(a) 系统总电路

(b) WiFi模块引脚

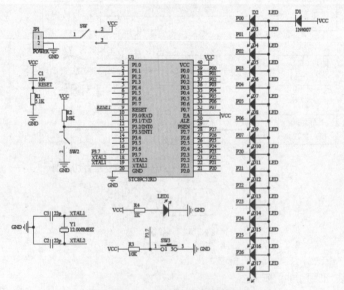

(c) 基于Arduino UNO开发板的摇摇棒硬件连线

图 55-3　系统总电路及引脚

(d) 基于Arduino UNO开发板的摇摇棒硬件外观

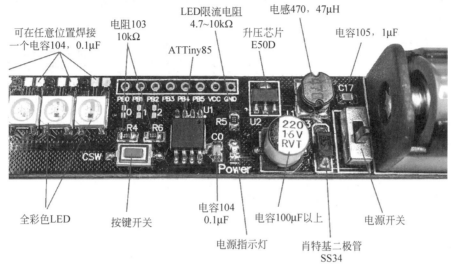

(e) 基于Arduino UNO开发板的摇摇棒元器件实物

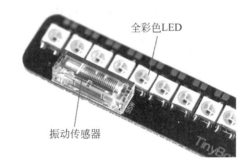

(f) 基于Arduino UNO开发板的摇摇棒两种主要元器件

图 55-3 （续）

3V3 → VCC,实现给摇摇棒供电;

GND → GND,接地;

D2 → PB1,控制灯亮;

D3 → PB0,控制振动开关;

D4 → PB2,控制按键开关。

55.3.3 模块介绍

本项目主要包括服务器端搭建模块和摇摇棒模块。配置 Apache 服务器,开启本机 HTTP 服务,在本机写好请求响应的程序,输入名字,服务器端获得一段相应的字符串,截取字符串,获得名字分别对应的字符串,发送到摇摇棒中,与摇摇棒中的字库对应的字则显示在摇摇棒上。

1. 服务器端搭建模块

在 Mac 下搭建 Apache 服务器端：启动 Apache，在终端输入 sudo apachectl start。Mac 自带的 Apache 进行启动，在浏览器输入"http://localhost"，会显示"It works!"，说明服务器端已经启动成功。Apache 默认的根目录在"/Library/WebServer/Documents/"下。

配置服务器端，在 Finder 中创建一个"Sites"的文件夹，直接创建在/Users/Wan（当前用户名）目录下，如图 55-4 所示，主要步骤如下：

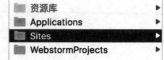

（1）切换工作目录下：cd /etc/apache2。

（2）备份文件，只需要执行一次：sudo cp httpd.conf httpd.conf.bak。

（3）如果操作出现错误，可以使用命令，恢复备份的 httpd.conf 文件：sudo cp httpd.conf.bak httpd.conf。

图 55-4　配置服务器端

（4）用 vim 编辑 httpd.conf 文件，Apache 的配置文件为：sudo vim httpd.conf。这时候需要输入密码来获取权限，如图 55-5 所示。

```
E325: ATTENTION
Found a swap file by the name ".httpd.conf.swp"
          owned by: root    dated: Mon Sep  5 10:43:51 2016
          file name: /private/etc/apache2/httpd.conf
          modified: YES
          user name: root    host name: bogon
          process ID: 2093
While opening file "httpd.conf"
          dated: Mon Sep  5 13:28:46 2016
       NEWER than swap file!

(1) Another program may be editing the same file.
    If this is the case, be careful not to end up with two
    different instances of the same file when making changes.
    Quit, or continue with caution.

(2) An edit session for this file crashed.
    If this is the case, use ":recover" or "vim -r httpd.conf"
    to recover the changes (see ":help recovery").
    If you did this already, delete the swap file ".httpd.conf.swp"
    to avoid this message.

Swap file ".httpd.conf.swp" already exists!
-- More --
```

图 55-5　配置界面 1

回车进入界面如图 55-6 所示。

```
#
# This is the main Apache HTTP server configuration file.  It contains the
# configuration directives that give the server its instructions.
# See <URL:http://httpd.apache.org/docs/2.4/> for detailed information.
# In particular, see
# <URL:http://httpd.apache.org/docs/2.4/mod/directives.html>
# for a discussion of each configuration directive.
#
# Do NOT simply read the instructions in here without understanding
# what they do.  They're here only as hints or reminders.  If you are unsure
# consult the online docs. You have been warned.
#
# Configuration and logfile names: If the filenames you specify for many
# of the server's control files begin with "/" (or "drive:/" for Win32), the
# server will use that explicit path.  If the filenames do *not* begin
# with "/", the value of ServerRoot is prepended -- so "logs/access_log"
# with ServerRoot set to "/usr/local/apache2" will be interpreted by the
# server as "/usr/local/apache2/logs/access_log", whereas "/logs/access_log"
# will be interpreted as '/logs/access_log'.

#
# ServerRoot: The top of the directory tree under which the server's
# configuration, error, and log files are kept.
"httpd.conf" [readonly] 541L, 20763C
```

图 55-6　配置界面 2

（5）按住 Shift 键，并且输入"："号进入 vim 命令模式，搜索/DocumentRoot，找到图中对应位置将圈内路径改为之前创建的 Sites 文件夹的路径，如图 55-7 所示。

```
#
# DocumentRoot: The directory out of which you will serve your
# documents. By default, all requests are taken from this directory, but
# symbolic links and aliases may be used to point to other locations.
#
DocumentRoot "/Users/wan/Sites"
<Directory "/Users/wan/Sites">
    #
    # Possible values for the Options directive are "None", "All",
    # or any combination of:
    #    Indexes Includes FollowSymLinks SymLinksifOwnerMatch ExecCGI MultiViews
    #
    # Note that "MultiViews" must be named *explicitly* --- "Options All"
search hit BOTTOM, continuing at TOP
```

图 55-7 配置界面 3

（6）找到 Options FollowSymLinks：修改为 Options Indexes FollowSymLinks，在两个单词间添加一个 Indexes 单词。

（7）查找 php，定位到图中位置，如图 55-8 所示。

```
#LoadModule speling_module libexec/apache2/mod_speling.so
#LoadModule userdir_module libexec/apache2/mod_userdir.so
LoadModule alias_module libexec/apache2/mod_alias.so
#LoadModule rewrite_module libexec/apache2/mod_rewrite.so
LoadModule php5_module libexec/apache2/libphp5.so
LoadModule hfs_apple_module libexec/apache2/mod_hfs_apple.so

<IfModule unixd_module>
```

图 55-8 配置界面 4

（8）将这句代码前面的 # 去掉，最后保存并退出。

（9）切换工作目录：cd /etc。

（10）复制 php.ini 文件：sudo cp php.ini.default php.ini。

重新启动 Apache 服务器端，在终端输入：sudo apachectl -k restart，如果在浏览器地址输入"http://127.0.0.1/"，就会将 Sites 文件夹中的目录列出来，同一工作组里的计算机可以通过 IP 地址来访问本计算机上的文件，如图 55-9 所示。

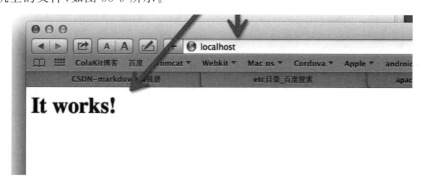

图 55-9 配置界面 5

（11）服务器端投票平台界面的搭建如图 55-10 所示。

（12）服务器端投票平台的搭建结果如图 55-11 所示。

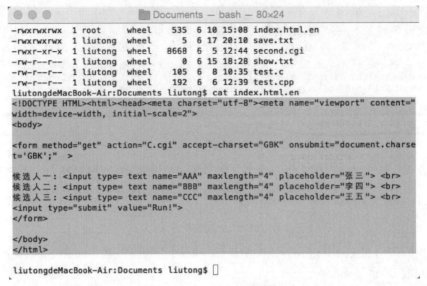

图 55-10　配置界面 6

候选人一：刘通
候选人二：王兆圆
候选人三：黄恺
Run!

图 55-11　配置界面 7

相关代码见"代码 55-1"。

2. 摇摇棒模块

主要包括灯珠焊接和 USB 引脚焊接，如图 55-12 和图 55-13 所示。

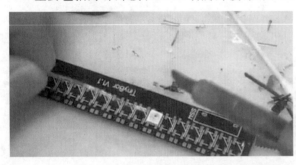

图 55-12　灯珠焊接

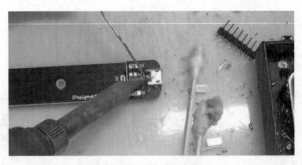

图 55-13　USB 引脚焊接

相关代码见"代码 55-2"。

55.4　产品展示

整体外观如图 55-14 所示；摇动效果如图 55-15 所示；后台服务器端投票平台界面如图 55-16 所示；投票结果显示界面如图 55-17 所示。

图 55-14 整体外观

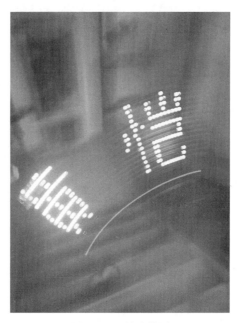

图 55-15 摇动效果

	localhost

候选人一: 刘通
候选人二: 王兆圆
候选人三: 黄恺
Run!

图 55-16 服务器端投票平台界面

	localhost

0 0 0

图 55-17 投票结果显示界面

55.5 元器件清单

完成 WiFi 摇摇棒元器件清单如表 55-1 所示。

表 55-1　WiFi 摇摇棒元器件清单

名　　　称	数量	引　　　脚	备　　　注
SK6812 灯珠	16	1、2、3、4、5、6、7、8、9、10、11、12、13、14、15、16	注意灯珠的焊接方向，左下角的小三角形与 PCB 上的三角形对齐。另外，焊接的温度控制在 220～240℃。在不知道温度的情况下，(普通烙铁)一次靠近的时间不要超过 3s
AA 电池盒	1	BAT	
2012[0805]贴片电容	18	C0、C1、C2、C3、C4、C5、C6、C7、C8、C9、C10、C11、C12、C13、C14、C15、C16、C17	灯珠旁边的 16 个电容不需要焊接
贴片电解电容	1	C18	注意焊接方向
1206 封装稳压二极管	2	D1、D2	深色一端为负极，对应 Ardunio UNO 开发板上 1、2 引脚白线加粗的一端
SS34 肖特基二极管	1	D3	正确的焊接方向是画竖线的一端对应开发板上有缺角的一端
CD54 电感	1	L1	
0805 贴片 LED	1	POWER	后面 T 字形的"横"部分为正极，开发板上画竖线的一端为负极
0805 贴片电阻	2	R1、R2 68R	标有 680
	2	R3、R5 1kΩ	标有 102
	2	R4、R6 10kΩ	标有 103
拨动开关(3 引脚)	1	SW	
贴片轻触开关(2 引脚)	1	CSW	
振动开关(2 引脚)	1	SSW	
ATtiny85-20SU 芯片	1	U1	单片机上的点和开发板上的点方向对应
BL8530-501SM 升压芯片	1	U2	
Micro USB 插座	1	USB_Micro	
ESP8266 node mcu	1		
杜邦线	若干		

注：Arduino UNO 开发板上标着 0、1、2 的三个引脚不需要焊接。

第 56 章

CHAPTER 56

魔幻音乐盒

56.1 项目背景

本项目在超声波与音乐结合的基础上,保留"弹奏音乐"的功能,开发出更多与音乐有关的有趣模块,制作一款魔幻音乐盒。

56.2 创新描述

音乐盒除了要手动打开之外,其余所有的功能选项均由手机通过蓝牙模块来控制,并且用按键代替直接输入指令,交互性很强。除了可以自我弹奏音乐之外,还编写了一些歌曲可以直接播放,在播放音乐的同时配有炫目的灯光,做到"魔幻"效果。整个音乐盒采用直流电池供电,包装精巧,携带方便,可提供随时随地的娱乐。

56.3 功能及总体设计

本部分包括功能介绍、总体设计和模块介绍。

56.3.1 功能介绍

音乐盒的主体功能共分为"弹奏音乐"和"播放音乐"两种模式。在"弹奏音乐"模式下,手在超声波传感器上进行移动,扬声器发出不同的音调,同时 LED 灯带出现不同颜色的灯光;在"播放音乐"模式下,可自主选择播放歌曲和想要的灯光模式效果。

56.3.2 总体设计

本部分包括整体框架、系统流程和系统总电路。

1. 整体框架

整体框架如图 56-1 所示。

图 56-1 整体框架

整体由五个模块组成。其中,供电模块用来给 Arduino UNO 开发板供电,电压为 DC 6V;扬声器模块用来输出声音;LED 灯带模块用来显示灯光;蓝牙模块使 Arduino UNO 开发板与手机相连,进行发送指令控制 Arduino UNO 开发板。电源由电池盒、船型开关、电池和导线组成。为了能够用上开关,剪掉电池盒自带的黑线并串联船型开关。电池盒的 5mm 插头用来插在 Arduino UNO 开发板上,给 Arduino UNO 开发板供 6V 的直流电源。

2. 系统流程

系统流程如图 56-2 所示。

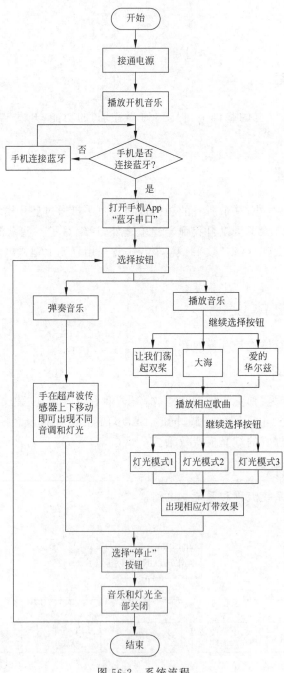

图 56-2 系统流程

在开机之后,会有 2～3s 的开机音乐。打开手机,连上蓝牙之后,共有两大模式可供选择。一是"弹奏音乐"模式,按下"弹奏音乐"按钮,将手放在超声波传感器上进行上下移动,共发出 Do、Re、Mi、Fa、So、La、Si 的不同音,同时对应每一个音调,LED 灯带出现红、橙、黄、绿、青、蓝、紫 7 种不同的颜色。再次按下按钮,可关闭该模式。二是按下"播放音乐"模式,再选择 3 个按钮:"让我们荡起双桨""大海""爱的华尔兹",即可播放相应歌曲。在播放歌曲的同时,可再选择 3 个按钮:"灯光模式 1""灯光模式 2"和"灯光模式 3",即可让 LED 灯带出现 3 种不同的灯光效果。当音乐停止时,灯光自动关闭,并且在播放音乐的同时,无论"按下歌曲"按钮还是"播放音乐"按钮,都可以让音乐和灯光停止。

3. 系统总电路

系统总电路如图 56-3 所示。

在 Arduino UNO 开发板中,共使用了 8 个引脚,分别为 5V、GND、2、3、6、9、10 和 11 引脚。其中,5V 用来给超声波传感器、蓝牙和 LED 灯带提供电源;GND 用来给超声波传感器、蓝牙、LED 灯带和扬声器做地端;2 引脚接超声波传感器的 TRIG 端,用来输入触发控制信号;3 引脚接超声波传感器的 ECHO 端,用来输出回响信号;6 引脚接 LED 灯带的数据传输口,用此口对灯带进行编程;9 引脚接扬声器的正极,用来控制输出不同频率的音调;10 引脚被定义为 R 端;11 引脚被定义为 T 端,分别与蓝牙的 T 端和 R 端相连,实现蓝牙通信。

4. 手机 App 按钮控制

手机 App 界面如图 56-4 所示。

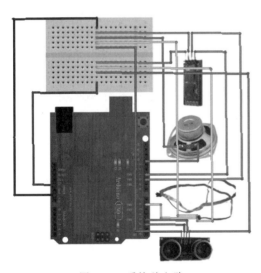

图 56-3 系统总电路

图 56-4 手机 App 界面

App 来自"蓝牙串口"的软件。该软件下有空白开关可供编辑。在连接蓝牙之后,可以通过按钮来控制 Arduino UNO 开发板。其原理为按下某一个按钮,手机向蓝牙发送一个字符,蓝牙将该字符发送给 Arduino UNO 开发板,Arduino UNO 开发板根据预先设定的程序发出相应指令。弹起某个按钮时的情况也是如此,在这里弹起按钮时对 Arduino UNO 开发板所做的指令为停止声音或关闭灯光。按钮第 1 列为主体模式选择,第 2 列是在选中"播放音乐"时才可选择的歌曲,第 3 列是在选中某首歌曲的情况下才可选择的灯光模式。

56.3.3　模块介绍

本项目主要包括超声波传感器模块、扬声器模块、LED 灯带模块和蓝牙模块。下面分别给出各模块的功能和相关代码。

1. 超声波传感器模块

超声波测距原理：发射器向某一方向发射超声波，在发射的同时开始计时，超声波在空气中传播，途中碰到障碍物就立即返回，超声波接收器收到反射波后立即停止计时。在空气中的传播速度为 340m/s，根据计时器记录的时间 t，就可以计算出发射点距障碍物的距离 s，即 $s=340\mathrm{m/s}\times t/2$，这就是所谓的时间差测距法。

使用 Arduino UNO 开发板采用数字引脚给超声波传感器的 TRIG 引脚至少 $10\mu\mathrm{s}$ 的高电平信号，触发 SR04 模块测距功能。触发后，模块会自动发送 8 个 40kHz 的超声波脉冲，并自动检测是否有信号返回。这一步会由模块内部自动完成。如有信号返回，ECHO 引脚会输出高电平，高电平持续的时间就是超声波从发射到返回的时间。此时，使用函数 pulseIn() 获取到测距的结果，并计算出与被测物的实际距离。

相关代码见"代码 56-1"。

在 Arduino UNO 开发板上传该代码后，打开串口监视器，用手在超声波传感器上进行上下移动，即可看到串口监视器上出现的数字，该数字即为超声波传感器所测的距离。

2. 扬声器模块

扬声器播放音乐原理：一首音乐由若干音符组成，每个音符对应一个频率。如果知道音符相对应的频率，再让 Arduino UNO 开发板按照这个频率输出到蜂鸣器或扬声器就会发出相应频率下的声音。

程序中需要定义一些全局变量，即各种音调所对应的频率。将一首歌曲的所有音调编成一个数组，并配有一个声音停顿的数组，调用函数 tone(pin, frequency, duration) 使扬声器发出声音。

相关代码见"代码 56-2"。

在 Arduino UNO 开发板上传该代码后，扬声器开始播放《祝你生日快乐》这首歌曲，并在 5s 后重复播放。播放歌曲的代码大致如此，而播放单音的代码则相对简单。

3. LED 灯带模块

LED 灯带主要靠中间的数据线对其进行编程。本项目需要调用彩色 LED 库文件，然后利用 RGB 三原色原理对多种颜色进行编码，在程序中主要用到红、橙、黄、绿、青、蓝、紫、白、黑 9 种颜色。然后对 30 个 LED 分别进行颜色赋值，其中主要用到了 strip.setPixelColor(num, color) 和 strip.show() 函数。

相关代码见"代码 56-3"。

在 Arduino UNO 开发板上传该代码后，可以看到 30 个 LED 出现了混合灯光，即红、橙、黄、绿、青、蓝、紫 7 色光依次从第 1 个 LED 到第 7 个 LED 出现，并在剩余 LED 中循环出现。

4. 蓝牙模块

在程序中，重新定义 Arduino UNO 开发板输入/输出端，而蓝牙的 R 端和 T 端需要分别连接 T 端和 R 端。当手机与蓝牙相连时，手机向蓝牙发送一个字符，蓝牙将字符发送给 Arduino UNO 开发板，Arduino UNO 开发板根据写入的代码进行相应的操作。

相关代码见"代码 56-4"。

在 Arduino UNO 开发板上传该代码后，通过面包板连接一个 LED，在手机连接蓝牙后，输入字符 1 时 LED 点亮；输入字符 2 时 LED 熄灭。同时打开串口监视器，可以看到手机发送的所有字符，实现了通过手机发送字符来控制 Arduino UNO 开发板的功能。

以上代码对各模块进行了单独设计和测试,而最后需要将各模块综合在一起构成魔幻音乐盒。首先,让手机连接蓝牙,然后通过输入两个不同字符来选择不同模式。在"弹奏音乐"模式下,需要用到超声波传感器模块、扬声器模块和 LED 灯带模块,用一个变量存储手到超声波传感器的距离,使用 if 语句,让不同 7 个区间的距离从小到大,分别对应扬声器输出 Do、Re、Mi、Fa、So、La、Si 音符和 LED 灯带显示红、橙、黄、绿、青、蓝、紫 7 种颜色。在"播放音乐"模式下,需要编写 3 首歌曲的曲谱代码和 3 种 LED 灯光模式的代码,用手机输入不同字符来选择不同歌曲和不同灯光。灯光需要嵌套在音乐播放的循环中,才能让其随音乐播放而进行开和关。

56.4 产品展示

整体外观如图 56-5 所示。音乐盒内部为 Arduino UNO 开发板,其上有一块小面包板,用来辅助线路连接,而尾部粘有蓝牙模块。上述部件已用黑胶带封装完毕。从外部可看到前面是一个扬声器,音乐盒上部是超声波传感器模块,尾部是开关和电源插头,底部放有 4 节电池,外部主体由 LED 灯带缠绕。

(a)　　　　　　(b)

图 56-5　整体外观

在开机并连接蓝牙之后,选择"弹奏音乐",用手在超声波传感器上进行上下移动,可看到出现 7 种不同颜色的灯光,弹奏音乐效果如图 56-6 所示。

而在选择"播放音乐"的同时选择灯光,灯光随着音乐节奏变化,十分炫酷。灯光模式 1 和 3 均为单色光变化,照片不能很好地展示,这里只展示了灯光模式 2 的效果,如图 56-7 所示。该灯光为复色光,同样会随音乐的节奏而变化。

图 56-6　弹奏音乐效果

图 56-7　播放音乐效果

56.5 元器件清单

完成魔幻音乐盒元器件清单如表 56-1 所示。

表 56-1 魔幻音乐盒元器件清单

模 块	元 器 件	型 号	数 量
Arduino UNO 开发板	Arduino UNO 开发板	Arduino UNO R3 开发板	1 个
	USB 线	无	1 个
	面包板	SYB-170	1 个
供电模块	电池盒	5.5mm 标准插头	1 个
	船型开关	无	1 个
	南孚电池	无	4 个
	导线	无	20 根
超声波传感器模块	超声波传感器	US-100	1 个
	杜邦线	无	10 根
扬声器模块	扬声器	无	1 个
	导线	无	20 根
LED 灯带模块	LED 灯带	WS2812B	1 个
	杜邦线	无	30 根
蓝牙模块	蓝牙	HC-05	1 个
	杜邦线	无	40 根

第57章 四旋翼图传自研飞控无人机

57.1 项目背景

进入 21 世纪之后,随着科学技术的不断发展,以及微机电、微导航技术的出现,迎来了四旋翼发展的新时代,各国都开设有相关的研究机构来对四旋翼飞行器展开研究。四旋翼拥有控制灵活、体积小、质量轻、稳定性好、可垂直起降和定点悬停等特点,不论是在军事还是民用上都拥有非常广阔的应用前景。

57.2 创新描述

创新点:飞控自主研发,不同于市面上普遍存在的各种飞行控制器,基于 Arduino UNO 开发板自主研发,代码难度很大,还涉及复杂烦琐的参数调整。图像实时传输,比起单纯用来玩耍的遥控飞机,增加了拍照录像等更加实用的功能,可以进一步设计一些图像处理,例如循迹自主飞行、开发图像接收界面等扩展功能。

57.3 功能及总体设计

本部分包括功能介绍、总体设计和模块介绍。

57.3.1 功能介绍

手机端蓝牙连接,输入指令控制飞行器实现平稳起飞、转向、降落等操作;计算机端通过视频信号处理,界面通过上位机连接到飞行器发射来的 WiFi 信号,实时显示飞行器摄像头捕捉到的画面。要实现上述功能需要将项目分为四个模块进行设计:飞控(飞控基于 Arduino UNO 开发板)核心算法、调测蓝牙模块、视频信号转 WiFi 发射和 WiFi 信号接收处理。飞控包括实现平稳飞行的 PID 闭环控制算法、实现陀螺仪数据采集的卡尔曼滤波算法、控制 4 个螺旋桨转速改变实现飞行姿态控制的算法,调测蓝牙模块实现蓝牙指令传输与接收,WiFi 信号接收处理,包括计算机界面的设计。

57.3.2 总体设计

本部分包括整体框架、系统流程和系统总电路。

1. 整体框架

整体框架如图 57-1 所示。

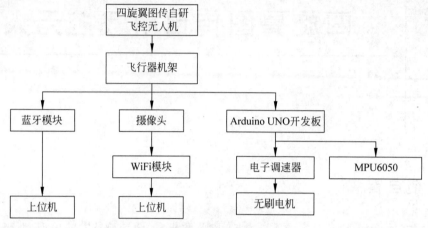

图 57-1　整体框架

2. 系统流程

系统流程如图 57-2 所示。

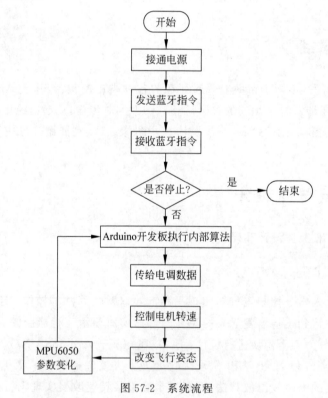

图 57-2　系统流程

3. 系统总电路

系统总电路如图 57-3 所示。

（1）4 个电调的数据线分别接 6、9、10、11 引脚。

（2）蓝牙：TX 接 RX，RX 接 TX，VCC 接 5V，GND 接 GND。

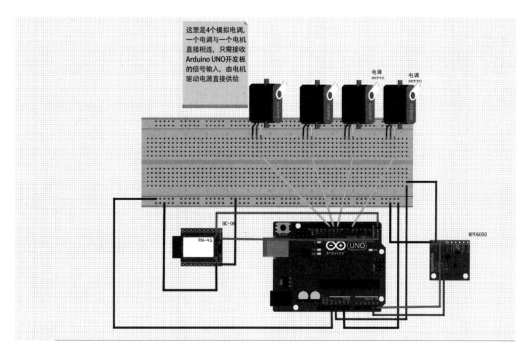

图 57-3 飞控电路

（3）MPU6050：VCC 接 3.3V，GND 接 GND，SCL 接 A5，SDA 接 A4。

注意：陀螺仪加速度使用 MPU6050-6DOF 模块，蓝牙为 HC-06。电调预留与单片机连接有 3 根线，这里只需要使用中间黄色的信号线，两边红黑是电调给单片机供电的线，Arduino UNO 开发板在外部单独供电，所以不需要电调提供电源。

如图 57-3 所示，因为没有电调元器件，图中用舵机代替，蓝牙模块的型号是 HC-06，陀螺仪-加速度计模块的型号是 MPU6050，Arduino 开发板采用直流外部供电，电源由 11.1V 的航模电池提供（由 3 块锂电池串联而成 3.7V×3＝11.1V），将陀螺仪模块安装到飞行器时务必放正，且应放在飞机的中心位置。

57.3.3 模块介绍

本部分包括飞控模块和 WiFi 图传模块。下面分别给出各模块的功能和相关代码。

1. 飞控模块

飞控部分主要包括三个子模块：PID、卡尔曼滤波和姿态控制。

相关代码见"代码 57-1"。

2. WiFi 图传模块

该模块内部已经完成视频编码，并且在模块本地开启了传输服务，只要上位机连接模块上自带的 WiFi 信号，与模块在同一局域网内，便可以实现通信，不用考虑视频解码、数据接收等复杂问题，需要的工作是修改已有的上位机源代码，得到符合需求的计算机图传界面，如图 57-4 所示。

1）修改介绍

网购的上位机是用 C♯语言编写的 Windows 窗体构成的，其中功能多而杂，基本是一个功能框架，不需要对 C♯语言有太多的了解，现只需要调用其中的视频播放界面、解码以及拍照录像的功能函数，

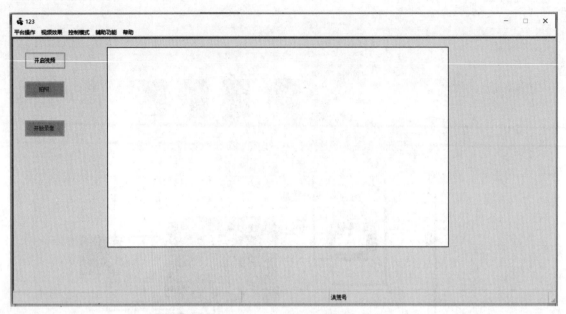

图 57-4　计算机图传界面

再用控件画出交互界面即可，具体源代码过长，可以找卖家索取，或者有能力者可以自行编写上位机。自行编写需要注意的是，服务请求 IP 为 192.168.1.1，端口为 2001。

2）操作介绍

编译运行上位机程序，将得到的 .exe 文件发送快捷方式到桌面，以便下次直接开启。如图 57-4 所示，单击"开启视频"按钮，可以看到实时图传信号；单击"拍照"按钮截取图片并自动保存到指定文件夹；单击"开始录像"按钮开始工作，保存到指定文件夹。

57.4　产品展示

整体外观如图 57-5 所示；内部结构如图 57-6 所示。

图 57-5　整体外观

图 57-6　内部结构

57.5　元器件清单

完成四旋翼图传自研飞控无人机元器件清单如表 57-1 所示。

表 57-1　四旋翼图传自研飞控无人机元器件清单

模　块	元器件/测试仪表	数　量
飞行控制模块	导线	若干
	杜邦线	若干
	小型面包板	1 个
	MPU6050	1 个
	电子调速器	4 个
	Arduino UNO 开发板	1 个
	蓝牙模块	1 个
	2200mA·h 3S 30C 格式电池	1 个
实时图传模块	导线	若干
	USB 高清摄像头	1 个
	Ar9331WiFi 模块	1 个
	手机充电线	1 个
机身	F450 升级版机架	1 个
	APM2.5 减震板	1 个
	新西达 2212 930k 无刷电机	4 个
	电量显示/报警器	1 个
	航模电池专用充电器	1 个
	ATG1047 正反桨	8 个
	热缩管	1 条
	10mL 螺丝胶	1 条
	魔术贴	1 条
	尼龙扎带	20 个
	单色 LED 灯带	4 个
	螺旋桨保护圈	4 个
	3M 双面胶	20 条
	黑色电工胶带	1 条
	香蕉头	若干

## 第 58 章

打地鼠闯关游戏

58.1　项目背景

　　生活中,人们常常通过游戏来放松自己,而适当的游戏能提高玩家的分析能力、应变能力和沟通合作能力,同时还能一定程度上提高记忆力,对抗大脑衰老。所以决定做一款基于 Arduino 的打地鼠闯关游戏,自己制定游戏规则,感受制作游戏和玩游戏两者不同的乐趣。

58.2　创新描述

　　本项目用 4 种不同颜色的 LED 代表 4 个"鼠洞"。对比以往的打地鼠游戏,增加打地鼠判别机制,当"打到地鼠"时蜂鸣器鸣叫一次,以示庆祝;当"未打到地鼠"时,判别错误显示灯被点亮一次。游戏还设置两个关卡,关卡往后地鼠冒出的停留时间越来越短,游戏难度加大,更具挑战性。

58.3　功能及总体设计

　　本部分包括功能介绍、总体设计和模块介绍。

58.3.1　功能介绍

　　游戏开始时,12864LED 显示屏会提醒游戏即将开始,并显示关卡数。第一关每 1.5s 生成一个随机数,使得其中一个 LED 点亮,在下次随机数生成之前判断相应的按键是否按下。若按下,则蜂鸣器鸣叫 0.3s;若没按下,则错误判断指示灯(白灯)被点亮 0.3s,同时记错误一次。当完成 10 次判断后,进入第二关,第二关每 0.8s 生成一个随机数,玩家继续游戏,判断对错机制不变。在游戏过程中,若玩家累计错误 3 次,4 个不同颜色的 LED 将全部熄灭,白灯常亮,同时显示屏显示游戏结束。

58.3.2　总体设计

　　本部分包括整体框架、系统流程和系统总电路。

1. 整体框架

整体框架如图 58-1 所示。

图 58-1 整体框架

2. 系统流程

系统流程如图 58-2 所示。

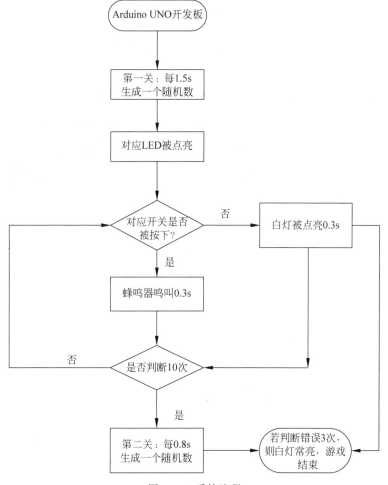

图 58-2 系统流程

3. 系统总电路

系统总电路如图 58-3 所示；引脚连接如表 58-1 所示。

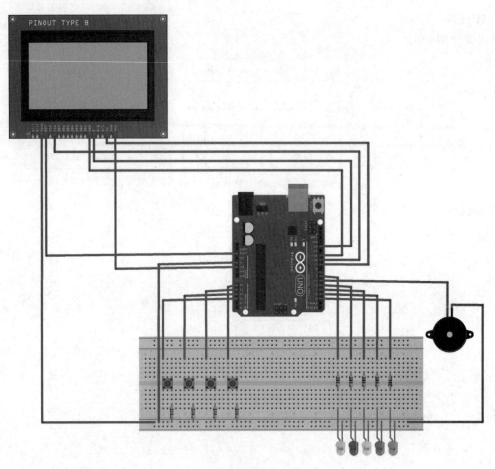

图 58-3　系统总电路

表 58-1　引脚连接

Arduino UNO 开发板引脚	元器件引脚	Arduino UNO 开发板引脚	元器件引脚
2	蓝灯	11	12864 D1
3	绿灯	13	12864 D0
4	黄灯	RESET	12864 RES
5	红灯	A0	开关 1
6	蜂鸣器正极	A1	开关 2
7	白灯	A2	开关 3
9	12864 DC	A3	开关 4
10	12864 CS		

58.3.3　模块介绍

本项目主要包括两个模块：12864 显示屏模块和主程序模块。下面分别给出各模块的功能和相关代码。

1. 12864 显示屏模块

Arduino UNO 开发板中的程序每次生成一个随机数，相应数字引脚输出高电平，将连接该引脚的

LED 点亮。同时判断连接开关的相应模拟输入引脚的电压是否大于 700(5/1024 V 为一个单位),若大于 700 则为判断正确,连接蜂鸣器引脚输出高电平,蜂鸣器鸣叫;若小于 700 则为判断错误,连接白色 LED 的引脚输出高电平,LED 被点亮。

通过取模软件,将所需要显示的字用数组存储,Arduino UNO 开发板通电时显示在 LED 显示屏上。考虑到 Arduino UNO 开发板通电后直接进入游戏会比较突兀,所以开始时显示屏会先提示"游戏即将开始!"3s 后才正式进入游戏。另外,LED 显示屏还具有显示关卡的功能,在游戏结束后也会提示"游戏结束"。

相关代码见"代码 58-1"。

2. 主程序模块

本部分包括 setup 和 loop 两个程序。相关代码见"代码 58-2"。

58.4 产品展示

整体外观如图 58-4 所示。

图 58-4 整体外观

58.5 元器件清单

完成打地鼠闯关游戏元器件清单如表 58-2 所示。

表 58-2 打地鼠闯关游戏元器件清单

元器件/测试仪表	数 量	元器件/测试仪表	数 量
杜邦线	若干	发光二极管	5 个
Arduino UNO 开发板	1 个	蜂鸣器	1 个
四脚开关	4 个	150Ω 电阻	4 个
12864LED 显示屏	1 个	1kΩ 电阻	5 个

第 59 章
CHAPTER 59

智能实物架子鼓

59.1 项目背景

当今世界,互联网已经发展到相当成熟的阶段。人们的日常生活、企业的经营管理、工厂的生产制造都离不开互联网自动化的发展。

如何使生活更加便捷、付出更少的人力劳动来获得更多的回报和享受,已经在我们的头脑里出现很久,甚至有些已经得到了实现。在满足了日常生活需求后,人们开始试图用智能去追求更高层次的娱乐。因此,本项目设计一个智能的架子鼓演奏器。它可以应用在酒吧里,也可以应用在聚会里,更可以放置在家中,供人们随时欣赏喜欢的音乐演奏。

59.2 创意描述

创新点:此智能演奏器具有选择控制的功能,有别于其他项目的架子鼓,在设计时引入了红外遥控功能,使用者能够根据自己的喜好来选择演奏的曲目,而且当音乐爱好者自己一人时,还可以用它来当伴奏者,自己则可以弹琴、弹吉他、弹贝斯等。

59.3 功能及总体设计

本部分包括功能介绍、总体设计和模块介绍。

59.3.1 功能介绍

这种智能架子鼓的演奏是通过多个舵机来控制敲打的节奏。给每只鼓配备一个鼓槌,一个舵机控制一个鼓槌,在代码中一个数字代表一个舵机,一次只有一个舵机工作。当某个数字出现时,它所对应的舵机带动相应的鼓槌敲打,通过不同的鼓槌敲打不同大小的鼓得到不同的音调。将预定曲目的敲打谱子写进代码上传到 Arduino 开发板上,舵机就会按照应有的节奏工作,进而实现曲子的演奏。

另外,通过红外遥控可以更改演奏的曲目,使用者如果想自己创作或使用架子鼓时,可以通过按键来控制模拟手动敲打。

59.3.2 总体设计

本部分包括整体框架、系统流程和系统总电路。

1. 整体框架

项目的整体框架,如图 59-1 所示。

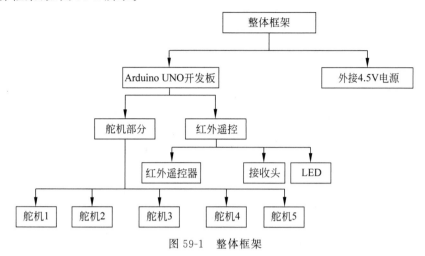

图 59-1 整体框架

2. 系统流程

系统流程如图 59-2 所示。

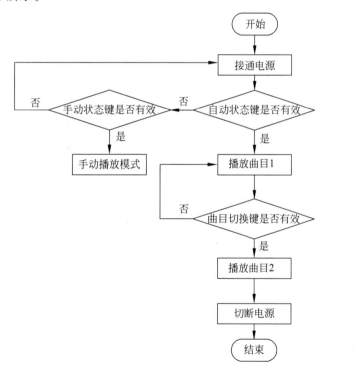

图 59-2 系统流程

3. 系统总电路

系统总电路及 Arduino UNO 开发板引脚如图 59-3 所示。图 59-3(a)中的绿色杜邦线接的是红外遥控模块,红外遥控接收器的三个引脚分别接 Arduino 开发板上的引脚 11、接地 GND 和电压 5V;发光二极管为状态指示灯,正极分别接引脚 12、13,负极分别通过一个 1kΩ 的电阻接地。黄色杜邦线接的是舵机模块,每个舵机都各有 1 个外加电源向其供电。每个舵机有 3 个引脚,每个舵机的黄色线分别接 Arduino 开发板上的引脚 4、5、6、8、9,每个舵机的红色线分别各接一个外接电源 4.5V,所有舵机的黑色线共地。

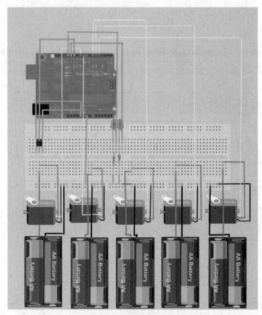

(a)系统总电路

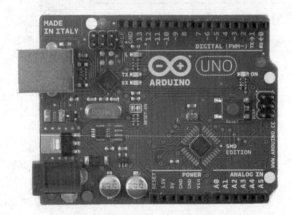

(b) Arduino UNO开发板引脚图

图 59-3　系统总电路及 Arduino UNO 开发板引脚图

59.3.3　模块介绍

本项目主要包括两个模块：舵机模块和红外遥控模块。

1. 舵机模块

由 5 个舵机根据代码中存储的乐曲谱子控制 5 个鼓棒进行有节奏的敲打。元器件包括：5 个舵机、5 个鼓槌、1 个面包板、1 个 Arduino 开发板、5 个外加电源、杜邦线若干。舵机模块的接线,如图 59-4 所示；舵机模块电路原理如图 59-5 所示。

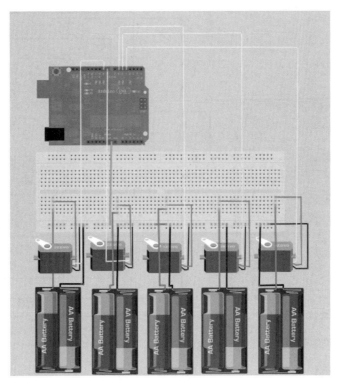

图 59-4　舵机模块接线图

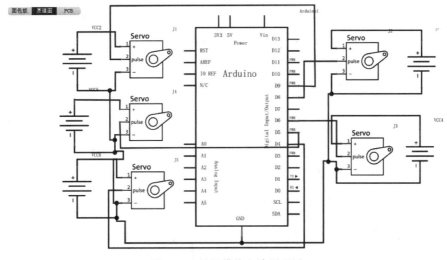

图 59-5　舵机模块电路原理图

该模块的相关代码见"代码文件 59-1"。

2. 红外遥控模块

通过红外遥控发送器上的按键能够切换架子鼓目前所处的状态以及在自动状态下切换曲目,如果使用者想自己创作或使用架子鼓时,可以通过按键来控制各个鼓棒的自由敲打。元器件包括:红外遥控发送器、红外遥控接收器、1 个面包板、1 个 Arduino 开发板、2 个发光二极管、2 个 1kΩ 的电阻、杜邦线若干。红外遥控模块接线图如图 59-6 所示;红外遥控模块电路原理如图 59-7 所示。

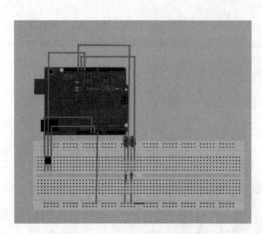

图 59-6　红外遥控模块接线图

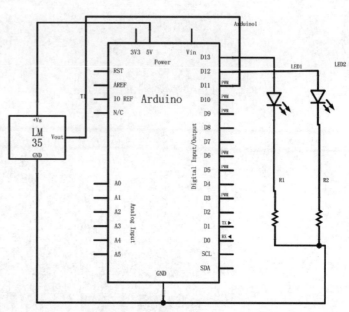

图 59-7　红外遥控模块电路原理图

该模块的相关代码见"代码文件 59-2"。

59.4　产品展示

　　产品的整体外观如图 59-8 所示；电路连接如图 59-9 所示。本作品的整体外观由 5 个鼓、1 个镲以及 5 个鼓槌组成。图 59-8 中，最左边和最右边的 2 个小鼓只起到支撑和固定鼓槌的作用，并不作为发声的元器件使用，用于发声的是最上面的镲和中间 2 个鼓以及最下边的一个大鼓。镲和中间的 2 个小鼓各配备 1 个鼓槌，最下面的大鼓配备 2 个鼓槌。5 个鼓槌同时接在 1 个 Arduino 开发板上，并且各配备 1 个外加电源保证舵机能够正常工作。

图 59-8　整体外观

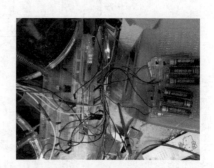

图 59-9　电路连接

产品的最终演示效果如图 59-10 所示。因为鼓槌敲打为连续动作,图 59-10(a)和图 59-10(b)是作品展示时连续拍摄的效果,可以看到中间位置的 2 个鼓槌有一上一下的交换敲打动作。

(a) 最终效果图时刻一　　　　　　(b) 最终效果图时刻二

图 59-10　最终演示效果

59.5　元器件清单

完成本项目所用到的元器件及其数量如表 59-1 所示。

表 59-1　智能架子鼓元器件清单

模　块	元器件及设备	数　量
舵机模块电路	舵机	5
	5 号电池	15
	面包板	1
	Arduino UNO 开发板	1
	杜邦线	若干
红外遥控模块电路	红外发送器	1
	红外接收器	1
	发光二极管	2
	1kΩ 电阻	2
	面包板	1
	Arduino UNO 开发板	1
	杜邦线	若干
外观部分	鼓	5
	鼓槌	5
	镲	1
	纸板	若干
	胶带	若干

第 60 章

CHAPTER 60

人脸考勤机

60.1 项目背景

20 世纪 90 年代以来,随着计算机计算能力和存储能力的飞速提高,生物识别技术以其特有的稳定性、唯一性、方便性,被广泛地应用在安全认证等身份鉴别领域中。与利用指纹、虹膜等其他人体生物特征进行身份识别的方法相比,人脸识别系统因不过多涉及隐私、非接触性获取数据及被识别无察觉等特点,显得更加友好和方便,因此人脸识别技术脱颖而出,并逐渐进入实际应用。人脸识别系统还可用于机关单位的考勤、网络安全、银行、机场、海关边检、物业管理、军队安全、计算机登录系统,应用前景相当广阔。因此,为了降低考勤的工作量,节省时间,本项目决定基于 Arduino UNO 开发板和 OpenCV 制作一款人脸考勤机。

60.2 创新描述

创新点:上课前,老师可以知道学生的出勤率,不存在点名时同学帮答到的问题。上课中,由于软件通过屏幕中的人脸判断人数,所以上课过程中的人数就可以认为是认真听课的学生,如果听课的学生太少,老师可以提醒学生注意听课。本项目的设备通过一段时间记录一次出勤率,最后取平均值可以知道一节课的"听课率"。例如,从 10 个老师教的学生听课率,粗略判断授课水平,成为一项判断指标,老师也可以根据每节课学生的听课率反思自己的不足,改进教学方式。

60.3 功能及总体设计

本部分包括功能介绍、总体设计和模块介绍。

60.3.1 功能介绍

这种人脸考勤机只要用户实现设置总人数和目标出勤率即可,上课前可以迅速判断出勤率是否过低,从而决定是否发出警报。

60.3.2 总体设计

本部分包括整体框架、系统流程和系统总电路。

1．整体框架

整体框架如图 60-1 所示。

2．系统流程

系统流程如图 60-2 所示。

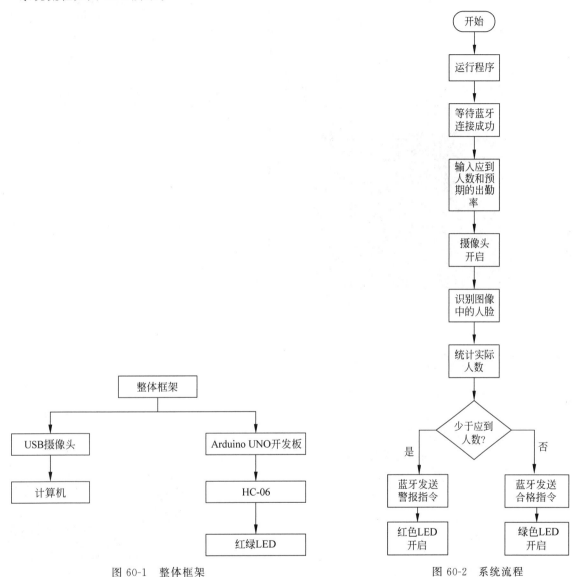

图 60-1　整体框架

图 60-2　系统流程

3．系统总电路

系统总电路如图 60-3 所示。分别有一个绿色 LED 和红色 LED，接在数字 I/O 上，其中绿色 LED 连至 13 引脚，红色 LED 连至 12 引脚，2 个 LED 的另一个引脚先接一个共同的 220Ω 电阻，再接到 GND。

蓝牙模块 HC-06 的连接：RX 接数字 8 引脚，TX 接数字 7 引脚，GND 接 GND 引脚，VCC 接 5V 引脚。这样，蓝牙从计算机上接收的指令就可以控制 2 个 LED 的亮灭（由于软件 Fritzing 中缺少元器件，便具有相同功能和引脚的 HC-05 表示 HC-06）。

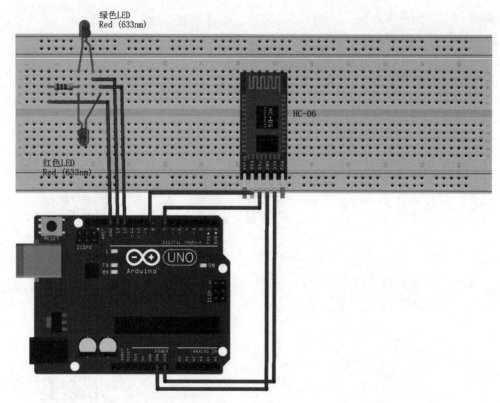

绿色LED
Red（633nm）

红色LED
Red（633nm）

HC-06

图 60-3　系统总电路

60.3.3　模块介绍

本项目主要包括 OpenCV 和蓝牙模块。下面分别给出各模块的功能、元器件、电路图和相关代码。

1. OpenCV

首先，等待蓝牙连接成功，再输入应到人数和预期的出勤率，等待摄像头开启，OpenCV 检测摄像头图像中的人脸，以统计实际的人数，再和之前的应到人数和出勤率做比较，如果少于应到人数，通过蓝牙发送警报指令，红色 LED 开启，否则通过蓝牙发送安全指令，绿色 LED 开启，USB 摄像头模块如图 60-4 所示。

相关代码见"代码 60-1"。

2. 蓝牙模块

1）功能介绍

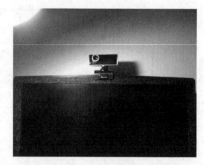

图 60-4　USB 摄像头模块

接收计算机发出的指令，如果接收的是 1，则绿灯常亮；如果接收的是 0，则红灯闪烁。元器件包括 HC-06、1 个红色 LED 和 1 个绿色 LED。

2）HC-06 参数特点与连接方法

蓝牙核心模块使用 HC-06 从模块，引出接口包括 VCC、GND、TXD、RXD，预留 LED 状态输出引脚，单片机可通过该引脚状态判断蓝牙是否已经连接。LED 指示蓝牙连接状态，闪烁表示没有蓝牙连接，常亮表示蓝牙已连接并打开了端口。输入电压 3.6～6V，未配对时电流约 30mA，配对后约 10mA，输入电压禁止超过 7V。可以直接连接各种单片机（51、AVR、PIC、ARM、MSP430 等），5V 单片机也可直接连接。

在未建立蓝牙连接时支持通过 AT 指令设置波特率、名称、配对密码,设置的参数掉电保存,蓝牙连接以后自动切换到透传模式。该蓝牙为从机,从机能与各种带蓝牙功能的计算机、蓝牙主机、大部分带蓝牙的手机、Android、PDA、PSP 等智能终端配对,从机之间不能配对。Arduino UNO 开发板与蓝牙模块连接方法如下:

(1) VCC 接 Arduino UNO 开发板的 5V。

(2) GND 接 Arduino UNO 开发板的 GND。

(3) TXD 发送端,一般表示为自己的发送端,接 Arduino UNO 开发板的 RX。

(4) RXD 接收端,一般表示为自己的接收端,接 Arduino UNO 开发板的 TX。

正常通信时本身的 TXD 永远接设备的 RXD。正常通信时 RXD 接其他设备的 TXD,自收自发:顾名思义,就是自己接收自己发送的数据,即自身的 TXD 直接连接到 RXD,用来测试本身的发送和接收是否正常,是最快最简单的测试方法,当出现问题时首先该做测试确定是否产品故障,也称回环测试。线接好后,将 Arduino UNO 开发板通电,若蓝牙的指示灯是闪烁的,表明没有设备连接。

相关代码见"代码 60-2"。

3) VS 中蓝牙发送

实现功能:通过 VS2010 实现从计算机到 Arduino UNO 开发板的连接。实现步骤如下。

第一步:为 Arduino UNO 开发板编写测试程序。

运行 Arduino IDE 软件,选择 Sketch→Include Library→Manage Libraries 命令,在输入框中输入 softserial,然后选中下面的第一项 AltSoftSerial,单击右侧的 Install 按钮,并确保计算机连接到互联网。软件会自动安装 SoftSerial 程序库。安装完成后单击 Close 按钮。因为 HC-06 是以串口信号格式与 Arduino UNO 开发板进行通信的,但开发板的硬件串口将被用于调试输出,因此必须使用 SoftSerial 程序库将另外的引脚作为软串口与 HC-06 通信。

第二步:设定串口波特率。

相关代码如下:

```
# include < SoftwareSerial.h >
//设置软串口使用的引脚
SoftwareSerial
softSerial(7, 8);                       //7 为 RX, 8 为 TX
void setup() {
  Serial.begin(9600);                   //设定硬串口波特率
  softSerial.begin(9600);               //设定软串口波特率
}
void loop() {
  if (softSerial.available()) {         //如果 HC－06 发来数据
    int k = softSerial.read();          //读取 1 字节的数据
    Serial.println(k);
  }
}
```

将程序烧入 Arduino UNO 开发板上:如果烧写成功,会出现 Done uploading 字样。然后选择 Tools→Serial Monitor 命令,启动调试窗口,Arduino UNO 开发板从 HC-06 获得的所有数据将打印输出到这一窗口。

第三步:通过蓝牙适配器将计算机与 HC-06 连接。

首先确保计算机上的蓝牙适配器处于开启状态,打开"控制面板",选择"设备与打印机",单击"添加设备"；如果出现 HC-06，说明蓝牙模块被激活，可以进行连接。单击 Next 按钮，输入 HC-06 的默认密码 1234。

单击 Next 按钮后，HC-06 将与 Windows 配对。此时 HC-06 作为计算机的从属设备，可以与之进行无线通信。然后确定这个设备映射到计算机串口的编号。在"设备与打印机"管理器中鼠标右击这个设备，从弹出的快捷菜单中选择"属性"→"服务"命令；记下引脚号，如 COM3。

第四步：编写 Windows 程序。

打开 VS 2010，新建一个空项目；单击 OK 按钮。然后在解决方案管理器中右键项目名称，从弹出的快捷菜单中选择 Add→New item 命令，为程序工程添加一个代码文件。测试代码见"代码 60-3"。

60.4　产品展示

整体外观如图 60-5 所示。将 USB 摄像头连接计算机，Arduino UNO 开发板接通电源，即可使用。

最终演示效果如图 60-6 所示，预先输入的目标人数为 2 人，目标签到率是 80%，可以看到，当摄像头图像中有 2 人的时候，绿灯是亮着的。当摄像头图像中只有一个人的时候，由于没有达到标准，红灯是亮着的。而在实际中，摄像头能够很快检测人脸，当一个人离开以后，红灯能快速闪烁，起到很好的警示效果。

图 60-5　整体外观

图 60-6　最终演示效果

60.5　元器件清单

完成人脸考勤机元器件清单如表 60-1 所示。

表 60-1　人脸考勤机元器件清单

元器件/测试仪表	数　量	元器件/测试仪表	数　量
导线	若干	红色 LED	1个
杜邦线	若干	绿色 LED	1个
USB 摄像头	1个	Arduino UNO 开发板	1个
HC-06	1个		

## 第 61 章

语音互动机器人

61.1 项目背景

智能家庭服务机器人是当今机器人发展的一个重要方向和专题,同时也是国内外研究的热点之一。而且随着智能家居的大力发展,人们对智能设备也有了更多的要求。在日常生活和工作中,人们迫切地希望能够用一种自然的、类似人与人之间交互的方式同机器人进行交流。本项目的主要功能是当一个人在家无聊的时候,可以与它聊天,指挥它去某个地方,有了它的陪伴,便不再孤单。

61.2 创新描述

可根据用户说的话执行相应的命令或回复相应的语句。例如,用户说向前走时,机器人会向前移动;当用户说今天天气好时,机器人会回答"今天天气确实好"。

61.3 功能及总体设计

本部分包括功能介绍、总体设计和模块介绍。

61.3.1 功能介绍

设置好语音识别模块的指令,录好相应回复的指令储存于 SD 卡中。当语音识别模块识别到相应的指令时,Arduino UNO 开发板控制语音播放模块播放回复指令或者控制直流电机转动来驱动机器人。

61.3.2 总体设计

本部分包括整体框架、系统流程和系统总电路。

1. 整体框架

整体框架如图 61-1 所示。

2. 系统流程

系统流程如图 61-2 所示。

接通电源以后,语音识别模块被触发,然后 Arduino UNO 开发板根据语音识别模块的结果去触发直流电机驱动板或者语音播放模块。

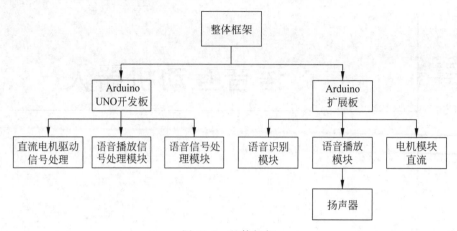

图 61-1　整体框架

3. 系统总电路

系统总电路如图 61-3 所示。

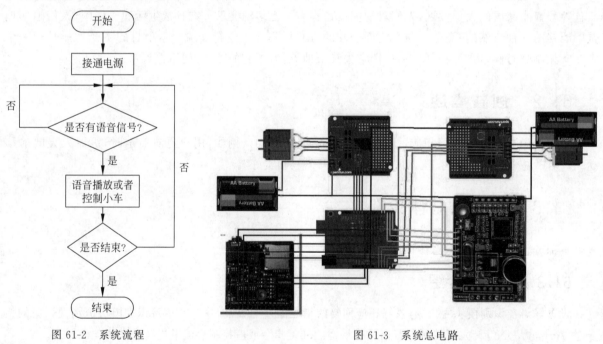

图 61-2　系统流程　　　　　　　　　　　　　图 61-3　系统总电路

61.3.3　模块介绍

本项目主要包括主程序模块、语音识别及播放模块。下面分别给出各模块的功能和相关代码。

1. 主程序模块

设置引脚，检测语音输入，来启动其他元器件工作。元器件包括语音识别模块、Arduino UNO 开发板、语音播放模块、直流电机驱动板，如图 61-3 所示。语音播放模块 5 个识别一般对话的引脚连接 0～4 引脚，控制运动相关引脚连接 A4、A5 引脚。而 5～9 引脚连接语音播放模块的 A1～A5 引脚，10～13 引脚连接第一块驱动板的 in1～in4、A0～A3 连接第二块驱动板的 in1～in4。A4、A5 引脚连接语音识别模块，作为控制运动的输入。5V 引脚接到语音播放模块给它供电，整个系统共地。

相关代码见"代码 61-1"。

2. 语音识别及播放模块

读取用户给出的指令进行识别,然后做出相应的回复命令给 Arduino UNO 开发板,由 Arduino UNO 开发板进行下一步命令。其中对话引脚连接 0~4 引脚,控制运动引脚连接 A4、A5 引脚。

相关代码见"代码 61-2"。

61.4 产品展示

整体外观如图 61-4 所示,内部结构如图 61-5 所示。电池盒与充电宝在最上方,其他元器件都有序堆放在机器人底盘上。

图 61-4 整体外观

图 61-5 内部结构

61.5 元器件清单

完成语音互动机器人元器件清单如表 61-1 所示。

表 61-1 语音互动机器人元器件清单

元器件名称	数 量	元器件名称	数 量
语音识别模块	1 个	7V 直流电源	2 个
语音播放模块	1 个	小车底盘(包含直流电机与轮子等)	1 个
Arduino UNO R3 开发板	1 个	杜邦线	若干
直流电机驱动板	2 个		

第 62 章

CHAPTER 62

自动还原魔方人工智能

62.1 项目背景

 　　魔方出现于 1974 年,80 年代传入中国,几十年来一直很流行,大部分人都玩过。而一个最简单的三阶魔方有约 4325 亿种变化,不掌握一定的规律,很难将其完全还原。现实中,将魔方打乱却无法复原是很常见的事情,各种还原魔方的公式常常让人束手无策。于是,本项目基于 Arduino 平台设计一种识别魔方状态并生成还原步骤的工具,帮助人们还原魔方。

62.2 创新描述

　　用户在任意打乱魔方后,可以通过计算机(一次性获得)或 LED 输出的步骤(更直观)迅速还原魔方。

　　创新点:利用 ESP8266WiFi 模块实现数据传输,将计算出的解法传到 Arduino UNO 开发板,并通过不同颜色 LED 的亮灭,直观展示魔方的还原步骤。

62.3 功能及总体设计

　　本部分包括功能介绍、总体设计和模块介绍。

62.3.1 功能介绍

　　这种工具模拟人的眼睛和大脑,对任意状态的三阶魔方都可以生成还原步骤,人们可以选择根据计算机输出的步骤或者 LED 的提示,一步一步还原魔方。条件允许的情况下,加上机械部分模拟人手,即可实现完全自动化还原魔方机器人,但对机械部分要求比较高。

62.3.2 总体设计

　　本部分包括整体框架、系统流程和系统总电路。

1. 整体框架

整体框架如图 62-1 所示。

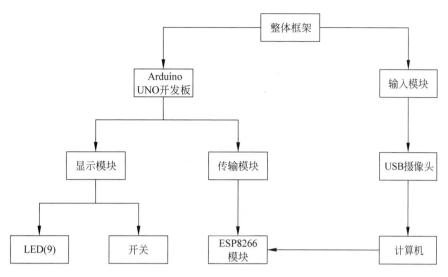

图 62-1　整体框架

2. 系统流程

系统流程如图 62-2 所示。摄像头采集照片后通过图片转换器,将图片以 BMP 格式按一定顺序保存到指定文件夹;运行 C++程序得到还原步骤;通过 ESP8266 模块进行数据传输,每按一次开关显示下一步,能有效减少视觉错误。用户也可以选择自动显示模式,不需要按开关,LED 以一定的时间间隔自动显示下一步,直到所有的数据都传输完并通过 LED 显示,一次还原结束。

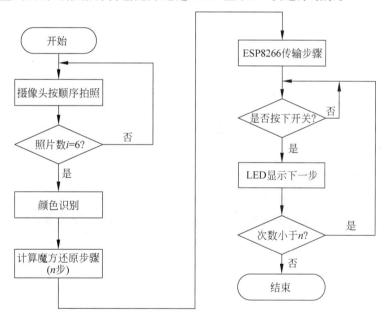

图 62-2　系统流程

3. 系统总电路

系统总电路如图 62-3 所示,ESP8266 引脚如图 62-4 所示,引脚连接如表 62-1 所示。

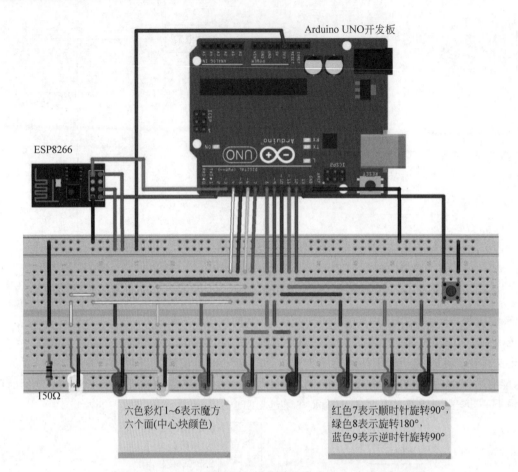

六色彩灯1~6表示魔方
六个面(中心块颜色)

红色7表示顺时针旋转90°，
绿色8表示旋转180°，
蓝色9表示逆时针旋转90°

150Ω

图 62-3　系统总电路

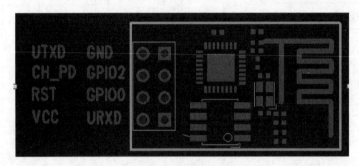

图 62-4　ESP8266 引脚

表 62-1　引脚连接

模块引脚名		Arduino UNO 开发板引脚
ESP8266	UTXD	2
	CH_PD	3.3V
	VCC	3.3V
	URXD	3
	GND	GND

续表

模块引脚名		Arduino UNO 开发板引脚
LED	白 1 正极	4
	红 2 正极	5
	黄 3 正极	6
	橙 4 正极	7
	绿 5 正极	8
	蓝 6 正极	9
	红 7 正极	10
	绿 8 正极	11
	蓝 9 正极	12
	LED 负极	均通过 150Ω 电阻接地
开关	左上引脚	13
	右上引脚	接地

62.3.3 模块介绍

本项目主要包括主程序模块、ESP8266 模块和输出模块。下面分别给出各部分的功能、元器件、电路图和相关代码。

1. 主程序模块

主要是对摄像头采集的 6 张图片进行颜色识别,生成魔方还原的步骤并保存在 TXT 文档中,此部分主要由 C++代码实现,编译环境为 Visual Studio,没有硬件部分。颜色识别部分是对保存在指定位置的魔方位图取点,通过分析 RGB 值识别颜色。受不同拍照环境的影响,进行了多次实验修改 RGB 范围,使其能较为准确地分辨颜色。魔方还原部分是模仿人类思维,从上面十字开始逐步还原,虽然步骤比较多,但代码实现起来比较清晰。

相关代码见"代码 62-1"。

2. ESP8266 模块

该模块将通过主程序模块生成并保存在 TXT 文档中代表魔方还原步骤的字符串,通过 ESP8266 模块传输到 Arduino UNO 开发板的 RX 软串口。编译程序使开发板软串口收到指定字符,并等待开关被按下时开发板执行输出模块。

元器件包括 ESP8266 模块、Arduino UNO 开发板和若干导线。ESP8266 与 Arduino 连线原理如图 62-5 所示。

相关代码见"代码 62-2"。

3. 输出模块

输出模块主要是将还原魔方的步骤,通过 Arduino 控制彩灯亮灭逐步展示出来,其中用了白、红、黄、橙(由于缺少此颜色的 LED,所以使用红灯加黄灯代替)、绿、蓝 LED 模拟魔方 6 个面的中心块颜色,用右边另外 3 个 LED 红、绿、蓝色分别代表顺时针旋转 $90°$、旋转 $180°$ 和逆时针旋转 $90°$。

元器件包括 9 个 LED、1 个开关、2 个 150Ω 电阻、Arduino UNO 开发板和若干导线。

相关代码见"代码 62-3"。

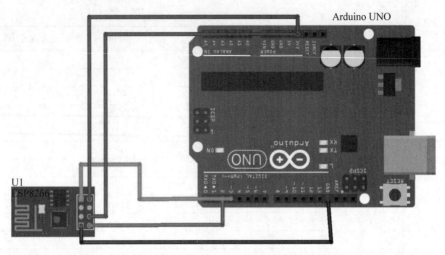

图 62-5　ESP8266 与 Arduino 连线原理

62.4　产品展示

整体外观如图 62-6 所示,右边为输入部分,右下角的 USB 摄像头连接在计算机上,支架可以固定摄像头和确定魔方位置,中间为 Arduino UNO 开发板,与之相连的有左边的 LED 输出部分和左上角的 ESP8266 模块。

图 62-6　整体外观

62.5　元器件清单

完成自动还原魔方人工智能元器件清单如表 62-2 所示。

表 62-2　自动还原魔方人工智能元器件清单

模　　块	元器件/测试仪表	数　　量
摄像头输入模块	USB 摄像头	1 个
	泡沫纸板	若干
传输模块	Arduino UNO 开发板	1 个
	ESP8266 模块	1 个
	导线	若干
输出模块	LED 彩灯	10 个
	Arduino UNO 开发板	1 个
	开关	1 个
	150Ω 电阻	2 个
	导线	若干
	面包板	1 个

## 第 63 章

小花的饮料机

63.1 项目背景

在养绿植时,总是因为忘记浇水或者是不了解它的需求,而使其不能盛开。于是,本项目决定开发一款基于 Arduino 的自动浇花系统,方便浇灌绿植。

63.2 创新描述

搭建多个土壤湿度传感器和水管接口,满足用户实现对多盆植物同时浇灌的需求;同时搭建多个液体源,对不同植物进行不同成分液体的灌溉,实现无人控制的自动灌溉。采用 YK04 模块对红外遥控器传送命令,从而手动控制对电磁阀的开关控制,实现智能浇花。

63.3 功能及总体设计

本部分包括功能介绍、总体设计和模块介绍。

63.3.1 功能介绍

本项目采用 Arduino UNO 开发板、Arduino Sensor Shield V5.0 扩展板作为电路板和土壤湿度传感器。设置好需要浇花的湿度,使传感器端口返回一个高电平信号,对继电器进行控制,操控电磁阀的开关,这样可以实现在无人管理的情况下自动灌溉。同时,也可以通过红外遥控模块直接控制电磁阀的开关,实现对植物的针对性灌溉(针对植物特需的成分)。本项目搭建了多条这样的灌溉线路,以实现对多盆植物的浇灌,并且通过 LCD 显示屏实时显示系统和小花的状况。

63.3.2 总体设计

本部分包括整体框架、系统流程和系统总电路。

1. 整体框架

整体框架如图 63-1 所示。

2. 系统流程

系统流程如图 63-2 所示。

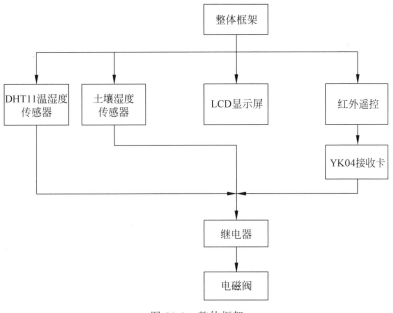

图 63-1　整体框架

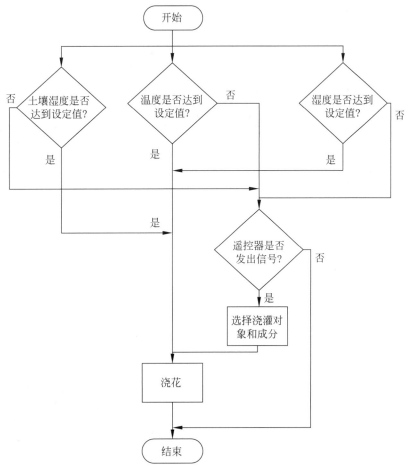

图 63-2　系统流程

3. 系统总电路

系统总电路如图 63-3 所示，模块引脚连线如表 63-1 和表 63-2 所示，"_"表示不接线。土壤湿度传感器从下到上编号 0~2；LED 由左向右编号 1~7；电磁阀由左向右编号 1~3；继电器由左向右编号 1~3。

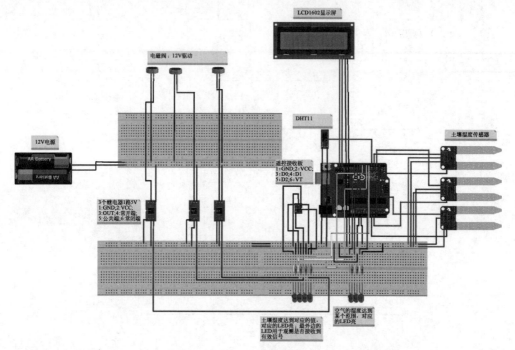

图 63-3　系统总电路

表 63-1　模块引脚连线（一）

Arduino UNO 开发板引脚	土壤湿度 传感器 0	土壤湿度 传感器 1	土壤湿度 传感器 2	DHT11	LED	LCD1602 显示屏
SCL	—	—	—	—	—	SCL
SDA	—	—	—	—	—	SDA
A0	A0	—	—	—	—	—
A1	—	A0	—	—	—	—
A2	—	—	A0	—	—	—
2	D0	—	—	—	—	—
3	—	D0	—	—	—	—
4	—	—	D0	—	—	—
5	—	—	—	OUT	—	—
6	—	—	—	—	LED4 正极	—
7	—	—	—	—	LED3 正极	—
8	—	—	—	—	LED2 正极	—
9	—	—	—	—	LED7 正极	—
10	—	—	—	—	LED6 正极	—
11	—	—	—	—	LED5 正极	—
GND	GND	GND	GND	GND	负极	GND
VCC	VCC	VCC	VCC	VCC	—	VCC

表 63-2　模块引脚连线（二）

继 电 器 1	继 电 器 2	继 电 器 3	电磁阀 1～3	遥控接收板
GND 接 GND； VCC 接 VCC； OUT 接 LED4 正极； 常开端接 12V 电源正极； 公共端接到电磁阀的正极	GND 接 GND； VCC 接 VCC； OUT 接 LED3 正极； 常开端接 12V 电源正极； 公共端接到电磁阀的正极	GND 接 GND； VCC 接 VCC； OUT 接 LED2 正极； 常开端接 12V 电源正极； 公共端接到电磁阀的正极	正极接公共端； 负极接到外电源的负极	VT 接 LED1 正极； D0 接 LED2 正极； D1 接 LED3 正极； D2 接 LED4 正极； GND 接 GND； VCC 接 VCC

63.3.3　模块介绍

本部分包括湿度控制模块、红外遥控模块、LCD 显示模块、继电器与电磁阀控制模块和温湿度传感器模块。下面分别给出各模块的功能介绍、电路图和相关代码。

1. 湿度控制模块

通过湿度传感器检测盆中土壤湿度，若湿度值未达到所设条件值，则传感器口返回一个高电平，控制继电器；再由继电器控制对应灌溉源口的电磁阀进行浇灌；一定时间后，关闭电磁阀，浇水完成。土壤湿度传感器电路如图 63-4 所示，土壤湿度传感器实物如图 63-5 所示，土壤湿度控制模块引脚连线如表 63-3 所示。

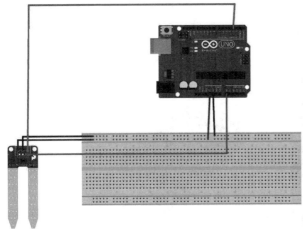

图 63-4　土壤湿度传感器电路　　　　　　图 63-5　土壤湿度传感器实物

表 63-3　土壤湿度控制模块引脚连线

土壤传感器引脚	VCC	GND	A0	D0
Arduino UNO 开发板引脚	5V	GND	A0（接 A0～A5 均可）	3（2～13 均可）

相关代码见"代码 63-1"。

2. 红外遥控模块

由 YK04 接收卡接收遥控器发出的指令，选择不同的线路输出高电平到继电器，从而控制各继电器下游电磁阀，实现浇灌。红外遥控电路如图 63-6 所示，红外遥控实物如图 63-7 所示，红外遥控模块引脚连线如表 63-4 所示。本部分不用编写代码，接收板与遥控器配套，按下不同的按键时，相应的引脚被置成高电平。遥控器的按键 A、B、C、D 分别控制接收板的 D0～D3；当按键被按下时，相应的接口被置成高电平；VT 用于监测信号是否有效，信号有效时被置成高电平。

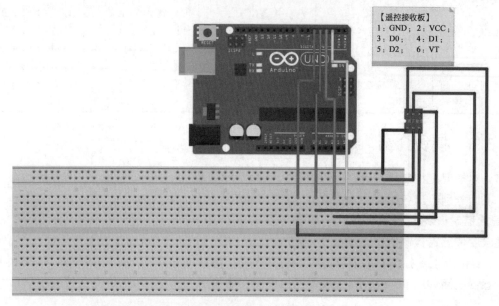

图 63-6　红外遥控电路

图 63-7　红外遥控实物

表 63-4　红外遥控模块引脚连线

接收板引脚	GND	5V	D0	D1	D2	D3	VT
Arduino UNO 开发板引脚	GND	5V	2	3	4	不用	5

3. LCD 显示模块

LCD 显示模块用于显示浇花系统的实时状态。显示模块电路如图 63-8 所示,显示模块实物如图 63-9 所示,连线如表 63-5 所示。

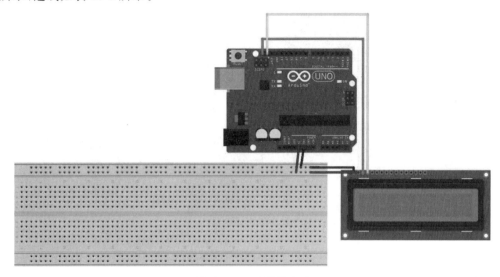

图 63-8 显示模块电路

图 63-9 显示模块实物

表 63-5 LCD 显示模块引脚连线

LCD1602 显示屏引脚	GND	VCC	SDA	SCL
Arduino UNO 开发板引脚	GND	5V	SDA	SCL

相关代码见"代码 63-2"。

4. 继电器与电磁阀控制模块

因为开发板只能提供 5V 电压,而电磁阀需要 12V 电压驱动,使用 12V 外接电源,所以使用电磁阀实现弱电控制强电。电磁阀和继电器电路如图 63-10 所示,电磁阀和继电器实物如图 63-11 所示,电磁阀和继电器模块连线如表 63-6 所示。使用一路 5V 的继电器和 12V 驱动的电磁阀,项目中只使用常开端和公共端以及右边的 3 个引脚。

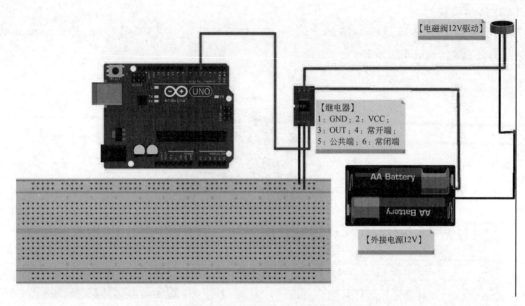

图 63-10　电磁阀和继电器电路

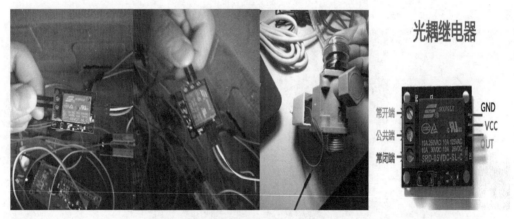

图 63-11　电磁阀和继电器实物

表 63-6　电磁阀和继电器控制模块引脚连线

光耦继电器引脚	GND	VCC	OUT	常开端	公共端
Arduino UNO 开发板引脚	GND	5V	5	接到外接电源的正极,外接电源的负极接到电磁阀的负极	接到电磁阀的正极

相关代码见"代码 63-3"。

5. 温湿度传感器模块

监测空气中的温湿度进而判断是否需要浇水。温湿度电路如图 63-12 所示,温湿度传感器实物如图 63-13 所示,温湿度传感器连线如表 63-7 所示。

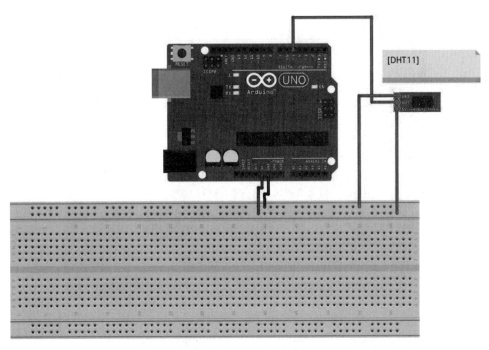

图 63-12 温湿度电路

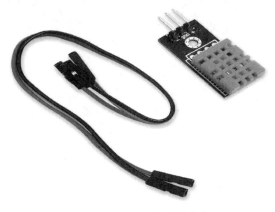

图 63-13 温湿度传感器实物

表 63-7 温湿度传感器引脚连线

DHT11 引脚	+	−	OUT
Arduino UNO 开发板引脚	5V	GND	3

相关代码见"代码 63-4"。

63.4 产品展示

　　LCD1602 显示屏显示的是空气温湿度等值。当土壤温湿度和空气温湿度达到阈值时，相应的 LED 就会被点亮，电磁阀红灯亮表明此时电磁阀应该打开进行浇灌，如图 63-14 所示。液晶屏显示结果如图 63-15 所示。

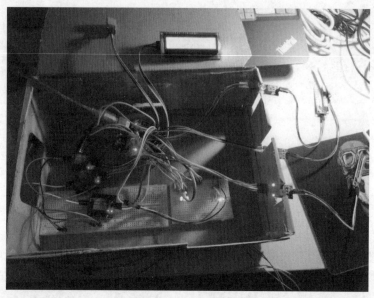

图 63-14 内部结构

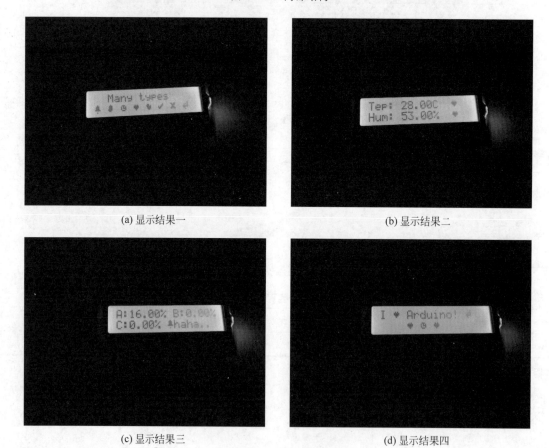

(a) 显示结果一

(b) 显示结果二

(c) 显示结果三

(d) 显示结果四

图 63-15 液晶屏显示结果

整体外观如图 63-16 所示，瓶子中装营养液，瓶口为电磁阀（12V 驱动），与继电器相连。

图 63-16 整体外观

63.5 元器件清单

完成小花的饮料机元器件清单如表 63-8 所示。

表 63-8 小花的饮料机元器件清单

元 器 件	数 量
Arduino UNO 开发板	1个
Arduino Sensor Shield V5.0 扩展板	1个
杜邦线	若干
面包板	1个
土壤湿度传感器	3个
继电器(一路 5V 继电器 KY-091)	3个
电磁阀(无压长闭 12V 驱动)	3个
LCD1602 显示屏(焊接有 IIC 模块)	1个
水管	若干
2262/2272 四路无线遥控锁接收板配四键无线遥控器	1个

## 第 64 章

智 能 手 环

64.1　项目背景

在平时跑步锻炼时，人们希望监测跑步的数据，例如时间、速度、距离等，并且还希望能方便实时查看。应用市场上现存很多运动方面的 App，均可以提供这些数据。但是，跑步时通常穿运动服，不方便携带手机，而且需要打开手机才能看见数据。为了解决这一实际问题，本项目基于 Arduino 开发一款运动手环，其方便小巧，适合跑步时使用。

64.2　创新描述

创新点：国内的同类产品主要有小米手环、华为手环，苹果 iWatch 等，这些产品功能较为广泛，没有针对某一特定功能进行设计。

64.3　功能及总体设计

本部分包括功能介绍、总体设计和模块介绍。

64.3.1　功能介绍

智能运动手环的主要功能是实时显示跑步时间、速度、加速度、所处地区的时间、经纬度、户外温度。其中，跑步时间、加速度和温度可以显示在手环显示屏上；GPS 获得的速度、经纬度以及所在地区时间由蓝牙模块传输到手机。

64.3.2　总体设计

本部分包括整体框架、系统流程和系统总电路。

1. 整体框架

整体框架如图 64-1 所示。

2. 系统流程

系统流程如图 64-2 所示。

3. 系统总电路

系统总电路及 Arduino UNO 开发板引脚如图 64-3 所示。

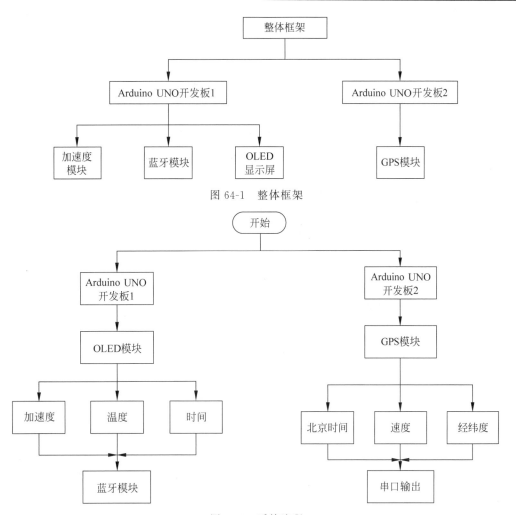

图 64-1 整体框架

图 64-2 系统流程

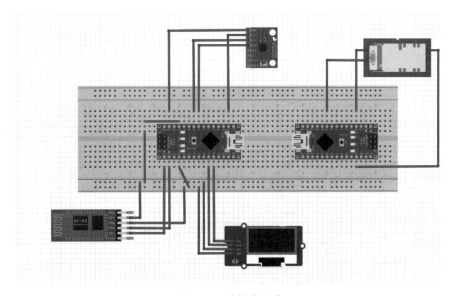

图 64-3 系统总电路

如图 64-4 所示，GPS 正极 VCC 连接 Arduino UNO 开发板 5V，接地线连接 GND 端，TXD 端连接 7 引脚。

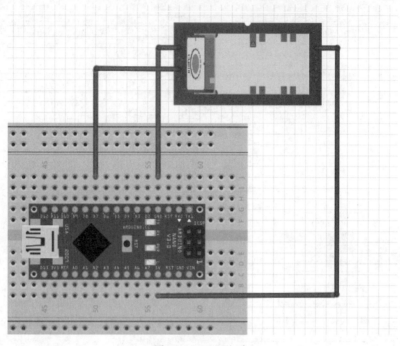

图 64-4　GPS 电路

图 64-5 显示 MPU6050 电路连接，GND 连接 Arduino UNO 开发板 GND，VCC 连接 5V，SCL 连接模拟输入端 A5，SDA 连接模拟输入端 A4。

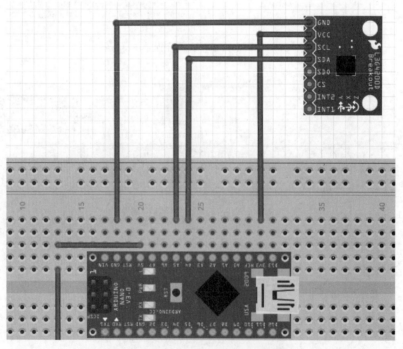

图 64-5　MPU6050 电路连接

图 64-6 为蓝牙模块电路连接。蓝牙模块 VCC 连接 5V 正极，GND 连接 Arduino UNO 开发板 GND，蓝牙 TXD 连接 Arduino UNO 开发板数据传输端 RXD，蓝牙 RXD 连接 Arduino UNO 开发板数据接收端 TX1。

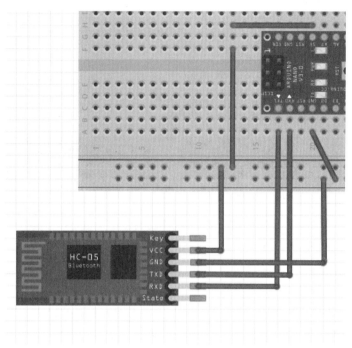

图 64-6　蓝牙模块电路连接

图 64-7 为 OLED 电路连接、VCC 连接 5V 正极，GND 连接 Arduino UNO 开发板 GND，SCL 连接数字数据传输端 8 引脚，SDA 连接数字数据传输端 9 引脚。

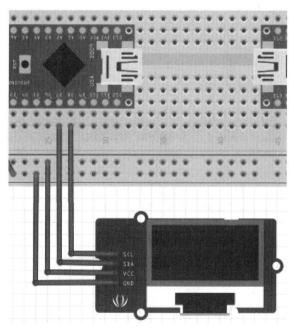

图 64-7　OLED 电路连接

64.3.3　模块介绍

本项目包括 OLED 模块和蓝牙模块。下面分别给出各模块的功能、电路图和相关代码。

1. OLED 模块

该模块的功能是完成时间、温度、加速度显示。相关代码见"代码 64-1"。

2. 蓝牙模块

采用安卓上的一款蓝牙调试 App——蓝牙串口助手，打开手机上的蓝牙便可按照 App 的指示进行连接。连接后根据代码在 App 上输入字符 A，Arduino UNO 开发板便将数据通过蓝牙发送到手机端进行显示，蓝牙 App 界面如图 64-8 所示。

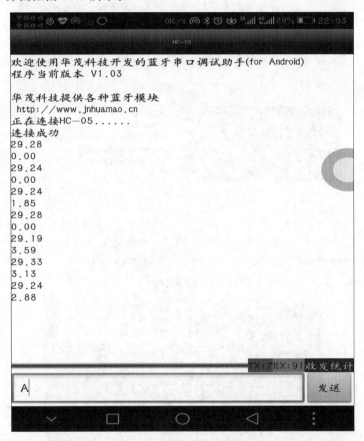

图 64-8　蓝牙 App 界面

蓝牙模块本身有一个问题，就是在连入电路时不能上传代码。为了能够解决此问题，只能先断开蓝牙模块，然后再上传代码。因此，在做外部封装时，给蓝牙的 VCC 端引出一根导线，让它断开，上传完代码再连入电路，相当于做一个开关解决这一问题。

64.4　产品展示

整体外观如图 64-9 所示，内部结构如图 64-10 所示。

图 64-9　整体外观

图 64-10　内部结构

64.5　元器件清单

完成智能手环元器件清单如表 64-1 所示。

表 64-1　智能手环元器件清单

模　　块	元器件/测试仪表	数　　量
OLED 显示	杜邦线	若干
	OLED 0.96 寸显示屏	1 个
	MPU6050 加速度模块	1 个
	HC-06 蓝牙模块	1 个
	Arduino UNO 开发板	1 个
GPS 串口打印	杜邦线	若干
	NEO-6MGPS 模块	1 个
	Arduino UNO 开发板	1 个
	GPS 定位天线	1 个
外观部分	硬纸板	若干
	胶水	若干

## 第 65 章

复古式游戏机和自制小游戏

65.1 项目背景

20 世纪 90 年代,经典的掌机、俄罗斯方块、赛车等小游戏风靡全球,本项目决定做一款复古式游戏机。游戏机利用按键来控制游戏的操作,画面复古感很强,同时设计了一款小游戏,融合了复古与创新。

65.2 创新描述

从项目开发的费用上看,本项目相比于国内外常见的掌机价格要便宜近五分之一,有非常大的价格优势;尽管画面不是很精致,但是游戏代入感很强,音质也很好。

65.3 功能及总体设计

本部分包括功能介绍、总体设计和模块介绍。

65.3.1 功能介绍

游戏机用户事先下载好游戏代码于 SD 卡中,进入游戏后就可以通过按键控制游戏中的人物进行各种操作。

设计思想是"避免碰撞"。玩家通过按键可以操控游戏中的人物左移、右移、跳起(上跳、左跳、右跳)、向左跑动、向右跑动来避免游戏中随机出现的各种障碍物。屏幕左上方会显示该局游戏从开始到目前的时间。一旦游戏人物与障碍物发生"碰撞"(即位图的重叠),则宣告本局结束,弹出界面"You died",并显示本局经历的时间。如果游戏进行过程中,玩家要去做其他事情,可以按下暂停键,游戏暂停。除了上述游戏内部的功能外,本项目还可以通过封装好的函数来查看 CPU 的使用率和可用 RAM 的大小。

65.3.2 总体设计

本部分包括整体框架、系统流程和系统总电路。

1. 整体框架

整体框架如图 65-1 所示。

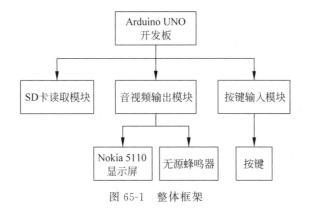

图 65-1　整体框架

2. 系统流程

系统流程如图 65-2 所示。

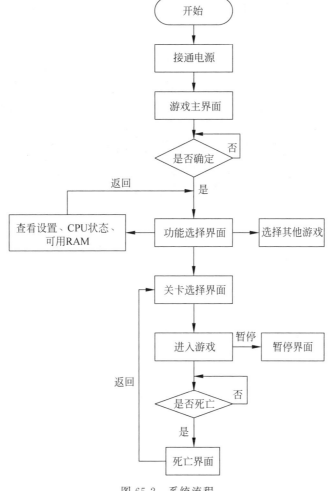

图 65-2　系统流程

接通电源以后,进入游戏主界面,按下确定键,进入功能选择界面。功能一,进入关卡选择界面;功能二,查看可用 RAM、CPU 使用率和按键设置;功能三,选择其他游戏。当选择功能,进入关卡选择界面,可选定四个关卡中的一个,进入游戏;在游戏未结束之前,可以选择按下暂停键,此时游戏暂停,进入暂停界面;如果玩家死亡,进入死亡界面,返回则重新进入关卡选择界面。

3. 系统总电路

系统总电路如图 65-3 所示,引脚连线如表 65-1～表 65-4 所示。

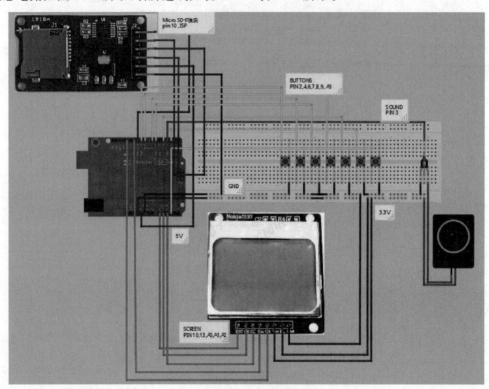

图 65-3　系统总电路

表 65-1　开发板与显示屏连线

Arduino UNO 开发板引脚	A0	A1	A2	11	13	3.3V	3.3V	GND
Nokia 5110 显示屏	RST	CE	DC	DIN	CLK	VIN	BL	GND

表 65-2　开发板与 SD 卡连线

Arduino UNO 开发板引脚（ISP）	MOSI	MISO	SCK	10	5V	GND
microSD 卡模块	MOSI	MISO	SCK	CS	VCC	GND

表 65-3　开发板与按键连线

Arduino UNO 开发板引脚	8	9	7	6	4	2	A3
按键	LEFT	UP	RIGHT	DOWN	A	B	C

表 65-4　开发板与蜂鸣器连线

Arduino UNO 开发板引脚	3
蜂鸣器驱动模块	S8050 基极

65.3.3　模块介绍

本项目主要包括主程序模块、map()函数模块和 play()函数模块。下面分别给出各部分的功能和相关代码。

1. 主程序模块

void setup()函数主要是对 Gamebuino 进行初始化,并且显示游戏主界面的内容,同时定义本项目所需的一些变量并赋初始值。void loop()函数主要是功能菜单界面的定义以及相应功能的代码实现。

通过调用 play()和 map()函数,实现不同关卡中的游戏操作。游戏主界面如图 65-4 所示;功能选择菜单如图 65-5 所示;图 65-6 可以查看 CPU 的使用率以及可用 RAM 的大小,按 b 键返回;图 65-7 是查看不同按键对应的操作。

图 65-4　游戏主界面

图 65-5　功能选择菜单

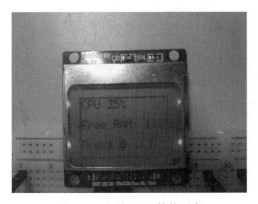

图 65-6　查看 CPU 等使用率

图 65-7　不同按键对应的操作

相关代码见"代码 65-1"。

2. map()函数模块

map()函数模块的主要功能是定义关卡菜单界面,可使用左右按键来切换不同关卡(一共有 4 个关卡),并用 A 按键进入对应的游戏关卡中。

相关代码见"代码 65-2"。

3. play()函数模块

play()函数的主要功能是定义游戏中的一些具体操作。

第一种情况,玩家活着并且游戏没有暂停。这时,定义游戏中人物的一些操作,例如左移、右移、跳起、跑动等；定义随机出现的障碍物，例如流星从上往下移动（仅 y 轴坐标发生变化）、箭矢从左向右移动（仅 x 轴坐标发生变化）、球的移动；定义游戏中人物如何死亡，即人物的位图与障碍物的位图发生重叠（即碰撞）。在该情况下，有四种关卡可供选择，每种关卡的位图通过封装好的函数 gb. display. drawBitmap()画出。

第二种情况，玩家活着且游戏被暂停。此时，显示暂停界面的内容。

第三种情况，玩家死亡。此时，显示死亡界面的内容，通过按键 B 返回选择菜单。

相关代码见"代码 65-3"。

65.4 产品展示

整体外观如图 65-8 所示，左边的面包板接有无源蜂鸣器和七个按钮开关，中间较大的是 Arduino UNO R3 开发板，较小的为 SD 卡模块，右边面包板接入的是 Nokia 5110 屏。整体外观如图 65-8 所示。关卡选择显示如图 65-9 所示。游戏显示界面如图 65-10 所示。游戏功能界面如图 65-11 所示。

图 65-8 整体外观

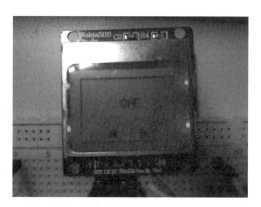

图 65-9　关卡选择显示

图 65-10　游戏界面

图 65-11　游戏功能界面

65.5　元器件清单

完成复古式游戏机和自制小游戏元器件清单如表 65-5 所示。

表 65-5　复古式游戏机和自制小游戏元器件清单

序　号	名　　称	数　量
1	Arduino UNO 开发板	1 个
2	Nokia 5110 屏	1 个
3	SD 卡模块	1 个
4	SD 卡	1 个
5	无源蜂鸣器	2 个
6	按钮开关	7 个
7	电阻 1kΩ	1 个
8	NPN 型三极管	1 个

## 第 66 章

射 击 对 决

66.1 项目背景

项目灵感来源于《反恐精英》,这是一款真人 CS 游戏。生活中去真人 CS 店玩一次游戏一般消费不菲,而且有时间限制,不一定能尽兴。为了能随时随地体验真人 CS 游戏效果,制作一款基于 Arduino 的枪战游戏。

66.2 创新描述

本项目使用红外线作为发射的子弹,当玩家被击中时,压电元素会发声表示被击中。由于"子弹"是红外线,所以有一个有趣的现象,发射的"子弹"可能会在某些镜面物体上发生反射,但是这个问题并不会产生困扰,反而会增加游戏的趣味性和娱乐性。

66.3 功能及总体设计

本部分包括功能介绍、总体设计和模块介绍。

66.3.1 功能介绍

本项目为每支枪预设了 6 发子弹,当 6 发子弹用光以后,会发声提示"子弹耗尽,玩家需要重新装弹",每位玩家被击中三次以后就会死亡。只要枪支数量足够且条件允许,这个游戏可以支持无上限人数一起开战。

当用完枪支内所填充子弹后,若继续射击,枪支有很大概率自毁,蜂鸣器发声。当玩家被击中次数大于或等于规定次数时,判定玩家失败,枪支自毁,蜂鸣器发声。当枪支自毁后,等同于玩家退出游戏。此时,玩家继续扣动射击按钮或者被其他子弹射中都视为无效。枪支自毁以后,需要按下重启按钮才可重新加入游戏。

游戏玩家人数大于 3 人时,可以选择混合作战或者双方对决模式。混合作战模式下,每位玩家各自为战,保全自己,击毙对手;双方对决模式下,将玩家分为两个阵营,同一阵营玩家之间的流弹不会对自己人产生伤害,即避免误伤。

66.3.2 总体设计

本部分包括整体框架、系统流程和系统总电路。

1. 整体框架

整体框架如图 66-1 所示。

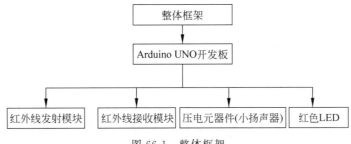

图 66-1 整体框架

2. 系统流程

系统流程如图 66-2 所示。

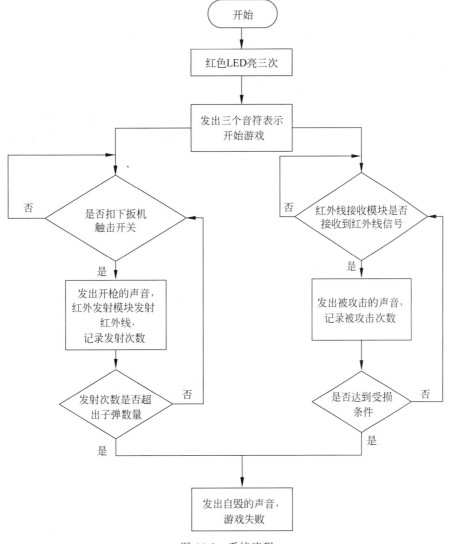

图 66-2 系统流程

3. 系统总电路

系统总电路如图 66-3 所示。红色 LED 正极接 13 引脚,蜂鸣器正极接 12 引脚,红外接收器正极接 2 引脚,红外 LED 正极接 3 引脚,单极开关连接 4 引脚。按下开关,4 引脚检测电压变化,控制红色发光二极管闪烁一次并且控制红外管工作,发射携带编码信息的红外线,同时蜂鸣器发声。

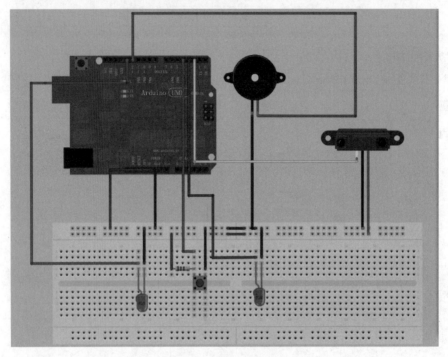

图 66-3 系统总电路

当接收到红外信号时,接收器解码,翻译接收信息,发光二极管闪烁一次,根据解码获得的信息,蜂鸣器发出不同的声音。

66.3.3 模块介绍

本项目主要包括光传感测试、红外线接收处理模块和红外线发射模块,下面分别给出各部分的功能、元器件、电路图和相关代码。

1. 光传感测试

红外线无处不在,必须在红外线到达传感器模块之前,过滤掉不是以特定频率发出的光线,为进一步处理做准备。首先,设置端口,用红色 LED 作为光传感器,检测周围环境的光照强度,将读数显示到串口显示器上。一般刚启动时的第一个读数总是格外高,所以跳过第一个读数。当读数跳到超出基线 5% 时,启动一个循环。该循环检测接下来的两个读数,根据监测到的读数输出相应的信息。光传感测试电路如图 66-4 所示。

相关代码见"代码 66-1"。

2. 红外线接收处理模块

要处理的红外线是以 38kHz 的频率发射的。以二进制的形式传输数据,为玩家进行编号,前 4 位代表编号,后 4 位表示行为动作,一共 8 位。如果进行双方对战,不想让队友的子弹给对方造成伤害时,只需要对代码稍作改动,例如加一个 if 条件判断语句,编号属于乙方阵营则不触发击中效果。

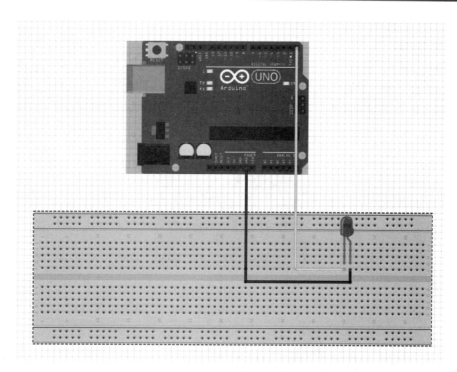

图 66-4　光传感测试电路

　　设置不同的弹药,对玩家造成的伤害不同。当玩家人数增加时,需要一个游戏上帝,可以进行复活、升级、重置弹药等操作。要识别这么多的操作,需要能正确解析接收到的红外信号。红外线接收处理电路如图 66-5 所示。

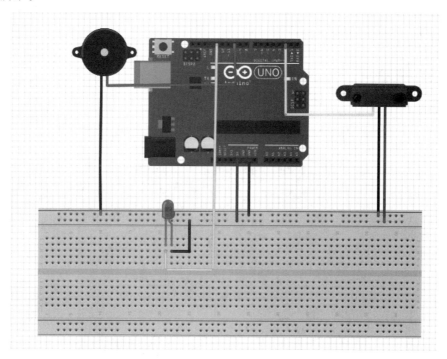

图 66-5　红外线接收处理电路

相关代码见"代码 66-2"。

3. 红外线发射模块

当游戏者扣动扳机时，进行一次射击，当枪开火时应该发出开火声音。每把枪只能进行 6 次安全射击，当超出次数时，会自毁。这部分代码需要添加一个用来表示发射信号结束的阈值，用于帮助终止来自这一区域中任何远程控制装置的错误的信号读取操作。红外线发射电路如图 66-6 所示。

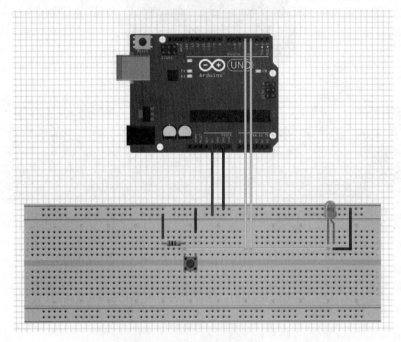

图 66-6　红外线发射电路

相关代码见"代码 66-3"。

66.4　产品展示

整体外观如图 66-7 所示。

图 66-7　整体外观

66.5 元器件清单

完成射击对决元器件清单如表 66-1 所示。

表 66-1 射击对决元器件清单

模　　块	元器件/测试仪表	数　　量
核心部分	导线	若干
	杜邦线	若干
	红外线发射模块	2个
	Arduino UNO 开发板	2个
	红外线接收模块	2个
	9V 电源	2个
	导线	若干
	杜邦线	若干
	微型面包板	4个
	LED	2个
	按压开关	2个
	蜂鸣器	2个
外观部分	亚克力板	若干
	溶胶枪	1个
	溶胶棒	若干

## 第 67 章

手势控制 Arduino 操控计算机

67.1 项目背景

日常生活中,在玩计算机游戏时常会遇到用鼠标操作游戏体验不佳的情形;当授课或演讲等用到屏幕投影时,尽管 PPT 翻页笔能实现翻页等基本功能,但还是需要不停返回计算机前操作。为了安全,通常会给计算机设置较长的密码,每次都要花一些时间输入,还很有可能输错。为了解决这些问题,本项目设计了用手势控制的 Arduino 操作计算机组件,组件可感应用户手势并输出为鼠标信号,不仅可以增强操作体验,还可以有效替代鼠标这类需要依托载体(鼠标垫)的操作工具;同时针对游戏场景,还设计了可用摇杆进行前后左右操控的组件,可以作为游戏的操作中心使用。

67.2 创新描述

运用了 TELESKY MFRC-522 RFID 射频 IC 卡感应模块,让计算机更加安全,再也不用担心文件泄露。相比一般的 PPT 翻页笔,本项目应用了 GY-521 MPU6050 模块、三维角度传感器 6DOF、三轴加速度计、电子陀螺仪,能够控制切换视角,也适用于计算机游戏。

67.3 功能及总体设计

本部分包括功能介绍、总体设计和模块介绍。

67.3.1 功能介绍

本项目主要分为手势控制鼠标轨迹、RFID 感应解锁计算机、摇杆控制前后左右和快捷键组(按键输入)。利用三维角度传感器,实现游戏内视角的移动、屏幕投影时挥动手臂即可移动鼠标等功能;利用 Arduino 模拟键盘的功能,使按键开关控制计算机发出不同的输出信号;利用遥感传感器控制光标在计算机上的移动,并配合按键输入,达到初步控制计算机的功能;对 IC 卡进行感应,类似于开锁系统,当特定的 IC 卡被感应到时,才能解锁计算机。

67.3.2　总体设计

本部分包括整体框架、系统流程和系统总电路。

1. 整体框架

整体框架如图 67-1 所示。

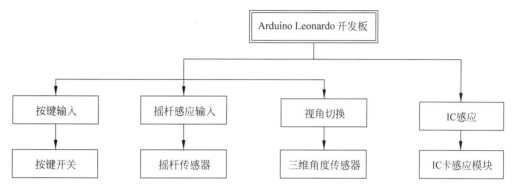

图 67-1　整体框架

2. 系统流程

系统流程如图 67-2 所示。连接计算机之后，先进行 IC 卡认证，登入计算机后可进行三种操作：按键输入、摇杆输入和三维角度输入。判断三种操作的初始状态是否被改变，如果是，则执行相应的功能，反之则返回。因为设置了延时，所以在执行功能时需要判断是否执行完毕，如果是则回到功能分类主界面，如果不是则继续执行，直到结束。

3. 系统总电路

系统总电路如图 67-3 和图 67-4 所示。

图 67-3 为总电路图中的 IC 卡验证电路，当使用正确的卡刷过 RFID-RC522 时，会自动向计算机输入解锁密码，不用再进行烦琐的密码输入，并且不用担心密码会被泄露。

图 67-4 是控制电路的核心部分。按键开关和 Leonardo 开发板的 2～9 引脚连接，共 8 个按键实现不同的功能。摇杆主要通过控制鼠标的光标来实现功能，而三维角度传感器用于拓展功能，使本产品不仅适用于办公，而且可以用于游戏娱乐，主要是一些需要切换视角的游戏（例如射击类游戏），所以它将实现主视角的切换功能。

67.3.3　模块介绍

本项目主要包括按键模块、三维角度传感器、摇杆模块、IC 感应模块及主程序模块。下面分别给出各部分的功能、元器件、电路图和相关代码。

1. 按键模块

本模块通过设置端口检测按键输入，以启动计算键盘。元器件包括按键开关、Arduino Leonardo 开发板，数字按键模块接线如图 67-5 所示。

电阻与按键开关相连的引脚接数字引脚，电阻的另一引脚接地，开关的另一引脚接正极。正极接5V，地线接 GND。

相关代码见"代码 67-1"。

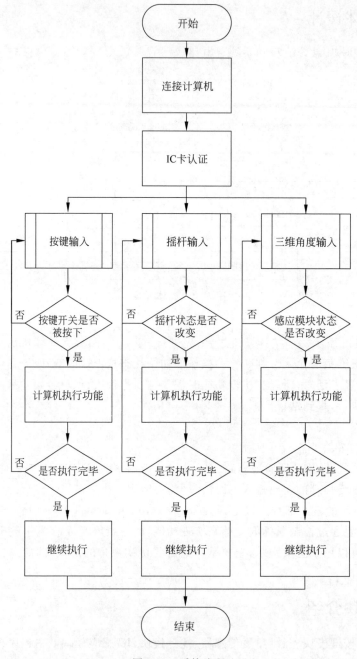

图 67-2　系统流程

2. 三维角度传感器

三维角度传感器主要作用是扩展功能,适用于游戏,能够切换主视角。MPU6050 是一种非常流行的空间运动传感器芯片,可以获取元器件当前的三个加速度分量和三个旋转角速度。SDA 接口对应的是 A4 引脚,SCL 对应的是 A5 引脚。MPU6050 需要 5V 的电源,可由 Arduino UNO 开发板直接供电。三维角度传感器电路如图 67-6 所示,引脚连接如表 67-1 所示。

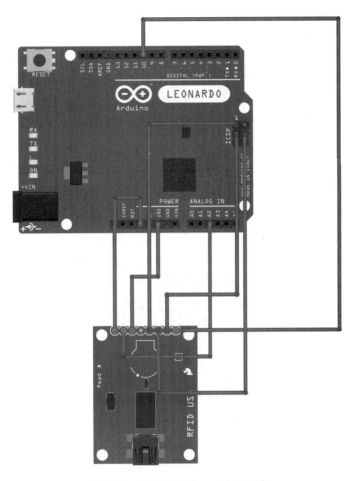

图 67-3 系统总电路——验证电路

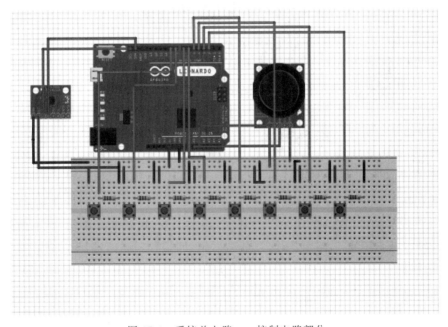

图 67-4 系统总电路——控制电路部分

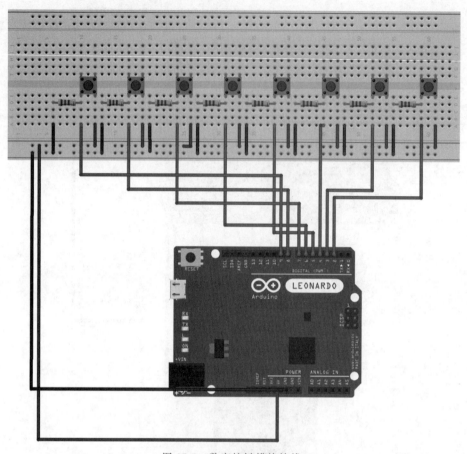

图 67-5 数字按键模块接线

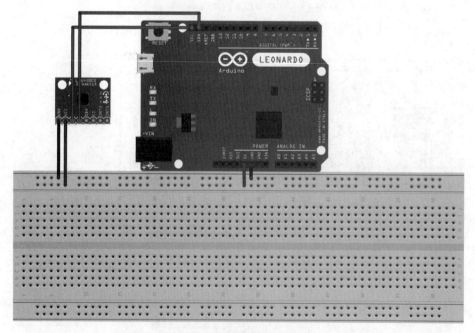

图 67-6 三维角度传感器电路

表 67-1　引脚连接

Arduino	L3G4200D Breakout	Arduino	L3G4200D Breakout
SDA	SDA	5V	VCC
SCL	SCL	GND	GND

相关代码见"代码67-2"。

3. 摇杆模块

该模块的功能用于控制鼠标的光标,可以和按键部分结合用于计算机办公,也可以和三维角度传感器结合,更好地完成对游戏操作的控制。摇杆模块电路如图 67-7 所示,引脚连线如表 67-2 所示。

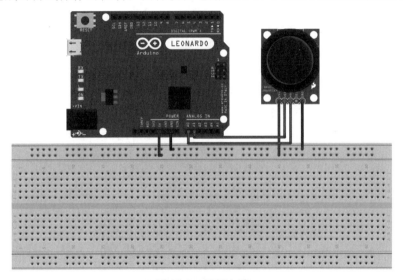

图 67-7　摇杆电路

表 67-2　引脚连接

Arduino UNO 开发板	Thumb Joystick	Arduino UNO 开发板	Thumb Joystick
GND	GND	A1	VER
5V	VCC	A0	HOF

相关代码见"代码67-3"。

4. IC 感应模块

IC 感应用于计算机的解锁,方便保护隐私,并能省去输入密码的麻烦。开发板与认证模块连接如图 67-8 所示,连线如表 67-3 所示。

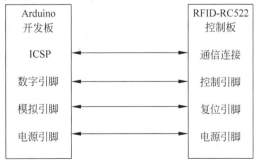

图 67-8　Arduino UNO 开发板与认证模块连接

表 67-3　引脚连接

Arduino UNO 开发板	RFID-RC522	Arduino UNO 开发板	RFID-RC522
10	SDA	ICSP-1	MISO
3V3	3.3V	ICSP-4	MOSI
A2	RST	ICSP-3	SCK
GND	GND		

相关代码见"代码 67-4"。

5. 主程序模块

相关代码见"代码 67-5"。

67.4　产品展示

整体外观如图 67-9 所示，IC 感应模块如图 67-10 所示，摇杆模块如图 67-11 所示，三维角度传感器功能实现如图 67-12 所示，按键部分功能实现如图 67-13 所示。

图 67-9　整体外观

图 67-10　IC 感应模块

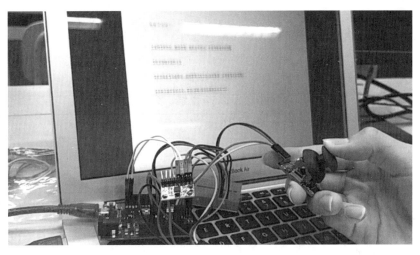

图 67-11 摇杆模块

图 67-12 三维角度传感器功能实现

图 67-13 按键部分功能实现

67.5　元器件清单

完成手势控制 Arduino 操控计算机元器件清单如表 67-4 所示。

表 67-4　手势控制 Arduino 操控计算机元器件清单

模　　块	元器件/测试仪表	数　　量
按键部分	按键开关	若干
	杜邦线	若干
	面包板	1个
	Arduino Leonardo 开发板	1个
IC 认证部分	TELESKY MFRC-522 RFID 射频 IC 卡感应模块	1个
	S50 复旦卡	1个
	导线	若干
摇杆部分	双轴按键摇杆传感器	1个
	杜邦线	若干
	Arduino Leonardo 开发板	1个
三维角度传感器	GY-521 MPU6050 模块	1个
	杜邦线	若干
	面包板	1个

## 第 68 章

蓝牙智能机器人

68.1 项目背景

随着计算机技术、微电子技术、网络技术的快速发展,机器人技术也得到了飞速发展。除了工业机器人水平不断提高之外,各种用于非制造业的先进机器人系统也有了长足的进展。机器人技术代表了机电一体化技术的最高研究成果,涉及机械工程、电子技术、计算机技术、自动控制理论及人工智能等多门学科,是当代科学技术发展最活跃的领域之一。机器人的研究、制造和应用程度,是一个国家或公司科技水平和经济实力的象征。目前,国际上许多大公司都在竞相研制各类先进机器人,向人们展示其实力。针对当前形势,本项目决定以遥控车为基础,开发一款能实现人机互动,加入蓝牙模块,用手机和 PC 端对小车进行控制。在此基础上,增加了两个舵机,实现手臂的摆动控制,成为一个真正的机器"人"。

68.2 创新描述

创新点:在蓝牙小车的基础上又加上舵机,使小车本身不仅可以遥控方向,还可以遥控两个舵机,使小车做出不同的动作。在人机互动方面,可以采取遥控小车"过障碍比赛"的形式,或者采取蓝牙小车机器人"足球比赛"的形式等,互动方式多样,趣味性强。而且蓝牙模块的加入,使遥控更便捷,只需下载一个蓝牙串口,就相当于人人都有一个"遥控器",非常方便。

68.3 功能及总体设计

本部分包括功能介绍、总体设计和模块介绍。

68.3.1 功能介绍

本项目设计的蓝牙智能机器人在 PC 端通过 sscom42 串口进行调试(也可以通过 Android 手机上的蓝牙串口 SPP 软件进行调测)。通过发送已设定的不同字母或者符号来控制机器人的动作,实现机器人的前进、后退、左转、右转、前进一步、后退一步、左转一步、右转一步、左手(左侧舵机)向上/下、右手(右侧舵机)向上/下、左手上下摆动、右手上下摆动等功能。

68.3.2 总体设计

本部分包括整体框架、系统流程和系统总电路。

1. 整体框架

整体框架如图 68-1 所示。

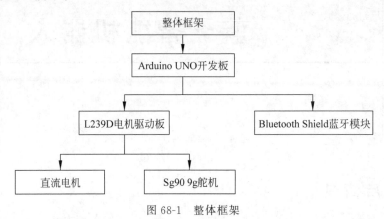

图 68-1　整体框架

2. 系统流程

系统流程如图 68-2 所示。接通电源以后，连接蓝牙，通过蓝牙发送代表命令的 ASCII 码，判断码值与 if 中的情况是否吻合。若与某一情况吻合，执行相应代码，在外表现为执行相应动作；若没有找到与其符合的情况则无动作。

3. 系统总电路

系统总电路及 Arduino UNO 开发板引脚连线如图 68-3 所示。

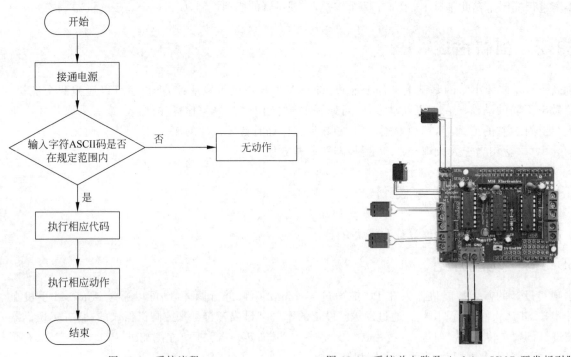

图 68-2　系统流程　　　　　图 68-3　系统总电路及 Arduino UNO 开发板引脚连线

如图 68-3 所示，开发板并未将 Arduino UNO 开发板和蓝牙板画出，是因为 L239D、蓝牙模块和 Arduino UNO 开发板是通过排针相互连接的。

图 68-3 着重点在于电机和舵机模块,它们连接到 Arduino UNO 开发板相应的引脚,通过开发板的代码来实现其功能。其中,舵机有三条线,其与电机驱动板接线如下:左侧舵机 SER1 分别接 VCC、S、GND;右侧舵机 SERVO_2 分别接 VCC、S、GND;上侧电机分别接 M1 和 M2;下侧电机分别接 M4 和 M5。

图 68-4 的蓝牙模块是通过设置跳帽的方式改变其模式并控制 RX 和 TX 传送和接收数据。

图 68-4　蓝牙模块

68.3.3　模块介绍

本项目主要包括主程序模块、电机模块和舵机模块。下面分别给出各部分的功能、元器件、电路图和相关代码。

1. 主程序模块

设定能使电机和舵机函数开始执行的条件,以及串口通信的频率,主要使用 Arduino UNO 开发板。

相关代码见"代码 68-1"。

2. 电机模块

通过调用 AFMotor 库文件来对电机进行编程设计。使用 AF_DCMotor(motor♯, frequency)创建 AF_DCMotor 对象来设置电机 H 桥和制动。构造器带有两个参数,motor♯ 是要连接的电机 1~4 引脚;frequency 是电机转速控制量,电机 1 和 2 可以选择 MOTOR12_64kHz、MOTOR12_8kHz、MOTOR12_2kHz 或 MOTOR12_1kHz。

通过 setSpeed(speed)设置电机的速度,speed 范围为 0(停止)到 255(全速)。调用 run(direction),direction 可为 FORWARD、BACKWARD 或者 RELEASE,通过这三个状态的不同搭配,实现小车的前进、后退等基本操作。

通过 if 语句判断输入的符号,如果满足条件则执行相应的语句。例如,当输入"w"时,key 的值为 119,满足判断条件 key >=30 && key <=122,则执行电机向前转动的语句,此时小车将以设定好的速度前行。

相关代码见"代码 68-2"。

3. 舵机模块

通过 9 和 10 引脚将舵机连到 Arduino 开发板上,调用 Servo 库以及它包含的类成员函数来控制舵机旋转角度,从而控制舵机的动作。servo 类有以下函数:

```
attach();                  //连接舵机,设定舵机的引脚
write();                   //角度控制,用于设定舵机旋转角度,可设定的角度范围是 0°~180°
```

相关代码见"代码 68-3"。

68.4　产品展示

整体外观如图 68-5 所示,内部结构如图 68-6 所示。车顶最底部是电池盒,上一层是 Arduino UNO 开发板,再上一层是蓝牙模块,顶层是电机驱动板 L293D,底下两侧固定电机,上面两侧打两个洞,固定两侧舵机。

图 68-5　整体外观

图 68-6　内部结构

68.5　元器件清单

完成蓝牙智能机器人元器件清单如表 68-1 所示。

表 68-1　蓝牙智能机器人元器件清单

模　　块	元器件/测试仪表	数　　量
蓝牙模块	导线	若干
	Stackable Bluetooth Shield	1 个
	Arduino UNO 开发板	1 个
	驱动板 L293D	1 个
	直流电机	2 个
	9G 舵机	2 个
	电池盒	1 个
	3.7V 可充电电池	2 个
外观部分	纸板	1 个
	螺钉	4 个
	A4 纸打印	1 张

第 69 章

CHAPTER 69

万能遥控器

69.1　项目背景

　　生活中红外遥控器随处可见,空调、电视等常见家用电器都采用红外遥控的方式。红外遥控的特点是不影响周边环境、不干扰其他电器设备,由于其无法穿透墙壁,故不同房间的家用电器可使用通用的遥控器而不会产生相互干扰;且其电路调试简单,只要按给定电路连接无误,一般不需任何调试即可投入工作;编解码容易,可进行多路遥控。因此,红外遥控在家用电器、室内近距离(小于 10m)遥控中得到了广泛的应用。而每一种电器都需要特定的遥控器,需要的遥控器很多而且非常烦琐,故本项目希望能够实现一种能够控制多种电器的万能遥控器。

69.2　创新描述

　　对于电视、空调等厂家生产封装好的电器,通过红外接收头接收信号并解码,然后设计的万能遥控器可发送解码红外信号实现对电器的控制。

　　创新点:市场上的红外遥控器都是针对某一种特定的电器,而不能同时控制多种电器,本项目可实现自主添加和选择想要控制的电子产品。

69.3　功能及总体设计

　　本部分包括功能介绍、总体设计和模块介绍。

69.3.1　功能介绍

　　本作品主要包括以下功能:家用遥控器红外信号的接收与解码,并自主组合为自定义遥控器;遥控器可查看周围实时温湿度,并通过液晶屏显示;超声波测距通过红外遥控控制开关与显示,8×8 点阵红外控制播放;蓝牙通信实现七彩灯。

69.3.2　总体设计

　　本部分包括整体框架、系统流程和系统总电路。

1. 整体框架

整体框架如图 69-1 所示。

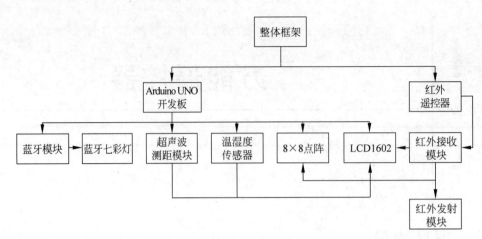

图 69-1　整体框架

2．系统流程

系统流程如图 69-2 所示。

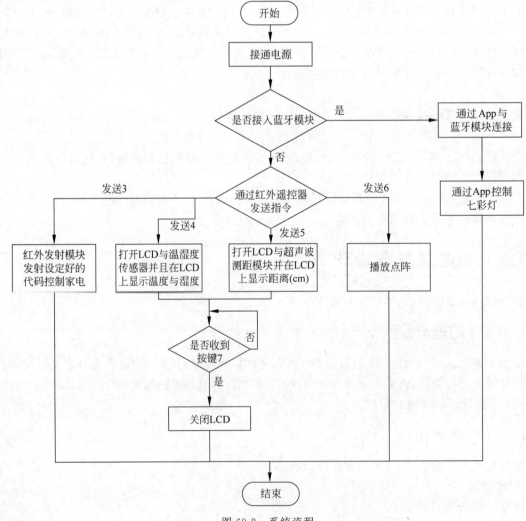

图 69-2　系统流程

3. 系统总电路

系统总电路如图 69-3 所示；引脚连线如表 69-1 所示。

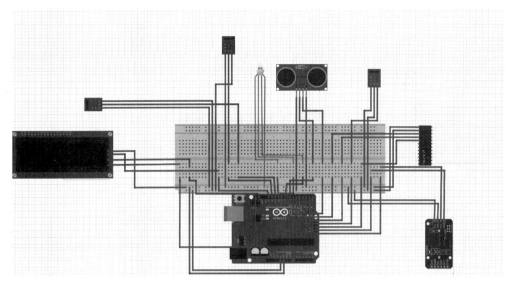

图 69-3　系统总电路

表 69-1　引脚连线

元 器 件	引 脚	Arduino 开发板对应引脚
蓝牙模块	TXD	0
	RXD	1
8×8 点阵	CLK	2
	CS	4
	PIN	5
IR Transmitter	DAT	3
超声波模块	ECHO	6
	TRIG	7
RGB 模块	R	8
	G	9
	B	10
IR Receiver	DAT	11
DHT11	DAT	12
	VCC	13
LCD1602	SDA	SDA
	SCL	SCL

69.3.3　模块介绍

本项目主要包括五个模块：红外信号接收与发射（测试）模块、红外信号接收与发射（控制）模块、LCD1602 和蓝牙七彩灯。下面分别给出各部分的功能、元器件、电路图和相关代码。

1. 红外信号接收与发射（测试）

红外接收端口监测红外信号的输入，红外接收头收到信号再解码；红外发射将需要发射的信息写在程序中，满足条件时发射红外信号。元器件包括 IR Receiver、IR Transmitter Arduino UNO 开发板。红外信号接收与发射模块电路与实物如图 69-4 所示。

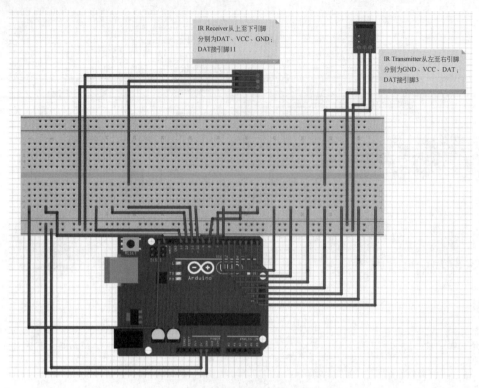

IR Receiver从上至下引脚分别为DAT、VCC、GND；DAT接引脚11

IR Transmitter从左至右引脚分别为GND、VCC、DAT；DAT接引脚3

(a) 红外模块电路

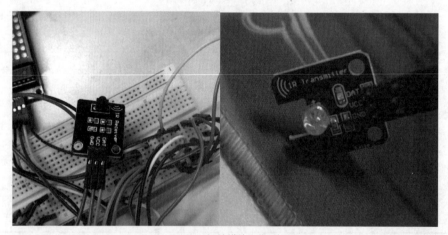

(b) 红外模块实物

图 69-4　红外信号接收与发射模块电路与实物

相关代码见"代码 69-1"。

2. 红外信号接收与发射（控制）

通过红外接收头收集其他遥控器和主遥控器所需按键的红外编码，将功能信息与编码一一对应。主遥控器按下按键，Arduino UNO 开发板上的红外接收头收到信息，红外发射头将对应的信息发出，分别由万能遥控器遥控电视、风扇、空调,控制电器如图 69-5 所示。

图 69-5　控制电器

相关代码见"代码 69-2"。

3. LCD1602

通过遥控器发送信号完成对当前周围温湿度的采集及超声波测距,并通过 Arduino UNO 开发板处理后在 LCD1602 屏幕上显示出来。点阵播放设定好的内容"学好程设,风光无限"。

在本次实验中,按下按键 4 屏幕会显示温湿度;按下按键 5 屏幕会显示超声波测距;按下按键 7 屏幕会关闭;按下按键 6 会播放点阵。功能模块实物如图 69-6 所示。

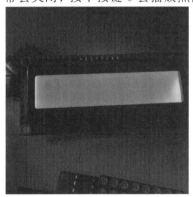

(a) 超声波测距的LCD显示　　　　　(b) 温湿度LCD显示　　　　　(c) 控制点阵播放

(d) 温湿度模块　　　　　(e) 超声波模块

图 69-6　功能模块实物

相关代码见"代码69-3"。

4. 蓝牙七彩灯

通过手机App与蓝牙模块进行连接，App控制七彩灯颜色的变化，蓝牙实现数据的传输。蓝牙App及控制如图69-7所示。

图69-7　蓝牙App及控制

相关代码见"代码69-4"。

69.4　产品展示

整体外观如图69-8所示，最终演示效果如图69-9所示。

图69-8　整体外观

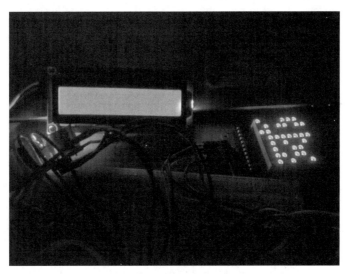

图 69-9　最终演示效果

69.5　元器件清单

完成万能遥控器元器件清单如表 69-2 所示。

表 69-2　万能遥控器元器件清单

模　　块	元　器　件	数　　量
红外接收发射	CarMP3 红外遥控器	1个
	IR Receiver	1个
	IR Transmitter	1个
蓝牙七彩灯	七彩灯 RGB	1个
	ZS-040 蓝牙模块	1个
LCD 相关展示及点阵	LCD1602	1个
	DHT11 温湿度传感器	1个
	HC-SR04 超声波模块	1个
	8×8 单色点阵	1个
其他	Arduino UNO 开发板	1个
	杜邦线	若干
	面包板	1个
	安卓手机	1个

第70章
CHAPTER 70

多功能闹钟

70.1 项目背景

现今社会,人们的生活节奏越来越快,想在最短时间内尽可能做最多的事情,最大效率地利用时间,而随着移动终端和互联网的发展,社会进入了信息爆炸的时代,人们想尽可能多地接收信息。因此,本项目基于 Arduino 制作一款多功能闹钟,帮助人们提高时间利用率。

70.2 创新描述

通过点触式开关或者在计算机上使用串口监视器调节时间,设定闹钟实现各种功能;同时借助 DS3231 自带的备用电源,保证在切断电源以后时钟的时间也能正常计算。

创新点:代码中自带历法的计算功能,可以自动调节设置合适的日期;闹钟的设定可精确到秒,最大效率地利用时间;闹钟 1 和闹钟 2 分别包括不同精度下的不同模式,包括单月内某天时分秒识别、星期时分秒识别、时分秒识别、分秒识别、秒识别等多种模式。

70.3 功能及总体设计

本部分包括功能介绍、总体设计和模块介绍。

70.3.1 功能介绍

在程序中分别设定两个闹钟的多种模式,并且设定了时钟调节相关功能,操作者可以通过点触式开关选择需要使用的闹钟功能,或者进行时间的调节。

70.3.2 总体设计

本部分包括整体框架、系统流程和系统总电路。

1. 整体框架

整体框架如图 70-1 所示。

2. 系统流程

系统流程如图 70-2 所示。

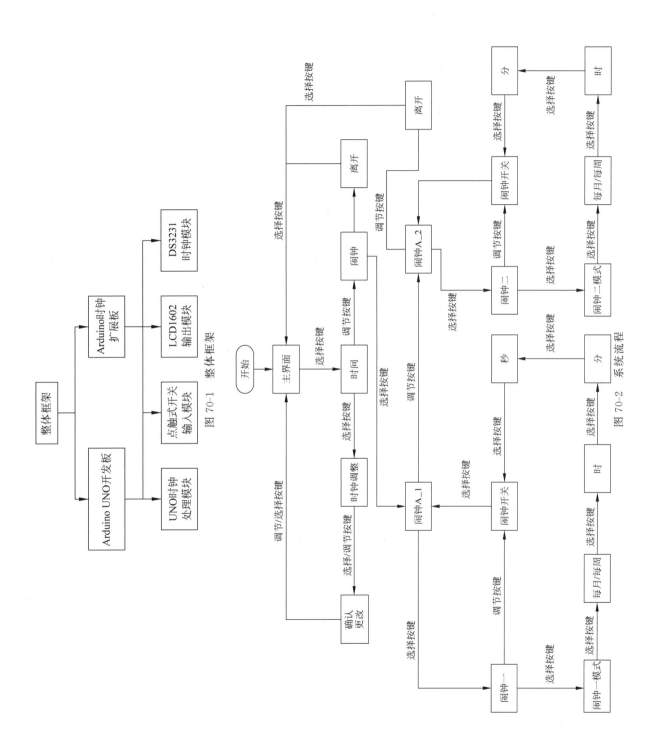

图 70-1　整体框架

图 70-2　系统流程

接通电源以后,首先通过按键和调节按键来选择时间调整或者闹钟设定,其次通过调节按键和选择按键选择不同的闹钟模式,调节想要的时间,最后通过选择按键和调节按键返回主界面,流程结束。

3. 系统总电路

系统总电路及 Arduino UNO 开发板引脚如图 70-3 所示。

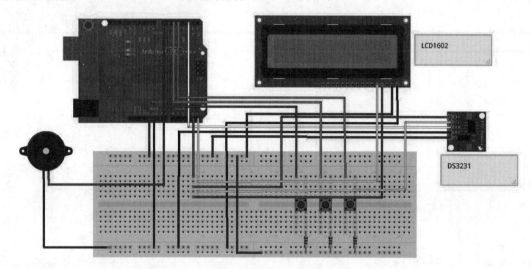

图 70-3　系统总电路

如图 70-3 所示,VCC 以及地线分别引到面包板上;5V 与 DS3231 的 5V、LCD1602 的 VCC 相连; GND 与 LCD1602 的 GND 和 DS3231 的 GND 连接;SDA 为串行数据输入,A4 与 DS3231 的 SDA 和 LCD1602 的 SDA 相连;SCL 为串行时钟输入,A5 与 DS3231 的 SCL 和 LCD1602 的 SCL 相连;2 引脚 与 DS3231 的 SQW 连接起中断作用;4~6 引脚分别连接三个开关以及外接电阻,然后连接至 VCC 产 生高电平,借助三个开关实现调节功能;7 引脚与蜂鸣器连接并连接到地线,最后由 LCD1602 进行 输出。

70.3.3　模块介绍

本项目主要包括控制模块、DS3231 时钟模块和 LCD 输出处理模块。下面分别给出各部分的功能、 元器件、电路图和相关代码。

1. 控制模块

开关连接 VCC 和 Arduino UNO 开发板,通过电压变化进行信号输入,从而实现调节功能。元器 件包括 3 个点触式开关、3 个电阻、面包板、Arduino UNO 开发板。控制模块接线如图 70-4 所示。

连线说明:5V 和 GND 连接到面包板形成正负极;4~6 引脚分别连接 3 个开关,然后连接下拉电 阻到正极。

相关代码见"代码 70-1"。

2. DS3231 时钟模块

时钟模块检测串口监视器或开关处的时间输入,保证时间正常前行,在设置时间时起中断作用,便 于设定时间,检测时间是否与闹钟设定一致,并作出反应。元器件包括 DS3231。时钟功能开发板上的 DS3231 模块如图 70-5 所示。

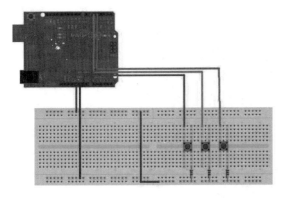

图 70-4　控制模块接线　　　　　　　　　　图 70-5　时钟功能开发板上的 DS3231 模块

连线说明：参照总电路图，DS3231 的 SQW 端连接到 2 引脚产生中断作用；SCL 与 A5 和 LCD1602 的 SCL 连接；SDA 与 A4 和 LCD1602 的 SDA 连接；VCC 连接 5V；GND 连接到 GND。

相关代码见"代码 70-2"。

3. LCD 输出处理模块

通过 DAT 进行数据输入，CLK 进行时钟输入，将来自开关和 DS3231 的输入信号在 Arduino UNO 开发板中进行处理，在 LCD 上进行显示，并由蜂鸣器做出反馈。元器件包括 Arduino UNO 开发板、面包板、LCD1602、蜂鸣器。输出电路原理如图 70-6 所示。

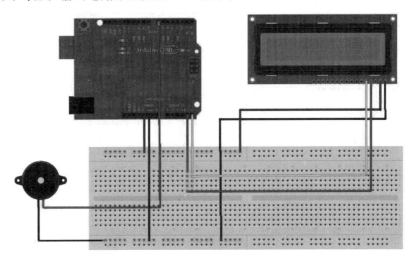

图 70-6　输出电路原理

连线说明：7 引脚连接到蜂鸣器的正极，蜂鸣器负极通过面包板连接到 GND；LCD1602 的 VCC 连接到 5V，LCD1602 的 GND 连接到 GND，LCD1602 的 SCL 连接到 A5，LCD1602 的 SDA 连接到 A4。

相关代码见"代码 70-3"。

70.4　产品展示

整体结构如图 70-7 所示。左上方是 Arduino UNO 开发板，4～6 引脚连接到面包板上 3 个开关；LCD1602 与 DS3231 的 VCC、GND、SDA、SCL 对应地连接到 Arduino UNO 开发板上；7 引脚和 GND

连接到蜂鸣器处。

图 70-7　整体结构

70.5　元器件清单

完成多功能闹钟元器件清单如表 70-1 所示。

表 70-1　多功能闹钟元器件清单

模　　块	元器件/测试仪表	数　　量
控制模块	导线	若干
	杜邦线	若干
	点触式开关	3 个
	Arduino UNO 开发板	1 个
DS3231 模块	导线	若干
	杜邦线	若干
	DS3231	1 个
	面包板	1 个
	排针	若干
输出模块	LCD1602	1 个
	LCD 转接器	1 个
	蜂鸣器	1 个

## 第 71 章

语音控制的机械臂

71.1　项目背景

现实生活中,尤其是在校园宿舍内,大家都在床上休息,下床关灯是一件比较麻烦的事,不关灯导致电力资源的极大浪费。于是,本项目开发一个基于 Arduino 语音控制开关灯的机械臂,并添加一些其他实用的功能,使校园生活智能化。

71.2　创新描述

创新点:通过语音来实现指令的传送,使得操作机械臂更加容易和便捷;将代码烧录到 Arduino MEGA 2560 开发板中,用语音控制机械臂的动作;外接一个锂电池盒,可以在任何地方操控该机械臂;而且本项目完成了用语音识别模块控制 SD 卡模块播放音频的功能,从而可实现人机对话。

71.3　功能及总体设计

本部分包括功能介绍、总体设计和模块介绍。

71.3.1　功能介绍

用户可以通过语音输入事先编入舵机代码中的指令,控制该机械臂的左转、右转、抬头、低头和抓取等动作。当不方便语音输入时,用户也可以通过手机上名为 Amarino 的蓝牙 App,与机械臂的蓝牙模块连接,发送语言指令来操控机械臂。另外,为了使得机械臂更有娱乐性,将一段跳舞的代码编入舵机中,发出"嗨"的指令,机械臂就可以表演一段和音乐相配的动作。另外,向语音识别模块发送指令,可以控制 SD 卡播放模块播放音频,从而实现简单的人机对话。

71.3.2　总体设计

本部分包括整体框架、系统流程和系统总电路。

1. 整体框架

整体框架如图 71-1 所示。

2. 系统流程

系统流程如图 71-2 所示。接通电源后,语音模块开始初始化,如果有语音输入,则 Arduino 开发板

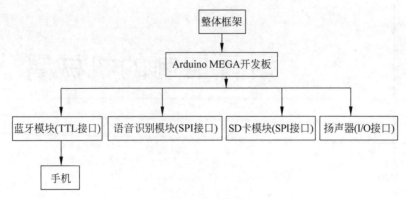

图 71-1　整体框架

开始处理该语音指令，根据语音指令的不同，Arduino 开发板指挥舵机或者 SD 卡模块进行相对应的动作，然后机械臂就可以正常地工作，或者扬声器可以播放相应的音频文件。如果没有语音输入，而有蓝牙指令输入的时候，Arduino 开发板处理来自手机蓝牙的各个指令来指挥舵机工作。

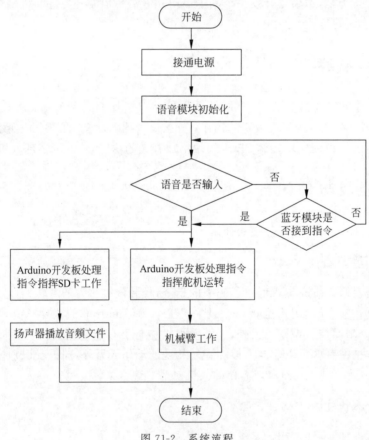

图 71-2　系统流程

3. 系统总电路

系统总电路如图 71-3 所示。

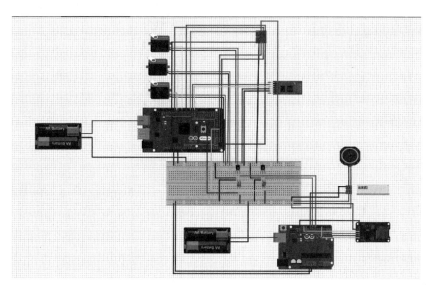

图 71-3 系统总电路

71.3.3 模块介绍

本项目主要包括语音识别控制、SD卡、蓝牙和反相放大模块。下面分别给出各部分的功能、元器件、电路图和相关代码。

1. 语音识别控制模块

语音识别控制模块通过设置语音识别口令,控制舵机进行不同的动作,控制 SD 卡中音频的播放,实现对话功能。元器件包括语音识别模块、Arduino MEGA 2560 开发板以及 3 个舵机。语音识别模块电路如图 71-4 所示,语音识别模块连线如表 71-1 所示,舵机连线如表 71-2 所示。

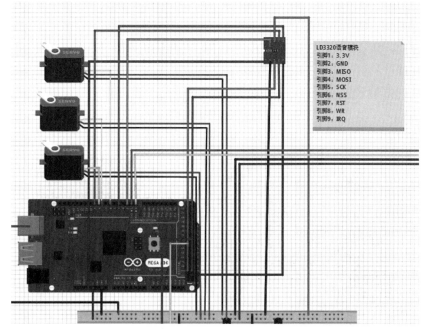

图 71-4 语音识别模块电路

表 71-1　语音识别模块连线

语 音 模 块	Arduino MEGA 2560 开发板	语 音 模 块	Arduino MEGA 2560 开发板
3.3V	3.3V	GND	GND
MISO	50	RST	9
MOSI	51	IRQ	2
SCK	52	WR	GND
NSS	4		

表 71-2　舵机连线

舵　机	Arduino MEGA 2560 开发板
1	5V/GND/6
2	5V/GND/7
3	5V/GND/8

相关代码见"代码 71-1"。

2. SD 卡模块

该模块收到 Arduino MEGA 2560 开发板的信号后，读取 SD 卡中音效 afm 文件并播放，可检查 wav 文件是否存在。元器件包括 SD 模块、Arduino UNO 开发板、功放板、小扬声器。SD 卡模块电路如图 71-5 所示，SD 卡模块连线如表 71-3 所示，功放板连线如表 71-4 所示。

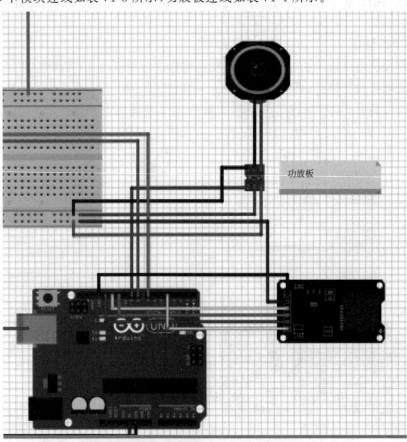

功放板

图 71-5　SD 卡模块电路

表 71-3　SD 卡模块连线

SD 卡模块	Arduino UNO 开发板
VCC	5V
MISO	12
MOSI	11
SCK	13
CS	4
GND	GND

表 71-4　功放板连线

功 放 板	Arduino UNO 开发板
VCC	5V
GND	GND
Rin	9
GND(2)	GND
L	扬声器正极
GND(3)	扬声器负极

相关代码见"代码 71-2"。

3. 蓝牙模块

通过蓝牙模块与手机蓝牙的连接,实现手机软件控制机械臂的基本动作。元器件包括蓝牙模块、舵机、面包板、Arduino MEGA 2560 开发板。蓝牙模块电路如图 71-6 所示,蓝牙模块连线如表 71-5 所示。

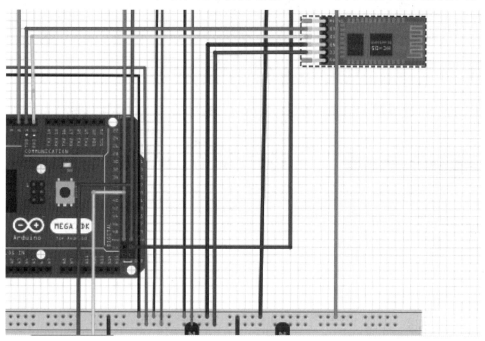

图 71-6　蓝牙模块电路

表 71-5　蓝牙模块连线

蓝 牙 模 块	Arduino MEGA 2560 开发板	蓝 牙 模 块	Arduino MEGA 2560 开发板
VCC	3.3V	TX	RX0
RX	TX0	GND	GND

相关代码见"代码 71-3"。

4. 反相放大模块

想要使用 Arduino MEGA 2560 开发板的输出作为 Arduino UNO 开发板的输入来实现语音控制音频的播放,从而实现对话功能。然而 Arduino 开发板的输出电流太小,不能使输入引脚达到高电平,因此使用反相放大电路实现对输出信号的放大,来实现控制功能。元器件包括 NPN 三极管 S8050、

4.7kΩ 电阻若干、10kΩ 电阻若干。反向放大器电路如图 71-7 所示，反向放大器模块连线如表 71-6 所示。

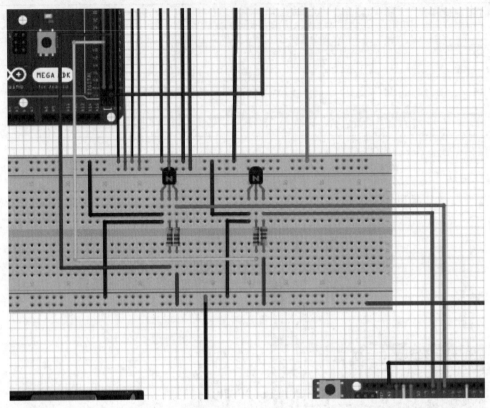

图 71-7　反向放大器电路

表 71-6　反向放大器模块连线

Arduino 开发板	反向放大器
Arduino MEGA 2560 38	NPN 三极管(1)集电极
Arduino UNO 8	NPN 三极管(1)基极
Arduino UNO GND	NPN 三极管(1)发射极
Arduino MEGA 2560 GND	NPN 三极管(1)发射极
Arduino MEGA 2560 39	NPN 三极管(2)集电极
Arduino UNO 7	NPN 三极管(2)基极
Arduino MEGA 2560 GND	NPN 三极管(2)发射极
Arduino UNO GND	NPN 三极管(2)发射极

71.4　产品展示

整体外观如图 71-8 所示。左侧是机械臂实体部分；中间的元器件是 Arduino MEGA 开发板，负责输入信号的处理；下方的元器件是蓝牙模块，通过面包板与 Arduino MEGA 开发板相连。图中的面包板负责将各个模块与 Arduino 开发板连接起来，并且通过一个反相放大电路将 Arduino MEGA 开发板的输出电压增大，为 Arduino UNO 开发板提供满足要求的电压。语音识别模块 LD3320 也通过面包板与 Arduino MEGA 开发板相连。图中右上方的锂电池盒为产品提供独立电源。Arduino UNO 开发板用于处理给 SD 卡模块下达的语音指令。

图 71-8　整体外观

71.5　元器件清单

完成语音控制的机械臂元器件清单如表 71-7 所示。

表 71-7　语音控制的机械臂元器件清单

模　　块	元器件/测试仪表	数　　量
指令输入	手机蓝牙 App	1个
	蓝牙模块	1个
	语音控制模块 LD3320	1个
	5V 锂电池盒	1个
	杜邦线	若干
语音指令处理	USB 线	2个
	杜邦线	若干
	面包板	1个
	5V 锂电池盒	1个
	Arduino MEGA 开发板	1个
	Arduino UNO 开发板	1个
	4G SD 卡	1个
	功放板	1个
	4.7kΩ 电阻	1个
	10kΩ 电阻	1个
	NPN S8050 三极管	1个
外观部分	机械臂	1个
	扬声器	1个

## 第 72 章

外卖箱系统

72.1　项目背景

随着人们的生活越来越忙碌,很多人没有充足的时间吃饭,于是越来越多的人选择订外卖来解决问题。人们对外卖的需求量越来越大的同时,质量要求也越来越高。例如,有的顾客对外卖的温度有要求,有的顾客对送餐时间有要求。然而现在的外卖服务并不能让顾客查看到外卖的实时情况。

72.2　创新描述

送餐人员开启外卖箱后,通过手机蓝牙连接外卖箱的蓝牙模块,顾客通过 App 接收到以一定频率发送外卖的实时温度以及位置等信息。

目前流行的外卖类 App 只能向用户提供送餐员的位置信息,而不能提供关于外卖食物本身的信息。本项目设计的智能外卖箱则可以做到既向用户提供外卖的位置信息,又向用户提供外卖的温度等信息。在人们对外卖质量要求越来越高的今天,这种智能外卖箱有机会开辟出一定的市场。

72.3　功能及总体设计

本部分包括功能介绍、总体设计和模块介绍。

72.3.1　功能介绍

将外卖箱接通电源后,与 Arduino 开发板连接的温湿度模块、GPS 模块分别接收外卖箱内的温湿度信息、外卖箱的地理位置信息及当前时间信息。Arduino 开发板将接收到的信息处理后,可读的信息实时显示在与 Arduino 开发板相连的 LCD 显示屏幕上。同时,将处理过的信息发送到与其相连的蓝牙模块上。送餐员的手机 App 通过蓝牙可接收到处理过的信息。一方面,App 将接收到的信息显示在送餐员的手机上;另一方面,将数据通过网络上传到服务器端。服务器端接收到数据后,顾客的手机 App 便可以从服务器端提取数据并将信息显示出来。实现顾客对外卖箱内温度及外卖箱位置的实时监测。

72.3.2　总体设计

本部分包括整体框架、系统流程和系统总电路。

1．整体框架

整体框架如图 72-1 所示。

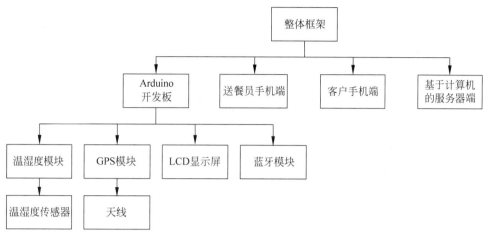

图 72-1　整体框架

2．系统流程

系统流程如图 72-2 所示。智能外卖箱接通电源后，信息接收处理部分开始工作，LCD 显示屏上开始显示经 Arduino 开发板处理过的温湿度和位置信息。若送餐员手机的蓝牙与蓝牙模块连接，则送餐员手机端的 App 界面会以一定的频率刷新外卖箱温湿度和位置信息。

若送餐人员按下 App 界面上的 send1 键，则该 App 通过蓝牙控制与 Arduino 开发板相连的蜂鸣器；若按下 send2 或 send3 键，则向服务器端发送接收到的最新数据或全部数据。然后，服务器端将接收到的数据向客户手机端发送，并在手机 App 界面显示出来。

若客户通过 App 发送消息 AA 或 AB，则向服务器端请求最新数据或全部数据，服务器端向送餐员手机端发送请求并接收最新数据或全部数据。然后，服务器端将接收到的数据向客户手机端发送，并在 App 界面进行显示。

3．系统总电路

系统总电路如图 72-3 所示，元器件引脚连线如表 72-1 所示。

72.3.3　模块介绍

本项目主要包括信息接收处理和数据传输模块。下面分别给出各部分的功能、元器件和相关代码。

1．信息接收处理

通过温湿度模块接收温湿度信息、通过 GPS 模块接收位置信息和时间信息，并将这些信息经过 Arduino 开发板处理后显示在 LCD 显示屏上。同时，Arduino 开发板将处理后的信息发送到蓝牙模块，以便外部设备通过蓝牙模块接收信息。

相关代码见"代码 72-1"。

2．数据传输部分

本部分包括送餐员手机端 App、客户端手机 App 和服务器端。

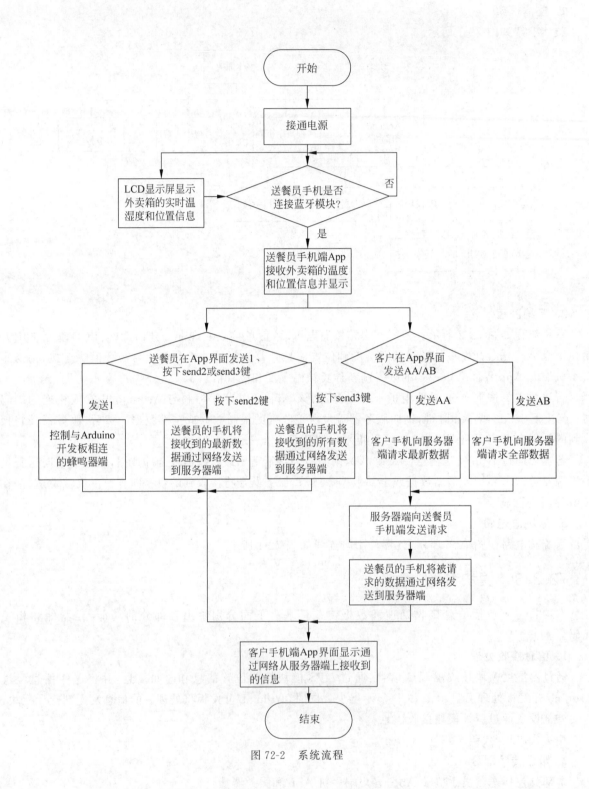

图 72-2　系统流程

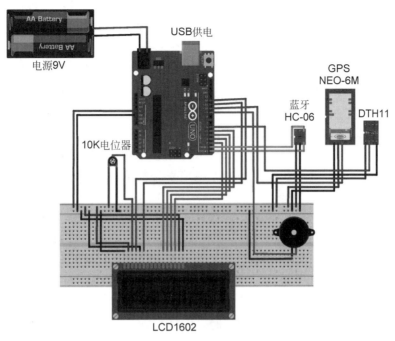

图 72-3　系统总电路

表 72-1　元器件引脚连线

模　　块	元器件引脚	连接引脚（未说明元器件的为 Arduino UNO 开发板的引脚）
LCD1602 模块	VSS	GND
	VDD	5V
	V0	10K 电位器滑动端
	RS	12
	RW	GND
LCD1602 模块	E	11
	D4	5
	D5	4
	D6	3
	D7	2
	A	GND
	K	5V
蓝牙 HC-06 模块	VCC	5V
	GND	GND
	RXD	1
	TXD	0
NEO-6M GPS 模块	VCC	5V
	GND	GND
	TXD	10
DTH11 模块	VCC	5V
	GND	GND
	OUT	6

续表

模　　块	元器件引脚	连接引脚（未说明元器件的为 Arduino UNO 开发板的引脚）
蜂鸣器	VCC	9
	GND	GND
10K 电位器	VCC	5V
	VSS	GND
	滑动端	V0（LCD1602）

1）送餐员手机端 App

通过蓝牙接收与 Arduino 开发板相连的蓝牙模块发送的信息，并以一定频率将最新信息显示在 App 界面上。

App 界面上有 3 个按键，分别为 send、send2 和 send3。按下 send 键并在界面输入"1"时，可通过蓝牙向 Arduino 开发板发送控制蜂鸣器的信息；按下 send2 键，则 App 通过网络将最新接收到的数据发送到服务器端上；按下 send3 键，则 App 通过网络将接收到的所有数据发送到服务器端上。

相关代码见"代码 72-2"。

2）客户手机端 App

当送餐员手机端 App 主动发送外卖箱信息时，客户端 App 从服务器端接收送餐员手机 App 发送的信息，并显示在客户端手机 App 界面上。

客户端 App 通过 send 键向界面输入并发送"AA"时，向服务器端索取最新一次的信息，并在界面上显示出来；向界面中输入并发送"AB"时，向服务器端索取全部信息，并在界面上显示出来。

相关代码见"代码 72-3"。

3）服务器端

作为送餐员手机端 App 与客户端 App 的信息中转站，通过网络在二者之间传递信息，以实现两客户端之间远距离传输信息。

相关代码见"代码 72-4"。

72.4　产品展示

整体外观如图 72-4 所示；服务器端开发界面如图 72-5 所示；送餐员手机 App 界面如图 72-6 所示；客户端手机 App 界面如图 72-7 所示。

图 72-4　整体外观

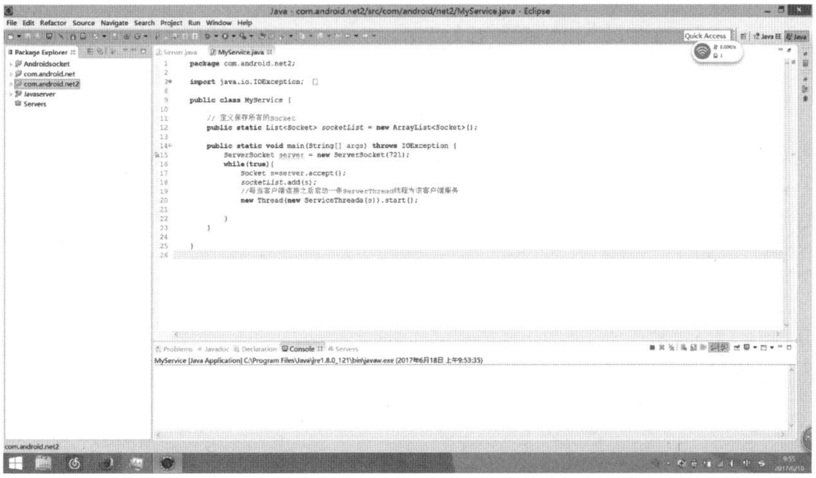

图 72-5　服务器端开发界面

图 72-6　送餐员手机 App 界面

图 72-7　客户端手机 App 界面

72.5　元器件清单

完成外卖箱系统元器件清单如表 72-2 所示。

表 72-2　外卖箱系统元器件清单

元件/测试仪表	数　量	元件/测试仪表	数　量
LCD1602 屏	1个	面包板	1个
蓝牙 HC-06 蓝牙模块	1个	蜂鸣器	1个
NEO-6M GPS 模块	1个	10kΩ 电位器	1个
DTH11 温湿度模块	1个	杜邦线	若干
Arduino UNO 开发板	1个		

## 第 73 章

多功能蓝牙时钟

73.1 项目背景

手机的普及率越来越高,几乎人人都配备手机来保持联络。但是,老人可能并不习惯随时携带手机,或者不习惯经常性地拿出手机阅读消息,因此有时不能及时联系到他们。另外,有些人工作时不想被手机消息所打扰,但又不想错过关键的来电或短信。本项目设计一款基于 Arduino 开发板和蓝牙通信的桌面多功能蓝牙时钟(Time Box),当 Android 手机来电或收到消息时在时钟屏幕上显示来电人或者相关消息,而手机不在身边时也可以得到通知,兼备其他有趣、有用的功能。

73.2 创新描述

自主设计开发 Android App,具有各项实用功能,操作简单,可与蓝牙硬件通信。该 App 能够实现实时的来电和短信监听,让用户不错过任何来电和短信。本项目还实现了创意 LED 点阵涂鸦、音乐播放、定时闹钟以及世界天气查询等功能。

73.3 功能及总体设计

本部分包括功能介绍、总体设计和模块介绍。

73.3.1 功能介绍

外部输出部分由一块 LED 多色点阵、一块 LCD1602 屏幕以及 MP3 音乐播放器组成,可显示当前时间及手机端的来电人信息和短信内容,LED 可显示不同图案。采用 DS1302 时钟芯片校正时钟,在 LCD 显示屏上显示时间。设置定时闹钟,MP3 播放模块可在预设时间播放音乐。点阵涂鸦,Android 手机 App 有一个交互界面,用户可以通过该界面自行设计 LED 点阵图案和颜色。将音乐文件(MP3 文件)提前保存在 SD 卡或 U 盘中,可由 App 控制播放音乐。

73.3.2 总体设计

本部分包括整体框架、系统流程和系统总电路。

1. 整体框架

整体框架如图73-1所示。

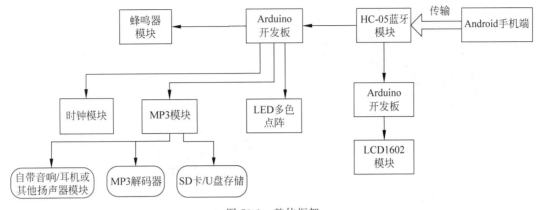

图 73-1　整体框架

2. 系统流程

系统流程如图73-2所示。

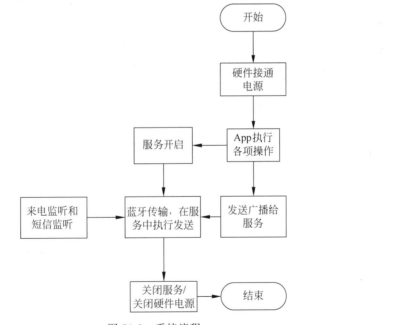

图 73-2　系统流程

接通电源后,一旦登录App,服务就开启了,HC-05蓝牙模块和Android手机端的Socket连接,来电监听和短信监听也置于后台服务(Service)中,Android App的其他操作将需要发送给Arduino开发板的信息通过广播发送到Service的广播接收器中,然后在Service中发送。切断硬件电源或者在Android手机上将服务终止,则工作流程结束。

3. 系统总电路

系统总电路如图73-3所示;主机和从机Arduino开发板引脚连线如表73-1和表73-2所示。

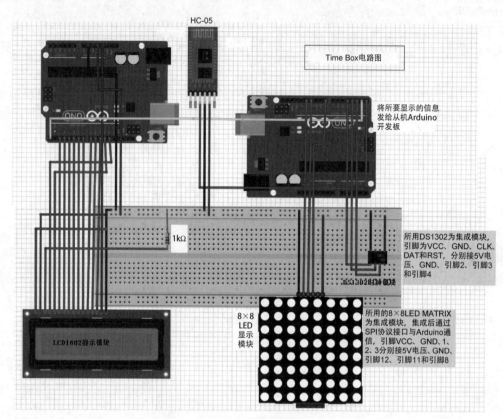

图 73-3　系统总电路

表 73-1　主机 Arduino 开发板引脚连线

模　　块	元器件引脚	主机 Arduino 开发板对应引脚
蓝牙模块	TX	RX
	VCC	5V
	GND	GND
音乐模块	VCC	13
	GND	GND
8×8 LED 点阵模块	VCC	VCC
	GND	GND
	SPI 1	12
	SPI 2	11
	SPI 3	8
从机 Arduino 开发板	RX	TX

表 73-2　从机 Arduino 开发板引脚连线

模　　块	元器件引脚	从机 Arduino 开发板对应引脚
LCD1602 显示模块	RS	12
	R/W	11
	VSS	GND
	VCC	5V
	VL	GND
	E	D2
	D0	3
	D1	4
	D2	5
	D3	6
	D4	7
	D5	8
	D6	9
	D7	10
	BLK	GND
	BLA	3V
主机 Arduino 开发板	TX	RX

73.3.3　模块介绍

本项目主要包括 Android App 模块、LED 显示模块、LCD1602 显示模块、DS1302 时钟模块、MP3 解码模块和 HC-05 蓝牙模块。下面分别给出各模块的功能、元器件、电路图和相关代码。

1. Android App 模块

采用线性布局(Linear Layout)。打开 App 首先出现登录界面,当前只需账号和密码登录,登录的同时开启后台服务。

1) 蓝牙后台连接及发送

蓝牙模块采用 Socket 通信,从蓝牙模块地址获取蓝牙设备,再通过蓝牙设备获取 Socket 客户端。Socket 不能重复获取,也不能重复连接,对于 Socket 的操作都要作异常处理。

建立一个总的服务 Service,只要活动开启或者曾经开启,在未关闭 Service 时,Service 便处于开启状态。蓝牙连接只需要在开启服务的同时也开启蓝牙连接,将所有的发送任务全部置于 Service 中,需要发送的字符串通过广播的方式发送给 Service,Service 中建立一个广播接收器接收即可。

相关代码见"代码 73-1"。

2) 菜单界面

菜单界面如图 73-4 所示。菜单上方为 logo 及当前日期和时间;目前有 5 个菜单选项,其中 Voice Box 是在其他 4 个功能的基础上的拓展;菜单下方有音乐播放器的开关按钮,可以控制播放音乐。

相关代码见"代码 73-2"。

3) 闹钟设置界面

单击 SET TIME 按钮可以选择 24 小时中的任一时刻,在最上方显示当前选择,还可以自定义闹钟在一周中的哪些天开启,单击 SAVE 按钮可保存当前设置,并将设置信息通过蓝牙传输给 Arduino 开发板。目前,只支持设置一个闹钟。单击 CLEAR ALARM 按钮可将当前闹钟清除。利用 SharedPreferences

轻量级数据库存储已保存的闹钟信息。闹钟设置界面如图73-5所示，左图为虚拟机界面。

图73-4　菜单界面　　　　　　　　　　　图73-5　闹钟设置界面

相关代码见"代码73-3"。

4）涂鸦点阵界面

涂鸦点阵界面如图73-6所示，以矩阵的形式排布了8×8的按钮点阵，在下方选择颜色，然后单击上方矩阵，按键则变为所选择的颜色，可以选用不同的颜色图案。单击CLEAR按钮清屏并退出当前活动；单击SAVE按钮可以保存当前的涂鸦设计，并通过蓝牙把矩阵信息传输给Arduino开发板，在LED多色点阵上显示。

相关代码见"代码73-4"。

5）天气显示界面

互联网上有很多可以获取天气信息的API接口，采用http://openweathermap.org提供的API接口，注册账号之后，就可以通过城市名或城市ID访问到那个城市的天气信息，包括当前天气、3h天气预报以及7天天气预报等。在文本框里输入城市名称（英文），单击SEARCH按钮，通过URL联网获取信息，API接口返回JSON格式的数据，在Android端进行格式解析后就可以在手机屏幕上进行显示，也可以通过蓝牙发送给硬件屏幕显示。天气显示界面如图73-7所示。

相关代码见"代码73-5"。

2. LED 显示模块

接收来自蓝牙模块的输入信息，利用视觉暂留效应点亮整个点阵屏，从而实现涂鸦、天气、音乐等预置图案和自定义图案的显示。元器件包括LED显示模块电路、8×8 RGB LED显示屏、RGB MATRIX驱动板和Arduino开发板，LED显示模块电路如图73-8所示。显示效果如图73-9所示。

相关代码见"代码73-6"。

3. LCD1602 显示模块

接收来自Arduino开发板的指令，完成时间、天气、来电和短信的显示。元器件包括LCD1602显示屏和Arduino开发板，LCD1602显示模块电路如图73-10所示。

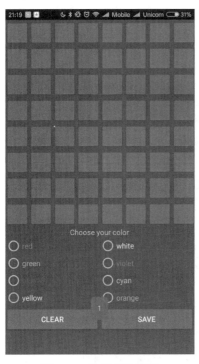

图 73-6　涂鸦点阵界面

图 73-7　天气显示界面

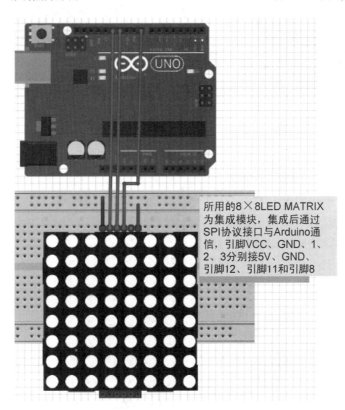

图 73-8　LED 显示模块电路

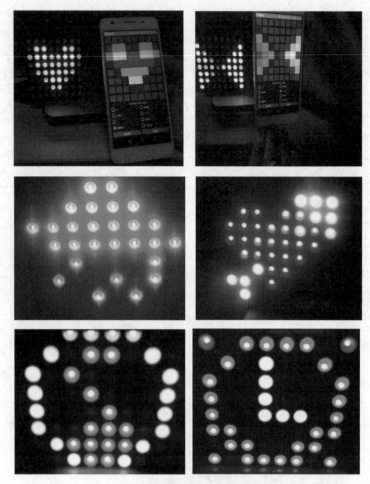

图 73-9　显示效果

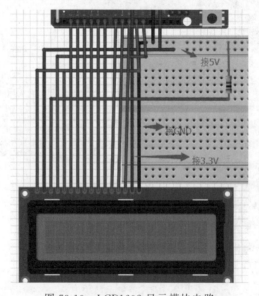

图 73-10　LCD1602 显示模块电路

相关代码见"代码73-7"。

LCD1602显示效果如图73-11～图73-14所示。

图73-11 LCD1602时间显示效果

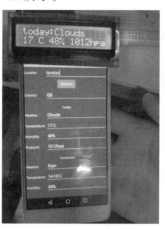

图73-12 LCD1602天气信息显示效果

图73-13 LCD1602来电显示效果

图73-14 LCD1602短信显示效果

4. DS1302时钟模块

对手机端发送的闹钟信息进行处理,在不阻塞主进程的状态下,每15s从DS1302时钟芯片中获取一次时间信息并进行时间判断。DS1302时钟模块电路如图73-15所示。

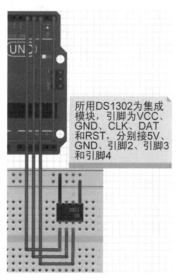

所用DS1302为集成模块,引脚为VCC、GND、CLK、DAT和RST,分别接5V、GND、引脚2、引脚3和引脚4

图73-15 DS1302时钟模块电路

相关代码见"代码73-8"。

5.MP3 解码模块

实现音乐播放功能,播放 SD 卡中的 MP3 文件,可以通过模块上的按钮控制曲目和音量的切换。MP3 解码模块接线如表 73-3 所示,音乐模块显示效果如图 73-16 所示。

表 73-3　MP3 解码模块接线

MP3 解码模块引脚	Arduino 开发板引脚
RX＋	13
RX−	GND

相关代码见"代码73-9"。

6.HC-05 蓝牙模块

蓝牙模块电路如图 73-17 所示;蓝牙引脚连线如表 73-4 所示。

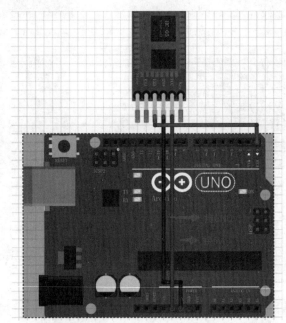

图 73-16　音乐模块显示效果　　　　　　图 73-17　蓝牙模块电路

表 73-4　蓝牙引脚连线

模　　块	元器件引脚	Arduino 开发板对应引脚
蓝牙模块	TX	RX
	VCC	5V
	GND	GND

相关代码见"代码73-10"。

73.4　产品展示

整体外观如图 73-18 所示。

图 73-18 整体外观

73.5 元器件清单

完成多功能蓝牙时钟元器件清单如表 73-5 所示。

表 73-5 多功能蓝牙时钟元器件清单

元器件/测试仪表	数　量
杜邦线	若干
电阻 1kΩ	1 个
LCD1602 显示屏	1 个
8×8 RGB 点阵	1 个
RGB MATRIX 驱动板	1 个
Arduino UNO 开发板	2 个
HC-05 蓝牙模块	1 个
DS1302 时钟模块	1 个
面包板	1 个
MP3 解码模块	1 个
具备 3.5mm 接口的外接音箱/耳机	1 个
16GB U 盘/ SD 卡	1 个
用来调试 App 的 Android 手机、手机数据线	2 个
纸箱	1 个

## 第 74 章

"拆弹"机器人

74.1 项目背景

电影中经常可以看到军队使用机器人遥控拆弹的情节,这种拆弹方式既可以避免人员伤亡,又可以完成人类无法完成的精细操作。本项目基于 Arduino 开发板模拟这种拆弹机器人做一款同样的小型机器人,完成生活中的一些事情,例如捡拾物品、运输垃圾等。

74.2 创新描述

目前,市场上现有的机器人类型多数是单纯的避障小车或者固定不动的机械臂。本项目决定把二者结合在一起,使之更符合"拆弹机器人"的理念。在遥控小车上加装机械臂,通过遥控控制智能小车和机械臂的运动。网上大多数同类型小车都采用两块 Arduino 开发板来分别控制机械臂和小车,而本项目采用单块开发板控制,减少智能小车的负载,在操纵小车的同时操作机械臂。另外,还添加了火焰感应器功能,能够在感应到前方的火焰时,停止执行操作者的指令,小车后退并停止。

74.3 功能及总体设计

本部分包括功能介绍、总体设计和模块介绍。

74.3.1 功能介绍

智能小车由 L298N 电机驱动行驶,机械臂独立于小车,将机械臂加装到小车上,并用一块 Arduino 开发板控制。蓝牙模块实现遥控功能,遥控指令由手机上的蓝牙软件发出,机器人上的蓝牙模块接收指令,控制小车和机械臂的运动。在有火焰的情况下,火焰报警器自动控制智能车。

74.3.2 总体设计

本部分包括整体框架、系统流程和系统总电路。

1. 整体框架

整体框架如图 74-1 所示。

2. 系统流程

系统流程如图 74-2 所示。

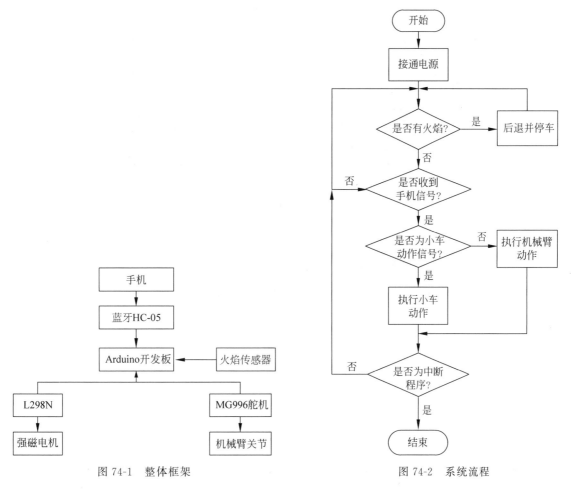

图 74-1 整体框架

图 74-2 系统流程

3. 系统总电路

系统总电路如图 74-3 所示。

直流电机是小车 4 个车轮的驱动装置和 L298N 驱动模块一起构成了小车运行模块。直流电机的供电口和接地端都与 L298N 模块相连,每两个电机连接一个 L298N 驱动模块。驱动模块的供电接口与 15V 电压电源相连,接地线接地,即接到面包板上的接地线。驱动模块的使能端接到 Arduino 开发板的 7、8、12 和 13 引脚上,完成小车的部分功能。

机械臂有 4 个舵机,没有驱动模块,舵机本身可以独立工作,不需要驱动模块。舵机有 3 个引脚,分别是电压正极、接地线和使能端。电源正极和接地线分别接在面包板的电压和地线即可;使能端分别接 Arduino 开发板的 5、6、9 和 10 引脚。

蓝牙模块的电源和地线接到 Arduino 开发板上,RX 端接 Arduino 开发板的 TX 端,TX 端接 Arduino 开发板的 RX 端。

火焰报警装置的电源和接地线用同样方法接好,同时分配了 A5 模拟引脚。火焰报警装置完成的功能是在感应到火焰时立即控制小车后退并停止。

74.3.3 模块介绍

本项目主要包括遥控小车模块、机械臂模块和火焰报警器模块。下面分别给出各模块的功能、元器

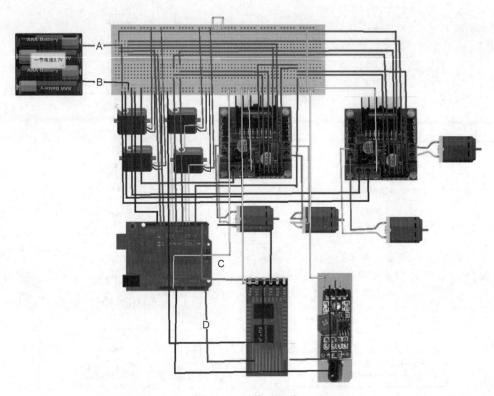

图 74-3　系统总电路

件、电路图和相关代码。

1. 遥控小车模块

通过手机蓝牙对小车进行控制，可前进、后退、转弯和变速。元器件包括小车、直流电机 4 个、直流电机驱动模块 2 个、电池组 1 套以及蓝牙模块。

相关代码见"代码 74-1"。

2. 机械臂模块

通过手机蓝牙发送指令控制机械臂各部分顺时针转动或逆时针转动，可以夹取或运送物品。该模块使用的元器件包括机械臂和 4 个舵机。

相关代码见"代码 74-2"。

3. 火焰报警器模块

火焰报警器探测到前方有火焰时，会立即中断执行操作者的指令，强制小车后退一段距离后停止。元器件包括火焰传感器。

相关代码见"代码 74-3"。

74.4　产品展示

整体外观如图 74-4 所示。从图中可以看到，下部是遥控车部分，装有直流电机以及电机驱动模块，用于小车的运行；上部是机械臂、电池组、火焰报警装置以及 Arduino 开发板。图 74-5 是机械臂细节展示，可以看到机械臂的各个关节都是由舵机驱动的。

图 74-4 整体外观

图 74-5 机械臂细节展示

74.5 元器件清单

完成"拆弹"机器人元器件清单如表 74-1 所示。

表 74-1 "拆弹"机器人元器件清单

模　　块	元件/测试仪表	数　　量
遥控小车模块及火焰报警器	导线	若干
	杜邦线	若干
	螺钉、螺栓	若干
	小车	1个
	火焰传感器	1个
	面包板	1个
	直流电动机	4个
	L298N 直流电机驱动模块	2个
	HC-05	1个
	Arduino UNO 开发板	1个
	电池盒	1个
	3.7V 电源	4个
机械臂	导线	若干
	杜邦线	若干
	螺钉、螺栓	若干
	舵机	4个
	机械臂构架	1个
	Arduino UNO 开发板	1个
	Arduino 扩展板	1个
	面包板	1个
	HC-05	1个
	螺钉	4个
	纸箱	1个

## 第 75 章

电子扫地宠物

75.1 项目背景

电子扫地宠物,顾名思义,就是能够打扫卫生的电子宠物,它与扫地机器人、智能吸尘器、机器人吸尘器相似,是智能家用电器的一种,能借助一定的人工智能,完成房间内的地板清洁。同时,可以用它的表情和动作回应所有的指令或触摸等行为,并把表情或情绪显示在自身携带的 LED 点阵模块上。

75.2 创新描述

目前,国内同类产品很多,但是用户体验普遍不好。国内的同类产品模式化,枯燥无味,同时在控制和模式的转化上做得不够好。本项目开发的电子扫地宠物,将扫地机器人和电子宠物结合在一起,增加了用户与扫地机器人的互动,可改善用户体验。其方便实用,能实现自动避障扫地,也可进行手动操纵扫地,用户可以根据需要进行模式选择,弥补了同类扫地机器人在避障时进入无限循环的情况。

75.3 功能及总体设计

本部分包括功能介绍、总体设计和模块介绍。

75.3.1 功能介绍

电子扫地宠物可以使用网上的手机串口软件,通过蓝牙通信对其进行全程控制。其既可以用作遥控小车,也可以进行智能避障。同时,可以通过一个开关来控制风扇进行吸尘。开机后,会显示不同的表情图案,当有人触摸指定位置时可以执行指定动作。

75.3.2 总体设计

本部分包括整体框架、系统流程和系统总电路。

1. 整体框架

整体框架如图 75-1 所示。

2. 系统流程

系统流程如图 75-2 所示。

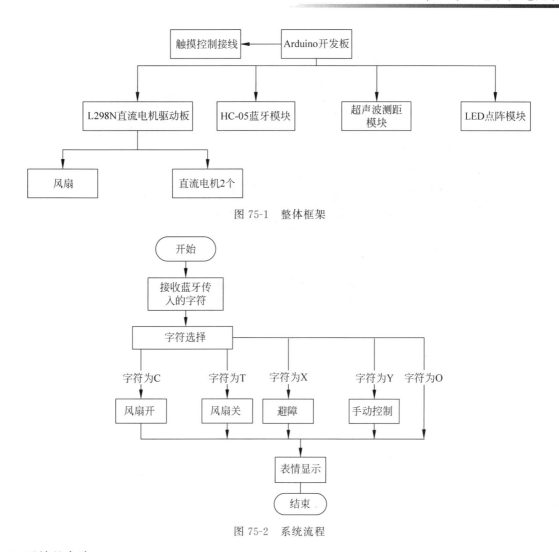

图 75-1 整体框架

图 75-2 系统流程

3. 系统总电路

系统总电路如图 75-3 所示。

本电路所用模块较多,接线较为烦琐,所以采用面包板拓展电路,将所有的导线都接到面包板上。

如图 75-3 所示,项目中使用了三个直流电机,其中两个表示二轮驱动小车的直流电机,另一个则为吸尘所用风扇的直流电机,直流电机都与 L298N 相连,通过直流电机驱动模块驱动。Arduino 开发板采用 5V 供电,实际应用中,L298N 采用 12V 供电。直流电机 1 接 L298N 输出 1 和 2 引脚,输入 1 和 2 引脚接 6 和 7 引脚,使能端接 9 引脚,直流电机 2 接 L298N 输出 3 和 4 引脚,输入 3 和 4 引脚接 4 和 5 引脚,使能端接 3 引脚。将蓝牙模块接入电路,TX 引脚接 RX 引脚,RX 引脚接 TX 引脚,通过串口通信控制机器人。超声波模块用于测距,可以实现避障,超声波模块 Echo 接 12 引脚,Trig 接 8 引脚。

采用 LED 点阵实现状态显示。本项目采用 MAX7219 驱动的点阵模块来减少接线,减少引脚的使用,MAX7219 驱动的 in1 引脚接 7 引脚,in2 引脚接 6 引脚,ena 引脚接 9 引脚,enb 引脚接 3 引脚,in3 引脚接 5 引脚,in4 引脚接 3 引脚;LED 点阵模块采用 5V 供电,din、clk 和 cs 引脚都接入 Arduino 开发板以实现控制,LED 点阵模块的 din 引脚接模拟 A1 引脚,cs 引脚接 A2 引脚,clk 引脚接 A3 引脚,风扇直流电机正极接 A0 引脚,负极接地。

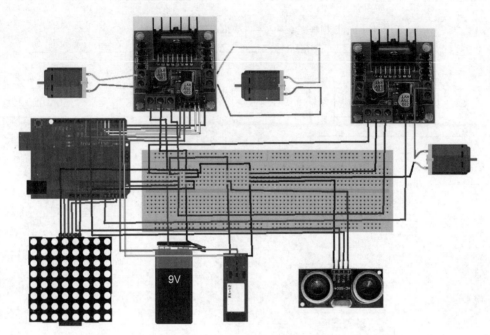

图 75-3　系统总电路

75.3.3　模块介绍

本项目主要包括蓝牙模块、超声波测距避障模块、触摸控制模块、LED 点阵模块、直流电机驱动模块和风扇吸尘模块。下面分别给出各模块的功能、元器件和相关代码。

1. 蓝牙模块

实现蓝牙通信需要通过互联网上的手机串口软件，向 Arduino 开发板传输不同的字符。不同的字符代表不同的命令，通过 Arduino 开发板的程序进行区分、处理。元器件包括 HC-05 蓝牙模块和 Arduino 开发板。

相关代码见"代码 75-1"。

2. 超声波测距避障模块

向超声波模块输入一定时间高电平，模块发出测距波，当收到返回波时，超声波模块向 Arduino 开发板返回一定时间的高电平，时间为发出测距波至收到测距波的时间。根据测得的数据和声速可以计算出到障碍的距离。根据计算得到的距离和一定的方法判断是否需要转向。

相关代码见"代码 75-2"。

3. 触摸控制模块

此模块有两种实现方式。第一种方式：使用触摸开关连接 Arduino 开发板的 2 引脚，即外部中断 0；当有人触摸时，开关返回高电平，触发外部中断。元器件包括 Arduino 开发板和触摸开关。第二种方式：利用 CapacitiveSensor. h 库中的 capSensor. capacitiveSensor(30) 函数检测伸出的导线是否有人的触摸，若有，函数返回的数值将会增大。设定一个阈值，判断是否触摸，若有，则完成指定动作。元器件包括 Arduino 开发板和导线。

相关代码见"代码 75-3"。

4. LED 点阵

利用 ledcontral. h 库控制 LED 点阵显示不同图案。以简单的 8×8 点阵为例，它由 64 个发光二极管组成,且每个发光二极管放置在行线和列线的交叉点上。当对应的某一行置电平1,某一列置电平0,则相应的二极管亮。例如,将第一个灯点亮,则9引脚接高电平,13引脚接低电平;如果将第一行灯点亮,则9引脚接高电平,而13、3、4、10、6、11、15和16引脚接低电平,第一行灯就会点亮;如果要将第一列灯点亮,则13引脚接低电平,而9、14、8、12、1、7、2和5引脚接高电平。当扫描速度很快时,肉眼则能看到完整的图案。

相关代码见"代码75-4"。

5. 直流电机驱动模块

由于Arduino开发板的驱动电压不足,所以采用L298N输出电压控制直流电机。机器人采用二轮驱动,有两个直流电机,接L298N的输出引脚,Arduino开发板接L298N的输入引脚,通过控制两个引脚电平的一高一低,控制直流电机的转向。L290N的使能端接PWM引脚,通过向L298N使能引脚输入不同的值对扫地机器人进行调速。

相关代码见"代码75-5"。

6. 风扇吸尘模块

机器人采用风扇吸尘。将风扇密封后形成一个封闭的空间,使风扇倒吹,即向上吹出风,也向上吸尘,将细小的碎屑吸入预留的空间。

相关代码见"代码75-6"。

75.4　产品展示

如图75-4(a)所示,塑料袋包裹的部分是风扇,图75-4(b)中的盒子是为碎屑预留的存储空间。内部结构如图75-5所示。

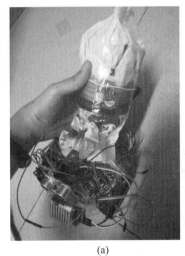
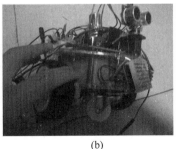
(a)　　　　　　　　　　(b)

图75-4　风扇吸尘模块展示

图75-5　内部结构

75.5　元器件清单

完成电子扫地宠物元器件清单如表75-1所示。

表 75-1　电子扫地宠物元器件清单

元 器 件	型 号	数量/个
面包板（9.05cm×5.26cm×0.86cm）	SYB-46	1
点阵模块	MAX7219	1
直流电动机驱动板模块	L298N	2
触摸传感器模块	TTP223	1
超声波测距模块	HC-SR04	1
智能小车底盘	—	1
主从一体蓝牙模块	HC-05	1
风扇	—	1
开发板	Arduino UNO 开发板	1

## 第 76 章

二轮平衡小车

76.1 项目背景

随着社会经济的发展和人民生活水平的提高,越来越多的小汽车走进了百姓家。汽车现代化程度高,让人们的出行快捷方便、省时省力,种类繁多的个性化设计满足了人们不同的需求。然而,作为传统的陆路交通工具,汽车存在的弊端也是显著的。其体积大、重量大、污染大、噪声大、耗油大、技术复杂、使用不便、价格贵、停放困难,还会造成交通拥堵并带来安全隐患。相比之下,自行车是一种既经济又实用的交通工具。中国是自行车大国,短距离出行人们常选择骑自行车。但是,使用自行车之前需要先学会骑自行车,平衡能力差的人学骑自行车却很困难,容易摔倒,造成人身伤害。另外,自行车不适宜长距离的行驶,遥远的路程会使人感到疲劳。那么,有没有一种交通工具集二者的优点于一身呢?既能像汽车一样方便快捷又如自行车般经济简洁,并且操作易于掌握,易学又易用。二轮平衡车的概念就是在这样的背景下提出来的。

76.2 创新描述

市场上现有的都是一些成品平衡车,这项技术目前还不算很成熟,很多课题还在研究之中,前人留下的经验也比较少,且较多采用单片机等元器件实现。本项目采用平衡模块采集数据,应用 Arduino 开发板编程控制来实现二轮平衡车。另外,Arduino 开发板通电后会实现平衡模块的自动初始化和校准,并以此为标准,在之后的过程中实现平衡调整。整个过程都不需要人工控制,全程由小车自己完成。

76.3 功能及总体设计

本部分包括功能介绍、总体设计和模块介绍。

76.3.1 功能介绍

本项目设计的二轮平衡车,只要接通电源,Arduino 开发板模块就会对 MPU6050 测得的 1000 组数据进行监测,对初始的状态进行校准。然后,MPU6050 会实时输出当前车身的角度以及角速度并传输给 Arduino 开发板。Arduino 开发板通过对测得的数据进行卡尔曼滤波后产生精确的角度数据,再通过 PID 算法产生相应的驱动电压。

76.3.2 总体设计

本部分包括整体框架、系统流程和系统总电路。

1. 整体框架

整体框架如图76-1所示。

图76-1 整体框架

2. 系统流程

系统流程如图76-2所示。

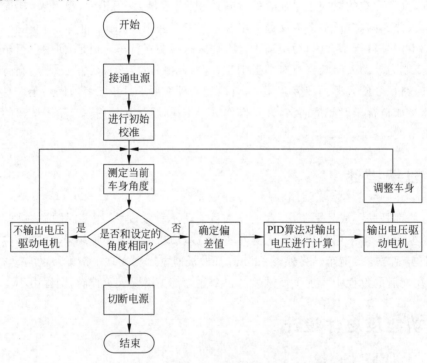

图76-2 系统流程

3. 系统总电路

系统总电路如图76-3所示。

（1）1个3V和1个9V的电源通过面包板串联，形成1个12V的电源（也可以是2个6V电源串联），然后正负极分别连至直流电机驱动模块L298P的电源正负极，为L298P供电。

（2）2个直流电机的正负极分别连接至L298P的A、B正负极，由L298P的直流电机控制端A、B控制2个直流电机进行工作。

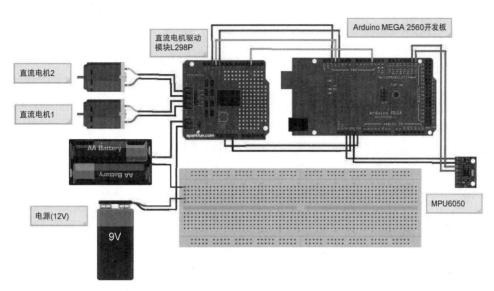

图 76-3　系统总电路

（3）L298P 的 5V 输出连接至 Arduino MEGA 2560 开发板的 VIN，L298P 的 GND 连接至 Arduino MEGA 2560 开发板的 GND，由 L298P 为 Arduino MEGA 2560 开发板供电。

（4）L298P 的 DIRA（12 引脚）、PWMA（3 引脚）、DIRB（13 引脚）和 PWMB（11 引脚）对应连接至 Arduino MEGA 2560 开发板的 12 引脚、3 引脚、13 引脚、11 引脚；Arduino MEGA 2560 开发板通过引脚 DIR 控制直流电机方向，通过 PWM 引脚控制速度。

（5）MPU6050 的 VCC、GND、SCL 和 SDA 对应连接至 Arduino MEGA 2560 开发板的 5V、GND、SCL（21 引脚）和 SDA（20 引脚）；Arduino MEGA 2560 开发板给 MPU6050 供电，保证其工作，同时 MPU6050 采集的数据通过引脚 SCL 和 SDA 传输给 Arduino 开发板。

76.3.3　模块介绍

本项目主要包括 MPU6050 输入模块、卡尔曼滤波模块和 PID 算法输出模块。下面给出各模块的功能、元器件、电路图和相关代码。

1. MPU6050 输入模块

通过 MPU6050 和 Arduino 开发板的连接对小车的状态进行初始化，并对状态进行实时监控。元器件包括 MPU6050 模块和 Arduino 开发板。MPU6050 输入模块连接如图 76-4 所示。

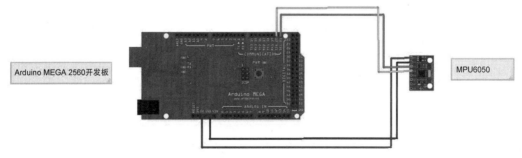

图 76-4　MPU6050 输入模块连接

相关代码见"代码76-1"。

2. 卡尔曼滤波模块

对于计算所得的角度进行去除杂声的操作,使数据更加精准。元器件包括 Arduino MEGA 2560 开发板。

相关代码见"代码76-2"。

3. PID算法输出模块

本模块对经过滤波的角度添加一个比例系数,并添加一个积分项和微分项来确定最终输出的电压。元器件包括 2 个直流减速电机、Arduino MEGA 2650 开发板、L298P 直流电机驱动模块和电池。

相关代码见"代码76-3"。

76.4 产品展示

上部外观、右部外观和前部外观分别如图 76-5～图 76-7 所示。小车底盘下方固定了 2 个直流电机,底盘上放置了 2 个 4 节电池盒,底盘上方固定了一个面包板,然后固定了 Arduino MEGA 2560 开发板、L298P 和 MPU6050。

图 76-5　上部外观　　　　　图 76-6　右部外观　　　　　图 76-7　前部外观

76.5 元器件清单

完成二轮平衡车元器件清单如表 76-1 所示。

表 76-1　二轮平衡车元器件清单

模　块	元　器　件	数　量
MPU6050 模块	导线	若干
	杜邦线	若干
	接线端	8个
	接线座	8个
	MPU6050	1个
	Arduino MEGA 2560 开发板	1个
	USB 转 TTL 模块	1个
	橡皮	1个
卡尔曼滤波模块	Arduino MEGA 2560 开发板	1个

续表

模　块	元　器　件	数　量
PID 输出模块	导线	若干
	杜邦线	若干
	接线端	2 个
	接线座	2 个
	L298P	1 个
	Arduino MEGA 2560 开发板	1 个
	直流减速电动机	2 个
外观部分	4 节 5 号电池盒	2 个
	5 号电池	8 个
	小车底盘	2 个
	铜柱	4 个
	螺母	若干
	螺钉	若干
	车轮	2 个
	固定线	若干
	硬纸板	若干
	面包板	1 个

第 77 章

CHAPTER 77

电子看门狗

77.1 项目背景

随着人们生活水平不断提高,自身安全意识和私有财产的保护意识不断增强,对防盗措施提出了新的要求。本项目为了满足预防意外起火、盗窃等事件的需要,设计一款居家必备的电子看门狗。它可以自动巡逻,发现警情可以报警。

77.2 创新描述

本项目在现有的超声波避障模块上有所创新,加入舵机模块,实现了电子看门狗先探路后运动的自动巡逻功能,并在此基础上赋予其新的功能,在发现警情时及时报警。通过蓝牙控制模块可实现自动巡逻与人为控制的转换。

77.3 功能及总体设计

本部分包括功能介绍、总体设计和模块介绍。

77.3.1 功能介绍

利用超声波探测实现避障,使小车能够在院子中巡逻。如果有人出现在 7m 范围内时,车上人体红外感应模块会感应到人体,蜂鸣器报警且黄色灯亮;如果小车 80cm 内出现火焰,则火焰报警模块会感应到火情,蜂鸣器报警且红色灯亮。利用蓝牙控制模块实现自动巡逻与人为控制的转换。

77.3.2 总体设计

本部分包括整体框架、系统流程和系统总电路。

1. 整体框架

整体框架如图 77-1 所示。

2. 系统流程

系统流程如图 77-2 所示。接通电源后,小车整体通电,在 App 的控制下选择自动巡逻或人为控制

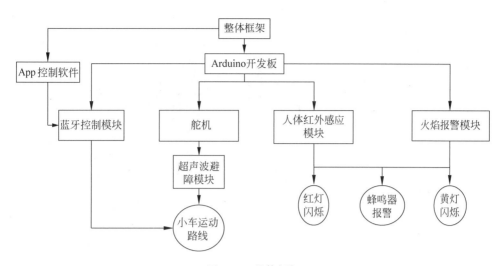

图 77-1　整体框架

模式。若选择人为控制模式,则通过 App 控制小车的运动;若选择自动巡逻模式,则在超声波测距模块的控制下开始直线运动,若遇到障碍物则在舵机代码的控制下启动舵机测量两侧障碍物的距离,选择更为空旷的方向转向,探测新路线实现巡逻功能。在小车巡逻途中,若有人出现在探测范围内,则人体红外感应模块起作用,红灯亮,蜂鸣器报警;若途中发现火情则火焰报警模块起作用,黄灯亮,蜂鸣器报警。

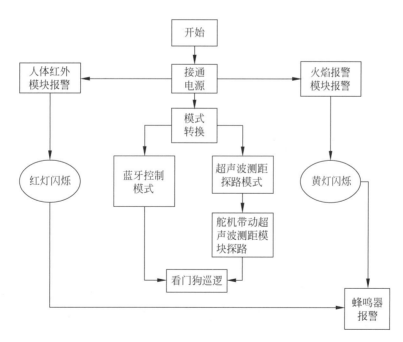

图 77-2　系统流程

3. 系统总电路

系统总电路如图 77-3 所示;引脚连接如表 77-1 所示。

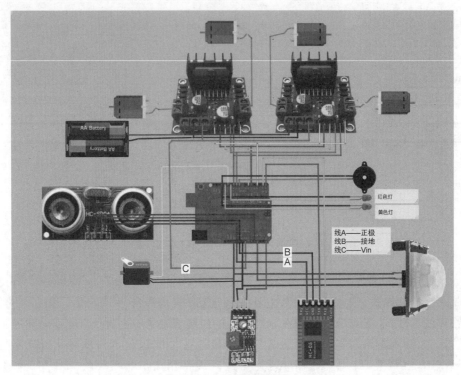

图 77-3　系统总电路

表 77-1　引脚连线

元　器　件	引　　脚	Arduino UNO 开发板对应引脚
L298N	GND	GND
	5V	Vin
	ENA/B	3
	IN1	5
	IN2	6
	IN3	9
	IN4	10
HC-05	VCC	5V
	GND	GND
	RX	TX
	TX	RX
超声波模块	VCC	5V
	GND	GND
	Echo	A0
	Trig	A1
人体红外感应	+	VCC
	−	GND
	信号输出端	A3
	LED	11
	蜂鸣器	8

77.3.3　模块介绍

本项目主要包括蓝牙控制转换模块、超声波测距探路模块、人体红外感应模块和火焰报警模块。下面分别给出各模块的功能、元器件、电路图和相关代码。

1. 蓝牙控制转换模块

发送字符进行模式选择,可选模式为人为控制模式或自动巡逻模式。若为人为控制模式,则通过手机 App 软件控制小车的运动。元器件包括手机 App、Arduino 开发板、直流电机模块及蓝牙模块。蓝牙控制转换模块电路如图 77-4 所示,蓝牙控制转换模块电路连线如表 77-2 所示。

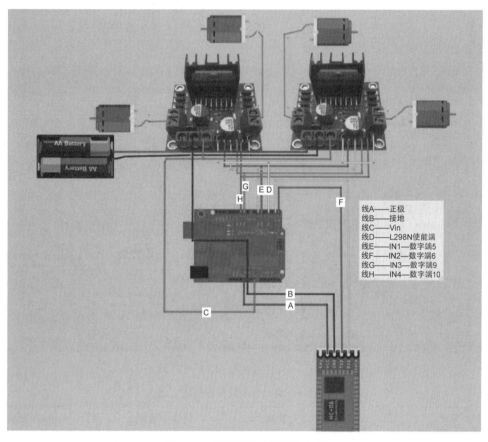

线A——正极
线B——接地
线C——Vin
线D——L298N使能端
线E——IN1——数字端5
线F——IN2——数字端6
线G——IN3——数字端9
线H——IN4——数字端10

图 77-4　蓝牙控制转换模块电路

表 77-2　蓝牙控制转换模块电路连线

元　器　件	引　　脚	Arduino UNO 开发板对应引脚
L298N	GND	GND
	5V	Vin
	ENA/B	3
	IN1	5
	IN2	6
	IN3	9
	IN4	10

续表

元 器 件	引 脚	Arduino UNO 开发板对应引脚
HC-05	VCC	5V
	GND	GND
	RX	TX
	TX	RX

相关代码见"代码 77-1"。

2. 超声波测距探路模块

在舵机的带动下转动超声波测距探路模块实现探路和自动巡逻功能。本模块使用的元器件包括超声波测距模块、Arduino UNO 开发板和舵机。超声波测距探路模块电路如图 77-5 所示，超声波测距探路模块连线如表 77-3 所示。

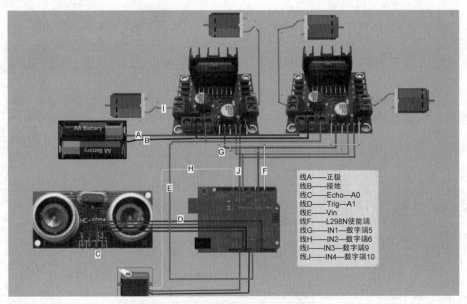

线A——正极
线B——接地
线C——Echo—A0
线D——Trig—A1
线E——Vin
线F——L298N使能端
线G——IN1—数字端5
线H——IN2—数字端6
线I——IN3—数字端9
线J——IN4—数字端10

图 77-5　超声波测距探路模块电路

表 77-3　超声波测距探路模块连线

超声波模块	Arduino UNO 开发板	超声波模块	Arduino UNO 开发板
VCC	5V	Echo	A0
GND	GND	Trig	A1

相关代码见"代码 77-2"。

3. 人体红外感应模块

当有人走进感应模块的范围时，报警并且灯亮。元器件包括人体红外感应模块、LED 和 Arduino 开发板。人体红外感应模块电路如图 77-6 所示，人体红外感应模块引脚连线如表 77-4 所示。

相关代码见"代码 77-3"。

4. 火焰报警模块

当火焰报警模块范围内出现火焰时，蜂鸣器报警，红色灯亮；否则，灯熄灭。元器件包括火焰报警模块、LED 和 Arduino 开发板。火焰报警模块电路如图 77-7 所示，火焰报警模块引脚连线如表 77-5 所示。

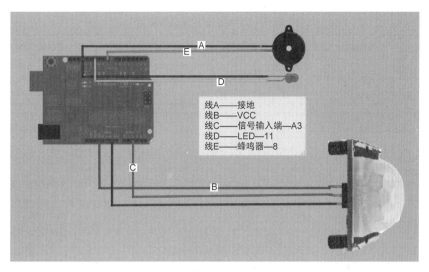

图 77-6　人体红外感应模块电路

表 77-4　人体红外感应模块引脚连线

人体红外感应模块引脚	Arduino 开发板对应引脚	人体红外感应模块引脚	Arduino 开发板对应引脚
＋	VCC	LED	11
－	GND	蜂鸣器	8
信号输入端	A3		

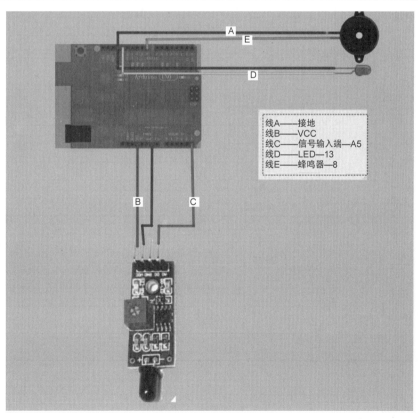

图 77-7　火焰报警模块电路

表 77-5　火焰报警模块引脚连线

火焰报警模块	Arduino UNO 开发板对应引脚	火焰报警模块	Arduino UNO 开发板对应引脚
＋	VCC	LED	13
－	GND	蜂鸣器	8
信号输入端	A5		

相关代码见"代码 77-4"。

图 77-8　整体外观

77.4　产品展示

整体外观如图 77-8 所示。

77.5　元器件清单

完成电子看门狗元器件清单如表 77-6 所示。

表 77-6　电子看门狗元器件清单

模　　块	元器件/测试仪表	数　　量
超声波测距模块	超声波测距模块	1 个
	杜邦线	若干
	Arduino UNO 开发板	1 个
	舵机	1 个
人体红外感应模块	导线	若干
	杜邦线	若干
	人体红外感应模块	1 个
	LED	1 个
	蜂鸣器	1 个
火焰报警模块	火焰报警模块	1 个
	导线	若干
	LED	1 个
	蜂鸣器	1 个
	杜邦线	若干
小车	底盘	2 个
	螺钉	若干
	轮子	4 个
	直流电机	4 个
	L298N 驱动模块	3 个
蓝牙模块	HC-05	1 个
其他	电池 3.7V	4 个

## 第 78 章

超声波引导智能车

78.1 项目背景

引导小车的灵感来自市场上常见的遥控车玩具。但是,普通的由红外线或蓝牙实现的遥控小车又过于常见,本项目决定开发一款由超声波引导的可以自动跟随目标的智能车,不再需要人为控制,便可以跟随目标源行驶。

78.2 创新描述

创新点:目前,遥控、避障、寻迹等功能是智能车最为常见的功能,而引导智能车是较为少见的,且超声波引导智能车更实用。遥控智能车需要来自外界的持续操控,寻迹小车也是如此;避障小车则没有明确的目的地。对于超声波引导智能车,只要打开开关,就可以实现自动跟随,对环境的要求不高,更加便利,有更大的发展空间,例如可以为路上行人携带东西等。

78.3 功能及总体设计

本部分包括功能介绍、总体设计和模块介绍。

78.3.1 功能介绍

超声波引导是目标功能,但只有引导是不够的,引导只能实现对小车行驶方向的控制,并不能确定小车行驶的距离。换句话说,如果只有引导功能,小车很可能会撞到目标源,所以需要让小车与目标源保持一定的距离。这就需要为小车增加测距功能,只有测量出小车与目标源的距离,才能让其与目标源保持距离。这也是项目决定使用超声波的原因,因为利用超声波测距是比较容易的,只需要测得发射和接收超声波的时间差,便可计算出二者之间的距离。

在设计中,超声波模块是分体式的,分为发射模块(transmitter)和接收模块(receiver)。因为需要由目标源发射超声波,由小车接收超声波,所以超声波的发射和接收是在不同模块上实现的,很难得到二者的时间差(如果一定要实现,可能需要两个模块之间的时间同步或发送携带时间的信号)。考虑超声波是在小车上完成接收的,且需要的时间差是用于决定小车行驶方向和距离的,所以这个时间差要在小车上求得。为了让小车可以得到超声波发射的时间,设计一种较为简单的解决办法:让小车决定超声波发射的时间。也就是说,由小车控制超声波的发射。

具体实现方法如下：小车向目标源发射一个信号，目标源一旦接收到信号，便发射超声波。但是，信号的传播也是需要时间的，这可能给超声波的发射时间产生一定的误差，因此决定使用射频信号。射频信号的传播速度为 $3 \times 10^8 \mathrm{m/s}$，而使用的超声波模块最大可以在 $400 \mathrm{cm}$ 处接收，故射频信号在传播过程中最多耗时 $1.33 \times 10^{-8} \mathrm{s}$，超声波耗时 $1.17 \times 10^{-2} \mathrm{s}$，二者相差 10^6 倍，所以射频信号的传播时间是可以忽略不计的。

综上所述，小车部分要先发射射频信号并记录时间，该信号由目标源接收。一旦目标源接收到射频信号便发射超声波，小车模块接收该超声波并再次记录时间。二者的时间差便是超声波传播的时间，再乘以速度，便得到了小车与目标源之间的距离。这个距离减去小车需要与目标源保持的距离，便是小车需要行驶的距离。

下面需要确定小车行驶的方向。在小车左右两侧均安装超声波接收模块，在实际运行时，两侧的超声波接收模块均可以得到自己与目标源的距离，根据这两个距离以及小车的宽度（即两个接收模块之间的距离），由简单的几何知识便可以计算出小车车头与目标源的偏差角度，从而确定小车的方向。

78.3.2 总体设计

本部分包括整体框架、系统流程和系统总电路。

1. 整体框架

整体框架如图 78-1 所示。

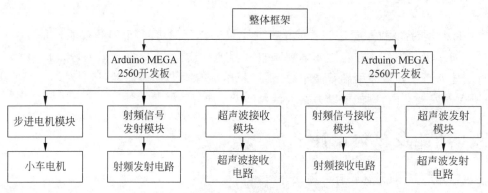

图 78-1 整体框架

2. 系统流程

系统流程如图 78-2 所示。

接通电源后，搭载在小车上的射频信号发射模块启动，发射射频信号。如果搭建在目标源上的射频接收电路接收到了射频信号，则目标源发射超声波。如果小车接收到了超声波，则根据时间差计算出小车行驶的方向和距离，然后用步进电机控制小车行驶。如果电源没有断开，则一直重复上述流程。

3. 系统总电路

系统总电路如图 78-3 所示；元器件引脚连线如表 78-1 所示。

如图 78-3(a) 所示，小车部分由 Arduino 开发板、直流电机驱动模块、小车、射频信号发射电路和超声波接收电路组成。Arduino 开发板与射频信号发射电路、超声波接收电路、直流电机驱动模块相连。Arduino 开发板为射频发射电路提供电压，由程序控制发射射频信号；Arduino 开发板读取超声波接收电路的输出电平，编写程序进行判断，确定与直流电机相连引脚的输出；Arduino 开发板根据超声波的输出电平确定与直流电机相连引脚的输出，然后由直流电机控制小车轮胎转动，控制小车行驶。

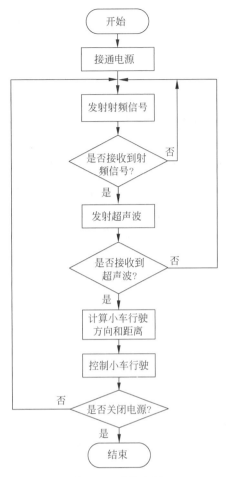

图 78-2 系统流程

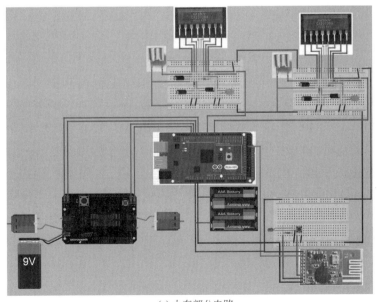

(a) 小车部分电路

图 78-3 系统总电路

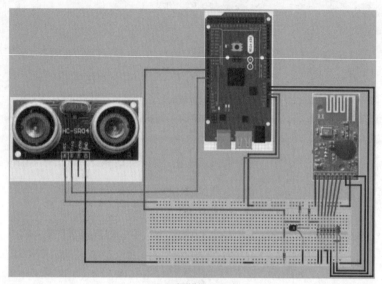

(b) 目标源部分电路

图 78-3 （续）

表 78-1　元器件引脚连线

模　　块	元器件引脚	目标源部分 Arduino UNO 开发板对应引脚	小车部分 Arduino UNO 开发板对应引脚
射频发射模块	A0	—	30
射频接收模块	B0	3	—
超声波接收模块	Info1	—	3
	Info2	—	5
超声波发射模块	TriPin	5	—
	VCC	5V	—
直流电机模块	EN1	—	22
	EN2	—	24
	OUT1	—	44
	OUT2	—	46
	OUT3	—	48
	OUT4	—	50
	IN1	—	8
	IN2	—	9
	IN3	—	10
	IN4	—	11

如图 78-3(b)所示，目标源由 Arduino 开发板、超声波发射电路和射频信号接收电路组成。Arduino 开发板分别与超声波发射电路和射频信号接收电路相连。Arduino 开发板与射频接收电路的输出相连，通过程序判断，确定超声波发射电路的电源开关；Arduino 开发板与超声波发射电路的 VCC 相连，根据射频接收电路的输出，确定超声波发射电路是否启动。

78.3.3　模块介绍

本项目主要包括直流电机驱动模块、超声波收发模块和射频信号收发模块。下面分别给出各模块的功能、元器件、电路图和相关代码。

1. 直流电机驱动模块

直流电机驱动模块选用的是 L298N，用于控制小车上的步进电机、L298N 与 Arduino 开发板连接，可以控制小车的每个直流电机的运转，即控制小车行驶。直流电机驱动模块电路如图 78-4 所示。

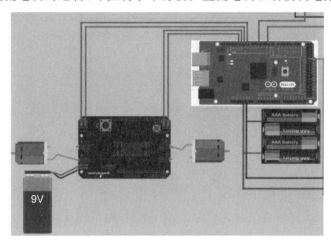

图 78-4　直流电机驱动模块电路

相关代码见"代码 78-1"。

2. 超声波收发模块

超声波发射模块选用 HC-SR04，它是一体式的超声波收发模块，可以在 400cm 内正常收发。本项目中只使用它的发射功能，在目标源上发射超声波；接收超声波由 CX20106A 芯片组成的电路来实现，在收到 40kHz 超声波信号时输出高电平。超声波接收模块电路如图 78-5 所示，超声波发射模块电路如图 78-6 所示。

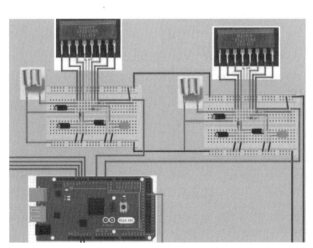

图 78-5　超声波接收模块电路

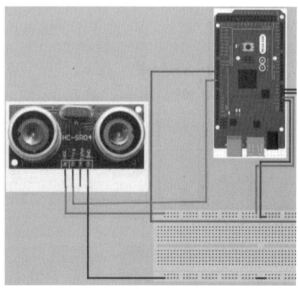

图 78-6　超声波发射模块电路

相关代码见"代码 78-2"。

3. 射频信号收发模块

射频信号的收发采用无线模块JF24D，它分为发送和接收两个模块，使用之前需要完成代码编号。在本项目中，由小车部分发射射频信号，由目标源接收射频信号并控制超声波的发射。射频信号发射模块电路如图78-7所示，射频信号接收模块电路如图78-8所示。

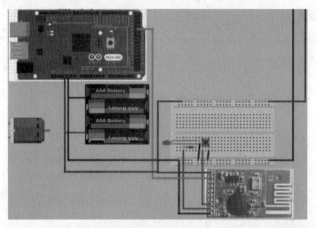

图 78-7　射频信号发射模块电路

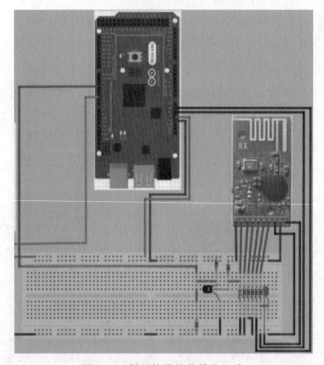

图 78-8　射频信号接收模块电路

相关代码见"代码78-3"。

78.4　产品展示

整体外观如图78-9所示，左侧为小车部分，右侧为目标源部分。

图 78-9　整体外观

78.5　元器件清单

完成超声波引导智能车元器件清单如表 78-2 所示。

表 78-2　超声波引导智能车元器件清单

模　块	元器件/测试仪表	数　量
小车车体部分	导线	若干
	杜邦线	若干
	小车轮胎	2个
	底盘	1个
	直流电机驱动模块 L298N	1个
	步进电机	2个
小车电路部分	导线	若干
	杜邦线	若干
	Arduino MEGA 2560 开发板	1个
	无线模块 JF24D	1个
	接收芯片 CX20106A	2个
	超声波接收模块 T40-16	2个
	电阻	若干
	电容	若干
	按键开关	6个
	发光二极管	1个
目标源部分	导线	若干
	杜邦线	若干
	Arduino MEGA 2560 开发板	1个
	电阻	若干
	发光二极管	1个
	超声波模块 HC-SR04	1个

## 第 79 章

抢红包机械臂

79.1 项目背景

近年来,随着微信、QQ 等聊天软件的多元化发展,手机端抢红包成为人们日常生活中常见的社交行为。于是,本项目使用 Arduino 开发板设计用于抢红包的机械臂,实现一系列机械动作来代替人手抢红包。

79.2 创新描述

抢红包机器人的原理是,用摄像头拍摄手机画面,通过开源的计算机数据库 OpenCV 分析画面,在识别出有红包出现时,向 Arduino 开发板发送指令,Arduino 开发板控制机械臂在屏幕上进行三次点击,完成抢红包动作。

在很多论坛及各个 App 应用商店里存在不少抢红包的脚本,然而这些"抢红包助手"实际上是不被官方所允许的,并且有的软件需要收费,有的软件甚至捆绑了病毒。另外,使用存在安全风险的脚本或软件也会对人们的财产造成损失。

79.3 功能及总体设计

本部分包括功能介绍、总体设计和模块介绍。

79.3.1 功能介绍

抢红包机械臂的功能是在手机端收到微信红包后,自动进行点击红包、打开红包、关闭红包三个操作。对于"假红包",即表情包或者图片,程序也能够识别并且不会向机械臂发出指令,避免"上当受骗"。

79.3.2 总体设计

本部分包括整体框架、系统流程和系统总电路。

1. 整体框架

整体框架如图 79-1 所示。

2. 系统流程

系统流程如图 79-2 所示。

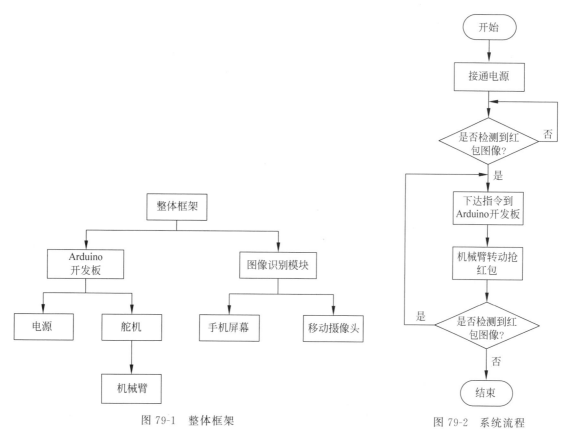

图 79-1　整体框架

图 79-2　系统流程

3. 系统总电路

系统总电路及 Arduino MEGA 2560 开发板引脚连线如图 79-3 所示。

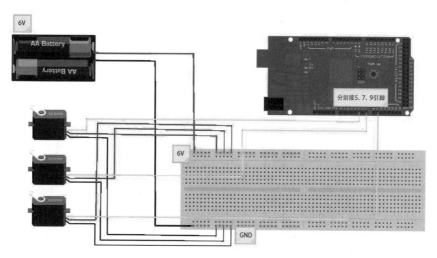

图 79-3　系统总电路

如图 79-3 所示,连接舵机与 Arduino MEGA 2560 开发板,以控制机械臂上三个活动关节的转动; 6V 电源正极连接电源端,负极接地,其他引脚连接到开发板对应的引脚上,通过代码传递指令。三个舵机分别连接 5、7 和 9 引脚。

79.3.3 模块介绍

本项目主要包括 OpenCV 和 Python 通信模块、Arduino 开发板和机械臂模块。下面分别给出各模块的功能和相关代码。

1. OpenCV 和 Python 通信模块

摄像头模块与计算机连接，OpenCV 开源数据库对摄像头接收到的视频信号进行处理。首先进行颜色过滤处理，将橙黄色之外的颜色过滤掉，然后获取黄色色块的轮廓、面积和质心位置。程序通过面积和质心位置判断是否有新的红包出现，当有红包出现时，Python 脚本通过串口向 Arduino 开发板发送指令。

相关代码见"代码 79-1"。

2. Arduino 开发板和机械臂

Arduino 开发板和 PythonSerial 进行串口通信，当摄像头模块接收到红包信号，会向 Arduino 开发板发送指令；机械臂收到指令后会执行点击红包、打开红包和关闭红包三个动作。

相关代码见"代码 79-2"。

79.4 产品展示

整体外观如图 79-4 所示。右侧计算机和上方的摄像头连接作为摄像头与处理部分；左侧是机械臂夹着电容笔。图 79-5 和图 79-6 分别是机械臂外观以及电路连接图。

图 79-4 整体外观

图 79-5 机械臂外观

图 79-6 电路连接

79.5 元器件清单

完成抢红包机械臂元器件清单如表 79-1 所示。

表 79-1 抢红包机械臂元器件清单

模　　块	元器件/测试仪表	数　　量
机械臂操作模块	导线	若干
	杜邦线	若干
	四自由度机械臂	1 个
	SG90 舵机	4 个
	电容笔	1 个
	Arduino MEGA 2560 开发板	1 个
	面包板	1 个
	6V 电源	1 个
计算机处理模块	导线	若干
	摄像头	1 个
	计算机	1 个

第 80 章

智能玩具车

80.1 项目背景

电子科学技术的发展对整个社会产生了深远的影响,同时也改变了人们的生活娱乐方式,智能玩具的出现和流行体现了这一趋势。智能玩具已经在市场上占据了很大的份额,它突破了传统玩具概念的局限,集幼教、科普、娱乐功能为一体,极大地丰富了玩具的内涵。因此,本项目基于 Arduino 平台开发一款具有自动避障、手动驾驶、驾驶指导和游戏娱乐功能的智能玩具车。

80.2 创新描述

本项目以自动避障车和遥控车为基础进行二次开发,增加 SD 卡模块和扬声器模块,将提示音频预置于 SD 卡中,通过系统判断,在不同情况下发出不同的提示音。

与传统的遥控玩具车和自动避障玩具车相比,本项目设计的智能车综合并拓展了功能,不仅具有人性化的教学模式,能够让使用者尽快熟悉驾驶方法,还具有娱乐模式,通过丰富的传感器模块配置,使用者能与玩具进行各种互动,更富有趣味性;还可以将 SD 卡取出添置更多的音频,与市场上已封装好的同类玩具成品相比,可拓展性更强。

80.3 功能及总体设计

本部分包括功能介绍、总体设计和模块介绍。

80.3.1 功能介绍

智能玩具小车具有自动模式、驾驶模式、教学模式和娱乐模式。自动模式下,小车通过自动避障模块实现自动行驶,在遇见障碍物时能够转弯躲避或后退;驾驶模式下,用户通过手机向小车发送指令,使其进行前、后、左、右和转弯等多个方向的运动;教学模式以驾驶模式为基础,采用红外感应模块判断驾驶情况,给予操作者语音反馈;娱乐模式中设计了小游戏,用户通过执行小车发出的动作指令来完成游戏,使该玩具更具趣味性。

80.3.2 总体设计

1. 整体框架

整体框架如图 80-1 所示。

2. 系统流程

系统流程如图 80-2 所示。

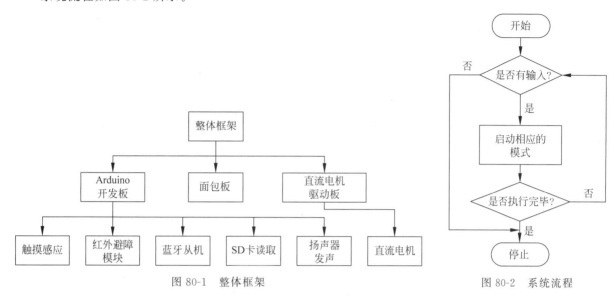

图 80-1　整体框架

图 80-2　系统流程

　　接通电源后,输入特定字符,进入相应的模式。模式之间可以相互转换,例如在避障模式下输入相应的字符就会进入遥控模式。

3. 系统总电路

　　系统总电路如图 80-3 所示;引脚连线如表 80-1 所示;如图 80-3 所示,直流电机驱动板与 Arduino 开发板对应的引脚是直接互通的。

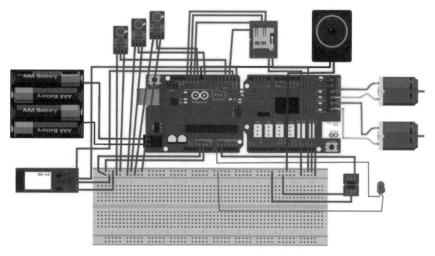

图 80-3　系统总电路

表 80-1　引脚连线

元 器 件	元器件引脚	Arduino UNO 开发板对应引脚
蓝牙模块	RX	1
	TX	0

续表

元 器 件	元器件引脚	Arduino UNO 开发板对应引脚
红外避障感应器	OUT	3
	OUT	8
	OUT	10
扬声器	输出信息	9
触摸感应模块	S	A1
SD 读取模块	CS	2
	MISO	12
	MOSI	11
	SCK	13
小彩灯	输出信息	A0
直流电机	两个直流电机通过 L298N 驱动模块与 Arduino 开发板连接	4
		5
		6
		7

80.3.3 模块介绍

本项目主要包括预备模块、避障模块、遥控模块、教学模块和娱乐模块，下面分别给出各模块的功能、元器件、电路图及相关代码。

1. 预备模块

初始化 SimpleSDAudio 库文件相关功能，以调用库文件内函数实现发声功能。初始化端口与各模式内部使用的标识变量。创建调速函数（用于实现调速与转弯等功能）；创建闪灯函数（随机产生闪烁效果）；创建教学模式中用于判断分数的函数（用于判定教学模式是否成功）。对 SD 卡模块进行设置，以通过库文件内函数直接调用 SD 卡内文件用于播放。在 loop 函数中，初次启动时会发出欢迎提示音，然后从串口中读取指令，按照指令的不同进入不同的模式。

相关代码见"代码 80-1"。

2. 避障模块

该模块的代码在 loop 函数内部。如果读入的 mode 变量为 z，则进入避障模式。该模式通过车前三个红外避障传感器实现，根据所返回的数据自动改变行驶模式；如果收到换挡信息，则小车停止运动并进行挡位切换。

相关代码见"代码 80-2"。

3. 遥控模块

该模块的代码在 loop 函数内部。如果读入的 mode 变量值为 j，则进入遥控模式。进入该模式前，扬声器发出表示欢迎的提示音，在该模式下，可通过蓝牙向小车发送指令，执行后退、左右转弯等功能。如果收到换挡信息，则让小车停止运动并进行挡位切换。

相关代码见"代码 80-3"。

4. 教学模块

该模块的代码在 loop 函数内部。如果读入的 mode 变量值为 x，则进入教学模式。该模式以遥控模式为基础进行二次开发。进入该模式前，扬声器发出欢迎提示音。在该模式下，可通过蓝牙向小车发送指令,执行后退、左右转弯等功能。同时,车头的三个红外避障传感器收集信息,若在一定时间内驾驶顺利(即传感器感应到有障碍的次数少,绿灯变红次数不多),则判断为教学模式成功,否则失败;若收到换挡信息,则让小车停止运动并进行挡位切换。

相关代码见"代码80-4"。

5. 娱乐模块

该模块的代码在 loop 函数内部。如果读入的 mode 变量值为 y,则进入娱乐模式。该模式以避障模式为基础进行二次开发。进入该模式前,扬声器发出欢迎提示音。在该模式下,系统会随机选择一个小游戏,目前有追逐战和讲笑话两个小游戏。前者在小车发出命令后即开始较高速的自动驾驶,操控者在一定时间内追上并触碰触摸感应器即判定游戏成功,否则判定游戏失败;后者即读取 SD 卡中的音频文件并播放。当游戏结束后,自动切换回自动驾驶挡位。娱乐模式下不能自由切换挡位。

相关代码见"代码80-5"。

80.4　产品展示

整体外观如图80-4所示。

80.5　元器件清单

图 80-4　整体外观

完成智能玩具车元器件清单如表80-2所示。

表 80-2　智能玩具车元器件清单

元　器　件	数　量	元　器　件	数　量
Arduino 开发板	1 个	SD 卡	1 个
Arduino 直流电机驱动板	1 个	SD 卡读取模块	1 个
步进电机	2 个	扬声器	1 个
红外感应模块	3 个	功放板	1 个
蓝牙模块	1 个	导线	若干
面包板	1 个	小车底盘	2 个
触摸感应模块	1 个	螺丝	若干
LED	1 个		

## 第 81 章

LED 多模式显示时钟

81.1　项目背景

数字电子时钟具有走时准确、一钟多用等特点,在生活中已经得到广泛应用。虽然市场上已有现成的电子时钟集成电路芯片,价格低、使用方便,但是人们对电子产品的应用要求越来越高。数字时钟不但可以显示当前的时间,而且可以显示日期、农历、星期等。另外,数字时钟还具备秒表和闹钟的功能,闹钟铃声可自选,使其具备了多媒体的色彩。单片机具有体积小、功能强、可靠性高、价格低廉等一系列优点,已成为工业测控领域普遍采用的智能化控制工具,并且已渗入人们工作和生活的各个领域,有力地推动了各行业的技术改造和产品的更新换代,应用前景广阔。基于此,本项目用 LED 设计一款有多种显示模式的创意时钟。

81.2　创新描述

本项目具有五种显示模式,可以通过 LED 屏幕设置时间。LED 屏幕具有很大的可塑性,可以按照任意想法设计想要的图案。其中,最大的创新点在于乒乓球模式,为闹钟的显示增加了趣味性。

81.3　功能及总体设计

本部分包括功能介绍、总体设计和模块介绍。

81.3.1　功能介绍

时钟的主要功能是显示时间,但是显示时间的方式有所不同,本项目包含 5 种显示模式以及一个设置功能。5 种显示模式分别是 Normal、Pong、Digital、Words 以及 Slide。在 5 种显示模式下,按下 B 键可以调出日期和星期;按下 A 键可以切换模式。通过设置功能可以设置当前时间、屏幕亮度、时间显示格式以及随机显示模式。当前时间包括年、月、日、时和分;时间显示格式包括 24h 模式和 12h 模式;随机显示模式指首先进入 Slide 模式,然后每隔 1h 可以切换到另一个模式。

81.3.2　总体设计

本部分包括整体框架、系统流程和系统总电路。

1. 整体框架

整体框架如图 81-1 所示。

2. 系统流程

图 81-2 为模式选择流程；图 81-3 为设置流程。

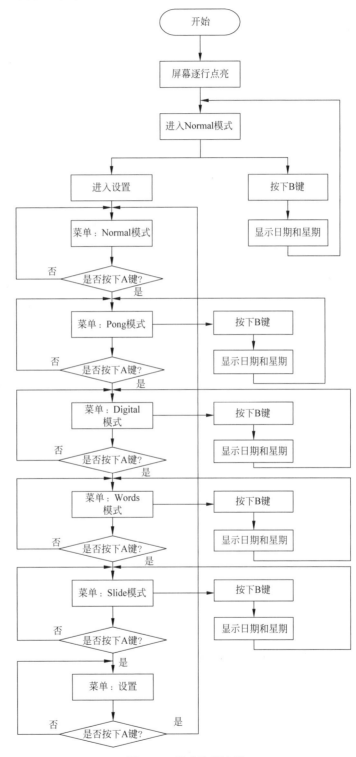

图 81-1 整体框架

图 81-2 模式选择流程

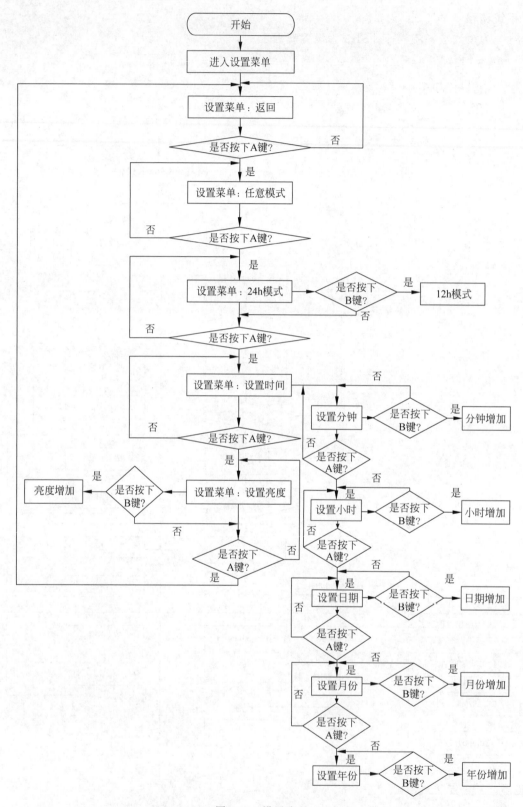

图 81-3 设置流程

3．系统总电路

系统总电路如图 81-4 所示。

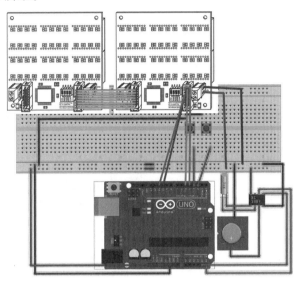

图 81-4　系统总电路

Arduino 开发板与元器件之间的引脚连线如表 81-1 所示。

表 81-1　电路连线

Arduino 开发板	2416LED 点阵显示屏	DS1307 时钟模块	按 键 开 关
2	—	—	按键开关 1
3	—	—	按键开关 2
4	LED_CS1	—	—
5	LED_CS2	—	—
10	LED_DATA	—	—
11	LED_WR	—	—
A4	—	DS1307_SDA	—
A5	—	DS1307_SCL	—
VCC	VCC	VCC	—
GND	GND	GND	GND

81.3.3　模块介绍

本项目主要包括模式控制模块、DS1307 时钟芯片模块、LED 级联显示模块和主程序模块,模块连接如图 81-5 所示。下面分别给出各模块的功能、元器件、电路图和相关代码。

1．模式控制模块

连接 DS1307 时钟芯片,进行时间数据的传输。发送指令控制 LED 显示屏的启动和显示。设置引脚,检测按钮输入,并设置不同的显示模式。元器件包括面包板、四脚按钮和 Arduino UNO 开发板,模式控制模块电路如图 81-6 所示。

相关代码见"代码 81-1"。

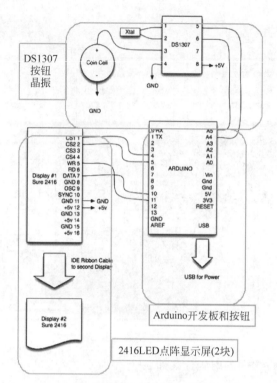

图 81-5　模块连接

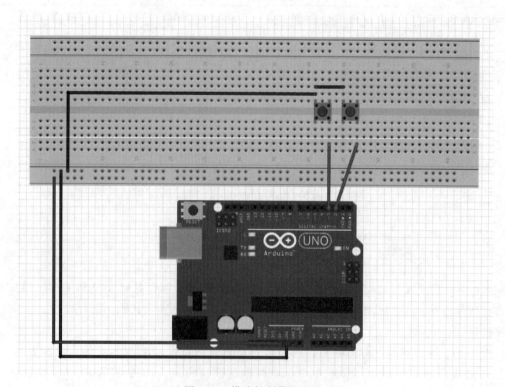

图 81-6　模式控制模块电路

2. DS1307 时钟芯片模块

通过晶振保持时间的走动，与 Arduino 开发板进行通信，提供时间数据。元器件包括集成了 32kHz 晶振的 DS1307 时钟芯片和纽扣电池，DS1307 时钟芯片模块电路如图 81-7 所示。

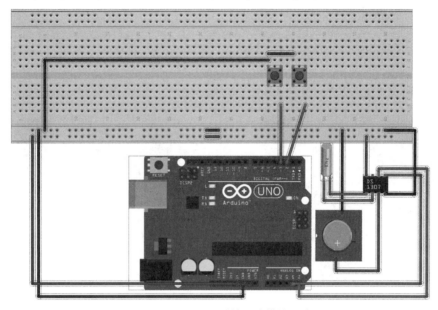

图 81-7　DS1307 时钟芯片模块电路

相关代码见"代码 81-2"。

3. LED 级联显示模块

通过 LED 的逐行点亮控制时间、设置等显示。购买的点阵元器件里集成了 HT1632C 数码管驱动芯片和 RAM。元器件为 2 块 16×24 绿色 LED 矩阵显示屏，LED 级联外观引脚如图 81-8 所示。

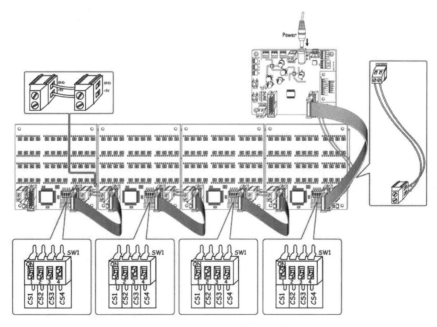

图 81-8　LED 级联外观引脚

4. 主程序模块

相关代码见"代码 81-3"。

81.4 产品展示

图 81-9 为版本信息；图 81-10 为 Normal 模式；图 81-11 为 Pong 模式；图 81-12 为 Digital 模式；图 81-13 为 Words 模式；图 81-14 为时间显示模式转换；图 81-15 为设置时间；图 81-16 为设置亮度；图 81-17 为内部结构。

图 81-9　版本信息

图 81-10　Normal 模式

图 81-11　Pong 模式

图 81-12　Digital 模式

图 81-13　Words 模式

图 81-14　时间显示模式转换

图 81-15　设置时间

图 81-16　设置亮度

图 81-17　内部结构

81.5　元器件清单

完成 LED 多模式显示时钟元器件清单如表 81-2 所示。

表 81-2　LED 多模式显示时钟元器件清单

模　块	元　器　件	数　量
时间读取模块	按钮	2 个
	杜邦线	若干
	DS1307 实时时钟芯片（带电源和晶振）	1 个
	面包板	1 个
	Arduino UNO R3 开发板	1 个
	Arduino UNO R3 开发板（DFRobot 出品）	1 个
	零件收纳盒	1 个
	5V 2A 变压器	1 个
时间显示模块	24×16LED 绿色矩阵显示屏（使用芯片 HT1632C）	2 个

## 第 82 章

机械臂控制图像识别

82.1 项目背景

机械臂是一类能够模仿人手臂的某些动作功能,按固定程序抓取、搬运物件或操作工具的自动操作装置。第一代机械臂能够按事先示教的位置和姿态重复地执行动作。目前,国际上使用的机械臂大多仍是这种工作方式。人脸肖像绘制机器人是当今的热点研究方向之一,基于机器视觉的技术在生产和生活等各方面都有广泛的应用。

82.2 创新描述

外接摄像头搭载在可控的机械臂上,通过调节机械臂来调控摄像头朝向,以寻找最佳的取图角度。当找到合适角度后进行拍照并将照片存储在后台,进而识别程序可以自动识别图片中的人脸,并进行精确的器官识别,进行艺术化处理。

与网上常见的处理方法相比,本项目的程序可以自动识别图片相关部分并进行处理,不需要额外的人为调控,节约了时间与人力成本。另外,处理后的彩图效果较为美观,对于边缘部分与细节的处理比较好。

82.3 功能及总体设计

本部分包括功能介绍、总体设计和模块介绍。

82.3.1 功能介绍

人脸识别与图片处理程序可以读取预定目录中的图片,并识别图片中的人脸。当图中有人脸时,程序可以继续运行并精确地识别出图中的左眼、右眼、鼻子与嘴巴。在识别完五官后,可以按照设定的方法对图片进行处理并输出处理好的图片。

82.3.2 总体设计

本部分包括整体框架、系统流程和系统总电路。

1. 整体框架

整体框架如图 82-1 所示。

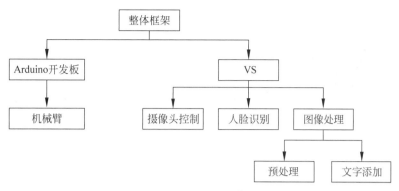

图 82-1　整体框架

2. 系统流程

系统流程如图 82-2 所示。

3. 系统总电路

系统总电路如图 82-3 所示。

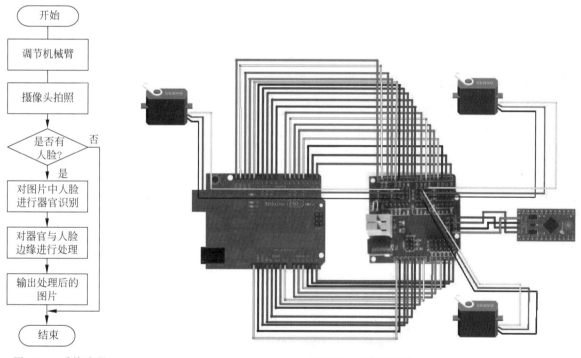

图 82-2　系统流程　　　　　　　　　　图 82-3　系统总电路

扩展板与 Arduino 开发板直接连接,底部旋转舵机连接扩展板的 9 引脚,右边舵机接 5 引脚,左边舵机接 6 引脚。蓝牙模块的 T、R、G 和 V 4 个引脚直接与扩展板对应的引脚相连。

82.3.3　模块介绍

本项目包括机械臂模块、图像采集模块、人脸识别模块、图像预处理模块和添加文字模块。下面分别给出各模块的功能和相关代码。

1. 机械臂模块

通过编程完成对 USB 摄像头的蓝牙控制，为获取不同角度的照片，提供角度的旋转等功能。可通

过手机控制机械臂转动，由蓝牙进行通信。安装 App ServoControl，打开 App 后，选取 HC-06 蓝牙编号，实现手机与舵机的连接，手机操控界面如图 82-4 所示，通过拖动滑块可调节舵机角度。

相关代码见"代码 82-1"。

2. 图像采集模块

通过程序实现打开摄像头、拍取并保存照片以及关闭摄像头的功能。相关代码见"代码 82-2"。

3. 人脸识别模块

建立图库与训练级联分类器。OpenCV 自带眼睛和面部的级联分类器，可以直接使用 haarcascade_eye.xml 和 haarcascade_frontalface_alt.xml。但是 OpenCV 没有嘴巴和鼻子的级联分类器，需要自行训练。训练级联分类器 traincascade 需要 OpenCV 中的 opencv_createsamples.exe 和 opencv_traincascade.exe 文件。训练过程可分为以下几步：

图 82-4　手机操控界面

（1）准备正负训练样本。正样本用于后续批量处理，实现尺寸统一；负样本的尺寸无须统一，负样本越多，检测结果的误检率越小。准备好训练样本后，创建两个文件夹，以 pos 和 neg 分别为存放正负样本的文件名，并将这两个文件夹与 opencv_createsamples.exe 和 opencv_traincascade.exe 文件放在同一目录下。

（2）在 DOS 环境下生成正负样本描述。首先，进入正负样本所在的目录。若处于正样本所在目录，输入命令 dir/b > pos.txt，则生成正样本描述文件；若处于负样本所在目录，输入命令 dir/b > neg.txt，则生成负样本描述文件。生成的正负样本描述文件为.txt 文件，打开后可见样本的名称。然后，将正负样本作以下处理：

对于负样本，在样本名称前加上"neg/"，即负样本所在的文件夹，所有的样本名称都要修改，修改完成后把最后一行的 neg.txt 去掉，并将最后一行的空行去掉，否则训练过程会报错。

对于正样本，除了在样本名称前加上其所在的文件夹名称，还要在后缀名后面加上样本描述，即样本的尺寸大小，1 表示样本数为 1,0 0 表示样本左上角的坐标为(0,0)，4 4 表示右下角的坐标。同样，修改完成后把最后一行的 pos.txt 以及空行去掉。

（3）生成.vec 文件。生成.vec 文件需要用到 opencv_createsamples.exe 文件，.vec 文件是为后面训练分类器所准备的。在 DOS 环境相对目录下输入以下命令：

```
opencv_createsamples.exe - vec pos.vec - info pos.txt - num 1000 - w 30 - h 30
```

此时，可在 opencv_createsamples.exe 文件所在目录中看到生成的.vec 文件。由命令行可知，-w 30 -h 30 为正样本的尺寸大小，也间接说明了正样本的尺寸大小必须一致。-num 为需要生成的正样本数目，对于负样本则无须生成.vec 文件。

（4）级联分类器的训练。在命令行输入以下命令：

```
opencv_traincascade.exe - data xml - vec pos.vec - bg neg.txt - numPos 900 numNeg 788 - numStage 20 - precalValBufSize 300 - precalIdxBufSize 100 - featureType HAAR - w 4 - h 4 - mode ALL
```

```
- data xml
```

xml 为一个文件夹的名字,该文件夹用来存放训练好的分类器;-data 为分类器所在的文件夹;-numPos 900 是训练正样本的数目;numNeg 788 是负样本数目;-numStage 20 为训练阶数。

最终,训练完成鼻子和嘴巴的级联分类器并命名为 haarcascade_mcs_mouth. xml 与 haarcascade_mcs_nose. xml,图库如图 82-5 和图 82-6 所示。

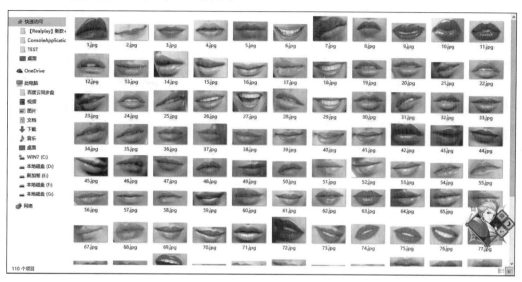

图 82-5　嘴巴图库

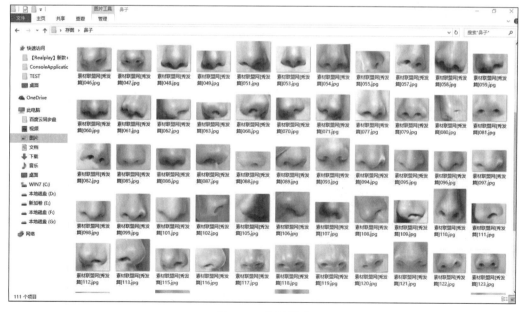

图 82-6　鼻子图库

相关代码见"代码 82-3"。

4. 图像预处理模块

在大量的测试中发现,如果直接对图片进行二值处理,细节都会丢失,尤其是五官部分。为了尽量减少失真，必须对五官再进行单独的灰度处理、Gamma 矫正来增强、突出细节，五官单独二值化后与原图像的二值图进行运算（叠加运算）来补充原图像直接二值化丢失的细节。

相关代码见"代码 82-4"。

Gamma 矫正图片对比如图 82-7 所示，右侧为矫正后的图片。

与运算叠加前后图片对比如图 82-8 所示，右侧为处理后的图片。

图 82-7　Gamma 矫正图片对比

图 82-8　与运算叠加前后图片对比

5. 添加文字模块

对预处理后的图片进行文字添加，实现图片处理的最终目的。添加文字后的效果如图 82-9 所示。文字叠加后的效果如图 82-10 所示。

相关代码见"代码 82-5"。

图 82-9　添加文字后的效果

图 82-10　文字叠加后的效果

82.4　产品展示

整体外观如图 82-11 所示，实现效果如图 82-12 所示。

图 82-11　整体外观

图 82-12　实现效果

82.5　元器件清单

完成机械臂元器件清单如表 82-1 所示。

表 82-1　机械臂元器件清单

元　器　件	数量/个
Miniarm 亚力克外壳	1
POWER HD 1900A 舵机	4
舵机延长线（15cm）	1
Arduino UNO R3 开发板	1
M3/M2 双用扳手	1
Arduino 舵机扩展板	1
橡胶垫	4
M3×6 螺丝	18
M3×10 螺丝	10
M3×2 螺丝	18
M3×16 螺丝	6
M3 防松螺母	24
M3 普通螺母	10
M3×10 通孔铜螺柱	4
M3×25 通孔铜螺柱	4
USB 摄像头	1

## 第 83 章

基于 Mathematica 的自动接球

83.1 项目背景

在练习网球的过程中发现,捡球十分麻烦,费时费力。如果能够设计一款自动识别网球的飞行轨迹,预测其落点并接住网球的系统,能够很好地辅助练习者。因而,希望通过计算机视觉原理解决这一问题。

同时,进一步引申,该项目可应用于多种体育项目。例如,在足球运动中可利用该系统控制机器人进行自动守门;在乒乓球运动中实现人机对打;在篮球运动中分析运动者的投篮轨迹以辅助练习。

83.2 创新描述

目前,将 Arduino 开发板与 Mathematica 软件相结合的项目设计很少,而将计算机视觉原理融入 Arduino 开发板的项目更是稀少,个别项目也只是利用摄像头进行拍照、检测等。本项目通过摄像头采集画面,并运用多种复杂计算方法实现轨迹的预测,能够较为准确地判断球的落点,进而控制接球机器人的运动,实现较为完整的系统。

83.3 功能及总体设计

本部分包括功能介绍、总体设计和模块介绍。

83.3.1 功能介绍

本项目主要功能由 Mathematica 软件和 Arduino 开发板实现。Mathematica 软件主要用于图像处理、分析、计算等;Arduino 开发板用于无线通信以及控制接球机器人的行进轨迹。

首先,系统启动后,图像采集与检测模块每隔一定时间(0.1s)自动采集图像,并检测前后两张图像是否有变化。一旦检测到图像变化(说明有球进入摄像头画面),则采集摄像头当前图像,分析小球的运动轨迹,并将轨迹或落点数据传输给与计算机连接的 Arduino NANO 开发板。通过无线蓝牙通信,实现接球机器人所搭载的 Arduino UNO 开发板对数据的接收。最后,Arduino UNO 开发板利用所接收的数据控制机器人的转向、前进等运动。

另外需要说明的是,系统在设计和实现时,分三种运行模式。模式一,外接摄像头从俯视角度采集画面,用于分析在地面上滚动小球的直线运动轨迹;模式二,计算机内置摄像头从平视角度采集画面,用于分析小球在二维平面内空中运动的抛物线轨迹;模式三,通过模式一和模式二的结合,将两个摄像头对两个视角的画面进行采集,可分析小球在三维空间内的抛物线轨迹。在机器人的实现上,模式三与模式二合为同一模式(模式二是模式三的特例),而模式一和模式二、模式三之间可通过拨码开关进行切换。

83.3.2 总体设计

本部分包括整体框架、系统流程和系统总电路。

1. 整体框架

整体框架如图 83-1 所示。

2. 系统流程

系统流程如图 83-2 所示。

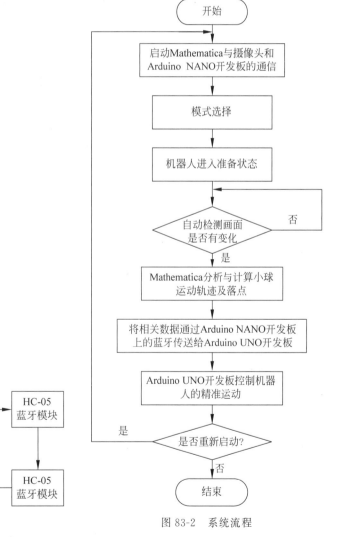

图 83-2 系统流程

图 83-1 整体框架

系统开始工作后,启动 Mathematica 软件与摄像头及 Arduino NANO 开发板间的串口通信。选择模式后,机器人进入准备接球的状态,Mathematica 自动检测画面变化。当画面发生变化即有小球抛入

时，Mathematica 采集实时图像并分析计算小球的运动轨迹及落点，并将数据通过 Arduino NANO 开
发板上的蓝牙模块传送给 Arduino UNO 开发板，进而控制机器人移动到指定位置。完成一次接球后，
重新启动系统即开始下一次的运行。

3. 系统总电路

系统总电路（机器人部分）如图 83-3 所示。

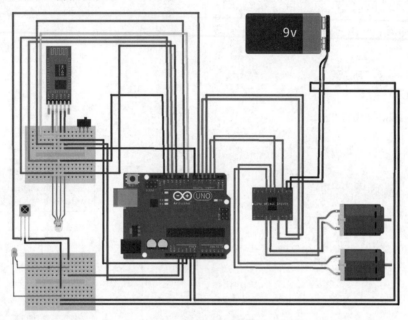

图 83-3　系统总电路（机器人部分）

Arduino UNO 开发板与元器件之间的引脚连接如表 83-1 所示。

表 83-1　Arduino UNO 开发板与元器件之间的引脚连接

元 器 件	引　　脚	Arduino UNO 开发板及直流电机驱动板
L298N 直流电机驱动模块	IN1	5
	IN2	4
	IN3	3
	IN4	2
	OUT1	直流电机 1 的负极
	OUT2	直流电机 1 的正极
	OUT3	直流电机 2 的正极
	OUT4	直流电机 2 的负极
	VCC	外接 9V 电源正极
	GND	外接 9V 电源负极
HC-05 蓝牙模块	Key	置空
	VCC	5V
	GND	GND
	TX	8
	RX	9
	STATE	置空

元 器 件	引 脚	Arduino UNO 开发板及直流电机驱动板
红外线发射管	正极	3.3V
	负极	GND
红外线接收管	正极	3.3V
	负极	GND
	输出	6
RGB 三色 LED	R 引脚	11
	G 引脚	12
	B 引脚	13
	GND	GND
拨码开关	左端引脚	置空
	中间引脚	5V
	右端引脚	GND
直流电机 1	正极	L298N 直流电机驱动板 OUT2
	负极	L298N 直流电机驱动板 OUT1
直流电机 2	正极	L298N 直流电机驱动板 OUT3
	负极	L298N 直流电机驱动板 OUT4

图 83-3 是 Arduino UNO 开发板的主控部分。可以看到,图中左上角是与 Arduino UNO 开发板连接的蓝牙无线通信模块 HC-05,用于接收另一块 HC-05 传输的数据。HC-05 的 TX、RX 引脚分别与 Arduino UNO 开发板上对应的数字引脚连接,用于数据的传输。RGB 三色 LED 与 HC-05 处在同一块面包板上,当机器人处于不同状态时,该 LED 会通过不同颜色和方式进行提示(具体参见后续说明及代码中的注释)。面包板上的拨码开关用于切换机器人的工作模式,面包板置于机器人前端。

图 83-3 右侧部分是由 L298N 控制的直流电机驱动部分,主要包括 L298N 驱动模块及 2 个直流电机。L298N 的 4 个输入端与 Arduino UNO 开发板连接,4 个输出端分别接至 2 个直流电机的正负极,L298N 模块由 9V 电源供电。

图 83-3 左下侧部分为一组红外线对射管,用于检测机器人是否成功接住小球。该对射管由一个红外线发射管和一个红外线接收管构成。红外线发射管由 Arduino UNO 开发板供电,而红外线接收管不但需要由 Arduino UNO 开发板供电,还需要将是否接收到红外线的信息传输给 Arduino UNO 开发板的数字引脚。在实际搭建机器人时,该红外线对射管置于接球盒子的两端,一旦成功接住小球,红外线接收管即无法接收红外线。

另外,主控板 Arduino UNO 开发板采用与 L298N 相同的 9V 电源供电,电源正极与 VIN 引脚连接。各元器件与 Arduino UNO 开发板的实际连接可参见图 83-3 所示的 Arduino UNO 开发板中的详细引脚分布。

系统总电路(Arduino NANO 开发板部分)如图 83-4 所示。

Arduino NANO 开发板与元器件之间的引脚连接如表 83-2 所示(注:计算机通过 USB 接口实现与 Arduino NANO 开发板的连接)。

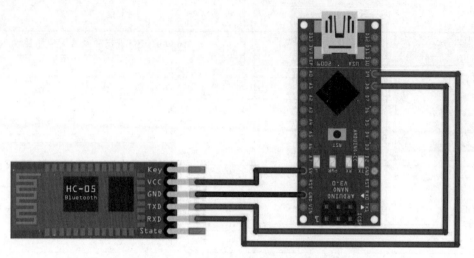

图 83-4　系统总电路（Arduino NANO 部分）

表 83-2　Arduino NANO 开发板与元器件之间的引脚连接

模　　块	引　　脚	Arduino NANO 开发板
HC-05 蓝牙模块	Key	置空
	VCC	5V 输出
	GND	GND
	TX	8 引脚
	RX	9 引脚
	STATE	置空

图 83-5 所示为由 Arduino NANO 主控部分。该部分结构较为简单，主要由 Arduino NANO 开发板及 HC-05 蓝牙模块组成。

该部分的主控板 Arduino NANO 开发板与计算机直接通过 USB 接口连接，供电也由此实现，不必外接电源。各元器件与 Arduino NANO 开发板的实际连接可参见 Arduino NANO 开发板的详细引脚分布。

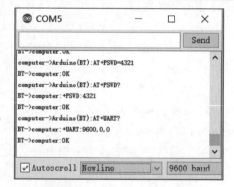

图 83-5　蓝牙模块的 AT 设置

83.3.3　模块介绍

本项目主要包括图像采集与处理模块、无线通信模块和接球机器人模块。下面分别给出各模块的主要功能、元器件、电路图和相关代码。

1. 图像采集与处理模块

图像采集与处理模块的功能主要由计算机内置摄像头、外接摄像头以及 Mathematica 软件实现。摄像头用于检测和采集图像，Mathematica 软件主要用于图像处理、分析和计算等。系统启动后，有如下三种运行模式：

模式一：系统通过外接摄像头进行俯视视角的图像采集，以分析小球直线运动轨迹；

模式二：系统通过内置摄像头进行平视视角的图像采集，以分析小球抛物线运动轨迹；

模式三：从原理和实现而言，模式三是模式一和模式二的融合，系统通过外接摄像头和内置摄像头进行两个视角的图像采集,外接摄像头用于采集俯视视角的画面(小球在空中运动向下的直线投影),而内置摄像头用于采集平视视角的画面(小球在空中运动向墙面的抛物线投影),以分析小球在三维空间内的运动轨迹。

确定模式后,摄像头每隔0.1s自动采集图像,并通过Mathematica循环体不断检测前后两张图像是否有变化。一旦检测到变化,说明有小球进入画面,则跳出循环,采集当前图像并送入Mathematica软件。

当前图像传输至Mathematica后,图像分析与处理模块用设定好的算法对图像进行处理和分析,并将计算得到的轨迹或落点数据通过USB接口传输给Arduino NANO开发板。

对于模式一,系统采集一张画面,以分析小球直线运动轨迹,计算相对原点(设置为图像的上边中点)的直线斜率;对于模式二,系统采集连续的三张画面(间隔为0.1s),以分析小球抛物线运动轨迹,计算其落点的一维坐标;对于模式三,系统通过外接摄像头采集一张画面,内置摄像头采集连续的三张画面,以分析小球的三维运动轨迹。

图像处理过程包括图像差、图像二值化等算法。计算得到数据后,Mathematica软件通过USB接口将数据传输给Arduino NANO开发板。

相关代码见"代码83-1"。

2. 无线通信模块

该模块主要由两个HC-05蓝牙模块实现。Mathematica将计算得到的数据传输到与计算机连接的Arduino NANO开发板后,通过HC-05蓝牙模块将其传送至搭载在Arduino UNO开发板上的另一个HC-05模块,实现落点坐标或斜率的传输。需要注意的是,在使用前需要对蓝牙进行AT设置,将两个蓝牙模块的密码设置成相同的(实际中设置为4321),并将一个蓝牙模块设置为主机,另一个设置为从机,通过Arduino IDE进行AT设置的具体过程如图83-5所示。

另外,需要说明的是数据的传输格式问题。对于模式一,传输的数据为斜率,格式为"k%",并将斜率扩大了1000倍以便于通信(例如Mathematica计算得到的斜率为0.68,则通信数据为"k680");对于模式二,传输的数据为一维坐标,格式为"x%",单位为cm(例如Mathematica计算得到的坐标为108cm,则通信数据为"x108");对于模式三,传输的是二维坐标,类似于模式二,通信格式为"x%y%"。在数据接收端通过拨码开关选择具体模式。

无线通信模块电路如图83-6所示。

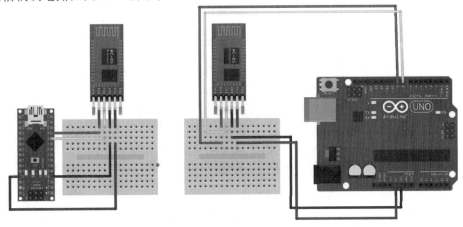

图 83-6 无线通信模块电路

Arduino 开发板与无线通信模块的引脚连接如表 83-3 所示。

表 83-3　Arduino 开发板与无线通信模块的引脚连接

子　模　块	引　　脚	Arduino 开发板
HC-05 蓝牙模块	Key	置空
	VCC	Arduino NANO 开发板 5V 输出
	GND	Arduino NANO 开发板 GND
	TX	Arduino NANO 开发板引脚 8
	RX	Arduino NANO 开发板引脚 9
	STATE	置空
	Key	置空
	VCC	Arduino UNO 开发板 5V 输出
	GND	Arduino UNO 开发板 GND
	TX	Arduino UNO 开发板 8 引脚
	RX	Arduino UNO 开发板 9 引脚
	STATE	置空

相关代码见"代码 83-2"。

3. 接球机器人模块

当 Arduino UNO 开发板上的 HC-05 蓝牙模块接收到数据后，通过 L298N 直流电机驱动模块控制机器人从预设的坐标原点起，进行转向、行进，到达预定接球点并接住小球。

对于模式一，机器人按照斜率计算小球滚动的方向，在直线上前进（或后退）的相应距离按接住小球预设；对于模式二，机器人按照落点位置与起始位置前进（或后退）的相应距离按接住小球预设；对于模式三，机器人按照二维坐标 (x, y) 先转向，再前进以到达指定位置。接球机器人模块电路如图 83-7 所示。

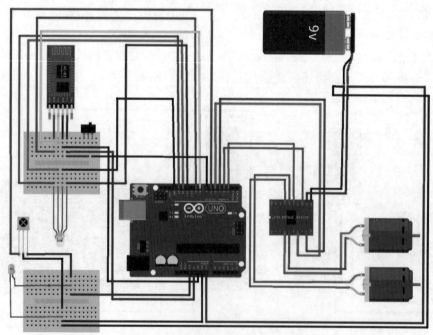

图 83-7　接球机器人模块电路

接球机器人模块引脚连接如表 83-4 所示。

表 83-4 接球机器人模块引脚连接

元 器 件	引 脚	电 路 连 接
L298N 直流电机驱动模块	IN1	Arduino UNO 开发板 5 引脚
	IN2	Arduino UNO 开发板 4 引脚
	IN3	Arduino UNO 开发板 3 引脚
	IN4	Arduino UNO 开发板 2 引脚
	OUT1	直流电机 1 负极
	OUT2	直流电机 1 正极
	OUT3	直流电机 2 正极
	OUT4	直流电机 2 负极
	VCC	外接 9V 电源正极
	GND	外接 9V 电源负极
HC-05 蓝牙模块	Key	置空
	VCC	Arduino UNO 开发板 5V 输出
	GND	Arduino UNO 开发板 GND
	TX	Arduino UNO 开发板 8 引脚
	RX	Arduino UNO 开发板 9 引脚
	STATE	置空
红外线发射管	正极	Arduino UNO 开发板 3.3V 输出
	负极	Arduino UNO 开发板 GND
红外线接收管	正极	Arduino UNO 开发板 3.3V 输出
	负极	Arduino UNO 开发板 GND
	输出	Arduino UNO 开发板 6 引脚
RGB 三色 LED	R 引脚	Arduino UNO 开发板 11 引脚
	G 引脚	Arduino UNO 开发板 12 引脚
	B 引脚	Arduino UNO 开发板 13 引脚
	GND	Arduino UNO GND
拨码开关	左端引脚	置空
	中间引脚	Arduino UNO 开发板 5V 输出
	右端引脚	Arduino UNO 开发板 GND
直流电机 1	正极	L298N 直流电机驱动模块 OUT2
	负极	L298N 直流电机驱动模块 OUT1
直流电机 2	正极	L298N 直流电机驱动模块 OUT3
	负极	L298N 直流电机驱动模块 OUT4

相关代码见"代码 83-3"。

83.4 产品展示

图像采集处理模块和无线通信模块如图 83-8 所示,接球机器人模块外观如图 83-9 所示。外接摄像头与计算机连接,Mathematica 软件与 Arduino NANO 开发板连接实现数据的传输。Arduino NANO 开发板搭载的 HC-05 蓝牙模块与 Arduino UNO 开发板搭载的 HC-05 实现无线通信,两个蓝牙模块双闪说明连接成功。Arduino UNO 开发板通过控制 L298N 直流电机驱动模块以间接控制机器人的行进。另外,机器人上面搭载的 RGB 三色 LED 实现机器人状态的显示,红外线对射管实现是否成功接到小球的判断。

图 83-8　图像采集处理模块和无线通信模块

图 83-9　接球机器人模块外观

　　本项目需要大量的实际测试以确定系统各项参数，提高系统工作性能，以下是选取的部分系统测试结果。模式一两次测试结果分别如图 83-10(a)和图 83-10(b)所示。其中，每幅图包含的四个子图，从左上到右下依次为原始图像、采集图像、两图像差和二值化后的图像差。Mathematica 软件通过分析黑色像素点的平均位置计算得到斜率。图 83-11 所示是由图 83-10 分析得到的黑色像素点的平均位置，坐标为(227,153)，斜率为 0.77，结果与实际吻合度较高。

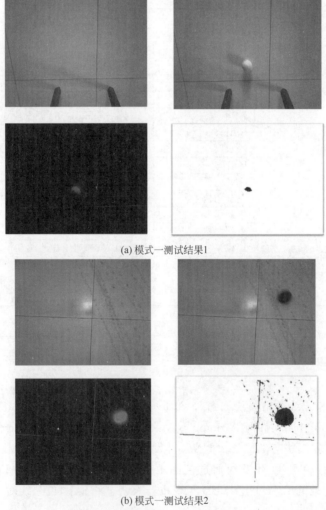
(a) 模式一测试结果1

(b) 模式一测试结果2

图 83-10　模式一测试结果

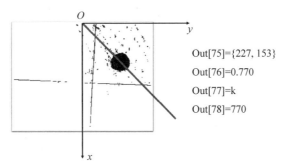

图 83-11　根据测试结果计算的斜率

模式二测试结果如图 83-12 所示。其中，图中包含的三个子图从左到右依次为连续采集的三张画面。Mathematica 软件二值化处理结果如图 83-13 所示。

图 83-12　模式二测试结果

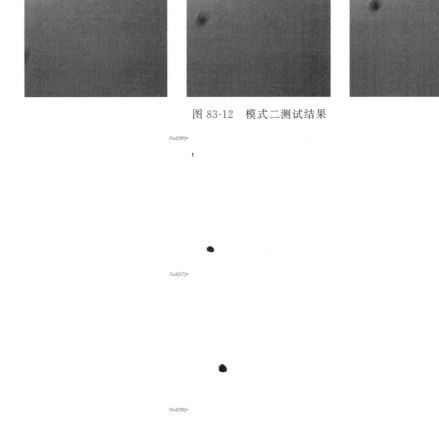

图 83-13　Mathematica 软件二值化处理结果

83.5　元器件清单

完成基于 Mathematica 的自动接球元器件清单如表 83-5 所示。

表 83-5　基于 Mathematica 的自动接球元器件清单

模　块	元器件/测试仪表	数　量
图像采集与处理模块	外接摄像头	1 个
	内置摄像头	1 个
	计算机及相关软件	1 台
	摄像头 USB 连接线	1 条
无线通信模块	Arduino NANO 开发板	1 个
	HC-05 蓝牙模块	2 个
	杜邦线	若干
	Arduino NANO 传输线	1 个
	面包板	1 个
接球机器人模块	Arduino UNO 开发板	1 个
	直流电机	2 个
	L298N 直流电机驱动模块	1 个
	RGB 三色 LED	1 个
	红外线发射管	1 个
	红外线接收管	1 个
	双轮小车	1 个
	螺钉	若干
	杜邦线	若干
	导线	若干

## 第 84 章

蓝牙遥控四自由度可自动避障机器人

84.1 项目背景

各种各样的机器人是未来社会的刚性需求,本项目通过 Arduino 开发一款可遥控的机器人,实现基础行走以及拓展功能。

84.2 创新描述

手柄遥控四自由度机器人在市场上比较受欢迎,可以利用其具体框架,结合 Arduino 平台编程实现机器人更具实用性的功能。

84.3 功能及总体设计

本部分包括功能介绍、总体设计和模块介绍。

84.3.1 功能介绍

本作品主要分为蓝牙传输、超声波探测、单元动作编程和动作函数实现。蓝牙传输是使机器人能够接收远程操控指令;超声波探测通过超声波传感器实现避障;单元动作编程是对各舵机编程以完成基本动作;动作函数是通过输入指令来控制机器人的各项动作。能够完成前进、左转、右转、后退、右后转、左后转及跳舞等动作,并且可以开启自动避障功能,即在前方无障碍物时直行,20cm 内有障碍物时,通过超声波模块探测左右并改变行进方向。

84.3.2 总体设计

1. 整体框架

整体框架如图 84-1 所示。

2. 系统流程

系统流程如图 84-2 所示。

接通电源后,如果发送指令被读取,则机器人开始工作。若为自动避障指令,则进入自动状态,再次发送指令可退出自动状态;若为普通行为指令,则进行各项行为,直到松开行为按钮,机器人停止运行。

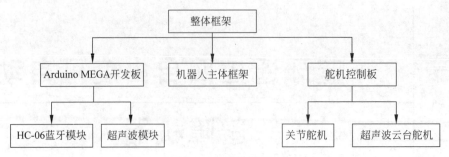

图 84-1　整体框架

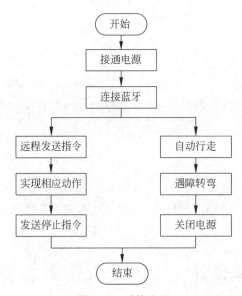

图 84-2　系统流程

3. 系统总电路

系统总电路及 Arduino MEGA 开发板引脚连接如图 84-3 所示。

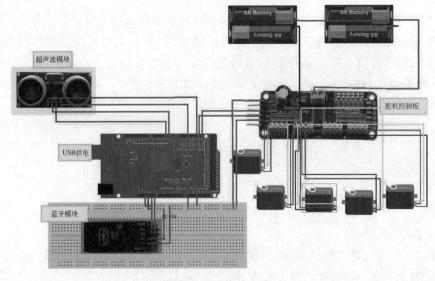

图 84-3　系统总电路

元器件对应引脚连线如表 84-1 所示。

表 84-1 元器件对应引脚连线

元 器 件	引 脚	Arduino 开发板对应引脚
蓝牙模块	RX	1
	TX	0
超声波模块	EchoPin	3
	TrigPin	2
舵机控制板	SDA	20
	SCL	21

84.3.3 模块介绍

本项目主要包括蓝牙模块、超声波模块和舵机控制模块。下面分别给出各模块的功能、元器件、电路图和相关代码。

1. 蓝牙模块

手机发送指令,Arduino MEGA 开发板接收指令。元器件包括 HC-06 和 Arduino MEGA 开发板,如图 84-4 所示。使用手机蓝牙串口 App 连接 HC-06 蓝牙模块。引脚连接如下:VCC 接 5V;GND 接GND;TXD 发送端接 RX;RXD 接收端接 TX。线接好后,Arduino 开发板通电,蓝牙的指示灯是闪烁的,表明没有设备连接上(未建立 RFCOMM 信道),然后进行匹配和连接。

"匹配"说明对方设备发现了本设备的存在,并拥有一个共同的识别码,可以进行连接;

"连接"成功表示当前设备共享一个 RFCOMM 信道并且二者可以交换数据。

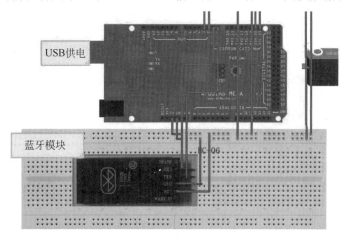

图 84-4 蓝牙模块

2. 超声波模块

用于检测前方障碍物,实现避障功能。主要元器件为 HC-SR04。超声波模块电路如图 84-5 所示。主要引脚接法如下:VCC 接 5V;GND 接 GND;Trig 接 2 引脚;Echo 接 3 引脚。

相关代码见"代码 84-1"。

3. 舵机控制模块

给舵机供电,并给舵机适当脉冲使之完成相应动作,舵机控制模块电路如图 84-6 所示,舵机控制板

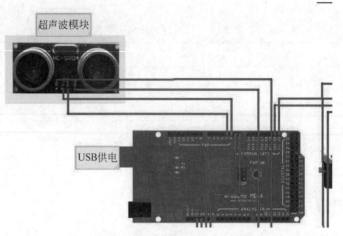

超声波模块

USB供电

图 84-5　超声波模块电路

与舵机引脚接线如表 84-2 所示。

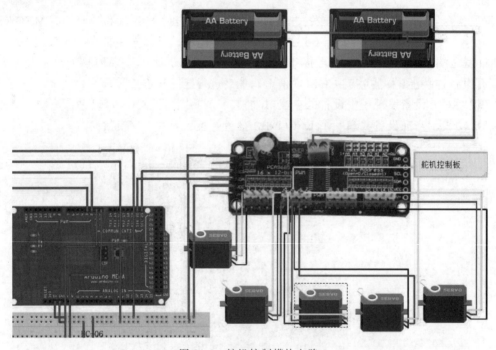

舵机控制板

图 84-6　舵机控制模块电路

表 84-2　舵机控制板与舵机引脚接线

元 器 件	引 脚	舵机控制板对应引脚
关节舵机 1	PWM	4
关节舵机 2	PWM	5
关节舵机 3	PWM	6
关节舵机 4	PWM	7
超声波云台舵机	PWM	0

相关代码见"代码 84-2"。

84.4　产品展示

手机蓝牙操作界面如图 84-7 所示,正面外观如图 84-8 所示,背部外观如图 84-9 所示。

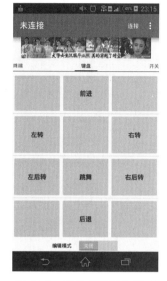

图 84-7　手机蓝牙操作界面

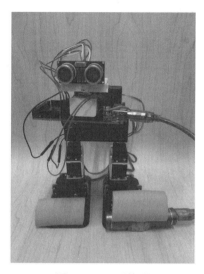

图 84-8　正面外观

图 84-9　背部外观

84.5　元器件清单

完成蓝牙遥控四自由度可自动避障机器人元器件清单如表 84-3 所示。

表 84-3　蓝牙遥控四自由度可自动避障机器人元器件清单

模　块	元器件/测试仪表	数　量
蓝牙模块	导线	若干
	杜邦线	若干
	HC-06	1 个
	Arduino MEGA 开发板	1 个
	电源(充电宝)	1 个
超声波模块	导线	若干
	杜邦线	若干
	HC-SR04	1 个
	Arduino MEGA 开发板	1 个
舵机控制模块	舵机	5 个
	杜邦线	若干
	16 路 PWM 舵机控制板	1 个
	1.5V 电池	4 个

模　　块	元器件/测试仪表	数　　量
主体构架	轴承	2个
	L 形件	2个
	U 梁件	1个
	大脚板	2个
	金属舵盘	4个
	短 U 件	2个
	螺丝、螺母	若干

## 第 85 章

遥控智能四驱车

85.1　项目背景

遥控车可以按照预先设定的模式在一定的范围内自动运作,不需要太多的人为调节,以此达到预期或更高的目标。因此,本项目对传统的遥控车进行扩展,完成一款基于 Arduino 开发板且能用手机蓝牙遥控的智能四驱车。

85.2　创新描述

普通的智能小车一般只有简单的循迹或避障功能,本项目将多种功能集合到一起,并且可通过手机蓝牙对小车实现遥控。能够由遥控实现各功能之间的切换,在遥控状态下,还可以组合指令实现智能车的组合运动。

85.3　功能及总体设计

本部分包括功能介绍、总体设计和模块介绍。

85.3.1　功能介绍

连接蓝牙后,选择小车功能:避障、循迹、遥控和调速。避障功能又可分为超声波探测和小车行进两部分,由超声波探测并回传的数据控制小车的行进方向;循迹也可分为红外探测与小车行进两部分,由多个红外探测传感器回传的探测信号来控制小车的转向、轮速和进退;遥控功能主要由蓝牙遥控和直流电机两部分组成,蓝牙模块接收手机发送的指令后,小车会有相应的运动;调速功能分为蓝牙调速和测速两部分,蓝牙模块收到信息,写入速度,再由测速模块测出轮速,并在串口显示。

85.3.2　总体设计

本部分包括整体框架、系统流程和系统总电路。

1. 整体框架

整体框架如图 85-1 所示。

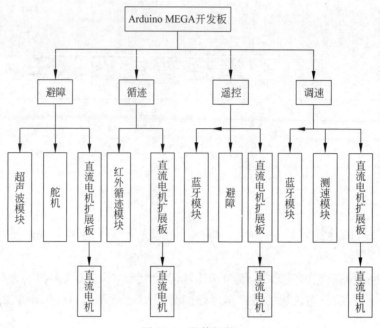

图 85-1　整体框架

2．系统流程

系统流程如图 85-2 所示。

接通电源后，如果蓝牙接收到避障信号，则开始执行避障程序；若接收到循迹信号，则执行循迹；若接收到遥控信号，则进入遥控模式；若接收到调速信号，则进入调速模式，并将速度从串口返回；若接收到停止信号，则停止当前的运动。

3．系统总电路

系统总电路如图 85-3 所示。

图 85-3 连线如下：

左前直流电机通过驱动接在数字 8、9 引脚，使能端为数字 11 引脚；右前直流电机通过驱动接在数字 4、5 引脚，使能端为数字 10 引脚；左后直流电机通过驱动接在数字 28、29 引脚，使能端为数字 13 引脚；右后直流电机通过驱动接在数字 26、27 引脚，使能端为数字 12 引脚。

为实现避障功能，舵机接在数字 6 引脚，超声波探测传感器接在模拟信号 A4、A5 引脚；为实现循迹功能，5 个红外循迹传感器 S1～S5 的引脚为 A6、A2、A1、A0、A3；为实现遥控功能，蓝牙模块的 TX 引脚接 0，RX 引脚接 1；为实现测速功能，左侧测速接数字 3 引脚，右侧测速接数字 2 引脚。

85.3.3　模块介绍

本项目主要包括主程序模块、避障模块、循迹模块、遥控模块和调速模块。下面分别给出各模块的功能、元器件、电路图和相关代码。

1．主程序模块

设置引脚，检测手机端蓝牙输入，以启动另外三个模块进行小车的驱动。元器件包括 Arduino MEGA 开发板及扩展板、直流电机和电源。

相关代码见"代码 85-1"。

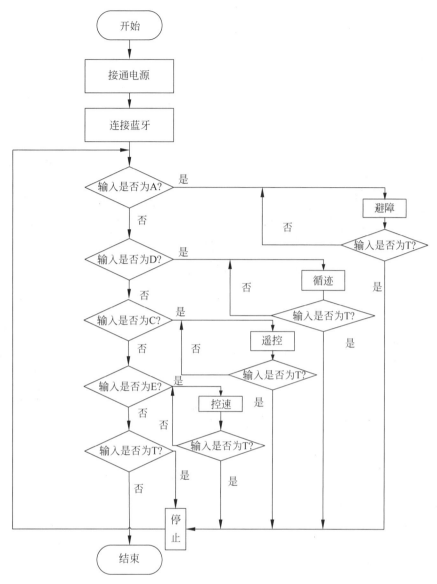

图 85-2　系统流程

2．避障模块

当超声波探测的距离低于设定值时，小车停下并再次探测左右距离，优先右转。若右侧距离不够，则左转；若左右距离都不够，则后退。元器件包括直流电机、直流电机驱动、舵机和超声波距离传感器。

相关代码见"代码 85-2"。

3．循迹模块

红外探测传感器发出红外光，黑线吸收红外光，无返回信号，白地产生漫反射返回信号。小车根据传感器回传的不同信号，进行不同速度、不同方向的调整，使小车尽量保持以中路方式沿黑线前进。元器件包括红外循迹模块、直流电机和直流电机驱动。

相关代码见"代码 85-3"。

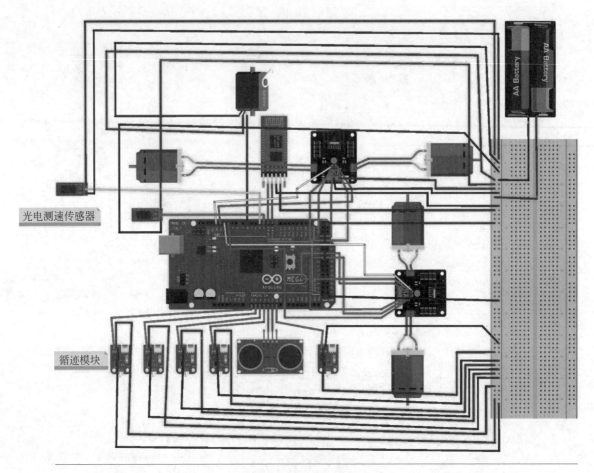

光电测速传感器

循迹模块

图 85-3　系统总电路

4. 遥控模块

将小车的蓝牙模块和手机相连,通过手机向小车发送指令。小车接收到指令后,调用并实施相应的运动模块,实现手机对小车的蓝牙遥控;遇到障碍物时,小车可自行后退。元器件包括蓝牙模块、直流电机、直流电机驱动和避障模块。

相关代码见"代码 85-4"。

5. 调速模块

将小车的蓝牙模块和手机相连,通过手机向小车发送信息。小车接收到信息后,调用相应函数,将速度写入,从而改变小车轮速,并且测速模块将小车左右轮速返回,显示在串口。元器件包括蓝牙模块、直流电机、直流电机驱动和测速模块。

相关代码见"代码 85-5"。

85.4　产品展示

俯视如图 85-4 所示;主视如图 85-5 所示。

图 85-4　俯视

图 85-5　主视

85.5　元器件清单

完成遥控/智能四驱车元器件清单如表 85-1 所示。

表 85-1　遥控/智能四驱车元器件清单

模　块	元器件/测试仪表	数　量
基础模块	导线	若干
	杜邦线	若干
	直流电机驱动 L298N	2 个
	直流电机	4 个
	3.7V 可充电电池	2 个
	Arduino MEGA 开发板	1 个
	2 节电池电源盒	1 个
功能部分	超声波探测传感器	1 个
	红外线循迹	1 个
	舵机	1 个
	扩展板	1 个
	四路循迹传感器	1 个
	蓝牙模块	1 个
	双路测速模块	1 个
外观部分	亚克力板	1 个
	螺钉	6 个
	车轮	4 个

第 86 章

CHAPTER 86

电机合奏团

86.1 项目背景

20 世纪 60 年代以来,随着电力电子技术的发展,半导体交流技术——交流调速系统得以实现。尤其是 70 年代以来,大规模集成电路和计算机控制技术的发展,为交流电力拖动的广泛应用创造了有利条件。例如交流电动机的串级调速、各种类型的变频调速等,使得交流电力拖动逐步具备了调速范围宽、稳态精度高、动态响应快以及在四象限做可逆运行等良好的技术性能,在调速性能方面完全可与直流电力拖动媲美。基于此,本项目利用直流电机能够发声的功能,使声音可控,把不规则噪声变为可控的声音,从而播放出一定音域范围的音乐。

86.2 创新描述

将 MIDI 类型的音乐文件转换为串口数据,经 Arduino 开发板输出相应的调速脉冲,控制步进电机以该音符的频率转动。对不同的音轨 Arduino 芯片做不同处理,使得不同的步进电机能够以不同音轨在同一时间合奏,形成更好的播放效果。

86.3 功能及总体设计

本部分包括功能介绍、总体设计和模块介绍。

86.3.1 功能介绍

使用能够对不同音轨进行处理的音乐软件,设置好需要播放的通道进行播放,就能听到步进电机传出具有机械质感的音乐声。

86.3.2 总体设计

本部分包括整体框架、系统流程和系统总电路。

1. 整体框架

整体框架如图 86-1 所示。

2. 系统流程

系统流程如图 86-2 所示。本流程图仅显示对于单个接收数据的判断,即对于某一个接收到的十六进

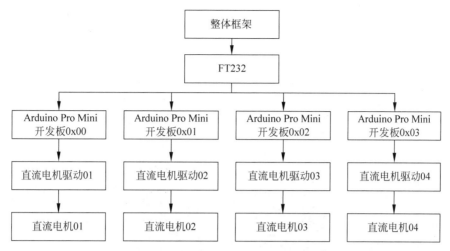

图 86-1 整体框架

制数判断其是否为音轨信号。若是，则先判断是否为本通道，通道判断之后，再根据音符接收态和播放态先接收音符再播放音符。对于一首乐曲，音符播放后整个流程重新开始，直到所有音符播放完毕才结束。

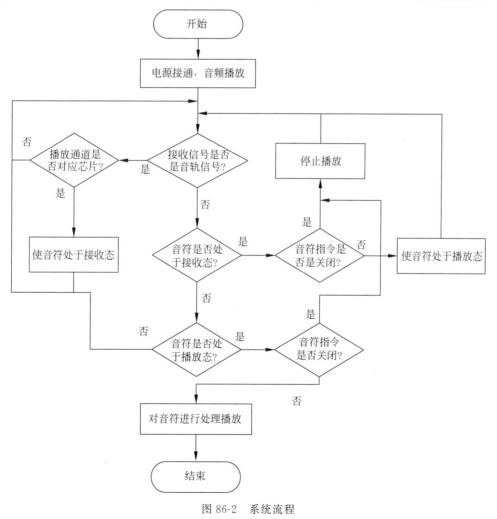

图 86-2 系统流程

3. 系统总电路

系统总电路如图 86-3 所示；各元器件线路连接如表 86-1 所示。

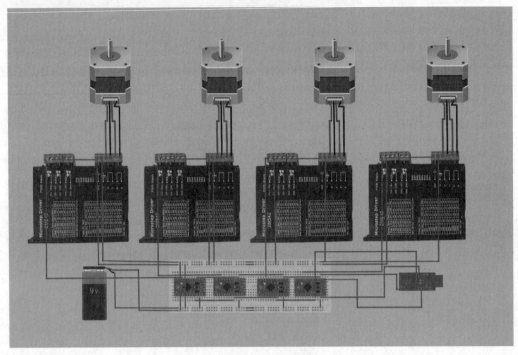

图 86-3　系统总电路

表 86-1　各元器件线路连接

连接元器件	说　　明
FT232 与 Arduino Pro Mini 的引脚连接	VCC 接 VCC
	RXI 接 TXO
	TXO 接 RXI
	GND 接 GND
直流电机驱动与 Arduino Pro Mini 的连接	输出 6 引脚与 PUL＋连接
直流电机驱动与直流电机的连接	A＋接 A,A－接 C
	B＋接 B,B－接 D
其他连接	Arduino Pro Mini 开发板所有 RXI 连在一起
	Arduino Pro Mini 开发板所有 VCC 连在一起
	直流电机驱动 PUL－与电源负极相连
	驱动板的 GND 连接电源负极
	直流电机驱动 VCC 端接电源正极

86.3.3　模块介绍

本项目主要包括软件输入模块、数据传输处理模块和音频播放模块。其中,软件输入模块采用计算机软件实现,不需要实际搭建电路。因此,本部分只介绍数据传输处理模块和音频播放模块的功能和相关代码。

1. 数据传输处理模块

数据传输处理模块电路连接如图 86-4 所示。计算机通过右侧的 FT232 接收串口数据,导入 Arduino 开发板,然后 Arduino 开发板开始处理数据。引脚连接如下:4 个 Arduino Pro Mini 开发板的 RX 端、VCC 引脚和 GND 引脚分别连接在一起(即同名引脚相互连接);最外侧(即最右侧)VCC 接 FT232 VCC 3.3V 的输出,GND 相连,RX 接 TX,TX 接 RX,即所有 VCC 来自 FT232 输出的 3.3V,所有 GND 最后引出共同接地,4 个 Arduino Pro Mini 开发板 RX 引脚全都接收来自 FT232 TX 的信号。

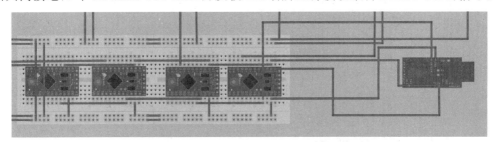

图 86-4 数据传输处理模块电路连接

2. 音频播放模块

音频播放模块电路如图 86-5 所示。4 个步进电机驱动器的 PUL+分别连接 4 个 Arduino Pro Mini 开发板的 6 引脚;驱动器的 GND 和 PUL-共 8 个引脚相互连接并接地;4 个 VCC 相互连接并外接 9V 以上电源,4 个步进电机分别接 4 个驱动器的 A+、A-、B+和 B-。

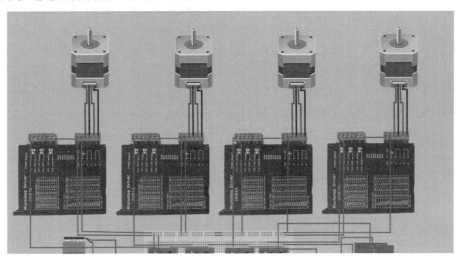

图 86-5 音频播放模块电路

相关代码见"代码 86-1"。

86.4 产品展示

整体外观如图 86-6 所示。图片左方是 4 个步进电机驱动器;中间是用面包板搭建的 Arduino Pro Mini 开发板的核心电路,上方的线是引出 FT232 接口,便于对外连接;最右侧是 4 个步进电机,负责发声。为了使电路简洁易于检查,步进电机驱动器和步进电机的连线跨过面包板,步进电机不直接与面包板接线。

图 86-6　整体外观

86.5　元器件清单

完成电机合奏团元器件清单如表 86-2 所示。

表 86-2　电机合奏团元器件清单

模　块	元器件/测试仪表	数　量
音频播放模块	导线	若干
	杜邦线	若干
	步进电机驱动器	4 个
	两相四线步进电机	4 个
	12V 开关电源	1 个
	电源线	1 个
	绑带	若干
	万用表	1 个
数据传输处理模块	导线	若干
	杜邦线	若干
	Arduino Pro Mini 开发板	4 个
	面包板	1 个
	FT232	1 个
	排针	若干
外观部分	纸箱	1 个

第 87 章

CHAPTER 87

教学电子琴

87.1 项目背景

本项目设计一款教学电子琴,根据指示灯亮灭触摸相应的按键并且发出音调,以达到教学的目的。

87.2 创新描述

教学电子琴不仅包括自由弹奏模式,还实现了音乐播放和教学的功能,能满足不同人群的不同需求。本项目成本较低,仅使用 Arduino 开发板、面包板、LED、杜邦线及若干导线就完成了相应的功能,简单实用,并且不会出现某些硬件的灵敏性随时间降低的问题,理论上使用期限较长。

87.3 功能及总体设计

本部分包括功能介绍、总体设计和模块介绍。

87.3.1 功能介绍

本项目主要有三个功能:音乐播放,将歌曲对应的数组粘贴到代码内部,并将相应控制引脚连接至高电平,复位后即可实现音乐播放的功能;自由弹奏,将相应的引脚连接至高电平,复位后即可实现自由弹奏的功能;教学模式,将两个控制引脚都接至低电平,复位后即可根据 LED 的亮灭去触摸相应频率的按键。

87.3.2 总体设计

本部分包括整体框架、系统流程和系统总电路。

1. 整体框架

整体框架如图 87-1 所示。

2. 系统流程

系统流程如图 87-2 所示。

3. 系统总电路

系统总电路如图 87-3 所示。13 引脚连接扬声器正极;2～12 引脚、14～22 引脚和 24 引脚分别连

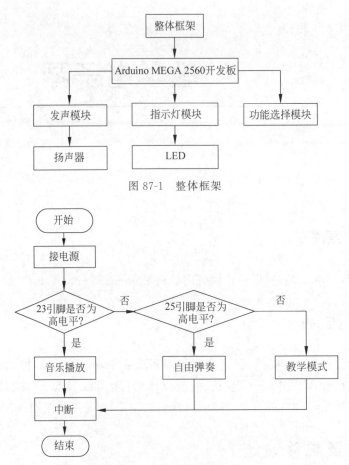

图 87-1　整体框架

图 87-2　系统流程

接 21 个 LED 的正极；30～50 引脚由公共线接出并悬空，25 引脚和 23 引脚分别连接 5V 电压和接地。

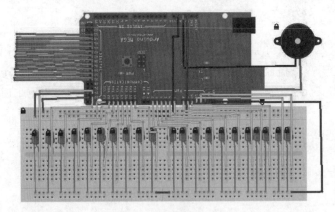

图 87-3　系统总电路

87.3.3　模块介绍

本项目主要包括乐谱输入模块、LED 点亮模块、音调输出模块、功能选择模块和主程序模块。下面分别介绍各模块的功能、元器件、电路图和相关代码。

1. 乐谱输入模块

采用直接输入代码的方式实现音符的输入。根据简谱列出节拍和频率,并写成一个数组,之后使用循环调用。

相关代码见"代码87-1"。

2. LED点亮模块

LED可根据音阶数组按相应的节奏和顺序亮灭。

相关代码见"代码87-2"。

3. 音调输出模块

实现触摸按键,发出该按键相应音调的声音。

相关代码见"代码87-3"。

4. 功能选择模块

实现自由弹奏模式、播放音乐模式和教学模式的切换。

相关代码见"代码87-4"。

5. 主程序模块

相关代码见"代码87-5"。

87.4 产品展示

整体外观如图87-4所示;内部结构如图87-5所示;部分结构如图87-6所示。

图87-4 整体外观   图87-5 内部结构   图87-6 部分结构

87.5 元器件清单

完成教学电子琴元器件清单如表87-1所示。

表87-1 教学电子琴元器件清单

模 块	元器件/测试仪表	数 量
主体部分	导线	若干
	杜邦线	若干
	Arduino MEGA 2560 开发板	1个
	面包板	1个
	0.5W 扬声器	1个
外观部分	黑色卡纸	1个
	曲别针	若干

## 第 88 章

微型激光雕刻机

88.1 项目背景

激光是 20 世纪最实用的发明之一,激光的应用已经遍及科技、经济、军事等社会发展的许多领域。激光雕刻技术随着时代的发展日新月异,其应用的范围也十分广泛。目前,市场上成型的激光雕刻机各式各样,应用的范围也相当广泛,但同时其造价也相对较高,对于那些想接触激光技术与平面打印的普通 DIY 爱好者来说,无疑是一道门槛。

88.2 创新描述

传统的 DIY 激光雕刻机一般需要通过网上流行的 GRBL 绘图固件做核心操控程序帮助完成简单的图像处理和雕刻,DIY 爱好者不需要深究其算法就可以完成简单的雕刻任务。本项目在传统绘图功能的基础上,编写相关程序和算法,使得大家可以在学习激光雕刻机的同时真正了解平面雕刻的一些核心功能算法。

创新点:在流行的操控程序上有所创新。例如,通过对程序的编写掌握目前数控领域较为重要的直线插补和圆弧插补算法。该类算法采用简单的误差判断,实现以折线逼近直线、以直线逼近圆弧的绘图功能。利用本项目编写的算法,可以自动画出三角形、圆等类似的简单图形。

88.3 功能及总体设计

本部分包括功能介绍、总体设计和模块介绍。

88.3.1 功能介绍

算法升级,运用了逐点比较法,实现了简单的直线插补和圆弧插补。直线插补完成后通过激光雕刻头的坐标返回功能实现简单的直角三角形雕刻。圆弧插补则需要逐象限区别对待,设计不同的反馈函数完成各个象限的雕刻任务。

绘图功能实现,微型雕刻机接通外加电源并与计算机相连,通过向开发板植入 GRBL 固件可以实现微型雕刻机与上位机软件之间的通信,利用简单的微雕软件可以实现如下功能:

(1) 对简单的 G 代码编辑图片文件,可以直接按照 G 代码的命令运行画出想要的图片;

（2）雕刻图片时，将图片进行必要的转换（不是所有图形都能转换成雕刻图形，"单笔画"图片效果更理想），将一般的图片转换成雕刻机能雕刻的 G 代码文件，然后再进行雕刻处理；

（3）对激光头的运行速度进行改变，以完成更好的雕刻效果。

88.3.2　总体设计

本部分包括整体框架、系统流程和系统总电路。

1. 整体框架

整体框架如图 88-1 所示。

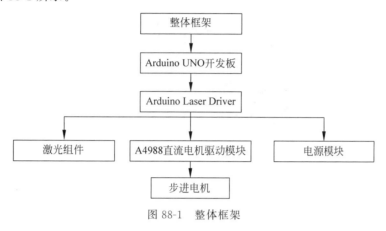

图 88-1　整体框架

2. 系统流程

系统流程如图 88-2 所示。

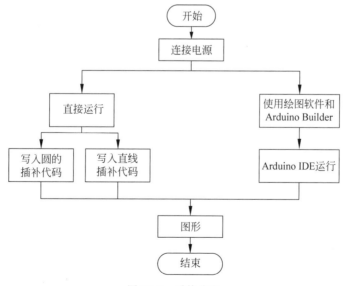

图 88-2　系统流程

接通电源以后，如果输入预先编译的插补算法，则主程序开始工作，运行插补算法后，实现简单的图形雕刻；如果使用绘图软件实现绘图功能，将固件下载到相应的软件操作界面，就可以完成雕刻任务。断开电源，所有流程结束，系统停止运行。

3. 系统总电路

系统总电路如图 88-3 所示。

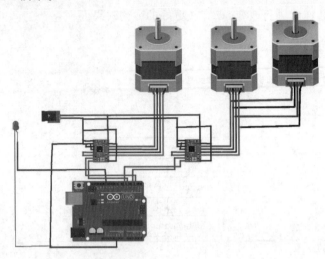

图 88-3　系统总电路

　　如图 88-3 所示，步进电机有 4 个引脚分别与驱动板相连，驱动板只需要通过 2 个引脚（STEP、DIR）分别与开发板相连，即可实现对步进电机的简单控制操作。驱动板的具体参数会在后文中详细介绍。电路相关引脚分配如表 88-1 所示。

表 88-1　电路相关引脚分配

模　　块	元器件引脚			Arduino 开发板对应引脚及外部电源
步进电机及其驱动模块	步进电机	A+	步进电机驱动	2A	—
		A−		1A	
		B+		2B	
		B−		1B	
	步进电机驱动	STEP			x 轴 2，y 轴 3
		DIR			x 轴 5，y 轴 6
		VMOT			外部电源
		GND、MS1、MS2、MS3			GND
		置位、复位			悬空
		VDD			VCC
		使能端			8
激光模块	激光输入端			12

88.3.3　模块介绍

　　本项目主要包括硬件模块、主程序模块和绘图功能的实现，下面分别介绍各模块的功能、元器件、电路图和相关代码。

1. 硬件模块

1）设备介绍

　　激光雕刻机的硬件设备主要由铝材及亚克力板做支架、Arduino 开发板控制模块、步进电机及其驱动模块和激光设备组成。

如图88-4所示,步进电机一控制 x 轴方向的转动,步进电机背部通过亚克力板与激光模块相连,带动激光模块移动。步进电机二、三控制 y 轴方向转动,两步进电机轴部相对,转动时互为反向转动。Arduino 开发板接 Arduino Laser Driver 扩展板,扩展板上有驱动片、电源转化模块、激光头和步进电机的接入端口。

2)驱动板介绍

A4988 驱动板是一款完全的步进电机驱动器,带有内转置转换器,易于操作。A4988 包括一个固定关断时间电流稳压器,该稳压器可在慢或混合衰减模式下工作。只要在"步进"中输入一个脉冲,即可驱动步进电机产生微步。

使用 Arduino 开发板直接控制电机,在微步运行时,A4988 内的斩波控制可自动选择电流衰减模式。在混合衰减模式下,该元器件初始设置为在部分固定停机时间内快速衰减,然后在余下的停机时间慢速衰减,用 Arduino 开发板控制 STEP 和 DIR 就可以制动 A4988。

如图88-5所示,是一个简单的步进电机驱动板和步进电机接线的原理图。引脚名依次为 VMOT、GND、2B、2A、1B、1A、VDD、GND、使能端、MS1、MS2、MS3、复位、置位、STEP、DIR。驱动板相关连线如下:

(1)VMOT 接外接电源正极;

(2)与步进电机相接的引脚为 2B 蓝(+)、2A 红(+)、1B 绿(-)和 1A 黑(-);

(3)STEP、DIR 分别接 Arduino 开发板的两个数字引脚;

(4)其余引脚均接地。

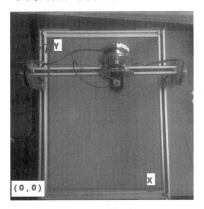

图88-4 硬件设备

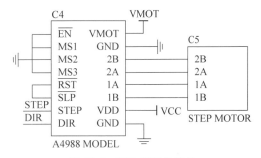

图88-5 驱动板相关连线

2. 主程序模块

步进电机控制调试程序见"代码88-1"。

该程序用于掌握步进电机工作原理及工作状态,调试激光打印效果如图88-6所示。程序实现后可以在平面内画一个标准的正方形,正方形的四条边分别平行于 x 轴、y 轴。

1)逐点比较直线插补

直线插补算法是数控领域比较重要的一类算法。本项目设计了一个简单的逐点比较直线插补算法,该算法可以由任意两点的连线用激光雕刻机实现。相关代码见"代码88-2"。

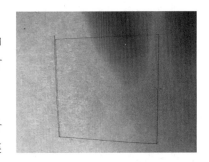

图88-6 调试激光打印效果

设置 F 为反馈值,在不同路径下为 F 设计不同的反馈表达式。图 88-7 为直线插补算法实现流程,图 88-8 为激光实际运行轨迹原理,图 88-9 为直线插补算法实验现象。

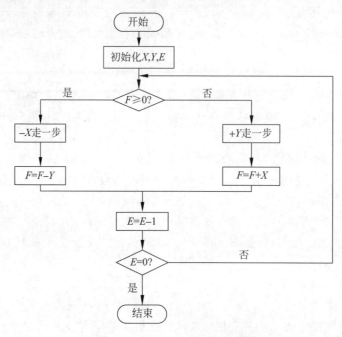

图 88-7　直线插补算法实现流程

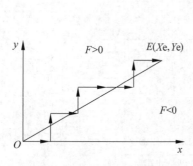

图 88-8　激光实际运行轨迹原理

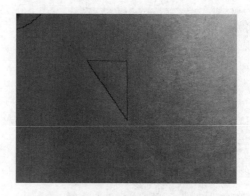

图 88-9　直线插补算法实验现象

2）逐点比较圆弧插补算法

圆的插补算法与直线插补算法原理大致类似,其反馈函数较之有所不同,涉及 4 个象限的循环判别语句,并且均有所不同,需要改变循环跳出语句。相关代码见"代码 88-3"。

第二象限的循环判别流程如图 88-10 所示,其他象限原理相似,只是反馈语句有所不同。图 88-11 为激光雕刻轨迹原理,图 88-12 为圆弧插补算法实验现象。

3. 绘图功能的实现

使用 Arduino Builder 并选择好串口,调整合适的波特率,即可将固件文件植入。GRBL 是上位机和下位机的组合。上下位机代码都可以从 Github 上下载,但是需要编译。GRBL 固件是现在 DIY 绘图领域相当流行的编译工具(还可以用于实现 3D 打印)。从学习深度上看,GRBL 上下位机的学习应该是很难的,但是从应用角度上看,又是非常简单的。学会运用 GRBL 固件及掌握相关软件的操作,可以轻松地将 G 代码文件用雕刻机绘出来,能够更加简单地实现绘图功能。操作步骤如下:

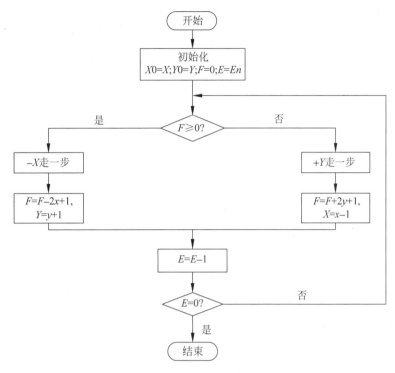

图 88-10　循环判别流程

(1) 不能使用普通的 Arduino IDE 下载 GRBL 固件,需要利用 Arduino Builder 下载;
(2) 下载完成后可以通过上位机控制电机。

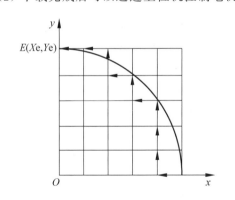

图 88-11　激光雕刻轨迹原理

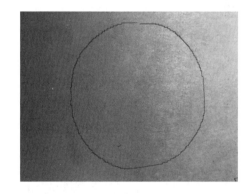

图 88-12　圆弧插补算法实验现象

本项目使用简单的微雕软件控制实现绘图功能,雕刻图片时,将图片进行必要的转换(不是所有图形都能转换成没有的雕刻图形,主要对“单笔画”图片的转换效果更理想),将一般的图片转换成雕刻机 G 代码文件,然后进行雕刻处理。图 88-13 为将 GRBL 固件植入开发板的操作界面;图 88-14 为上位机程序的控制界面;图 88-15 为绘图结果。

图 88-13　将 GRBL 固件植入开发板的操作界面

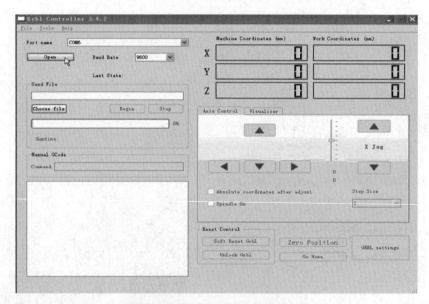

图 88-14　上位机程序的控制界面

图 88-15　绘图结果

88.4 产品展示

整体外观如图 88-16 所示；内部结构如图 88-17 所示。

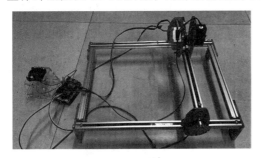

图 88-16 整体外观

图 88-17 内部结构

88.5 元器件清单

完成微型激光雕刻机元器件清单如表 88-2 所示。

表 88-2 微型激光雕刻机元器件清单

模 块	元器件/测试仪表	数 量
核心元器件	Arduino UNO 开发板	1 个
	Arduino CNC/Laser Driver	1 个
	直流电机驱动板 A4988	2 个
	电源模块	1 个
	激光头组件(蓝紫色 250mW)	1 个
	28 步进电机	3 个
外观部分	铝片亚克力板构架	若干
	螺钉	若干
	铝材	4 个

## 第 89 章

遥控吸尘器

89.1 项目背景

打扫卫生时,卫生死角既不好清理,又不容易收集里面的垃圾。同时,市场上的扫地机器人价格比较高。基于以上考虑,本项目设计一款具有扫地机器人功能的简易吸尘器。功能上虽然没有扫地机器人高级,但是能够满足普通家用要求。本项目设计的产品主要针对灰尘、碎屑以及头发等比较轻小、扫帚难以清扫的垃圾。

89.2 创新描述

创新点:采用可充电电池,不用担心吸尘器使用过程中供电不足的问题。充电电池比一次性电池环保,既降低了成本,又有利于环境保护。同时,设计的吸尘器与普通的吸尘器相比,没有连线的束缚。吸尘时有两种选择:第一,可以自动避障来清理垃圾;第二,设置了蓝牙串口,可以通过手机控制吸尘器。第二个功能类似于遥控车,既增加了乐趣,又能完成一定的功能。既可以手动蓝牙控制,也可以通过红外避障功能自动控制。两种功能之间可以自由转换,兼具便利性和娱乐性。同时,容纳箱的抽屉型结构设计,便于清理其中吸入的垃圾。

89.3 功能及总体设计

本部分包括功能介绍、总体设计和模块介绍。

89.3.1 功能介绍

本项目包括直流电机驱动部分、蓝牙遥控部分和吸尘器部分。使用 6 节五号电池组给 Arduino 电机驱动扩展板和 Arduino 开发板供电,Arduino 开发板的数字引脚控制 L298N 的电平信号输入,L298N 的输出端控制直流电机运转。

HC-05 蓝牙模块接收来自移动端的数据并发送给 Arduino 开发板,从而控制 Arduino 开发板的各引脚输出所需的电平。直流电机转动方向的不同组合(前转、后转、不转)使底盘具有 9 种运动状态,红外避障传感器用于实现自动控制。吸尘器放置在底盘上,达到蓝牙控制吸尘器移动的目的。

89.3.2 总体设计

本部分包括整体框架、系统流程和系统总电路。

1. 整体框架

整体框架如图 89-1 所示。

2. 系统流程

系统流程如图 89-2 所示。接通电源后,可以选择自动避障模式来自动清理垃圾,或者选择人为清理垃圾。自动避障模式下可以发出红外线,当遇到障碍物时,输入低电平,可以避开障碍,自动清理垃圾。对于手动清理垃圾,需要事先连接好蓝牙设备,就像操控遥控车一样,操控吸尘器实现吸尘功能,直至垃圾清理完毕。

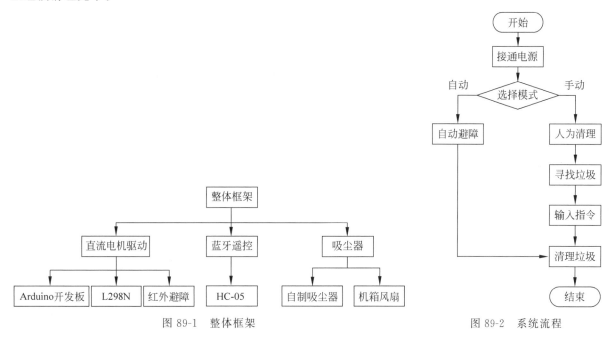

图 89-1　整体框架

图 89-2　系统流程

3. 系统总电路

系统总电路如图 89-3 所示;原理如图 89-4 所示;引脚连接如表 89-1 所示。

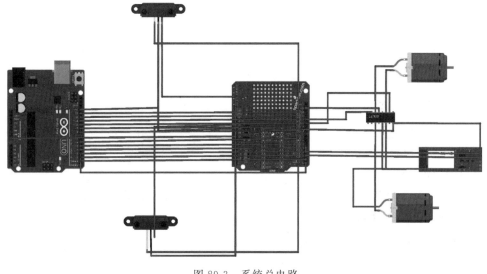

图 89-3　系统总电路

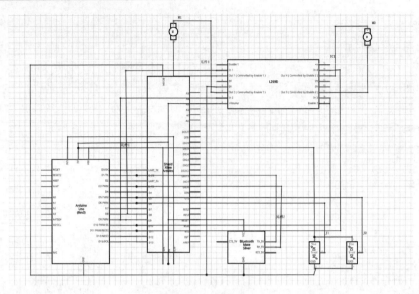

图 89-4　原理

表 89-1　引脚连接

模　　块	元器件引脚	Arduino 开发板对应引脚
L298N	IN1	8
	IN2	9
	IN3	10
	IN4	11
HC-05 蓝牙模块	VCC	VCC
	GND	GND
	TXD	RXD
	RXD	TXD
红外避障传感器（左）	VCC	VCC
	GND	GND
	OUT1	5
红外避障传感器（右）	VCC	VCC
	GND	GND
	OUT2	6

89.3.3　模块介绍

本项目主要包括直流电机驱动模块、蓝牙遥控模块和自动避障模块。下面分别给出各模块的功能、元器件、电路图和相关代码。

1．直流电机驱动模块

由于 Arduino UNO 开发板本身供电接口不足，所以需要通过扩展板转接蓝牙模块和电机驱动板，图 89-5 为 Arduino UNO 扩展板。

L298N 直流电机驱动板具有 4 个数字逻辑输入引脚、2 个使能引脚、3 个供电引脚以及 4 个输出引脚。其中，IN1、IN2 引脚控制 OUT1、OUT2 的输出；IN3、IN4 引脚控制 OUT3、OUT4 的输出；使能引脚 ENA、ENB 为模拟输入引脚，必须与 Arduino 开发板的 PWM 引脚连接，通过调节输出电平的占空比,用于调节直流电机的转速。将 Arduino 开发板的数字引脚接入 L298N 的逻辑输入引脚,通过输入信号电平差的高低即可实现对直流电机的控制,图 89-6 为 L298N 引脚。

图 89-5　Arduino UNO 扩展板

图 89-6　L298N 引脚

相关代码见"代码 89-1"。

2. 蓝牙遥控模块

蓝牙模块 HC-05 采用 CSR 主流蓝牙芯片,采用蓝牙 V2.0 协议标准,使用 TTL 接口与单片机通信,默认波特率为 9600。输入电压应为 3.6～6V。使用前可使用 USB 转 TTL 模块和蓝牙串口调试助手进行配置(调整波特率、配对名称和密码等)。

配对成功后,蓝牙手机或 Arduino 自带串口监视器发送字符串后,HC-05 通过 TXD、RXD 接口将字符串以十六进制形式传输给 Arduino UNO 开发板,其根据接收到的字符串执行与之相应的函数。例如,发送数字 8,则会执行函数 forward()。蓝牙遥控模块如图 89-7 所示。

相关代码见"代码 89-2"。

代码功能:蓝牙串口接收到数字 1～9 时,将按照这 9 个数字在九宫格上的分布来执行相应方向的运动控制函数,例如数字 8 对应前方,数字 9 对应右前方;接收到数字 0 时,将执行自动控制模式,当红外避障传感器检测到前方障碍物时刹车,后退一段距离,然后更换前进方向;检测到左边或右边的障碍物时,仅改变前进方向以避开障碍。

3. 自动避障模块

红外避障传感器利用物体反射波的性质。在一定距离范围内,如果没有障碍物,则发射出去的红外线强度将会随着传播距离增长而衰减,传感器输出高电平信号;如果有障碍物,红外线将被反射到传感器接收头,传感器检测到该信号后就能确认有障碍物,并输出低电平信号给 Arduino 开发板。通过 Arduino 开发板程序判定障碍物处于左边、右边还是前方,旋转传感器中间的旋钮可以调节传感器的灵敏度(即确认有障碍物并输出电平的最大距离),图 89-8 为红外避障传感器。

图 89-7　蓝牙遥控模块

图 89-8　红外避障传感器

相关代码见"代码89-3"。

89.4 产品展示

整体外观如图89-9所示。主体是一个吸尘器风箱和小车，小车搭载着吸尘器工作。小车为两层结构，中间放总体电路，把控制小车的电路放于小车两层结构之中，这样，既有空间存放电路，又可使整体较为美观。图89-10所示为内部结构。

图 89-9　整体外观

图 89-10　内部结构

89.5 元器件清单

完成遥控吸尘器元器件清单如表89-2所示。

表 89-2　遥控吸尘器元器件清单

模 块	元器件/测试仪表	数 量
控制模块	Arduino UNO 开发板	1个
	Arduino 直流电机驱动扩展板	1个
	L298N 直流电机驱动板	1个
	红外避障传感器	2个
	蓝牙模块 HC-05	1个
	面包板	1个
	南孚聚能环5号电池	6节
	18650 充电锂电池组	1个
	导线	若干
	杜邦线	若干
吸尘器模块	椴木板	2个
	12V 风扇	1个
	塑料软管	1个
	纱布	2个
底盘部分	底盘	2个
	车轮	2个
	万向轮	1个
	螺丝	若干
	铜柱	若干

## 第 90 章

写字报时机器人

90.1 项目背景

随着科学技术的发展,人们希望繁杂的工作可以由机器人代替完成。近年来,出现了能够画画的机器人,根据像素点来控制作画。但是,由于像素点的处理太过复杂,环境基础设施和自身条件限制了其推广应用。本项目基于 Arduino 平台开发了一款可以写数字报时计算的写字机器人。考虑利用智能车的行进轨迹来书写文字时,持笔书写的稳定性不够,所以采用机械臂并且固定写字板来实现文字的书写。

90.2 创新描述

机器人将写字和报时功能结合起来,不仅可以人为控制书写内容,还可以通过时钟模块获取当前时间后,自动调用函数书写当前时间。由于时钟模块配备了电池,即使机器人断电后再通电,仍然可以书写当前时间。后期又添加了计算器功能,通过手机蓝牙串口向机器人输入四则运算式,机器人能够计算并写出结果。

90.3 功能及总体设计

本部分包括功能介绍、总体设计和模块介绍。

90.3.1 功能介绍

根据机械臂转动的角度关系,编写了在白板的任意位置书写数字的函数(由若干函数共同组成)。从时钟模块获取当前时间后调用写字函数,书写出当前时间。计算器程序计算算式结果后也调用写字函数书写结果。

只要机器人通电即可实现书写时间功能,当手机通过蓝牙输入算式时,机器人执行计算器功能;当手机不输入数据时,机器人执行报时功能并书写时间。

90.3.2 总体设计

本部分包括整体框架、系统流程和系统总电路。

1．整体框架

整体框架如图 90-1 所示。

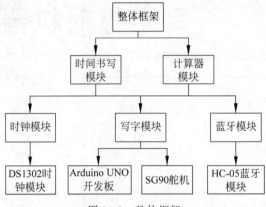

图 90-1　整体框架

2．系统流程

系统流程如图 90-2 所示。接通电源后，主程序开始工作。如果时钟模块没有初始化数据，则对其进行初始化，然后读取其数据，否则直接读取时钟模块当前数据，机器人开始调用写字函数写出时间；如果手机通过蓝牙发送四则运算式，则在擦掉当前时间后，机器人调用计算器函数计算出答案后，调用写字函数写出答案。断开电源，所有流程结束，系统停止运行。

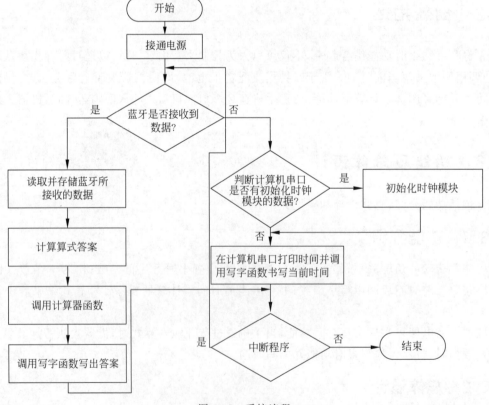

图 90-2　系统流程

3. 系统总电路

系统总电路如图90-3所示。由于接线端并不繁杂,所以并没有使用功能扩展板,只加了一块面包板,用于将每个模块的电源端和地线接在一起。

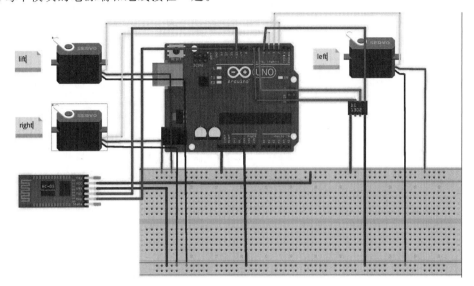

图90-3　系统总电路

图90-3中有三个舵机lift、left和right,分别控制抬笔、落笔和左右机械臂的转动,将它们的控制端分别接于数字I/O的2、3、4引脚;时钟模块DS1302的RST复位引脚接于数字I/O 5引脚,DAT引脚接于数字I/O 6引脚,时钟输入引脚SCLK接数字I/O 7引脚;蓝牙模块HC-05的TX引脚接数字I/O 10引脚,RX引脚接数字I/O 11引脚;将所有模块的VCC引脚并联接5V电压,地线接在一起,接于同一接地引脚,从而实现整个电路的完整连接。时钟模块和蓝牙模块作为输入,舵机作为输出,进而通过获取时间和蓝牙指令控制机械臂的运动以达到书写时间的目的。

90.3.3　模块介绍

本项目主要包括主程序模块、写字模块和计算器模块。下面分别给出各模块的功能、元器件、电路图和相关代码。

1. 主程序模块

确定舵机0°、90°和180°时的PWM,设定舵机初始位置;创建DS1302对象,开启计算机串口以及蓝牙串口与Arduino UNO开发板的通信。当蓝牙串口没有向Arduino UNO开发板发送信息时,判断计算机串口有无发送重置时间信息,若无则获取当前时间调用写字函数书写;当蓝牙串口向Arduino UNO开发板发送了计算信息,则调用计算器函数。

相关代码见"代码90-1"。

2. 写字模块

可以在白板上的任意位置书写数字。算法设计如下:

首先,以白板左下角为原点,向上为 y 轴,向右为 x 轴建立直角坐标系。先求左舵机转动角度和坐标位置的关系,设笔的位置为 (x,y),左右舵机的位置分别为 (x_{01},y_{01})、(x_{02},y_{02}),L_1、L_2、L_3 以及角度,左舵机几何原理如图90-4所示。

其中，

$$\alpha_1 = \cos^{-1}\frac{L_1^2 + x^2 + y^2 - L_2^2}{2L_1\sqrt{x^2 + y^2}}$$

$$\alpha_2 = \tan^{-1}\frac{y - y_{01}}{x - x_{01}}$$

对于右舵机，笔的位置与右臂连接点的位置不确定，所以对右臂假设了一个类似左臂的关系，找到一个辅助点 C，这个辅助点和连接点的位置是不变的，恒为 $L_2 - L_3$。右舵机几何原理如图 90-5 所示。

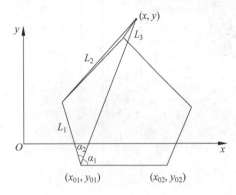

图 90-4　左舵机几何原理

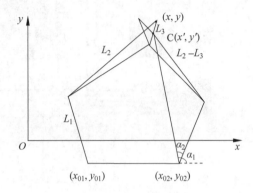

图 90-5　右舵机几何原理

其中，

$$x' = x + L_3\cos(\alpha_1 - \alpha_2 + 0.621 + \pi)$$
$$y' = x + L_3\sin(\alpha_1 - \alpha_2 + 0.621 + \pi)$$
$$\alpha_1 = \tan^{-1}\frac{y' - y_{02}}{x' - x_{02}}$$
$$|C| = \sqrt{(x' - x_{02})^2 + (y' - y_{02})^2}$$
$$\alpha_2 = \cos^{-1}\frac{L_1^2 + C^2 - (L_2 - L_3)^2}{2L_1C}$$

相关代码见“代码 90-2”。

3. 计算器模块

从蓝牙收到计算式并进行计算，将计算结果书写出来（和蓝牙的通信在主程序模块中实现），电路原理如图 90-6 所示。

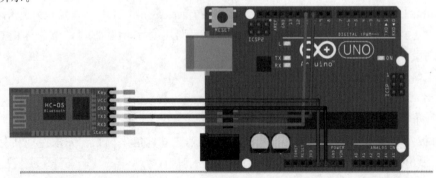

图 90-6　电路原理

蓝牙模块 HC-05 的 TX 引脚接数字 I/O 10 引脚，RX 引脚接数字 I/O 11 引脚；电源接 5V，地线接在 Arduino 开发板的 GND 引脚。

相关代码见"代码 90-3"。

90.4　产品展示

整体外观如图 90-7 所示。左上方是 Arduino 开发板和面包板，上面连接时钟模块和蓝牙模块，用于获取时间和接收指令数据；右上方是一套亚克力板，接有三个舵机，舵机控制引脚接于 Arduino 开发板相关引脚，舵机连接机械臂，将笔固定于机械臂前端，从而可在白板上书写时间数字。

蓝牙模块如图 90-8 所示；时钟模块如图 90-9 所示；舵机 Lift 模块如图 90-10 所示；舵机 Left、Right 模块如图 90-11 所示；亚克力机械臂和白板如图 90-12 所示。

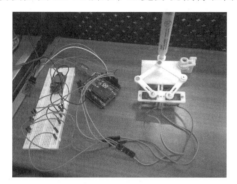

图 90-7　整体外观

图 90-8　蓝牙模块

图 90-9　时钟模块

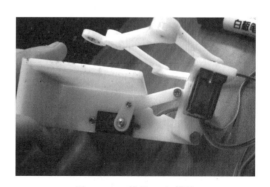

图 90-10　舵机 Lift 模块

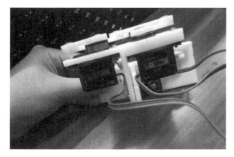

图 90-11　舵机 Left、Right 模块

图 90-12　亚克力机械臂和白板

90.5 元器件清单

完成写字报时机器人元器件清单如表 90-1 所示。

表 90-1 写字报时机器人元器件清单

元器件/测试仪表	数　量
杜邦线	若干
S9GO 舵机	3 个
HC-05 蓝牙模块	1 个
DS1302 时钟模块	1 个
Arduino UNO 开发板	1 个
面包板	1 个
亚克力板	1 个
螺钉、螺母	若干
白板笔	1 个

第 91 章

CHAPTER 91

棋盘小游戏

91.1 项目背景

项目的灵感来源于风靡微信的一款小游戏《围住神经猫》。这是一款非常益智的小游戏,以简单的规则、丰富的玩法成了人们打发闲暇时间的热门选择。玩法如下:人们用棋子去围堵猫,不让猫到达边界,若围堵失败,则玩家输;若围堵成功,猫不能再移动,则玩家赢。

91.2 创新描述

本项目在游戏《围住神经猫》的基础上开发了实体版,即用棋子在 5×7 的棋盘上围堵代表猫的绿灯,绿灯有前后左右 4 个移动方向。设计模式如下:输赢结果的显示效果,若玩家赢,则棋盘上用绿灯显示"W",并闪烁;若玩家输,则用绿灯显示"F",并闪烁;本闯关模式,玩家还可以根据说明书上的关卡摆放棋子,也可以自己设计关卡,事先摆放棋子设置障碍,有多种玩法。

91.3 功能及总体设计

本部分包括功能介绍、总体设计和模块介绍。

91.3.1 功能介绍

本项目由玩家事先在棋盘上摆放好棋子作为障碍,然后接通电源,看到棋盘中间的小绿灯亮起,表示游戏开始。接下来玩家需要用棋子围堵小绿灯,避免让它到达边界。每落一个棋子,小绿灯会移动一次位置,直至围住或顺利到达边界。由于使用实物棋盘和棋子,比起手机游戏,极大地减少了对人体特别是眼睛的辐射和伤害,减少了眼睛的疲劳,保护眼睛健康。

91.3.2 总体设计

本部分包括整体框架、系统流程和系统总电路。
1. 整体框架
整体框架如图 91-1 所示。
2. 系统流程
系统流程如图 91-2 所示。

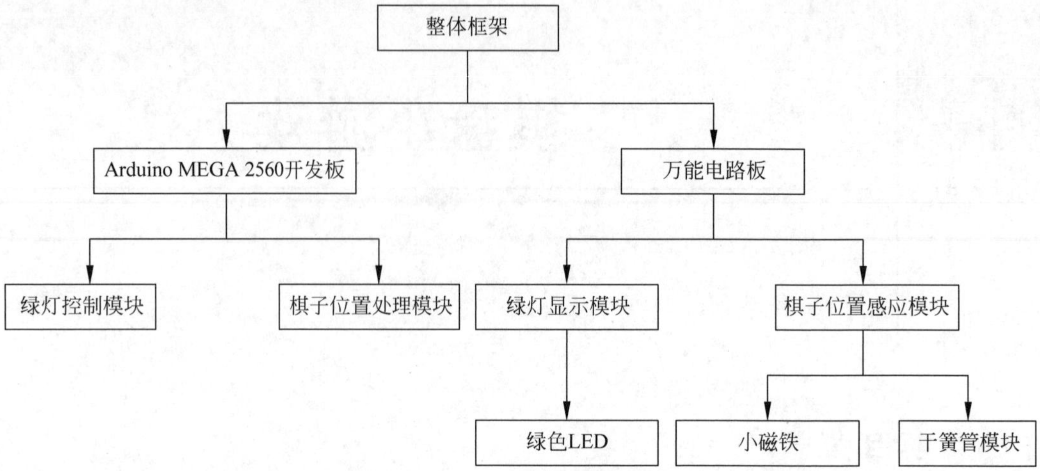

图 91-1　整体框架

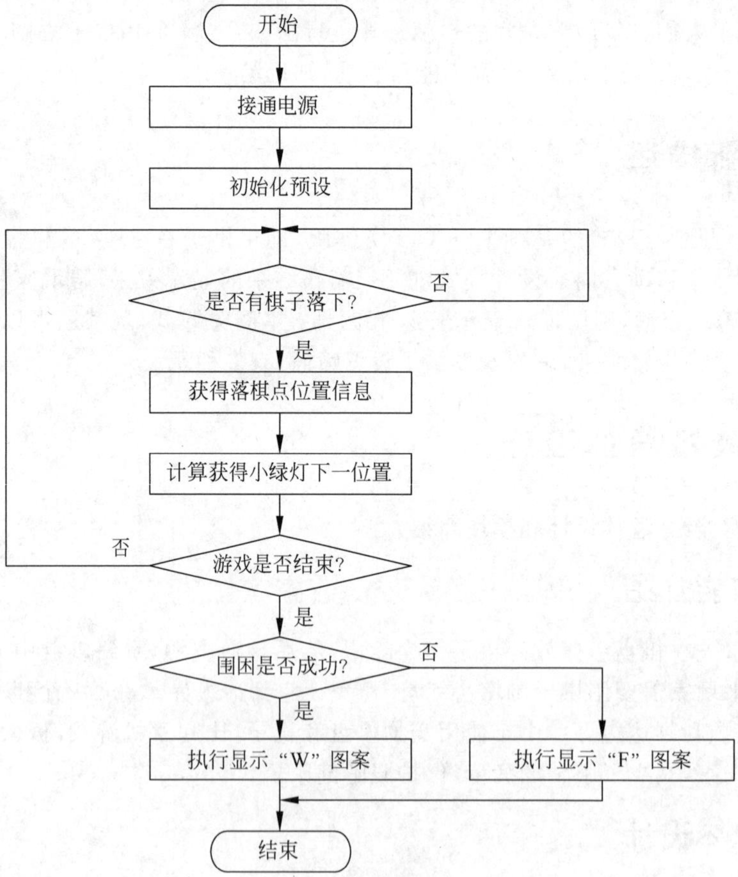

图 91-2　系统流程

接通电源后，主程序开始工作。游戏过程中每落下一枚棋子，绿灯移动一个位置。直至游戏结束，显示游戏结果，按下复位键，游戏重新开始。断开电源，所有流程结束，系统停止运行。

3. 系统总电路

系统总电路如图 91-3 所示。本电路连线较为复杂，主要分为干簧管模块连接部分和小灯泡模块连接部分。

图 91-3　系统总电路

干簧管模块连接主要为三种方式：电源线、接地线和开关线。其中，开关线用于感应磁场变化并输出高低电平。在该电路图中，每个干簧管的开关线都分别引出连接。电源线和接地线在实际电路中被焊在了排母上进行连接，在该电路图中用导线相连来表示。每个干簧管模块的开关线按顺序连接到数字 I/O 的 0~34 引脚，由于干簧管模块按 5 行 7 列排列，连线时相同行的开关连接线用同一种颜色表示；每个干簧管模块的接地线都引出并连接在一起，连接起来的线引出一根接在 GND 引脚；每个干簧管模块的电源线连接在一起，连接起来的线引出一根接在 5V 引脚。

小灯泡模块连接主要是正极的连线和负极的连线。每个小灯泡的正极连线分别引出连接在数字 I/O 的 35~53 引脚和模拟 I/O 的 A1~A15 引脚；负极的连线则在实际电路中同样被焊在排母上并连接在一起，在该电路图中用导线相连来表示，连接起来的线引出一根连接在 GND 引脚。

91.3.3　模块介绍

本项目主要包括棋子位置输入模块、绿灯显示模块、游戏计算模块和游戏执行模块。下面分别给出各模块的功能、元器件、电路图和相关代码。

1. 棋子位置输入模块

干簧管模块感应上方位置是否有磁铁，若有磁铁，输出数字信号0，否则输出数字信号1。图91-4为棋子位置输入模块电路，棋盘一共用了35块。元器件包括35个干簧管模块和Arduino MEGA 2560开发板。

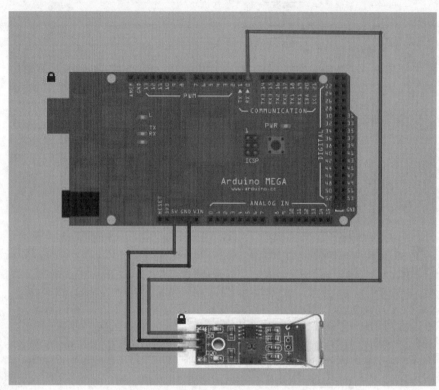

图91-4　棋子位置输入模块电路

相关代码见"代码91-1"。

2. 绿灯显示模块

根据游戏结果显示不同的效果。当围困成功时，显示"W"图案；当围困失败时，显示"F"图案，图案均先闪烁两次后维持其形状。元器件包括35个绿色LED和Arduino MEGA 2560开发板，绿灯显示模块连接如图91-5所示。

相关代码见"代码91-2"。

3. 游戏计算模块

利用输入模块获得的位置信息，计算猫逃跑的最短路径，并返回猫的下一位置。

相关代码见"代码91-3"。

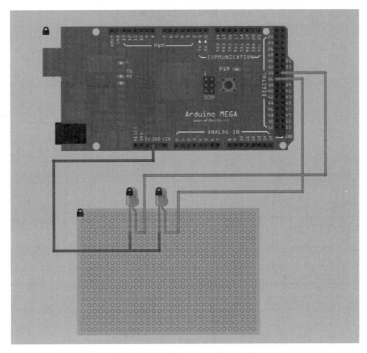

图 91-5　绿灯显示模块连接

4. 游戏执行模块

在 loop 中调用各函数,将各部分功能按一定的时序与逻辑组织起来,形成程序进程。
相关代码见"代码 91-4"。

91.4　产品展示

整体外观如图 91-6 所示;内部结构如图 91-7 所示。图 91-6 上方是 Arduino MEGA 2560 开发板;下方是一个 5×7 的棋盘。棋盘上有 35 个干簧管块和 35 个绿色 LED,棋子(小磁铁)落在干簧管正上方,LED 显示猫逃跑的路径与游戏结果。

图 91-6　整体外观

图 91-7　内部结构

91.5　元器件清单

完成棋盘小游戏元器件清单如表 91-1 所示。

表 91-1　棋盘小游戏元器件清单

模　块	元器件/测试仪表	数　量
绿灯控制模块与位置处理模块	导线	若干
	杜邦线	若干
	排母	14 个
	Arduino MEGA 2560 开发板	1 个
绿灯显示模块	导线	若干
	杜邦线	若干
	绿色发光二极管	35 个
	万能电路板	1 个
位置输入部分	干簧管模块	35 块
	小磁铁	35 个
外观部分	亚克力板	1 个
	螺钉	4 个
	螺母	若干

## 第 92 章

炮弹发射车

92.1 项目背景

本项目设计一款属于自己的玩具——炮弹发射车,能够遥控发射车的前进方向、控制炮台的旋转并发射"炮弹"。

92.2 创新描述

市面上的遥控小车种类繁多,除了能够通过遥控控制移动外,还有一些其他的拓展功能,例如循迹、避障等。但是,类似于炮弹发射车的玩具产品却很少见。从原理上来说,本项目设计的炮弹发射车相当于普通的蓝牙遥控小车和机械臂的结合。

92.3 功能及总体设计

本部分包括功能介绍、总体设计和模块介绍。

92.3.1 功能介绍

本项目通过智能遥控车模拟炮弹携带车辆,通过机械臂完成对炮台的控制,初步实现简易的炮弹发射车。

92.3.2 总体设计

本部分包括整体框架、系统流程和系统总电路。

1. 整体框架

整体框架如图 92-1 所示。

2. 系统流程

系统流程如图 92-2 所示。

3. 系统总电路

系统总电路如图 92-3 所示。

总电路图中,将炮台部分与小车部分的电源合在一起,利用分压为舵机提供 6V 的电压,为直流电

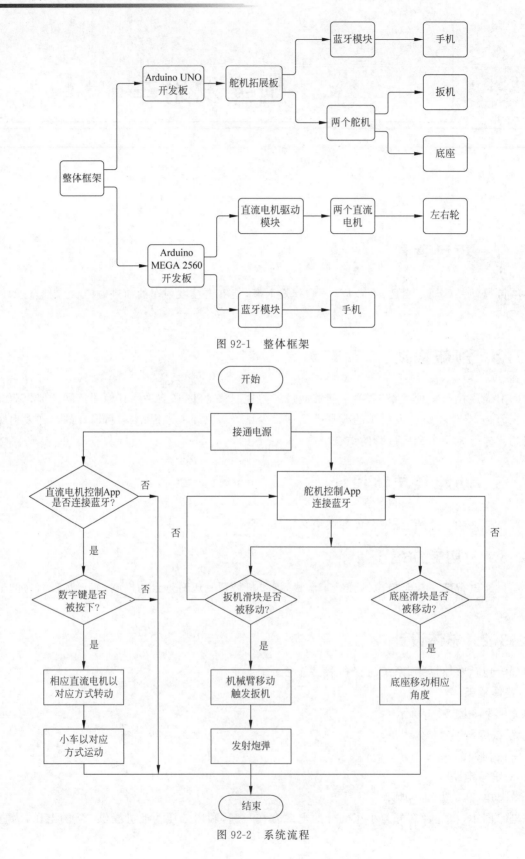

图 92-1　整体框架

图 92-2　系统流程

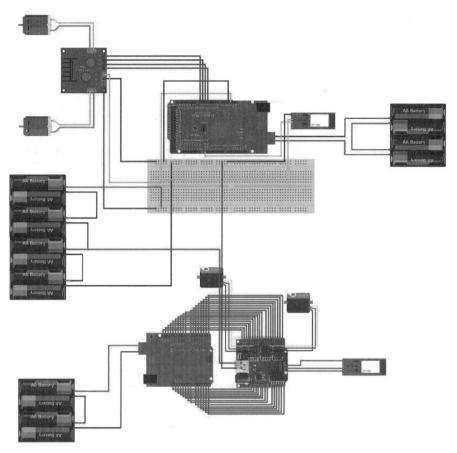

图 92-3　系统总电路

机提供 12V 的电压。直流电机 1、2 的导线连接到直流电机扩展板 L298N 的 OUT1～OUT4 引脚；直流电机扩展板的 12V 电源引脚与 GND 分别连接到电源的正极与负极；扩展板的 5V 引脚利用面包板与 Arduino 开发板和蓝牙模块的 5V 引脚连接到一起。扩展板的 IN1～IN4 引脚连接到 Arduino 开发板的 4～7 引脚(1～13 引脚均可使用,本次实验使用 4～7 引脚)。Arduino 开发板与蓝牙模块的 GND 引脚连接到电源负极。蓝牙模块的 TX 引脚连接到 Arduino 开发板的 RX 引脚(本次实验不需要小车返回信息给手机,所以没使用蓝牙模块的 RX 引脚)。使用 12V 电源给驱动模块供电,与炮台部分一样,依旧使用移动电源为 Arduino 开发板供电。舵机扩展板 Arduino Sensor Shield v.5 的各引脚依次与 Arduino UNO 开发板相连。两个舵机的 3 个引脚连接至舵机扩展板的 5 引脚与 9 引脚,其中 5 引脚与 9 引脚的 G、V、S 分别与舵机的 G、V、S 相连。蓝牙模块的 VCC,GND,TXD,RXD 分别连接扩展板蓝牙部分的 V、G、R、T。最后,使用 6V 电池为舵机扩展板供电,使用移动电源(电路图中用电池表示)代替电源为 Arduino 开发板供电。

92.3.3　模块介绍

本部分包括小车模块、炮台模块和蓝牙模块。下面分别给出各模块的功能、电路图和相关代码。

1. 小车模块

小车模块电路如图 92-4 所示。

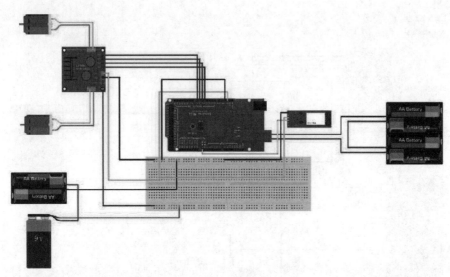

图 92-4　小车模块电路

相关代码见"代码 92-1"。

2. 炮台模块

炮台模块电路如图 92-5 所示。

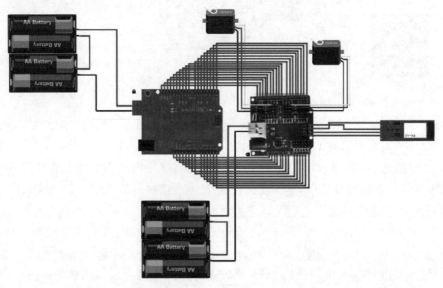

图 92-5　炮台模块电路

相关代码见"代码 92-2"。

3. 蓝牙模块

如图 92-6 所示，通过蓝牙串口的 App 来控制小车的移动，8 个按键分别控制炮弹发射车的 8 种移动方式（前进、后退、左转、右转、左后转、右后转、原地左转、原地右转），通过在函数中定义 IN1～IN4 分别和 Arduino 开发板的 4～7 引脚连接来实现。例如，按"前进"键时，蓝牙向 Arduino 开发板发送数字 2，使之运行 forward 函数。两个直流电机两端一个是高电压，另一个是低电压，实现两个舵机的正向旋转，使炮弹发射车向前移动。实现函数时，通过对直流电机两端电压的调控来实现旋转与否，进而实现各种移动方式。

如图 92-7 所示,通过名为 ServoControl 的 App 实现对炮台部分舵机的控制。舵机蓝牙控制模块原理与小车的蓝牙控制模块类似,不同点在于舵机的蓝牙模块通过对滑块的滑动来实现对舵机转动角度的调节,并且预先对发送的数据进行一系列判断与运算,然后再执行相应动作。

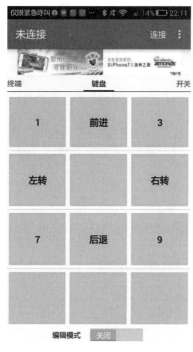

图 92-6　蓝牙控制模块

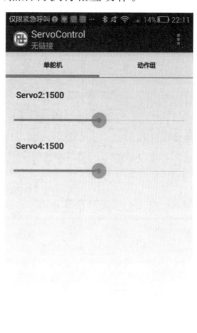

图 92-7　舵机控制 App 界面

92.4　产品展示

整体外观如图 92-8 所示。小车的两个夹板之间放置了 Arduino MEGA 2560 开发板和直流电机驱动模块;小车上方靠后和炮台的底座粘连,炮台上面是两个舵机和发射装置;小车中间是一个面包板,用来连接各种线;小车前面是电池组和 Arduino 开发板电源。

图 92-8　整体外观

92.5　元器件清单

完成炮弹发射车元器件清单如表 92-1 所示。

表 92-1　炮弹发射车元器件清单

模　　块	元器件/测试仪表	数　　量
小车部分	导线	若干
	杜邦线	若干
	直流电机	2 个
	蓝牙模块	1 个
	L298N 直流电机驱动模块	1 个
	Arduino MEGA 2560 开发板	1 个
	小车组装配套所需零件	若干
	12V 电源（8 节电池）	1 个
	电池盒	2 个
炮台部分	导线	若干
	杜邦线	若干
	Arduino UNO 开发板	1 个
	Arduino Sensor Shield v5.0	1 个
	蓝牙模块	1 个
	玩具手枪	1 个
	亚克力板	若干
	皮筋	2 个
	6V 电源（4 节电池）	1 个
	电池盒	1 个
外观部分	亚克力板	若干
	螺钉和螺丝	若干
	纸板	若干
	移动电源	1 个

第 93 章

CHAPTER 93

球形机器人

93.1 项目背景

球形运动机器人是一种以球形或近似球形为外壳的独立运动体,它在运动方式上,以滚动运动为主。由于这种运动方式和外壳的特殊性,使球形机器人与以往人们熟知的轮式或轨道式机器人有很大不同。该类机器人在转向时具有独特的优势,比其他运动方式能更灵活地转向;当发生高空坠落等危险情况时,球形装置可迅速调整运行状态,进行连续工作;在探测过程中,当与障碍物或其他运动机构发生碰撞时,球形结构具有很强的恢复能力。另外,由于球体滚动的阻力比滑动或轮式运动的阻力小很多,所以球形机器人具有运动效率高、能量损耗小的特点。针对以上优势,球形机器人可以应用于危险环境的探测、管道内部的焊缝检测、监控侦察等方面。目前,国内外越来越多的专家和学者开始重视这一类机器人的研究与开发。

Aarne Halme 等在 1996 年研制出了第一台真正意义上的球形运动机构。该机构通过内部驱动单元(Inside Drive Unit,IDU)的运动来打破球体的平衡,但由于单轮驱动固有的局限性,它无法实现球形机器人的全向滚动。IDU 是一个与直流电机固联的驱动轮,通过轮的转动控制运动方向的改变。球体的球壳是由有机玻璃或其他相似的材料制成的,以保证球体内部构件能够与外部控制部分进行无线电通信,如图 93-1 所示。

哈尔滨工业大学机器人技术与系统国家重点实验室对传统的偏心质量块驱动方式进行了改进,研制了一种双偏心质量块驱动的球形机器人。双偏心质量块驱动的球形机器人具有更快的移动速度和更灵活的转向能力,但将机器人的横滚角度限制在了一定的范围,机器人不具有全方位滚动能力。

1997 年,Antonio Bicchi 推出了自行设计的球形机器人 Sphericle。这种机器人在结构上较为简单,是将一个小车放置在球体的内部,小车的每个车轮各装有一个驱动电机,在车轮的前后用弹性支撑轮进行支撑。两轮小车携带有动力源、传感器、蓄电池和控制系统,所有这些设备构成较重的质量块。这样,小车在自身重力的作用下,将车轮与球壳之间的滑动减少到最小。

Roball 代表了一类用于娱乐和家庭服务功能的球形机器人。当 Roball 遇到 4 种不同的情况时会采取相应的滚动速度和运动方向,这 4 种情况依次是突发事件、旋转、直行和巡航。在遇到不

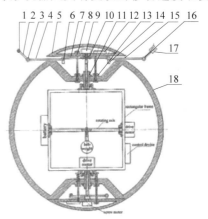

图 93-1 第一台球形运动机构

同的情况时，通过语音系统可以发出各种声音或者播放不同的音乐，以增加和孩子的交流能力。

Sony Robot 机器人在结构上采用 4 个均布的电磁体和 1 个铁球的主体机构，通过电磁体对铁球的不同吸附顺序和方式，机器人可以实现地面上的滚动、水平和垂直方向上的跳动。同时，在跳起的过程中，它还可以进行重新定位。

北京邮电大学研制了一种球形机器人，如图 93-2 所示。该球形机器人通过调整和改变重心位置而产生的驱动力矩来实现机器人的滚动。其运动的具体实现是通过 2 个直流电机分别驱动 2 组齿轮传动机构，从而带动相应的配重块向期望的方向偏转，以改变其重心位置，最终使得整个球体向期望的方向移动。同时，通过调节其重心向两边偏斜，可以产生实现机器人转向功能时所需要的力矩。

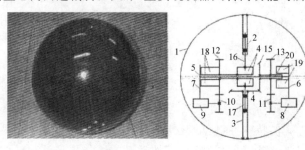

图 93-2　球形机器人

北京航空航天大学机器人研究所设计了一种新型月球探测车运动机构——球型智能运动单元（Spherical Smart Moving Unit），该单元将机构、直流电机、驱动器和控制器集成密封在一个球形的壳体内。它采用内部驱动的方式来控制球体的运动，依靠陀螺力获得它的动态稳定性。球型智能运动单元可以通过无线或有线的通信方式接收外部的运动指令，也可以做自主运动，它具有前进、后退、左转或右转等运动功能。

93.2　创新描述

本部分包括硬件方面和软件方面。

1. 硬件方面

（1）相对于球形机器人的各类实现结构，本项目选择现阶段最易实现的二轮小车摩擦驱动结构，将二轮小车放入硬质亚克力球中，通过橡胶轮胎的摩擦力驱使小球实现滚动前进，通过 Arduino 开发板编码控制左右轮的转动，从而实现前进、后退、左转、后转的功能。

（2）为了使小球的底盘更加稳定，在两轮小车的底座创意性地加入两个牛眼轮，一方面更加贴合球的表面，滚动效果更好，另一方面还可以作为配重使地盘更加稳定，相较于市面上更为普遍的万向轮，牛眼轮的占用空间更小且转动半径更小。

（3）为了使小车在球的滚动过程中，两个塑胶底轮（驱动轮）始终贴合球的表面，创意性地加入顶部支柱（其上安装万向轮），实现小车在球中的稳定滚动。

2. 软件方面

关于软件部分，最初的思路是：在 txt 文档中输入一个图形（矩阵），通过代码转化为蓝牙模块能识别的序列；在此基础上，加入绘图功能（优化界面），即能通过在 exe 中的绘图，识别出矩阵地图，通过双线程主函数分别控制地图输入和屏幕输出。利用自动模式不断转化当前小车在轨道中的状态，实现小车在轨道中的暂停与行走，再将蓝牙能识别的运动序列传到文档中。

加入地图循迹部分的 C++代码,具体实现过程如下:

(1)通过代码控制地图的绘制(只允许直角图形,形成收尾闭合的小球滚动轨道),全部用二维数组(矩阵形式)来实现。

(2)将地图上的点阵形式转换为坐标,实现坐标的计算(枚举出直行、后退、左转、右转的所有情况并转换为蓝牙可以识别的控制指令);将相应的小车行走路线传给文件 opreator,将 opreator 的序列输入蓝牙串口 App 中,实现对小车行走路线的控制。

(3)界面控制输出点阵,实现地图的可视化。

93.3　功能及总体设计

本部分包括功能介绍、总体设计和模块介绍。

93.3.1　功能介绍

软件部分实现通过键盘的输入,模拟绘制地图(地图通过相应软件可在相应文件中可见,地图可实现动态效果)。与此同时,可将地图信息通过一定的处理,以字符串的形式输出,并下一步输入 Arduino 开发板处理实现。

蓝牙模块基础功能:通过市场上的蓝牙串口软件,将手机上的信息通过手机蓝牙发送到蓝牙模块,蓝牙模块接收信息后传递到 Arduino 开发板进行信息处理。

Arduino 开发板部分:通过蓝牙输入数字或字符串,实现小车的基础行走、小车走出预设图形、小车根据地图信息行走、小车自动寻人等功能。

93.3.2　总体设计

本部分包括整体框架、系统流程和系统总电路。

1. 整体框架

整体框架如图 93-3 所示。

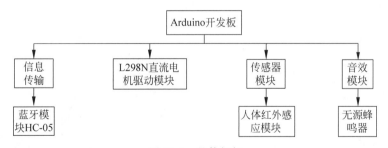

图 93-3　整体框架

2. 系统流程

系统流程如图 93-4 所示。

用户可选择是否使用地图信息处理软件,对于通过蓝牙输入 Arduino 开发板的信息,先通过输入字符串的第一位数字判断此时应用哪一种功能,再根据程序相应的设置实现相应的功能。由于系统中的自动寻人功能按照设计要求应在行走过程中始终运行,故优先级高于其他功能,在程序功能选择之前即运行。

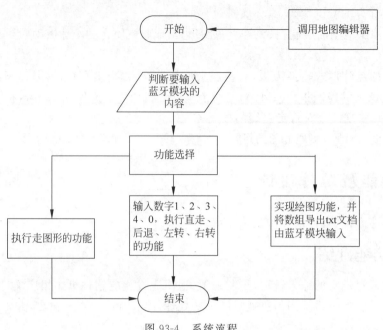

图 93-4　系统流程

3. 系统总电路

系统总电路及 Arduino UNO 开发板引脚如图 93-5 所示，引脚连接如表 93-1 所示。

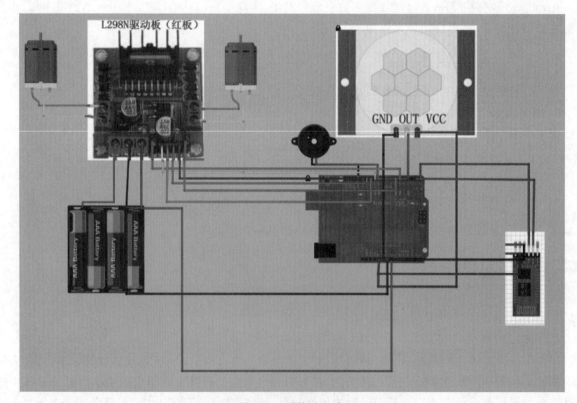

图 93-5　系统总电路

表 93-1　引脚连接

起始引脚(部件名/引脚)	连接引脚(部件名/引脚)
Arduino/RX	蓝牙 HC-05/TX
Arduino/TX	蓝牙 HC-05/RX
Arduino/3 引脚	无源蜂鸣器 I/O 输入引脚
Arduino/4 引脚	直流电机板 L298N/IN3 引脚
Arduino/5 引脚	直流电机板 L298N/IN4 引脚
Arduino/6 引脚	直流电机板 L298N/IN1 引脚
Arduino/7 引脚	直流电机板 L298N/IN2 引脚
Arduino/9 引脚	人体红外传感器/OUT 引脚
Arduino/10 引脚	直流电机板 L298N/FNA 引脚
Arduino/11 引脚	直流电机板 L298N/FNB 引脚
Arduino/(DIGITAL PMW 侧)GND	直流电机板 L298N/GND 引脚
Arduino/(POWER 侧)GND1	无源蜂鸣器/GND 引脚
Arduino/(POWER 侧)GND2	蓝牙 HC-05/GND 引脚
Arduino/(POWER 侧)5V1	蓝牙 HC-05/VCC 引脚
Arduino/(POWER 侧)3.3V	无源蜂鸣器/VCC 引脚
Arduino/(POWER 侧)5V2	人体红外传感器/VCC 引脚
电机板 L298N/GND 引脚	人体红外传感器/GND 引脚
7.4V 电池组/正极	直流电机板 L298N/+12V 引脚
7.4V 电池组/负极	直流电机板 L298N/GND 引脚
直流电机 1/1 引脚	直流电机板 L298N/OUT2-1 引脚
直流电机 1/2 引脚	直流电机板 L298N/OUT2-2 引脚
直流电机 2/1 引脚	直流电机板 L298N/OUT3-1 引脚
直流电机 2/2 引脚	直流电机板 L298N/OUT3-2 引脚
9V 方形电池/接口	Arduino/供电引脚

　　由于两轮小车在球中行进,行进过程中难免有部件撞击球内壁,故基于系统稳定性的考虑,本设计中连线的可靠性极为重要。作为球形体,置于球内部的小车在立体结构的重量分配上必须尽量平衡,以保证小车在行进过程中尽量减少轮子与内壁不必要的滑动摩擦。以上提及的问题在连线图中无法体现,故在此总结陈述。综上,虽然系统结构较为简单,但在实际连接过程中需要注意很多问题。

93.3.3　模块介绍

　　本项目主要包括行进模块、人体红外感应模块、无源蜂鸣器模块、硬件设计模块、地图编辑模块和主程序模块。下面分别给出各模块的功能、元器件、电路图和相关代码。

1. 行进模块

　　蓝牙模块负责接收手机传来的信息,Arduino 开发板通过相应代码处理输入信息,再将处理过的信息输入直流电机板 L298N 模块来控制左右两个直流电机转动。相关功能如表 93-2 所示。

表 93-2　相关功能

输入字符	模式	实 现 功 能
1	模式一	可根据输入地图信息行走
2	模式二	可实现基本的行走功能:0 停止;1 前进;2 后退;3 左转;4 右转
3	模式三	第二位为 7 则走正方形;第二位为 8 则走三角形;第二位为 9 则走圆形

相关代码见"代码93-1"。

2. 人体红外感应模块

如图93-6所示，人体感应模块可以将感应值输入Arduino开发板以控制直流电机的转动，带动球体先旋转45°再直行一小段距离，以实现系统的自动寻人功能。需要注意的是，人体红外感应部件在感应到人体之后会有3～5s的锁死，期间模块不能感应，这是传感器制作工艺问题，锁死解除后可进行下一次感应。

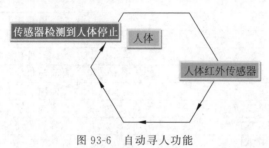

图93-6　自动寻人功能

相关代码见"代码93-2"。

3. 无源蜂鸣器模块

无源蜂鸣器接在Arduino开发板上，在实现行走功能时可以播放歌曲《小星星》，可以增加趣味性。相关代码见"代码93-3"。

4. 硬件设计模块

为实现球体能够按照既定的程序行进，要求小车在球内始终占据球的下半部分，同时要使小车与球的滑动摩擦达到最小而使滚动摩擦达到最大，球内部小车结构如图93-7所示。

根据所购买的小车底板上的孔洞设计，多次调整牛眼轮的放置位置，使牛眼轮可以贴合球壳，从而使小车在球中更加稳固，球内部小车牛眼轮位置及贴合如图93-8所示。

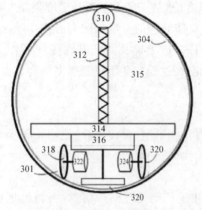

图93-7　球内部小车结构

图93-8　球内部小车牛眼轮位置及贴合

另外，因为主轮仍为较大的小车车轮，为减少小车在行进过程中倒向一边而导致空转的可能，需要根据小车底板上的孔洞设计，反复试验调整小车上各个部件的位置，以使小车在两主轮作为支撑时其自身左右部分更加平衡，球内部小车各部件位置如图93-9所示。

同时，需要一个支柱来抵住小车，以防止小车在行进过程中在球中倒置，导致小车空转，不能自行恢复至正常行进状态。因此，使用不同长度的铜柱叠加构成了支柱并将万向轮置于其上，球内部小车支柱与万向轮位置如图 93-10 所示。

图 93-9 球内部小车各部件位置

图 93-10 球内部小车支柱与万向轮位置

5. 地图编辑模块

地图编辑软件基于 C++语言设计,可以实现通过键盘的输入模拟绘制地图的过程(地图通过相应软件可在相应文件中可见,地图可实现动态效果,也可以 txt 文件可见)。同时,可将地图信息通过一定的处理,以字符串的形式输出,用于输入 Arduino 开发板进行下一步处理。地图绘制结果如图 93-11 所示;记事本显示如图 93-12 所示。

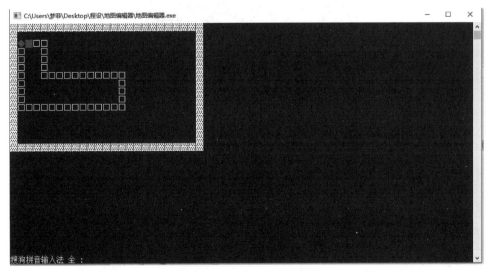
图 93-11 地图绘制结果

相关代码见"代码 93-4"。

本部分的程序运行结果及记事本输出如图 93-13 和图 93-14 所示。

6. 主程序模块

本部分实现 Arduino 开发板控制的功能,从系统结构的角度进行总体的代码说明。

相关代码见"代码 93-5"。

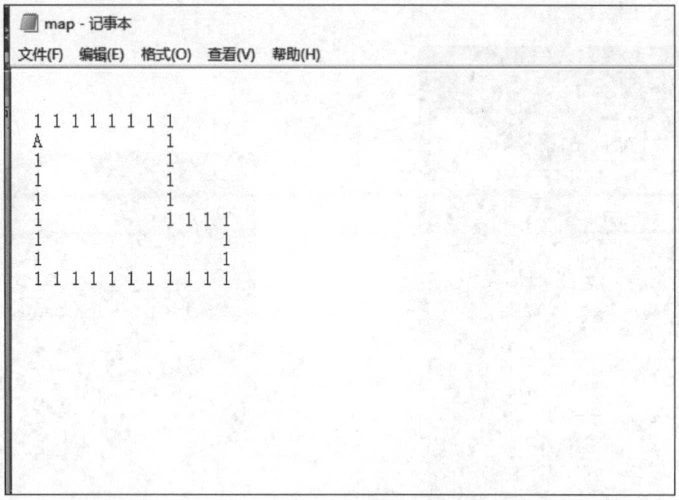

图 93-12　记事本显示

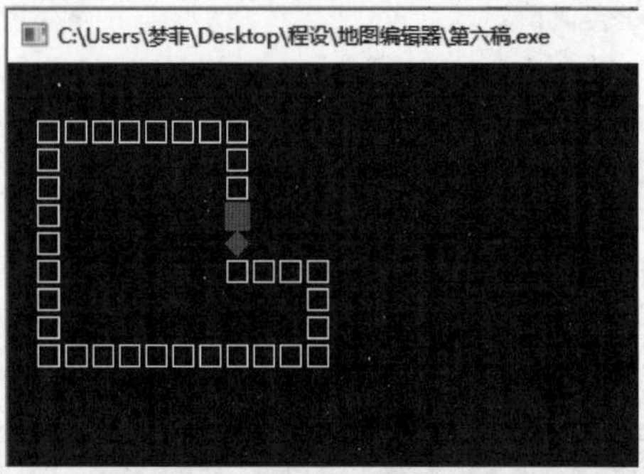

图 93-13　程序运行结果

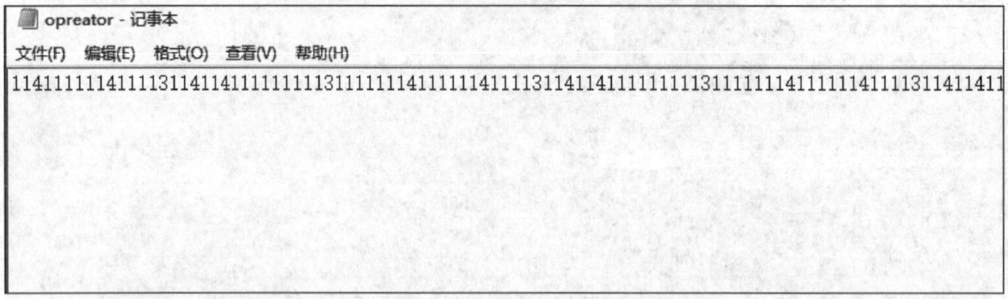

图 93-14　记事本输出

93.4　产品展示

整体外观如图 93-15 所示，内部结构如图 93-16 所示。为了使小车能在球中稳定滚动并做到配重均匀，所有驱动元器件及传感器元器件均固定在小车上。

小车上层摆放的是 Arduino 开发板、蜂鸣器、人体红外感应模块以及蓝牙传输模块。小车下层摆放电池盒、电极板和蓄电池电池盒。对于小车外部，上部铜柱支撑的万向轮可以保持小车在球的滚动过程中不会产生倒置；底部的牛眼轮可以使小车和球面底部更加贴合，使球的滚动更加顺畅。

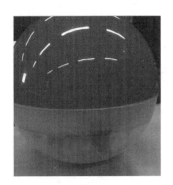

图 93-15 整体外观

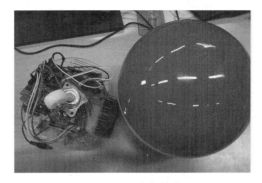

图 93-16 内部结构

93.5 元器件清单

完成球形机器人元器件清单如表 93-3 所示。

表 93-3 球形机器人元器件清单

模　　块	元器件/测试仪表	数　　量
蓝牙输入模块	导线	若干
	杜邦线	若干
	HC-05 蓝牙模块	1个
	Arduino UNO R3 开发板	1个
	无源蜂鸣器	1个
	人体红外感应模块(热释电传感器)	1个
驱动部分	杜邦线	若干
	直流电机驱动板 L298N	1个
	电池盒	1个
	9V 电源	1个
	3.7V 蓄电池	2个
外观部分	螺钉、螺母、铜柱	若干
	球壳	1个
	亚克力板	1个
	牛眼轮	2个
	万向轮	1个
	橡胶驱动轮	2个

## 第 94 章

多功能蓝牙小车

94.1 项目背景

现今社会,人们的生活节奏越来越快,都希望尽可能高效率地利用时间,在最短的时间做最多的事情。而随着移动终端和互联网的发展,社会进入了信息爆炸的时代,人们都希望尽可能多地接收信息。因此,本项目基于 Arduino 开发板制作一款多功能蓝牙小车为生活提供方便。

94.2 创新描述

通过超声波模块及红外感应模块,辅助车主在倒车入库时测量小车到各障碍物的距离;借助人体红外感应模块,实现感应报警;借助蓝牙模块,实现遥控行驶等功能。

创新点:使用红外测距模块感应小车底盘距离地面的高度,当距离低于警戒线时,亮灯报警,以使小车底盘免于障碍物的破坏。

94.3 功能及总体设计

本部分包括功能介绍、总体设计和模块介绍。

94.3.1 功能介绍

在代码中分别设定了超声波测距、红外测距、人体红外警报以及光敏感应亮灯等多种模式,通过蓝牙遥控方式控制小车,操作者还可以通过手机 App 控制小车的行驶,实现多种辅助功能。

94.3.2 总体设计

本部分包括整体框架、系统流程和系统总电路。

1. 整体框架

图 94-1 为遥控部分,图 94-2 为辅助功能部分,图 94-3 为整体框架。

2. 系统流程

蓝牙控制流程如图 94-4 所示;辅助功能如图 94-5 所示。

3. 系统总电路

辅助功能电路如图 94-6 所示,小车主板如图 94-7 所示,引脚分配如表 94-1 所示。

图 94-1 遥控部分

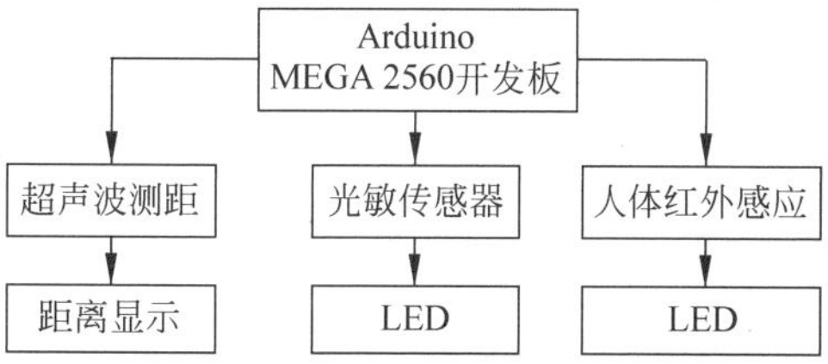

图 94-2 辅助功能部分

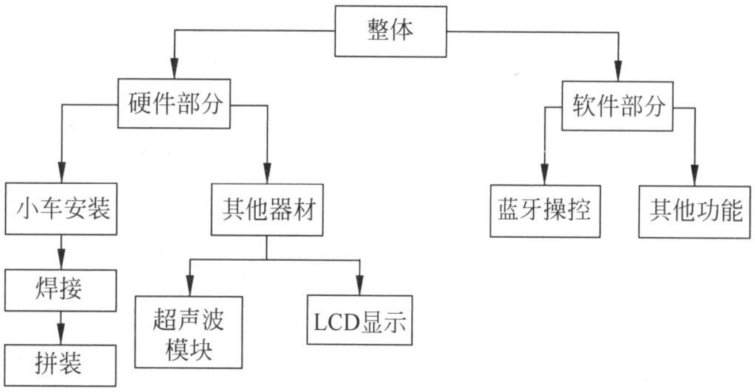

图 94-3 整体框架

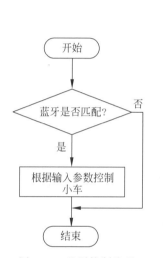

图 94-4 蓝牙控制流程

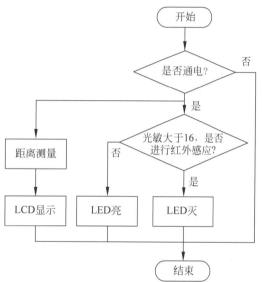

图 94-5 辅助功能

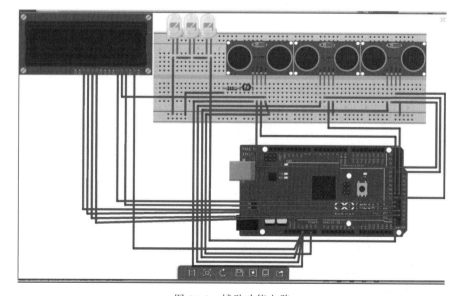

图 94-6 辅助功能电路

图 94-7　小车主板

表 94-1　引脚分配

元器件引脚	Arduino 开发板引脚	元器件引脚	Arduino 开发板引脚	元器件引脚	Arduino 开发板引脚
超声波 1 ECHO	30	超声波 3 TRIG	42	红外感应 1 OUT	51
超声波 1 TRIG	40	超声波 3 VCC	VCC	红外感应 2 GND	GND
超声波 1 VCC	VCC	超声波 3 GND	GND	红外感应 3 VCC	VCC
超声波 1 GND	GND	LCD SCL	SCL	—	—
超声波 2 ECHO	31	LCD SDA	SDA	—	—
超声波 2 TRIG	41	LCD VCC	VCC	—	—
超声波 2 VCC	VCC	LCD GND	GND	—	—
超声波 2 GND	GND	光敏 1	50	—	—
超声波 3 ECHO	32	光敏 2	GND	—	—

94.3.3　模块介绍

本项目主要包括蓝牙控制模块、超声波测距模块、红外和光敏传感器模块。下面分别给出各模块的功能和相关代码。

1. 蓝牙控制模块

通过底盘、主控板、Arduino UNO 开发板以及蓝牙模块的连接，配合开源手机 App，实现蓝牙遥控。相关代码见"代码 94-1"。

2. 超声波测距模块

通过 Arduino MEGA 2560 开发板和元器件的连接实现多种辅助功能，如超声波测距、光敏感应和人体红外感应等。

相关代码见"代码 94-2"。

3. 红外和光敏传感器模块

本项目采用 LCD 库文件代码 LiquidCrystal_IIC，从而简化 LCD 的连接应用。

相关代码见"代码 94-3"。

94.4　产品展示

产品展示如图 94-8 所示。

图 94-8　产品展示

94.5　元器件清单

完成多功能蓝牙小车元器件清单如表 94-2 所示。

表 94-2　多功能蓝牙小车元器件清单

元器件名称	数　量
HCSR04 超声波模块	3 个
ZY08A 小车套件	1 个
LCD1602A IIC 接口	1 个
光敏器件 1S52SV	1 个
Arduino UNO R3 开发板	1 个
Arduino MEGA 2560 开发板	1 个
红外发射接收管	1 个
蓝牙模块	1 个
杜邦线	若干
导线	若干

## 第 95 章

基于计算机的模拟架子鼓

95.1 项目背景

架子鼓形成于 20 世纪 40 年代,它包含着各种不同类型、不同音色的手击乐器和脚击乐器。手击乐器有小鼓、嗵鼓、吊镲等,脚击乐器有大鼓、踩镲。在此基础上,根据演奏的需要、可随时增减附加的打击乐器。在乐队中鼓手掌握着乐曲的速度和节奏等重要环节,尤其是在爵士乐中,鼓手特别需要与其他乐手保持良好的合作状态。

但对于普通人来说,一套架子鼓均价在 5000 元以上,很多想体验架子鼓乐趣的人群只能望而却步。因此,用自制带压电片鼓垫的方式,通过 MIDI 信号及软件实现敲击压电片发出不同音色,让想学习架子鼓的人群自己就可以体验乐趣。

目前,实现了敲击发出声音的基本功能,并在鼓垫边缘加了 LED 灯带,在敲击架子鼓的同时,灯带上的 LED 会逐个点亮,并发出不同颜色的光,在表演的同时更有观赏性。

95.2 创新描述

用光盘和裁剪好的鼠标垫作为鼓垫主体,中间粘上压电片,通过焊接来实现敲击压电片,发出的信号通过 Arduino UNO 开发板,再通过 MIDI 模块转换成音符控制的数字信号传到计算机相应软件上,从而实现敲击鼓垫便可在计算机端发出不同声音信号的功能。

创新点:敲击立即发出声音,有实体架子鼓敲击即视感;基于双系统的实现方式(在苹果系统和 Windows 系统均做了尝试,苹果系统采用 Ardrumo 实现敲击不同鼓垫便发出架子鼓中不同乐器件的声音的功能;Windows 系统采用 GTP 实现敲击音符声音,音高随着敲击力度而发生变化的功能,并且可以更换各种乐器如小提琴、吉他、钢琴等);附加 LED 灯带,实现敲击鼓垫过程中灯带随之亮灭的功能。

95.3 功能及总体设计

本部分包括功能介绍、总体设计和模块介绍。

95.3.1 功能介绍

通过敲击压电片传出信号到 Arduino 开发板上再通过 MIDI 线转换为数字信号传到计算机上,实现敲击鼓垫计算机便发出声音的功能。附加功能是使 LED 灯带实现不同亮灭方式,我们有两种方式展示:一种是 RGB,一次红色绿色蓝色三个灯为一组,在灯带上循环,随着时间的推移,每个灯再依次变绿变蓝；另一种是 STAND,依次点亮整个灯带,依次为红绿蓝,灯带同一时间都为一种颜色,最后白色频闪,再依次渐变颜色。

95.3.2　总体设计

本部分包括整体框架、系统流程和系统总电路。

1. 整体框架

整体框架如图 95-1 所示。

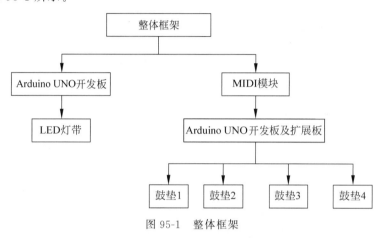

图 95-1　整体框架

LED 灯带连接到第一个 Arduino UNO 开发板,MIDI 模块和四个压电片连接到第二个 Arduino UNO 开发板,MIDI 模块控制压电片信号传输到 Arduino 开发板上再转换为 MIDI 信号。

2. 系统流程

系统流程如图 95-2 所示。

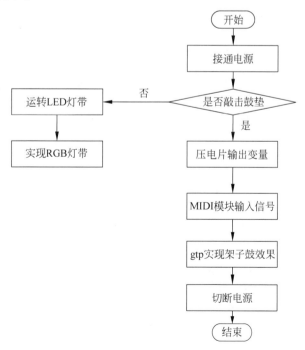

图 95-2　系统流程

接通电源以后，软件识别到 MIDI 输入，敲击鼓垫，压电片振动产生信号传入 Arduino 开发板后再将此传入 MIDI 模块，最后将信号传入计算机，实现敲击鼓垫计算机发出相应声音的功能。LED 通过不同程序编译实现不同的功能：RGB、STRAND。

3. 系统总电路

系统总电路及 Arduino 开发板引脚如图 95-3 所示。

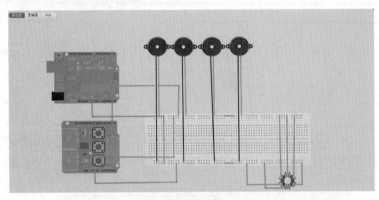

(a) 系统总电路

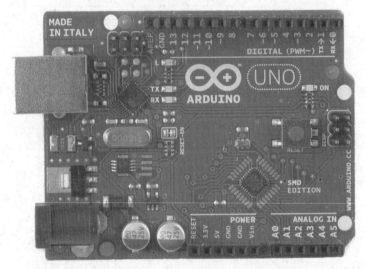

(b) Arduino UNO开发板引脚

图 95-3　系统总电路及 Arduino UNO 开发板引脚

如图 95-3(a)所示，从左到右，从上到下依次是 MIDI 转接板、Arduino UNO 开发板、四个压电片和 LED 灯带。其中，MIDI 转接板与 Arduino 开发板的连接方式为：MIDI Shield →Arduino Board，VCC→5V，GND→GND，RX→D0，TX→D1。

压电片部分用相同的接法连接了四次，将四个压电片构成的四个鼓垫并联在面包板上，压电片的 S 引脚接 Arduino 开发板的 A0 端，正极接 Arduino 开发板的＋5V 端，负极接 Arduino 开发板的 GND 端。LED 灯带部分有输入输出两部分，其中输入输出分别于 Arduino 开发板的连接方式分别为：（输入）GND→GND，OUT→PIN6，＋5V→＋5V，（输出）直接连接 TX-1。

此外，还使用了 MIDI 线，一端与 MIDI 模块插孔连接，并且反接，另一端与计算机连接。

95.3.3　模块介绍

本项目主要包括以下两个模块：模拟架子鼓模块和 LED 灯带模块。下面分别给出各部分的功能、元器件、电路图和相关代码。

1. 模拟架子鼓模块

通过敲击压电片传出信号到 Arduino 开发板上，再通过 MIDI 线转换为数字信号传到计算机上实现敲击鼓垫计算机便发出声音的功能。利用压电陶瓷给电信号产生振动的逆向过程，当压电陶瓷片振动时就会产生电信号，与 Arduino 开发板结合使用，Arduino 开发板模拟引脚能感知微弱振动的电信号。元器件包括压电传感器、MIDI 板、MIDI 转接线、杜邦线、1 个面包板。模拟架子鼓模块接线如图 95-4 所示；模拟架子鼓模块电路原理如图 95-5 所示；压电片电路连接如图 95-6 所示。

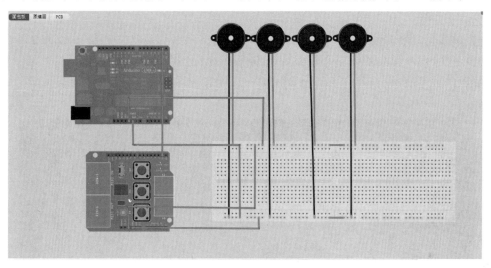

图 95-4　模拟架子鼓模块接线

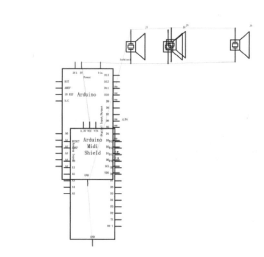

图 95-5　模拟架子鼓模块电路原理

由于模拟架子鼓部分是基于双系统开发的，采用的音乐软件不同。Windows 系统采用的是 GTP，

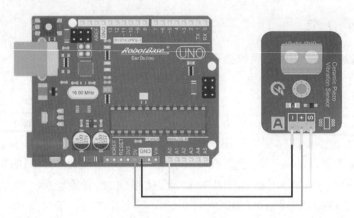

图 95-6　压电片电路连接

IOS 系统采用的是其自带的音乐软件 Garageband 以及一个带有鼓音源软件 Ardrumo，因为 Ardrumo 是采用了一个虚拟 MIDI 信号输入的方式，通过蓝牙与 Garageband 连接，因此 Garageband 会识别两个 MIDI 信号，一个由敲击鼓垫发出，另一个由 Ardrumo 发出。GTP 软件如图 95-7 所示，Garageband&Ardrumo 如图 95-8 所示。

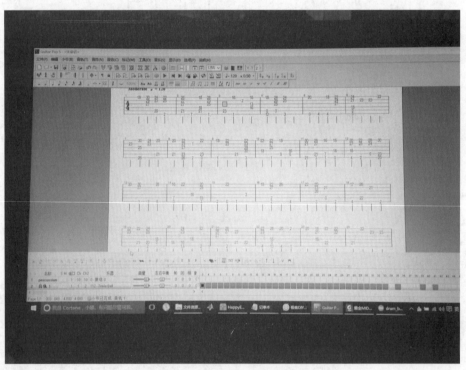

图 95-7　GTP 软件

相关代码见"代码 95-1"。

2. LED 灯带模块

由 30 个 LED 灯连接成灯带；实现扩展功能，敲击架子鼓的同时，LED 灯带以不同方式亮灭。元器件包括 LED 灯带、杜邦线、1 个面包板。LED 灯带模块连接如图 95-9 所示；LED 灯带模块电路原理如图 95-10 所示。

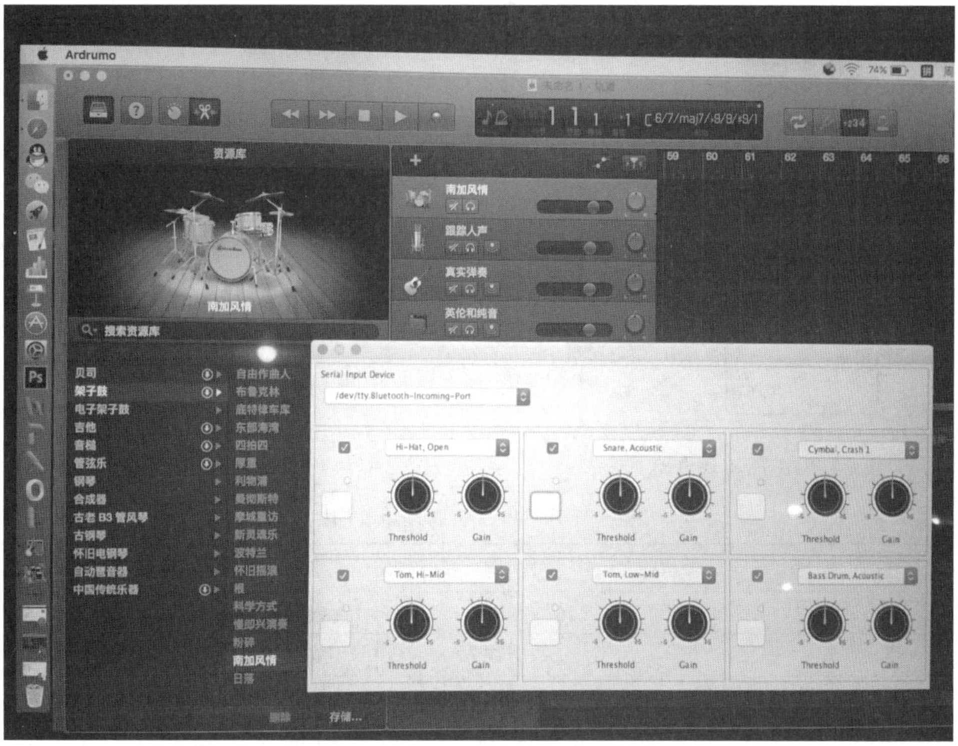

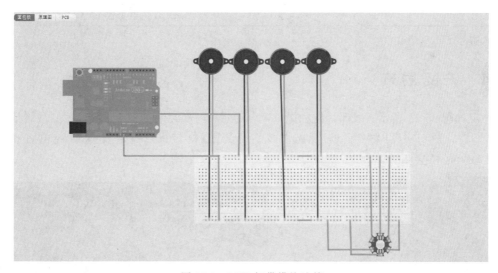

图 95-8　Garageband&Ardrumo

图 95-9　LED灯带模块连接

　　以下为 LED 灯带组成原理、元器件引脚图以及引脚连接情况：WS2812 是一个集控制电路与发光电路于一体的智能外控 LED 光源，其外形与一个 5050LED 灯珠相同，每个元器件即为一个像素点。像素点内部包含了智能数字接口数据锁存信号整形放大驱动电路，还包含有高精度的内部振荡器和 12V 高压可编程电流控制部分，有效保证了像素点光的颜色高度一致。需要注意的是 WS2812b 为 4 脚贴片，WS2812s 为 6 脚贴片，两者功能相同，只是脚位不同而已。WS2812 电路原理如图 95-11 所示；WS2812 引脚及功能描述如表 95-1 所示。

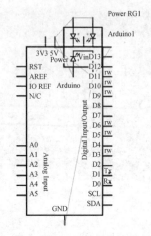

图 95-10　LED 灯带模块电路原理

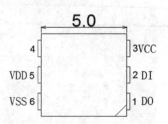

图 95-11　WS2812 电路原理

表 95-1　WS2812 引脚及功能描述

引　脚　号	符　　号	引　脚　名	功　能　描　述
1	DO	数据输出	数据输出引脚，接下一级的数据输入
2	DI	数据输入	数据输入引脚
3	VCC	逻辑电源	控制部分电源输入
4	NC	空脚	空脚
5	VDD	电源	LED 供电电源
6	VSS	地	LED 供电负极

相关代码见"代码 95-2"。

95.4　产品展示

整体外观如图 95-12 所示；内部结构如图 95-13 所示；内部封装如图 95-14 所示；最终演示效果如图 95-15 所示。从图 95-15(b)中可以看到敲击鼓垫时，LED 灯带也点亮了，色彩明艳的灯光和音乐的交互形成了较好的视觉和听觉效果。

图 95-12　整体外观

图 95-13　内部结构

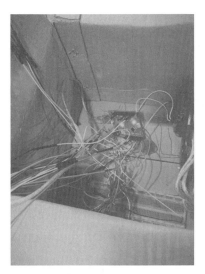

图 95-14 内部封装

图 95-15 最终演示效果

95.5 元器件清单

完成虚拟架子鼓元器件清单如表 95-2 所示。

表 95-2 虚拟架子鼓元器件清单

模　　块	元器件及设备	数　　量
LED 灯带	1m 的 LED 灯带	1
	Arduino UNO 开发板	1
	面包板	1
	杜邦线	若干
虚拟架子鼓	鼓垫	4
	压电片	4
	MIDI 转接板（含 MIDI 线）	1
	面包板	1
	杜邦线	若干
	Arduino UNO 开发板	1
外观部分	纸箱	1
	卡纸	2

第 96 章

CHAPTER 96

盲文显示器

96.1 项目背景

书是获取信息、增长学识的重要途径,可还有一小部分人,通过其他的文字来认识世界,他们就是有视力障碍的人群,也就是"盲人"。项目来源于在"阳光书语"参与的志愿活动,在志愿者培训时,蒙上双眼体验了盲人出行的不易,同时也发现了没有学习过盲文的视障人士,自己完全不能阅读书籍,所以决定开发基于 Arduino 的盲文显示器。

96.2 创新描述

用户可通过 PC 端的串口输入中文,盲文显示器上会显示文字所对应的汉字双拼盲文,以此满足在盲文教学过程中老师不断教授盲文的情况。

创新点:国内目前盲文纸质图书种类少,更新速度慢,普及率低,不能满足视障人士的阅读需求。本产品便携,能实现智能化显示盲文的功能,既可用于盲文学校的教学,也可用于视障人士独立自主练习盲文阅读。本项目旨在让更多的视障人士接触并使用盲文,增加视障群体自主阅读的可能性。

96.3 功能及总体设计

本部分包括功能介绍、总体设计和模块介绍。

96.3.1 功能介绍

本项目所设计的盲文显示器,内置中文的转换,能快速地把中文文字转换成盲文的格式,延迟时间很短,可以很快地将中文翻译成盲文并显示出来。其中,盲文显示器可在输入一段中文文字后,每间隔 2s(可更改停留时间)逐字地显示盲文。另外,因为编码原理相同,本项目没有将所有文字的 ASCII 码输入程序,但代码内置文字的 ASCII 码可以随时增加,所以从理论上来说可以显示所有的汉字双拼盲文,具有实用性。

96.3.2 总体设计

本部分包括整体框架、系统流程和系统总电路。

1. 整体框架

整体框架如图 96-1 所示。

2. 系统流程

系统流程如图 96-2 所示。

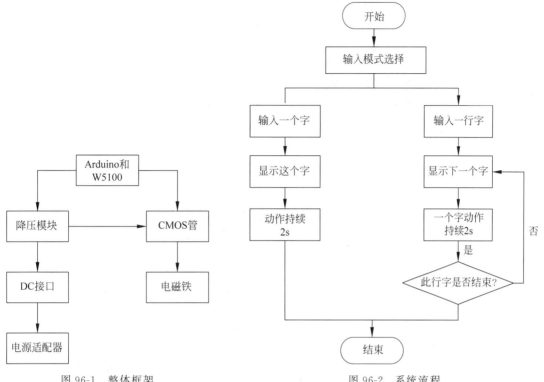

图 96-1 整体框架   图 96-2 系统流程

接通电源以后,网络调试助手发送中文文字,则主程序开始工作,先判断输入的字符是否有效,再进行音频处理。经中断判断与调节等待下一次数字按键的触发,来进行第二次的音效处理。直到断开电源所有流程结束,系统停止运行。

3. 系统总电路

系统总电路如图 96-3 所示。Arduino UNO R3 开发板与 Arduino W5100 直接以排针方式连接。

首先,由于连线引脚太多,所以并未在图中标出,在此说明总电路中引脚之间的连接方式:

(1) 电磁铁正极与 CMOS 模块输出正极连接,电磁铁负极与输出负极之间的连接,12 个电磁铁与 CMOS 模块的接线方式相同。

(2) CMOS 模块输入正极与 LM2956 输出正极连接,CMOS 模块输入负极与 LM2956 模块输出负极连接,2 个 CMOS 模块与 LM2956 模块的接线方式相同。

(3) CMOS 模块输入正极与降压模块输出正极连接,CMOS 模块输入负极与 LM2956 输出负极连接,4 个 CMOS 模块与降压模块的接线方式相同。

(4) LM2956 模块输入正极与 12V 电源正极连接,LM2956 模块输入负极与 12V 电源负极连接,2 个 LM2956 模块与 12V 电源的接线方式相同。

(5) 降压模块输入正极与 12V 电源正极连接,降压模块输入负极与 12V 电源负极连接,4 个降压模块与 12V 电源的接线方式相同。

(6) 编号为 1~8 的 CMOS 模块输出引脚依次与 Arduino W5100 编号为 2~9 的 I/O 引脚相连,编号为 9~12 的 CMOS 模块输出引脚依次与 Arduino W5100 编号为 A1、A2、A3、A0 的 I/O 引脚相连。

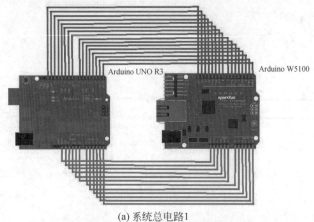

(a) 系统总电路1

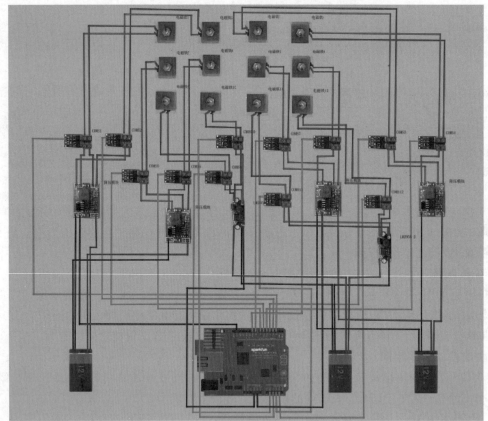

(b) 系统总电路2

图 96-3　系统总电路

（7）编号为 1 和 3 的降压模块输出负极与 Arduino W5100 上的 2 个 GND 引脚相连。

（8）编号为 1 的 LM2056 模块输出负极与 Arduino W5100 上的 1 个 GND 引脚相连。

图 96-3(a)着重点在于输入和数据传输模块，通过网线将 PC 与 W5100 连接起来，以网络调试助手作为工具进行 PC 与 Arduino 之间的通信。这一部分元器件连接比较直观，除了网线和杜邦线之外，不需要其他的连线。

图 96-3(b)着重点在于降压和输出,本电路使用的输出是以电磁铁通电凸起表示盲文 12 个点中的凸起,为每个电磁铁分配了一个 I/O 引脚,但电路中并不是将电磁铁直接接入 Arduino 开发板的 I/O引脚,它们之间还有输出设计中一个很重要的部分,即利用降压模块使电磁铁能在固定的电源驱动下实现功能。这部分电路连线数量多,分布密集。因此,没有在电路图中将输出模块中 Arduino 与电磁铁的连接部分全部表示出来,而是以一组中的 4 个电磁铁作为示例展示了连线方式,其他两组电磁铁的连接方式与图 96-3(b)中的一致。

96.3.3 模块介绍

本项目主要包括输入和数据传输模块、输出和盲文显示模块。下面分别给出各部分的功能、实现过程、元器件、电路图和相关代码。

1. 输入和数据传输模块

1) 功能介绍

以 PC 作为客户端,Arduino W5100 作为服务器端,实现 PC 端的网络调试助手与 Arduino W5100 的通信,使网络调试助手上发送端输入的数据能被 W5100 接收。初始化 I/O 引脚,为盲文转换功能做准备。

2) 实现过程

(1) 找到 Arduino W5100 的 IP 地址。先将 W5100 与计算机用网线连接后,再将 Arduino 示例中的 webserver 上传到 W5100 上,实现计算机与 W5100 的通信;然后在命令提示符中输入 arp -a,找到 W5100 的 IP 地址。

(2) 设置计算机作为客户端的 IP 地址。在网络与共享中心中将以太网属性中的 Internet 协议版本 4(TCP/IPv4)中的 IP 地址和子网掩码,设置计算机 IP 地址如图 96-4 所示。

图 96-4 设置计算机 IP 地址

（3）建立网络调试助手和W5100的联系。在网络调试助手中设置协议类型为TCP Client,设置服务器端IP地址为W5100,设置服务器端口为80,设置网络调试助手如图96-5所示。连接成功后,在发送对话框中输入数据,则能成功将数据由PC端发送给Arduino。打开Arduino 1.8.1的串口监视器,看到输出W5100的IP地址和"new client"的提示,至此建立起网络调试助手与W5100的联系,建立连接后的串口监视器如图96-6所示。

图96-5　设置网络调试助手

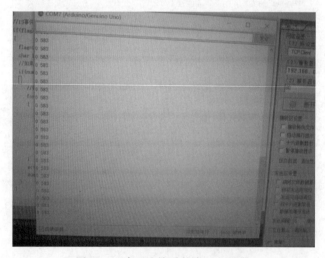

图96-6　建立连接后的串口监视器

相关代码见"代码96-1"。

2. 输出和盲文显示模块

1）功能介绍

输出和盲文显示模块是本项目设计的主体部分,Arduino接收到网络传输助手传送过来的数据后,按照编写好的算法对数据进行处理,找出接收到的中文文字所对应的盲文编码,并通过由12个电磁铁组成的点阵显示出来。既可以显示单个中文文字的盲文,也可以以一定的时间间隔(代码中设置的是2s)依次显示一段中文文字的盲文。延迟时间短,盲文凸显效果好,盲文显示正确无误。

2)实现过程

(1)明确需要实现的功能,确定项目使用的软件和硬件元器件。本项目初衷是帮助视障人员认识、学习盲文,所以需要做到的就是将常人在阅读中使用的文字转换成盲文,那么中文与其对应盲文的转换就是本项目的主体,而主体部分在于硬件的设计;其次,如何实现智能化快速地转换以及实际盲文教学功能也是我们所关注的重点,软件部分主要在于设计用户端和盲文显示板之间的数据传输方式。接下来,经过查阅了很多资料,设想了多个盲文凸起方案和数据传输方案,最终明确了项目所使用的软硬件。

(2)编写相关的代码。在编写代码的过程中,首先实现的是盲文转换和显示的部分,这部分需要实现的功能如下:一个盲文的编码是100001100110(中文"是"的盲文编码)时,相应的1~12号电磁铁也实现100001100110的动作,此部分设计原理比较清晰,电路需要完成的功能比较明确;其次设计的是数据传输部分,最初的设计是以乐联作为平台通过微信传输中文文字数据给Arduino,然而在实践的过程中发现,微信反向传送中文文字数据(而不是输入命令)给Arduino的PHP语言较难实现,而且其中的转换较为烦琐。所以,最终采用网络调试助手的方式实现文字数据传输的功能。确定了使用的软件之后,查阅了网络调试助手传输信息的工作原理,采用中文ASCII码的编码方式,利用Arduino上的websever示例编写完成了W5100与PC端连接和从网络调试助手接收并处理中文文字数据的相关代码(方案修改的具体过程将在下文的故障及问题分析中给出)。经调试成功后,上传到Arduino开发板上。

(3)盲文显示的硬件制作。先将12个电磁铁直接接入Arduino的I/O引脚,但发现在网络调试助手上输入中文文字后,电磁铁没有任何反应,用万用表测量I/O引脚和GND之间的电压后,发现其远低于电磁铁的工作电压,而且电磁铁上的瞬间电流也远远超过了电磁铁上标注的工作电流。我们用LED代替电磁铁接入电路,发现12个LED能实现本项目的设计要求。最初采用代码digitalWrite(pinarrey[i],1)用Arduino开发上的电源给电磁铁供电,后来因为实际测量电磁铁的工作电压远高于所提供的电压,经过测试和计算后,最终决定采用降压模块和改变供电方式来实现电磁铁能带电凸起、断电落下的功能设计完成后,给12个电磁铁分别焊接了降压模块,又为电源适配器焊接了三个电源转接口。经过测试,电磁铁能根据代码设计完成相应的动作,整体电路实现了所需的功能。

(4)封装。为了减轻重量和方便制作,本项目采用泡沫板承载12个电磁铁,按照所编写的代码将12个电磁铁固定在其所对应盲文点的位置,用对应大小的纸盒装载内部模块和连线,固定好Arduino开发板和电源适配器转接口的位置。至此,完成封装。

(5)测试。插好电源,连接好PC与Arduino之间的杜邦线和网线,建立网络调试助手和W5100之间的连接,输入中文文字测试,能够实现全部功能。

元器件包括Arduino UNO开发板,Arduino W5100扩展板,直流电源插头,12V 2A电源适配器,降压模块和电磁铁。

相关代码见"代码96-2"。

96.4 产品展示

整体外观如图96-7所示;内部结构如图96-8所示。盲文显示板上是由12个电磁铁构成的3×4的点阵,在网络调试助手中输入中文文字后即可显示出对应的盲文,可显示单个文字,也可以以2s切换的顺序依次显示一句话的盲文。纸盒内部是降压模块、电源模块和 Arduino UNO R3 开发板和 Arduino W5100 开发板，其中 Arduino UNO R3 开发板通过 USB 和 PC 连接，Arduino W5100 开发板通过网线和 PC 连接。

(a) 整体外观1

(b) 整体外观2

图 96-7　整体外观

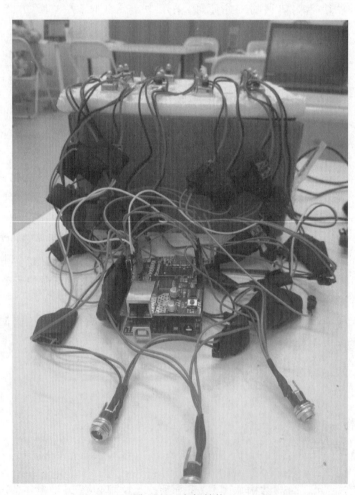

图 96-8　内部结构

96.5 元器件清单

完成盲文显示器元器件清单如表 96-1 所示。

表 96-1 盲文显示器元器件清单

模 块	元器件/测试仪表	数 量
输入和数据传输模块	杜邦线	若干
	网线	1
	Arduino UNO 开发板	1
	Arduino W5100 开发板	1
输出和盲文显示模块	导线	若干
	杜邦线	若干
	排针	若干
	LM2956 DC-DC 模块	3
	SJ-DC28-0.8V 降压模块	3
	12V/2A 电源适配器	3
	大功率 MOS 管	12
	6V/300mA 电磁铁	12

## 第 97 章

智 能 养 植

97.1 项目背景

在日常生活中,人们一方面想在家中种植,让他们在白天能够吸收二氧化碳清新室内空气的同时净化有毒气体;另一方面因为工作太忙或者经常出差,没空浇水导致花草长势不好甚至枯死,又影响了室内的装饰效果。

因此,设计一种能实时监测多盆花的土壤温湿度,实现智能浇水的花盆,让花卉在人们无暇顾及时也能得到及时的照顾。

97.2 创新描述

相比于普通的花盆,首先,它可以通过按键输入阈值(即所养花卉的适宜湿度),通过实时监控土壤湿度并与阈值作比较来决定是否开启自动浇水以及浇水量;其次,通过一个程序完成同时控制多个花盆的功能,使养花更方便、更智能。

创新点:按键输入阈值,方便快捷;实时监控土壤湿度,浇水量准确,节约水资源,避免过量浇水对花卉的伤害;同时控制多个花盆,对多个花卉的生长状况一目了然,掌控更方便。

97.3 功能及总体设计

本部分包括功能介绍、总体设计和模块介绍。

97.3.1 功能介绍

通过手动按键分别设置多盆花卉的适宜土壤湿度,满足同时照顾多盆花卉的需要。通过每十秒对土壤连续十次的湿度采样取均值与阈值比较来判断花卉是否处于缺水状态,进而控制水泵抽水浇水,直至均值达到阈值时停止。同时 LCD 可以显示空气中的温湿度,也可以让主人根据花卉的生长条件进行相应的操作。

97.3.2　总体设计

本部分包括整体框架、系统流程和系统总电路。

1. 整体框架

整体框架如图 97-1 所示。

其中,4×4 按键板、LCD 显示屏、DHT11 温湿度传感器以及整个浇水系统都连接在 Arduino 开发板上,由 MK227 土壤温湿度传感器控制继电器常开端是否闭合,控制水泵是否工作。

2. 系统流程

系统流程如图 97-2 所示。

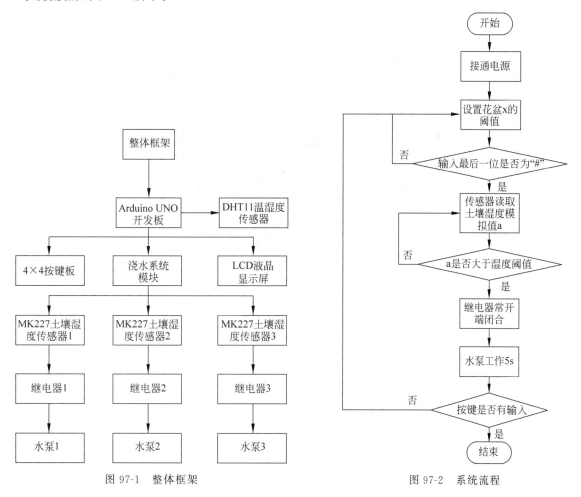

图 97-1　整体框架　　　　　　　图 97-2　系统流程

3. 系统总电路

系统总电路及 Arduino 开发板引脚如图 97-3 所示。按键模块的引脚 Y4~Y1,X4~X1 分别连接 2~9 引脚;DHT11 连接 13 引脚以及电源和地。LCD 的 SDA 和 SCL 分别连接 A4、A5 引脚,电源和地分别与 Arduino 开发板连接;三个继电器的 IN 引脚分别连接 10~12 引脚;三个土壤传感器的引脚分别连接 A1~A3,以及电源和地。

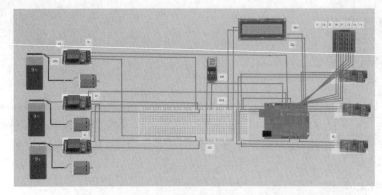

(a) 系统总电路

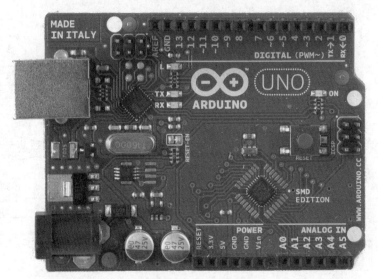

(b) Arduino UNO开发板引脚

图 97-3　系统总电路及 Arduino 开发板引脚

97.3.3　模块介绍

本项目主要包括以下几个模块：按键模块、浇水系统模块及 LCD 显示模块。下面分别给出各部分的功能、元器件、电路图和相关代码。

1. 按键模块

它的功能是可以选择花盆并设置阈值。元器件包括 4×4 按键板、杜邦线。按键模块如图 97-4 所示。

相关代码见"代码 97-1"。

2. 浇水系统模块

通过每 10s 对土壤连续 10 次的湿度采样取的均值与阈值比较来判断花卉是否处于缺水状态，进而控制水泵抽水浇灌，直至均值达到阈值时停止。元器件包括：一个 MK227 土壤湿度传感器、三个水泵、三个一路继电器、两个 11.7V 锂电池、三个自制水箱、水管若干、杜邦线若干。水泵连接如图 97-5 所示；MK227 土壤湿度传感器连接如图 97-6 所示。

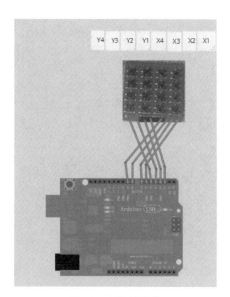

图 97-4 按键模块

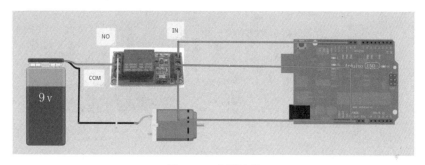

图 97-5 水泵连接

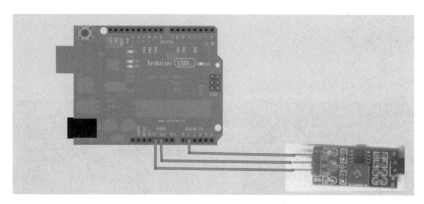

图 97-6 MK227 土壤湿度传感器连接

相关代码见"代码 97-2"。

3. LCD 显示模块

LCD 可以显示空气中的温湿度以及功能选择界面。元器件包括 1 个 LCD1602 液晶显示屏和杜邦线若干。DHT11 温湿度传感器模块如图 97-7 所示；LCD 显示模块如图 97-8 所示。

相关代码见"代码 97-3"。

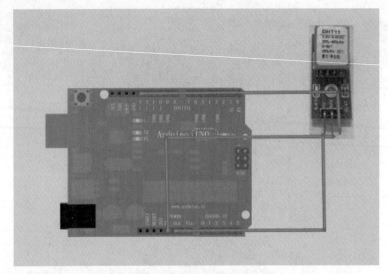

图 97-7　DHT11 温湿度传感器模块

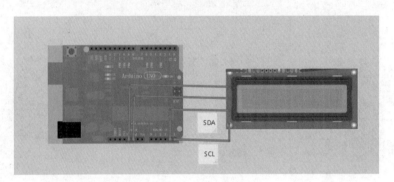

图 97-8　LCD 显示模块

97.4　产品展示

整体外观如图 97-9 所示；内部结构如图 97-10 所示。

图 97-9　整体外观

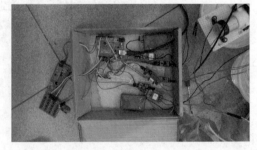

图 97-10　内部结构

　　内部左上角为 Arduino UNO 开发板，2 个蓝色的方块为锂电池，中间的 3 个蓝色是继电器模块，纸箱左边由上至下分别为 LCD 显示模块、按键模块以及 DHT11 温湿度传感器模块。外部黄色部分为水泵，水泵的下端为自制水箱。花盆的侧壁上有由玻璃胶固定的上面扎孔的水管用于浇水。

　　最终演示效果如图97-11所示。从图97-11中可以看到花盆内壁以及叶子上明显的水珠。通过按键模块进入交互界面并设置对应花盆的阈值,初始阈值为600,之后进入浇水系统的循环。系统对每个花盆进行10s的土壤湿度模拟值采集,并计算均值与阈值进行比较。若均值较大说明土壤湿度较低,则继电器常开端与COM端闭合,水泵通电开始工作,并进行5s的浇水。之后重新进入浇水循环。

图97-11　最终演示效果

97.5　元器件清单

　　完成智能养植元器件清单如表97-1所示。

表 97-1　智能养植元器件清单

模　　块	元器件及设备	数　　量
主板	Arduino UNO 开发板	1
按键模块	4×4 按键板	1
浇水模块	杜邦线	若干
	MK227 土壤湿度传感器	3
	水泵	3
	一路继电器	3
	水管	若干
	11.7V 锂电池	2
	杜邦线	若干
	自制水箱	3
LCD 显示模块	LCD1602 液晶显示屏	1
	杜邦线	若干
外部温湿度模块	DHT11 温湿度传感器	1
	杜邦线	若干
外观部分	花盆	3
	纸箱	1

## 第 98 章

Audio Visualizer

98.1　项目背景

LED 显示屏因其工作稳定可靠、寿命长、亮度高等优点,在许多场合中应用广泛。因此,加强显示屏控制系统的可靠性研究意义重大。

随着生活水平的提高,娱乐已成为主流的话题。人们不仅能通过音乐陶冶情操,而且越来越多的人倾向于通过听音乐和看视频等娱乐方式来放松自己,这大大促进了音乐播放器的发展。在享受音乐盛宴的同时,如果加上动感的音乐频谱显示,那么原本只能"听"的音乐,现在也能"看",这将会是视觉和听觉的双重享受。实时显示的音乐信号频谱能为音乐播放器增添不少色彩,这其中必然不能忽略数字信号处理在音频处理过程中的重要作用。

近十多年来,数字信号处理技术同数字计算机、大规模集成电路等先进技术一样,有了突飞猛进的发展,已经成为具有强大生命力的技术学科。在数字信号处理中,离散傅里叶变换(Discrete Fourier Transform,DFT)是常用的变换方法,它在各种数字信号处理中扮演着重要角色。通常频域分析比时域分析更优越,因为频域分析不仅简单,而且易于分析复杂信号。

98.2　创新描述

LED 可显示数字等图形来展示点阵的基本功能。用 LED 点阵实时显示音频谱,以柱形的高低显示音频的高低。通过 LED 点阵的直观显示,使得音乐的律动感更加直观可视,带给使用者视觉冲击。

创新点:将收到的音频转换成模拟信号,点阵反应灵敏;音乐声音高则点阵纵向亮数增多,横向加长。

98.3　功能及总体设计

本部分包括功能介绍、总体设计和模块介绍。

98.3.1　功能介绍

本项目实现了对音频的读取,通过 Arduino 开发板将模拟信号数字化,将声音的时域信号通过快速傅里叶变换,转换成频域的信号,再将频域信号展现在 LED 点阵上。跟着声音的频率,LED 点阵的每一个纵列可以实现上下跳动着闪亮、过滤掉外界的杂音、显示声音的频率并对声音进行压缩的功能。

98.3.2 总体设计

本部分包括整体框架、系统流程和系统总电路。

1. 整体框架

整体框架如图 98-1 所示。

2. 系统流程

系统流程如图 98-2 所示。

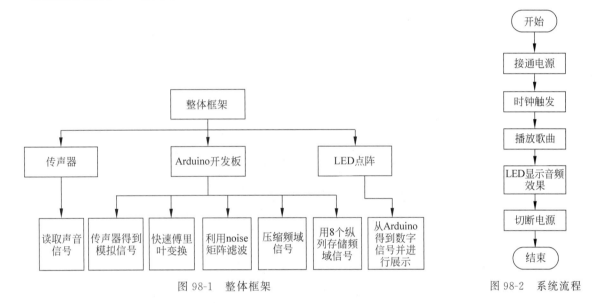

图 98-1 整体框架

图 98-2 系统流程

3. 系统总电路

系统总电路及 Arduino UNO 开发板引脚如图 98-3 所示。

如图 98-3(a)所示,该电路由 Arduino 开发板、传声器、LED 点阵组成。其中,地线相接,电源线相接,需要注意的是传声器接 3.3V 电源,LED matrix 接 5V 电源。传声器接收的音频模拟信号通过 A0 输入 Arduino 开发板,最后通过 D0 和 D1 分别接 miso 和 cs 输出,SCK 为触发时钟接 SCL。但是,本项目实际采用的是 Arduino 通用堆叠级联的 8×8 点阵,具有 SDA、SCL、GND、VCC 四个接口。其中 SDA 是双向数据线,替代了 miso 和 cs 的功能,SCL 是时钟线接 SCL,GND 接地线,VCC 则接 5V 电源。

98.3.3 模块介绍

本项目主要包括以下几个模块:接收模块、音频处理模块和显示模块。下面分别给出各部分的功能、元器件、电路图和相关代码。

1. 接收模块

此模块的功能是接收音频信号,并对音频信号进行初步的处理,将模拟信号数字化。元器件包括传声器、杜邦线。接收模块接线如图 98-4 所示;接收模块电路原理如图 98-5 所示。

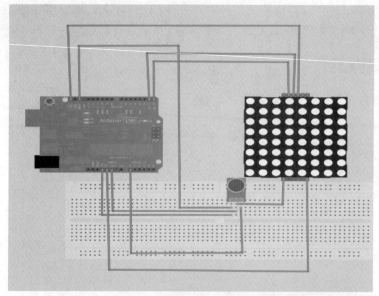

(a) 系统总电路

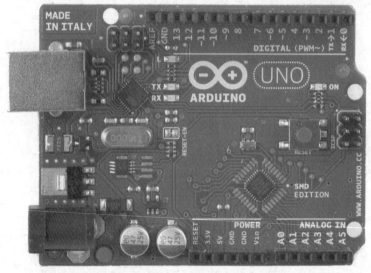

(b) Arduino UNO开发板引脚

图 98-3　系统总电路及 Arduino UNO 开发板引脚

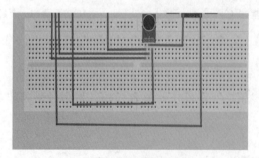

图 98-4　接收模块接线

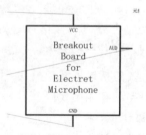

图 98-5　接收模块电路原理

相关代码见"代码98-1"。

2. 音频处理模块

将声音的时域信号通过快速傅里叶变换转换成频域的信号,并对音频进行滤波处理,以过滤掉杂音;进行压缩处理,以提高灵敏度。元器件包括 Arduino IDE 开发板。音频处理模块电路接线如图 98-6 所示;音频处理模块电路原理如图 98-7 所示。

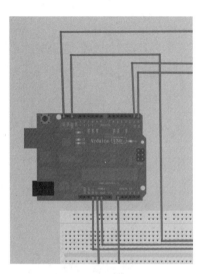

图 98-6　音频处理模块电路接线

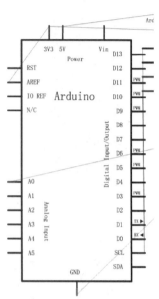

图 98-7　音频处理模块电路原理

相关代码见"代码98-2"。

3. 显示模块

该模块的功能是将处理好的频域信号接入点阵,以柱形的高低显示收到音频的高低。元器件清单包括 8×8LED 点阵,杜邦线。显示模块电路接线如图 98-8 所示;显示模块电路原理如图 98-9 所示。

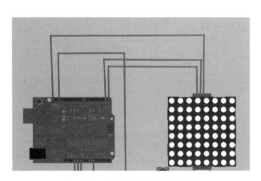

图 98-8　显示模块电路接线

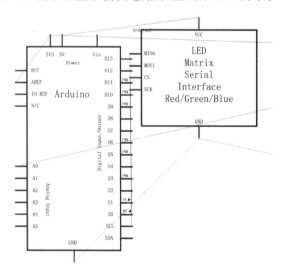

图 98-9　显示模块电路原理

相关代码见"代码98-3"。

98.4　产品展示

整体外观如图 98-10 所示；内部结构如图 98-11 所示；最终演示效果如图 98-12 所示。

图 98-10　整体外观

图 98-11　内部结构

图 98-12　最终演示效果

98.5　元器件清单

完成 Audio Visualizer 元器件清单如表 98-1 所示。

表 98-1　Audio Visualizer 元器件清单

模　　块	元器件及设备	数　　量
音频处理模块	Arduino UNO 开发板	1
	USB 线	若干
接收模块	传声器	1
	面包板	1
显示模块	单色 8×8 点阵	1
	杜邦线	1
外观部分	纸盒	1

## 第 99 章

肩带式转向警示器

99.1 项目背景

现今,我们身边不乏爱骑行的驴友。自行车的轻便快捷是巨大的优点,但是缺乏与其他骑行者或者机动车司机交互的方式,例如汽车的车前灯。往往骑行者需要转弯时无法及时有效地警示给后面的行人或司机,当然会有人选择伸出一只手臂以起到警示的作用,但是在车流量较高的地段,这样做是极其危险的行为。为了减少这样的危险,使得骑行者可以更好地警示行人和司机,可以用 LED 显示屏来表达骑行者的想法,设计出骑行者可以控制的电路。这样,整套装置应该放在自行车上,但是问题随之而来,恶劣天气或是人为动作对其都有极大的影响,故而将其设计成穿戴式设备,比较适合骑行者。

99.2 创新描述

本设计灵感源于生活中的细节,目的是为骑行者提供更好的骑行体验。具体的思路为:骑行者需要转弯时身体会倾斜,而驱动骑行者佩戴的陀螺仪传感器,中央控制面板即 Arduino 开发板得到一个输入数据后与之前存储的既有数值进行比较,从而输出不同的信号,使得 LED 显示屏可以显示不同的字符,因而起到警示的作用。

99.3 功能及总体设计

本部分包括功能介绍、总体设计和模块介绍。

99.3.1 功能介绍

通过骑行者身体的倾斜来感知骑行者需要转弯的方向,通过数据的处理,在 LED 显示屏上显示警示字符。这样,使骑行者的骑行安全得到了大大的提高。

99.3.2 总体设计

本部分包括整体框架、系统流程和系统总电路。

1. 整体框架

整体框架如图 99-1 所示。陀螺仪作为整个项目的传感部分,可以传达骑行者的身体倾斜角度,由模拟输入端采集数据,控制部分(即 Arduino UNO 开发板)通过算法计算需要的输出为低电平还是高电平,进而控制译码器,移存器得到正确的电平信号,驱动 LED 显示屏显示正确的警示字符。

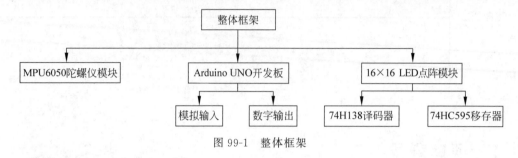

图 99-1 整体框架

2. 系统流程

系统流程如图 99-2 所示。接通电源后,陀螺仪传感器时刻处于"感受的状态",即 Arduino UNO 开发板需要时刻接收来自陀螺仪传感器的数据,并进行计算与判断,使得 LED 显示屏时刻显示正确的字符。故而系统如果不断电,将一直循环工作。

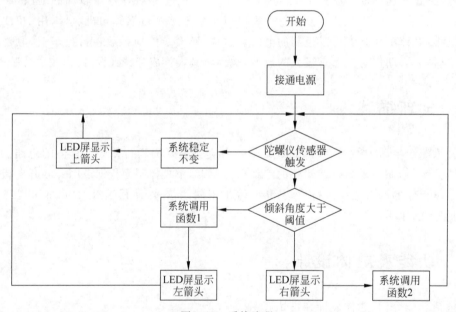

图 99-2 系统流程

3. 系统总电路

系统总电路及 Arduino UNO 开发板引脚如图 99-3 所示。左侧为显示模块,右侧为三轴陀螺仪传感器。2～9 引脚分别接显示模块的 D、C、B、A、G、D0、CLK、LAT。三轴陀螺仪得到引脚与 Arduino 开发板的连接如下:SCL 连接 A3 引脚,SDA 连接 A4 引脚,传感器的 VCC 和 GND 连接电源和地。

99.3.3 模块介绍

本项目主要包括以下几个模块:传感模块、控制模块、显示模块。下面分别介绍模块的功能、元器件、电路图和代码。

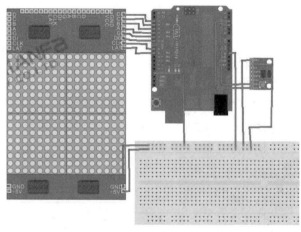

(a) 系统总电路

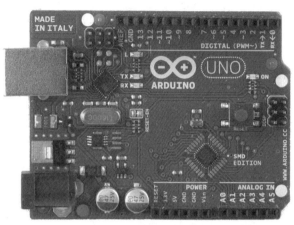

(b) Arduino UNO开发板引脚

图 99-3　系统总电路及 Arduino UNO 开发板引脚

1. 传感模块

传感模块的主要部分为一个三轴陀螺仪传感器,在本设计中,只用到两个输出数据:角度和加速度。传感模块电路如图 99-4 所示。

相关代码见"代码 99-1"。

2. 控制模块

控制模块为 Arduino UNO 开发板,负责接收传感信号,并通过算法计算得到十进制数字,与阈值相比较,从而调用不同的函数,使得 LED 对应显示不同的警示字符。

相关代码见"代码 99-2"。

3. 显示模块

显示模块为一个 16×16 的 LED 发光点阵,在设计中需要其显示三种警示字符,分别为向前"↑"、左转弯"←"、右转弯"→",具体显示哪种字符,由控制部分决定。显示模块电路如图 99-5 所示。

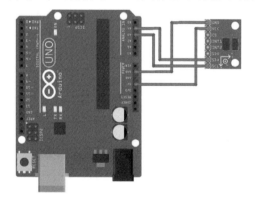

图 99-4　传感模块电路

图 99-5　显示模块电路

相关代码见"代码 99-3"。

99.4 产品展示

整体外观如图 99-6 所示。最终演示效果如图 99-7 所示，可以看到，当陀螺仪工作时，LED 会显示警示字符"←""→"。

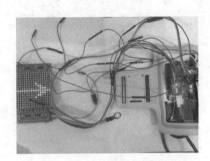

图 99-6 整体外观

图 99-7 最终演示效果

99.5 元器件清单

完成肩带式转向警示器元器件清单如表 99-1 所示。

表 99-1 肩带式转向警示器元器件清单

元 器 件	元器件/测试仪表	数 量
传感部分	三轴陀螺仪	1
控制部分	Arduino UNO 开发板	1
显示部分	16×16 LED 显示模块	1
连接部分	排线/导线	若干
心率检测	心率检测模块	1
	LED	1
主电路	面包板	1
外观部分	双面胶	1
	回形针	若干
	硬纸板	若干
	肩带	1

## 第 100 章

DIY 四轴飞行器

100.1 项目背景

四轴飞行器(四旋翼飞行器)也称为四旋翼直升机,简称四轴、四旋翼,是一种有 4 个螺旋桨且螺旋桨呈十字形交叉的飞行器。它是多旋翼飞行器中最基本的一种,主要实现飞行器的平稳飞行和左右前后上下的移动功能。四轴飞行器拥有 4 个呈对称分布的旋翼,属于多旋翼直升机。它通过控制 4 个旋翼的旋转速度而非机械结构来实现各种飞行动作。其具有成本低、机体结构简单、无机械结构、飞行稳定性好、重量轻、小型化等特点。因此,可以应用在人无法到达的一些复杂环境中。目前四旋翼飞行器及多旋翼飞行器已经在很多行业得到广泛的应用,例如航空拍摄、遥感勘测、实时监控、军事侦察、喷洒农药等,并已经形成了相关产业链。

100.2 创新描述

现在市面上有很多的飞行器,例如四轴飞行器、直升机等。其功能多样,而且价格较为低廉。但是,市面上的飞行器只满足一般的要求,而自己 DIY 一台四轴飞行器可以定制各种需求。

100.3 功能及总体设计

本部分包括功能介绍、总体设计和模块介绍。

100.3.1 功能介绍

本项目的软硬件系统均采用模块化思想设计。各传感器采集飞行器的传感器数据,采用通用数字接口和 MCU 进行数据交换。软件方面,编写飞行姿态控制软件,在单片机上实现了四元数法和卡尔曼滤波算法,计算出飞行器正确的姿态角,并使用 PID 算法进行姿态角的闭环控制,稳定飞行姿态。实验结果表明,本项目设计的四轴飞行器能够较好地自主达到稳定飞行状态,抗扰动能力强。飞行姿态控制算法完全实现了使四旋翼飞行器能在室内平稳飞行的控制要求。通过遥控器来实现对飞行器的控制,实现飞行器的左右移动和上下移动的功能。

100.3.2 总体设计

本部分包括整体框架、系统流程和系统总电路。

1. 整体框架

整体框架如图 100-1 所示，遥控器模块和传感器模块都接到 Arduino UNO 开发板，通过算法实现其功能。

2. 系统流程

系统流程如图 100-2 所示，接通电源以后，如果遥控器模块触发，则通过遥控器产生电位信号，经过传感器和算法实现控制飞行的目的。

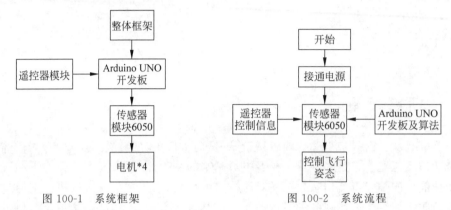

图 100-1 系统框架   图 100-2 系统流程

3. 系统总电路

系统总电路如图 100-3 所示。传感器模块是控制四轴飞行器的重要环节，是计算电机马达动力不可缺少的，传感器的引脚插线比较简单，总共有 8 个引脚，分别标明为 1、2、3、4、5、6、7、8，其中，1、3、5、7 引脚接电机，而 2、4、6、8 接的是 Arduino UNO 开发板引脚，其中电机的动力是由 Arduino UNO 开发板通过 PID 算法控制的，电源动力源为遥控器模块的电源。

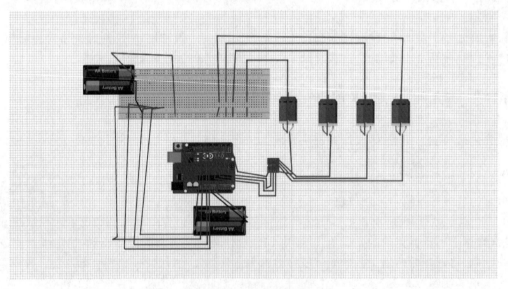

图 100-3 系统总电路

100.3.3 模块介绍

本项目主要包括以下几个模块：遥控器、传感器和相关算法模块。下面分别给出各部分的功能、元器件、电路图和相关代码。

1．遥控器模块

实现飞行器左右以及上下的飞行控制，输出电位信号到 Arduino UNO 开发板。

2．传感器模块

通过加速度和速度的传感器可以调整飞行器的姿态。元器件包括 MPU6050、若干杜邦线和 1 个面包板。传感器模块连接如图 100-4 所示。

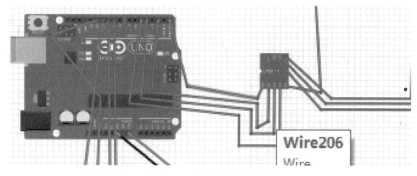

图 100-4　传感器模块连接

相关代码见"代码 100-1"。

3．相关算法模块

本模块的功能主要是实现算法，通过算法的结合，计算出提供给电调、电机的电流及方向，实现移动的目的。

对四轴飞行器而言，PID 算法是用来计算电机的动力大小，用来抵消误差。

P 直接和误差关联，例如四轴倾斜 X 度，P 的调控效果＝$P \times X$ 个单位的力量。PID 算法中，P 是最主要的参数。

I 则和误差的积分有关。例如，如果写一个 P 控，控制一个电炉加热到 400℃，当前温度是室温，刚开始误差＝（设定温度－当前温度）很大，电炉就会加热，但是到了 390℃，误差只有 10℃，加热功率变小了，可是，由于这个电炉会散热，结果单纯用 P 控，温度怎么也上不到 400℃。这时，I 控就可以帮助适当调大一些功率，直到正好 400℃。那么，如何实现呢？用误差积分乘以 I，如果温度仍然达不到 400℃，误差的积分就会越来越大，I 调控的效果＝$I \times$ 误差的积分，也就越来越大。

D 和误差纠正的速度有关，D 和 P 相比，就像汽车避震里的油压阻尼和弹簧，汽车弹簧碰到一个减速带，就会受压反弹，此时如果没有阻尼，车子就会不停地上下振动。而油压阻尼则防止弹簧不停振动。因此 D 值越大，意味着阻尼越大，四轴不因 P 而振动，但 P 的效果就会变差。D 调控的效果＝$D \times$ 误差的微分。

把三个数值的调控效果加起来，就是总的调控效果。PID 调试的要点如下：P 太小，结果是四轴的错误姿态无法纠正，P 太大，结果是四轴高速抖动，两者间的数据都可以用。对于一个标准的四轴，把 I 值设成大于零的最小值。如果不是，I 太小结果是四轴的错误姿态无法及时纠正，如果太大，四轴则会进入严重的低速振动。D 值能大就大，因为 D 大一些，P 也能大一些，总体更稳定。但传感器会因为抖动产生有害数据，D 太大会把有害数据放大，造成四轴莫名的抖动。

相关代码见"代码 100-2"。

100.4　产品展示

整体外观如图 100-5 所示，最终演示效果如图 100-6 所示。

图 100-5　整体外观

图 100-6　最终演示效果

100.5　元器件清单

完成四轴飞行器元器件清单如表 100-1 所示。

表 100-1　四轴飞行器元器件清单

模　　块	元器件测试仪表	数　　量
机身部分	机架	1
	直流电机	4
	风叶	4
主体部分	Arduino UNO 开发板	1
	2.4GHz 遥控发射板和接收板	1
	MPU6050 传感器	1
辅助部分	锂电池	2
	杜邦线	若干